康佳/编著

中国纺织出版社

图书在版编目(CIP)数据

80后新爸妈分龄育儿指导手册／康佳编著. -- 北京：中国纺织出版社，2012.7

ISBN 978-7-5064-8262-2

Ⅰ.①8… Ⅱ.①康… Ⅲ.①婴幼儿-哺育-手册 Ⅳ.①TS976.31-62

中国版本图书馆CIP数据核字（2012）第136353号

策划编辑：尚 雅 国 帅　　责任编辑：张天佐　　责任印制：刘 强

美术编辑：沈红玉 张贤贤 成 馨　　装帧设计：程 程

中国纺织出版社出版发行

地址：北京东直门南大街6号　邮政编码：100027

邮购电话：010-64168110　传真：010-64168231

http://www.c-textilep.com

E-mail:faxing@c-textilep.com

北京博艺印刷包装有限公司印刷　各地新华书店经销

2012年7月第1版第1次印刷

开本：720×1020　1/16　印张：24

字数：420千字　定价：34.80元

目录

Part 4 1～2个月宝宝护理

Part 5 2～3个月宝宝护理

Part 6 3～4个月宝宝护理

Part 8 5~6个月宝宝护理

Part 9 6～12个月宝宝护理

Part 10 1～2岁宝宝护理

Part 13 4～5岁宝宝护理

小提示：
1千卡=4.184千焦

就要与宝宝见面了

经过十月怀胎，宝宝即将出生了。在宝宝出生前，准父母们就应开始做些必要的准备，包括心理准备和物质准备。做好这两方面的准备对于准父母，尤其是即将拥有第一个宝宝的准父母非常重要，一方面可以让自己尽快适应为人父母的新角色，另一方面也能够给自己的宝宝更周到的照顾。

做好为人父母的心理准备

你准备好做父母了吗？对于这个问题，多数准父母也许认为说的是物质方面，其实，对于年轻父母来说，心理上的准备才是第一位的。只有做好了充分的心理准备，才能在未来做一个合格的父亲或母亲。那么，准父母们还应该有哪些心理上的准备呢？

不要把做父母看得过于复杂

等待成为父母的过程总是伴随着甜蜜和不安。第一次即将为人父母多少会因为自己缺乏经验而苦恼。别着急，其实做父母并不复杂，先从心理上调节自己吧。

• 要对自己有信心 •

首先应该给自己足够的信心，因为对于即将出生的宝宝来说，父母是唯一的，只有父母才是养育他的最佳人选。不要因为自己没有经验而慌张，每个父母都是从自己的第一个宝宝开始做起的，只要顺其自然、从容自信，都能养育出最好的宝宝来。

• 不要盲目听信别人的意见 •

准父母一定会经常和亲友谈论如何抚养宝宝的事情，也会更加留心一些相关文章。于是便会有各种不同的说法充斥着准父母的头脑，有些甚至互相矛盾。怎么办，该听谁的？意见越多越觉得迷茫。其实不要把别人的话都当真，更不要被他们的话吓倒，要敢于相信自己的常识。父母出于本能的爱心而给予宝宝的关心和照顾比那些技巧都重要。

• 可以向自己的父母学习 •

在学习如何养育宝宝的问题上最好先想想自己的父母。实际上，准爸妈们的育儿基础知识大多来自于他们父母的自身经验，即他们的父母是如何从小把他们带大的。你将成为什么类型的父母很大程度上受到你父母的影响。当然，我们要认真地思考一下他们的方式和方法，从中找出有益的经验，反思他们的不足，这样将有助于更好地抚养自己的宝宝。

• 逐步积累育儿经验 •

做父母的经验会在照料宝宝的过程中积累起来。年轻父母们会发现，自己在抚育宝宝的过程中慢慢地学会了如何做父母。比如，给宝宝喂奶、换尿布、洗澡等，都是无师自通的。在这个过程中父母和宝宝间形成了互相信任的情感。父母也会逐渐走向成熟。

• 不要给自己太大压力 •

做好父母并不是就要放弃自己原来所有的自由和乐趣，把全部精力投入到养育宝宝的重任中。除了宝宝，父母还要注意保持夫妻间的亲密关系，多与对方沟通，尽量抽出时间和精力来继续夫妻之间美满的生活。

要知道，美满的夫妻感情也会给宝宝带来非常好的影响，有助于他今后建立良好的人际关系。

准妈妈的紧张情绪会直接影响到胎儿，所以准妈妈要时刻注意保持好心情。

要对新生活充满希望

对于即将拥有宝宝的新生活，准父母们一定会有很多的期望和设想，比如，想象自己的宝宝长什么样，希望宝宝有什么样的个性和才能，甚至事先想好了宝宝的名字，等等。可有的时候，父母也会有许多担心，害怕宝宝跟自己想象的不一样，对养育宝宝过程中出现的一些意料不到的事情产生担忧。这时，准父母首先要鼓起勇气，勇敢地面对未来的新生活。

• 弄清生儿育女的目的 •

在打算要一个宝宝的时候你是否认真地考虑过这个问题。传宗接代、养儿防老的想法恐怕已经不是唯一。对这个问题的思考有助于理清自己的观念，了解生活中什么是最重要的。父母的核心价值观和坚定的信念将引导自己今后培养出一个什么样的宝宝。所以有必要常常静下心来想一想自己的人生目标是什么，在抚育宝宝过程中的一言一行是否能体现你的价值观和对未来的期待。

• 学会接受现实中的宝宝 •

每个宝宝都有不同的个性，当你的宝宝和你的期待不一样的时候，可能会有一点儿小小的失望，这时候父母的态度将决定自己和宝宝能够取得多大的成功。要学会接受现实中的宝宝，发掘他的个性和潜力，因材施教，那么，你们将在爱的环境中共同进步。

● 平等地去对待宝宝 ●

由于每对夫妻婚姻状况的不同，对于那些重组的家庭，已经有了宝宝的父母，也许会因为自己对他们的态度不同而不安，怀疑自己在某种程度上没有平等地对待他们。其实“平等”在这里应该理解为父母对自己的每个宝宝都充满关爱，为他们的健康成长付出自己的心血。宝宝是不同的，你对他们的感情有差异也是人之常情，不必为此而感到内疚。

★ 准父母知识必读

鼓励丈夫多参与到家务与育儿工作中来

现代社会，父亲应积极地参与到家务和养育宝宝的工作中来。不论妻子有没有工作，照料宝宝都是两个人的事。近20年来，心理学家与儿童发展研究专家逐渐发现，父亲分担育儿职责，对儿童的健康成长发育起着重要作用，某些作用甚至是母亲无法替代的。

父母在行为方式上的差异可以互补，宝宝在得到来自于父亲鼓励、推动的同时，也不乏母亲耐心的呵护，这样才能既发挥宝宝的潜力，又能够锻炼宝宝的自理能力。在父母分担育儿职责的过程中，双方也能更了解对方的想法，更理解对方的行为，相应地调整自己的育儿方式。尽到自己作为父亲的职责可是家庭幸福、宝宝健康成长必不可少的哦！

● 给宝宝起个合适的名字 ●

宝宝的名字中寄托了父母最殷切的希望和最美好的愿望。怎样才能给宝宝起一个合适的名字呢？这里有一些方法可供参考：

◎名字中包含着父母共同的希望，让这个希望伴随宝宝一路成长。

◎名字与姓氏要协调，要是感觉疏远又别扭，再好的名字也是不合适的。

◎意义美好的名字如果叫起来不顺口也不合适。起名字时要避免那些叫起来生硬且给人距离感的名字。

◎好听的名字会给人深刻的印象，像爽朗的笑容一样让人舒服。给人明快感的名字叫起来舒服，听起来悦耳。

◎起一个包含多重意义的名字虽然不是一件容易的事，但名字会伴随人的一生，所以尽量给宝宝取一个意义丰富的名字吧。

◎如果家里不止一个宝宝，那么起名字的时候不妨考虑一下，兄弟姐妹的名字中包含相同的字或意义相近，这样不但叫起来顺口，还能加深他们之间的亲密感。

提前了解分娩知识

虽然分娩是一个自然生理过程，但对临近分娩的孕妇来说却是一件重大的事情。尤其是初产妇，非常容易出现复杂的心理变化，对分娩产生不良的影响。对于分娩的担心，甚至恐惧在很大程度上是由于孕妇不了解分娩知识而造成的。所以，在怀孕期间了解必要的分娩知识，对于孕妇和家人减少不必要的担忧，提高自然分娩的安全性有很大帮助。

准妈妈多学习一些分娩知识，对顺利分娩很有益。

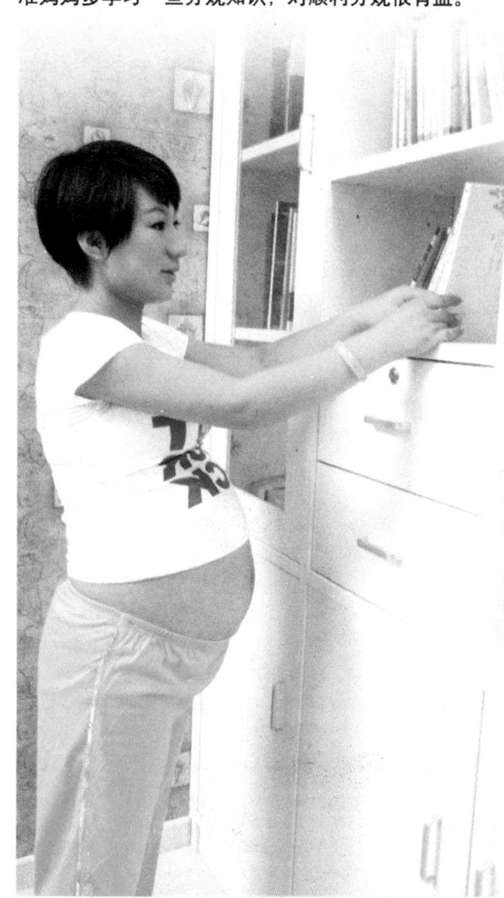

• 分娩的几种方式 •

分娩的方式可分为：阴道分娩和腹部分娩。阴道分娩多为自然的，而腹部分娩（剖宫产分娩）是人为的。

阴道分娩又可分为自然分娩、胎头吸引器助产分娩或产钳助产分娩等。

◎ **阴道自然分娩**。在胎儿、产道、产力正常的情况下，分娩越自然，越符合产妇的生理状况，所以应该首选这一途径。阴道自然分娩，虽经过10余小时的产痛（目前产程中可以用各种方法减轻疼痛），但宝宝一生出，产妇立刻觉得十分轻松，很快就能下地活动，大小便自如，饮食、生活也很快恢复正常。综上所述，在正常情况下还是选择阴道自然分娩比较好。

◎ **产钳、胎头吸引器分娩**。在阴道分娩的过程中，由于各种原因，如胎位不好、羊水异常等，都需要用产钳或吸引器来帮助胎儿尽早地娩出。胎头吸引器助产是利用负压将吸引器固定于胎头，通过牵拉帮助胎儿娩出。产钳是一对设计符合胎头曲线的金属器械，放置于胎头两侧后，向外牵拉将胎儿娩出。

在使用得当、选用合理的情况下，很短时间的牵拉，一般不会对胎儿的头部产生损伤。目前，这种产钳、吸引器助产已多为剖宫产代替了。

◎ **剖宫产**。剖宫产即为切开子宫所在的腹部以及子宫，将胎儿取出的一种分娩

准父母知识必读

剖宫产的利与弊

◎**利**：可避免自然生产过程中的突发状况，阴道不易受到损伤。

◎**弊**：出血较多；并发症较多，包括伤口感染、腹腔脏器粘连及麻醉后遗症等；产后恢复较慢；住院时间较长。

方式。由于现代医学的进步，麻醉、手术的安全性提高，剖宫产已成为很多孕妇采用的分娩方式。

• 分娩的阶段 •

分娩过程从子宫收缩开始，到子宫口开全至胎儿、胎盘娩出。按照产程进展的不同阶段，一般分为三个阶段：

◎**第一阶段**：子宫收缩到子宫口开全，初次分娩一般需要11～12小时。子宫收缩每隔2～3分钟出现一次，每次持续60～90秒。通常是身体、精神最为紧张的阶段。助产士会随时检查子宫口扩张的情况，在子宫收缩间隙的时候，可以在房间内走走，放松一下。在子宫收缩时，可以反坐在靠背椅上，双膝分开，手臂放在椅子靠背上，将头靠在手上。多与助产士交换意见，取得助产士的指导和帮助。

◎**第二阶段**：子宫口开全，产妇有一种急欲生下宝宝的感觉，这完全是一种不由自主的行为。每次子宫收缩的过程中，胎儿的头顶会从阴道口露出，子宫收缩停止，胎头即缩回，这样反复几次，胎儿的头慢慢地娩出直至胎儿身体全部娩出。这时，产妇应该停止用力，开始用力呼吸，让会阴充分扩张，以防严重撕裂。初次分娩一般不超过2小时新生儿就诞生了。

◎**第三阶段**：胎儿、胎盘从子宫娩出，一般需要5～15分钟，不超过30分钟。

面对分娩，丈夫和妻子都要保持良好的心态，这对分娩很有帮助。

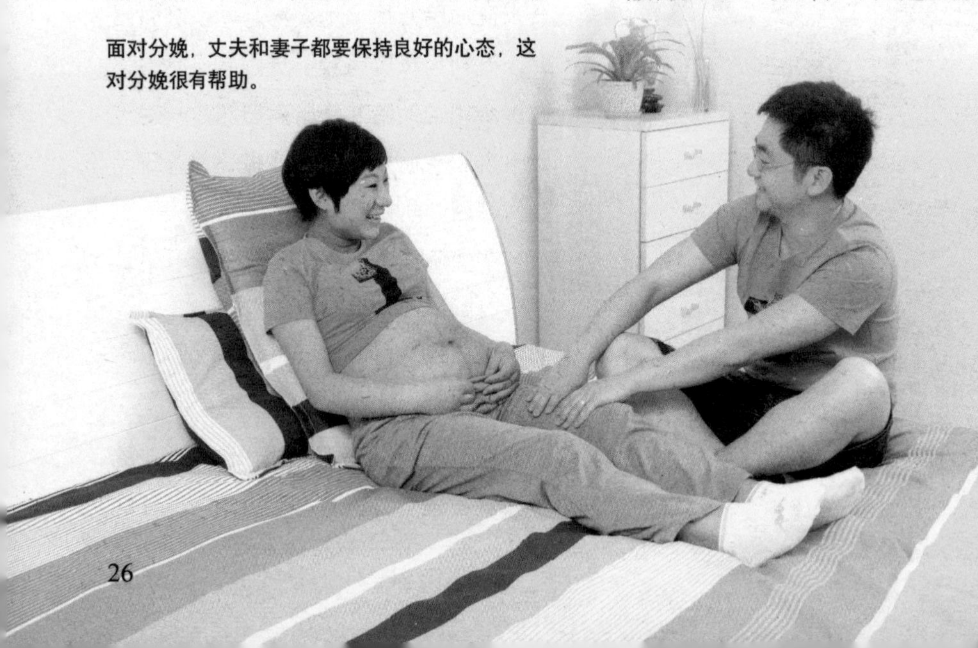

● 正常的分娩时间 ●

分娩所需时间与产妇的年龄、精神状态、是否生过宝宝有密切关系，如果产妇年龄超过35岁，其分娩时间可能就比年轻的初产妇长得多。一般而言，产妇分娩的存在比较大的差异，有的只有3～4小时，有的则长达24小时，但只要母亲、宝宝和产道都没有异常，则属正常现象。

● 决定分娩的要素 ●

分娩是指从临产发动至胎儿及其附属物从母体全部娩出的过程。决定分娩有三个因素，即产力、产道及胎儿。如果这三个因素均正常并能相互适应，胎儿顺利经阴道自然娩出，即为正常分娩。

◎**第一：产力因素**。将胎儿及其附属物从子宫内逼出的力量，称为产力。产力包括子宫收缩力、腹肌及膈肌收缩力和肛提肌收缩力。

◎**第二：产道因素**。胎儿娩出的通道叫做产道，分为骨产道与软产道两部分。骨产道指骨盆，是产道的重要部分。骨产道的大小、形状与分娩关系密切。软产道是由子宫下段、宫颈、阴道及骨盆底软组织构成的管道。平时无论哪里都没有胎儿可以通过的缝隙，可是一旦产期临近，软产道周围的肌肉和韧带就会变软伸开。而且，骨盆的耻骨结合处也会松弛，并稍微张开。这是由于激素的作用。这样的变化，就是为了在怀孕晚期胎儿可以顺利地通过。

◎**第三：胎儿因素**。胎儿能否顺利通过产道，除产力和产道因素外，还取决于胎儿大小、胎位、有无畸形等因素。

● 分娩前会引发的腹痛 ●

分娩前，发育成熟的胎儿对氧气和营养物质的需求量增高，胎盘的供应相对不足，使胎儿肾上腺皮质激素分泌增高，促进雌激素增高。高浓度的雌激素促进子宫强烈收缩，子宫肌纤维缩短，挤压子宫神经末梢和血管，产妇因此会产生腹痛。

● 减缓分娩疼痛的秘诀 ●

当宫缩的间歇时间越来越短，腹痛难以忍耐时，产妇可保持侧卧位，也可取仰卧的姿势，或取坐位或蹲位，均匀地做腹式深呼吸。

腹式深呼吸的要领是当子宫开始收缩时，慢慢地用鼻子深深吸气，使腹部膨胀到最大，然后再慢慢地用嘴呼出气体。注意在缓慢吐气的过程中，不要在呼吸到一半时停止呼吸。做不好时，可用手抱住下腹，拇指与其他四指分开，协助腹部做深呼吸，这样会好一些。尽量地全身放松和缓慢地深呼吸。有时也可做短而浅的呼吸，由于不影响子宫收缩和下腹部的肌肉运动，会感觉比较舒服。还可以配合腹式呼吸，在每次宫缩开始时，用手掌轻轻地按摩下腹部。

• 分娩时的饮食 •

分娩时，产妇能量消耗很大。胎儿娩出以后，腹内压力迅速下降，加之出血，对机体影响很大。因此，产妇在分娩过程中的饮食就显得尤为重要，具体如下：

◎ **第一产程**：从子宫有规律的收缩至子宫口开全。此时由于阵痛，孕妇的睡眠、休息和饮食都会受到影响，精力、体力消耗很大。在阵痛间歇应鼓励产妇吃东西。食物要清淡、稀软易消化，如菜汤、藕粉、蛋花汤、挂面汤、面片、馄饨、面包、饼干、粥等。不宜吃油腻、高蛋白食物，因其在胃内停留时间长，宫缩时会引起胃部不适感或恶心、呕吐等。

◎ **第二、三产程**：宫口开全到胎儿及胎盘娩出。此期间时间短，不宜吃东西。

生产后1～2小时，若产妇有食欲，一般情况还好，可给一些汤类食物，如糖水、牛奶、菜汤、淡鸡汤等，以缓解产妇暂时的饥饿、疲劳，补充产妇的体力消耗。

> 准父母知识必读
>
> **分娩过程中的饮食原则**
>
> 1.少食多餐。
> 2.食物应高热量。
> 3.食物要易消化。
> 4.摄人足够的水分。
> 5.宫缩间歇及时进食以保证体力。

• 丈夫是最佳的陪产人 •

丈夫在产程中给妻子心理和精神上的支持是其他人所不能取代的，并且在促进夫妻感情上有一定的积极意义。丈夫在妻子分娩过程中最主要的是给其一些精神鼓励，陪伴在妻子身边，握住妻子的手，给予抚摩或给予语言上的鼓励和关爱。

• 预产期不等于分娩日期 •

平均来说，妊娠时间从末次月经的第一天算起，约为280天（40周），计算的方法是以末次月经的月、日加9个月零7天，或从末次月经的月减去3个月加7天，所得日期即是可能要临产的日子，称预产期。由于所用280天是一个平均数字，所得的结果只是一个大概的日期，凡是在预产期前后2周以内分娩者都是正常的。

• 胎儿娩出的过程 •

胎儿从母体产出要过三道关：

◎**宫口关**：胎儿借助母体子宫肌肉收缩的下推力和母亲屏气所施加的腹压形成对胎儿的逼出力，首先向产道方向下降，闯过宫口关。

◎**骨盆关**：这是阻力最大的一道关。骨产道既坚硬又曲折，胎儿为适应骨盆内的特点，先将头“俯屈”，以缩小自己占据的空间，便于下降，当前进中遇到狭窄处时，又会“内旋转”，使胎头前后径与稍大些的中骨盆和骨盆出口前后径相一致。胎头用尽全力开始通过骨盆的入口、中段和出口，到达盆底。

◎**盆底关**：由于盆底对胎头的上托阻力，露于阴道口的胎头开始“仰伸”，使额、鼻、口、下颌相继经阴道娩出。胎头娩出后，为与在中骨盆的胎肩取得一致，又进行“外旋转”，随后前肩、后肩、胎体相继娩出。

夫妻二人应提前了解胎儿的娩出过程，为分娩做准备。

根据孕妇的情况选择分娩医院

现在，绝大多数的分娩都在医院进行，所以选择一所合适的医院显得尤为重要。

首先要了解产科医院的类型以及它们各自的特点，再根据孕妇的实际情况从中选择最佳；其次，要了解医院医疗项目和收费情况，做到心中有数，才能忙而不乱。

产科医院大致分三种：综合性医院、妇产科专门医院及私人妇产科医院。分娩前要在正确把握自己情况的前提下选择医院。

如果妊娠过程一切正常，产妇最好去初次确诊的医院分娩。如果妊娠过程中出现异常症状，建议去一家规模较大的医院进行分娩。

• 先了解医疗项目与费用 •

◎**诊疗费、检查费**。各妇产科医院的基本诊疗费差不多。妊娠初期或中期，一个月一次进行定期检查，这时只要支付诊疗费即可。中间增加的超声波检查或羊水检查需要追加费用。

◎**特殊检查费**。预产期临近时还需做各种检查，定期检查的次数也会增多，还有关于产妇或胎儿有无异常的各种检查，如超声波检查、胎盘功能检查、畸形儿检查、通过胎儿监视装置进行的胎儿安全检查等。检查费用虽昂贵，但非常必要。

◎ **分娩费**。入院费和分娩费可能要一起交上。分娩费因分娩方式和分娩时间的不同会有差异。在分娩过程中若出现异常情况而采取措施，费用会相应增加。

◎ **住院费**。根据住院的时间长短支付。

• 综合医院 •

◎ **优点**：规模大，配套设施齐全，而且拥有很多专家，医疗阵营庞大。除妇产科外，还有小儿科、内科、外科、神经外科等，分娩时出现紧急情况可迅速地进行处理。

◎ **缺点**：患者多，等待时间会长于诊断时间。产妇在住院期间需要的各种必需品，包括手纸和产妇用护垫等都要自己准备。

• 专科医院 •

◎ **优点**：与一般综合医院相比，专科医院更专业化。具备以小儿科为中心的大部分医院所用的全部急救设施。产科以及其他与分娩相关的科类都具有较高的医疗水平。具备多样的病房和配套设施。会安排各种有利于孕妇顺利平安分娩的项目。

◎ **缺点**：规模仍然较大，就诊的人很多，需要长时间等候。咨询医生的时间较短，对产妇的细心照料可能会显得不够。

• 私人医院 •

◎ **优点**：环境幽雅舒适，病房设置如家一样亲切。有的医院还会提供宝宝用小褂或产妇专用护垫。可以与护士和医生保持密切联系，孕妇往往能够连续地接受一个医生的诊查。

◎ **缺点**：医疗人员数量及医疗设施有时会受到限制，从而出现异常状态时难以应付（但也不应一概而论，目前有很多私人医院的医疗水平不亚于一般的综合性医院）。

分娩前的住院准备

分娩的一刻终于快要到来了，宝宝也似乎有点儿等不及地给妈妈一个又一个“暗号”，家里人这时都进入了备战状态。不过，最主要的当然是孕妇了。孕妇这时候要保持精神愉悦和身体健康，选择最佳的入院时机，准备好住院的必需品，以最佳的状态迎接宝宝的到来。

• 选择住院的时机 •

孕妇觉得快要分娩时，可以直接去

医院挂急诊。通常院方会先做一些检查，看看子宫收缩频率及子宫颈打开的程度，再决定是否需要住院待产。一般而言，要等到子宫颈开3厘米以上，院方才会安排产妇住院待产。

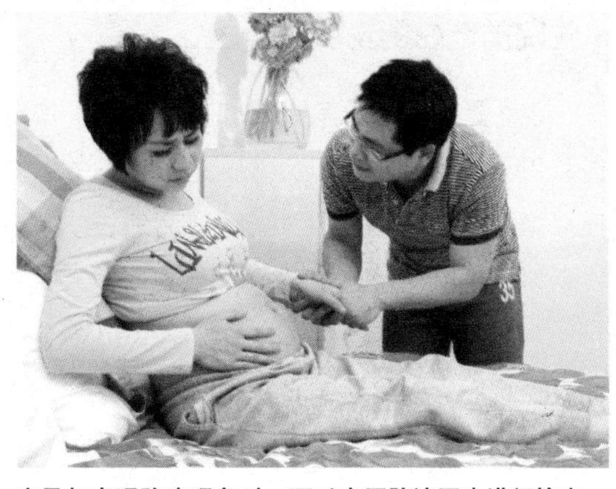
当孕妇出现阵痛现象时，可以去医院请医生进行检查，以确定住院时机。

所以，就算孕妇自己觉得快生了，赶到医院之后，医生也还不一定会安排住院，因此到医院检查时，只要记得携带孕妇健康手册、健保卡、身份证，再加上简单的盥洗用具即可。

• 保持快乐的精神状态 •

临产前要保持心情的稳定，一旦宫缩开始，产程启动，不要乱喊乱闹，因为烦躁不安会消耗体力、延缓产程、增加痛苦。

孕妇的亲友也需与孕妇积极配合，不要给孕妇增加思想负担，如超过预产期还没有分娩迹象时也不要着急，因为很少有人能正好在预产日那天分娩。

要坚定信心，保持快乐的精神状态，相信自己能在医生和助产士的帮助下安全、顺利地分娩。

• 临产前的饮食营养 •

产妇分娩时会消耗很大的体力，因此产妇临产前一定要吃饱、吃好。此时家属应想办法让产妇多吃些营养丰富而又易于消化的食物，如牛奶、鸡蛋、汤面等，为分娩准备充足的体力。切忌什么东西都不吃就进产房。尤其在炎热的夏天，临产时出汗多，不好好进食，更容易引起脱水情况的发生，产妇可选择西瓜汁、葡萄汁等含糖饮食，一方面可以解渴，另一方面其中的糖分可直接供应能量。为了宝宝及产妇自己的健康，临产时注意饮食是很必要的。

• 产前要充分休息 •

分娩前的两周，孕妇每天可能会感到有几次不规则的子宫收缩，经过卧床休息，宫缩就会很快消失。这段时间，产妇需要保持正常的生活和睡眠，要休息好。

• 住院前产妇的物质准备 •

首先是产妇的日常用品，包括内衣、拖鞋、卫生带、卫生纸、胸罩、吸奶器、洗漱用具、食具、点心、红糖等。产妇的生育证、病历、妊娠日记、化验单、特殊检查报告单等也千万不可忘记。另外，宝宝所需的物品也应早做准备。将所需物品集中到提包中，有备无患。

产妇住院携带物品清单：

◎**衣物**：肥大、容易穿脱的睡衣或内衣至少3件。其中，棉质内裤至少4～6件；棉质、宽带、前面或侧面可拉开的胸罩2～3个；棉线袜2双；拖鞋1双。

◎**日常用品**：洗脸毛巾2条；洗脚毛巾、洗下身毛巾2条；小洗脸盆1个（产妇洗下身专用）；牙刷、牙膏、梳子、护肤品等洗漱用具1套；产妇专用卫生巾及卫生纸。

◎**母乳喂养用品**：手动吸奶器；乳头保护天然油脂，预防乳头疼痛；消毒湿巾；乳头保护罩。

◎**宝宝用品**：易穿脱的用柔软的棉布制作的衣服2～3套；被褥、尿布、尿垫或毛巾、卧具。

◎**其他**：餐具1套；塑料或金属饼干桶1个（放置饼干等小食品）；记录纸和笔（产妇或家属住院期间记事用）；零钱若干，手机或电话卡等（便于产后在医院与家人的联系）。

准妈妈最好将临产前需要准备的物品都准备好，以免忙中出错。

为迎接宝宝的到来做好其他准备工作

有些父母直到宝宝出生后才开始准备东西，认为这样对分娩比较有利。其实，事先把东西准备好可以减轻生产后的许多负担。对于准妈妈来说，因为此时怀孕早期的不适已经成为过去，行动还比较方便，精力也较充沛，正是采购宝宝用品的大好时机。准爸爸也要协助妻子做好充分的物质准备。

合理设置居住环境

有条件的父母早在宝宝出生以前就给他准备好了属于他的婴儿房，配备了各种宝宝用品，也有些父母受条件的限制只能让宝宝跟自己住一间。但不管怎样，父母都要注意宝宝居住环境的合理设置，让他健康、安全地成长。

• 居室朝向 •

房间的方位在东方为好，因为光的能量能够充分进入室内，白天与黑夜的区别也比较明显。宝宝的房间向阳，阳光中的紫外线可以促进维生素D的形成，可预防患宝宝佝偻病，但应注意避免阳光直接照射宝宝的脸部。

• 室内的温度及光照 •

室温并不是非要保持到某个固定温度，才能使宝宝生存下去。如果室温高，可以少穿点儿；如果室温低，可以盖上被子等。有的育儿书上写道，对宝宝来说室温应保持在20℃，湿度应保持为50%等，对此不要过分介意。冬天一般室内都有暖气或者取暖工具，除了早产儿以外，就没有必要多为宝宝单独准备一个特殊的房间。房间的照明灯最好为柔和的光线，显得温馨体贴。

• 空气质量 •

要经常通风，保持室内空气新鲜，通风时注意风不要直接吹着宝宝，外面风太大时应暂不开窗。为了保持居室空气新鲜，应用湿布擦桌面，用拖把拖地，不要干扫，以免尘土飞扬，更不要在屋里吸烟，以减少空气污染。

• 床的摆放 •

婴儿床应该独立摆放，放置在房间的中央，便于大人在周围呵护，也有利于宝宝的成长。头北脚南的位置特别适合初生宝宝。也可紧挨着墙，或者放在离墙50厘米左右的地方，避免宝宝跌落后因夹在墙壁和床之间而发生窒息。在床下最好铺上地毯，这样即使宝宝跌落后也不会碰伤头部。

为宝宝选择合适的婴儿床和床上用品

新生儿一天中的大部分时间都是在睡眠中度过的，所以，床上用品对他们来说显得太重要了。给宝宝选择合适的床上用品，让他在温馨、舒适的小床上度过他一生中最初的时光可是父母的心头大事。面对琳琅满目的各类床上用品，爸爸妈妈可要擦亮眼睛了，首先要知道买什么，其次要百里挑一，贵的不一定最需要，合适的才是最好的。

• 婴儿床 •

婴儿床是确保宝宝安全的地带。

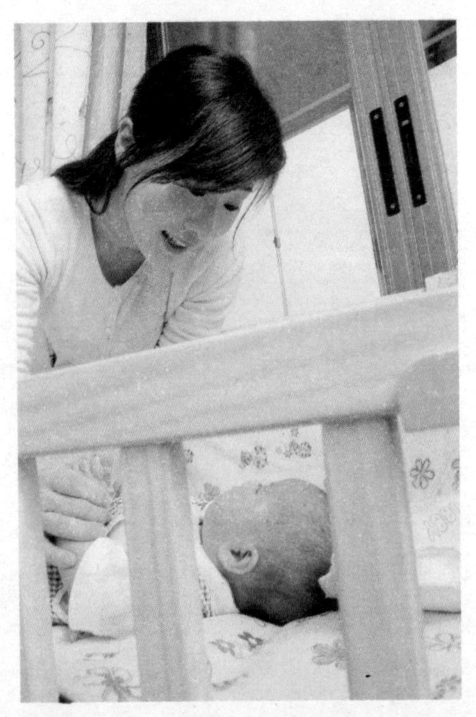

让宝宝在温馨、舒适的小床上度过他一生中最初的时光。

婴儿床的栏杆最好是能上下调整的，这样，即使宝宝长大了也可以用。栏杆要保持一定的高度。另外，栏杆之间的距离不能过大，也不能过小。注意不要夹住宝宝的头和脚。为了防止宝宝头部受伤，婴儿床最好用木制的。

有的婴儿床会涂有各种颜色，如果涂料中含有铅的话，当宝宝用嘴去咬栏杆时，就有可能发生铅中毒的危险。宝宝发生铅中毒以后，会出现贫血。所以最好不要买涂有颜料的婴儿床。

• 被褥 •

宝宝用的被褥最好是用棉花做的。因棉花透气性好，被太阳一晒，柔软而蓬松，也容易吸汗。

非常松软的新褥子会使宝宝的身体陷进去，导致脊柱弯曲而不利于睡眠。可以用大人用过的褥子，将其折叠起来给宝宝用。虽然褥子用旧的好，但被子还是用新的、轻的为好。

• 床单 •

床单需要准备3～6条。如果一开始用的是摇篮，就可以用尿布当床单。如果用比较大的床具，则最好使用弹力棉床单，因为它容易洗、干得快、垂感好，而且不用熨烫。

防水床单最受欢迎。因为这种床单不易打卷，也不易滑动，所以不会使下面的床单露出来。它透气性强，一般没有必要再在它上面加垫子，这样就可以少洗很多单子和垫子。但天热的时候需要再加一个垫子以增强宝宝身下的透气性，准备两床为宜。防水床单最好大一点儿，使4个边可以掖到床垫下面，防止床垫的四边被宝宝尿湿。

● 尿垫 ●

如果你使用的是普通防水床单（不带绒布面），就需要在上面垫上有填充物的垫子，以便吸收湿气，增强宝宝体下的空气流通，否则宝宝的皮肤就会又湿又热。准备3块以上尿垫为宜。

● 毯子 ●

毯子通常由丙烯酸或者聚酯棉制成，既容易洗又不会引起过敏反应。长方形的编织披巾是最便于给宝宝使用的。一定要保证毯子上没有线头，以防缠住宝宝的手指头或脚指头。不要把毯子系起来，只给宝宝留一个洞，这样有使宝宝窒息的危险。薄棉毯不太保暖，但很适合包裹宝宝，使他不会把盖在身上的东西蹬掉，还会使宝宝有被抱着的感觉，从而安心入睡。

● 枕头 ●

宝宝不一定要用枕头，因为吐奶和打嗝会不断弄湿枕头。如果非要用的话，让宝宝用毛巾折叠的枕头试试看，如果宝宝感觉舒服，就不需要专门制作枕头。

宝宝的衣物选择要点

“人靠衣装马靠鞍”，小宝宝穿上衣服显得特别可爱，可是，父母们可不要急着给宝宝打扮，因为对他来说，衣服的舒适度才是最主要的。宝宝的衣服以冬天保暖、夏天凉快、穿得舒服、不会影响生理功能（皮肤的出汗、手脚的运动等）为原则。尽量选择装饰品少的、袖口宽的衣服给宝宝穿。

● 睡袋 ●

睡袋就像一件长睡衣，它有袖子，但是脚下是封口的。而且宝宝长大后不合适的话还可以在脚下和肩上向外放大。

● 衬衣 ●

衬衣有3种类型：套头式的、侧开口的和单片式的。小宝宝腿脚伸不直，所以适合使用侧开口的。衬衣不要准备得太多，因为宝宝长得很快。贴身衬衣要用柔软的棉织品，接缝尽量要少，要尽可能选颜色浅的。

● 连衣裤 ●

连衣裤白天晚上都可以穿。它的拉链从脖子口起，顺着一条腿或者两条腿一直拉到底。也有的是使用摁扣的。加长拉链拉的时候要特别小心，避免夹到宝宝的皮肤。还要常常检查裤腿里面，看是否有头发，以免缠住宝宝的脚指头而造成宝宝疼痛。

● 套头衫 ●

当宝宝睡醒时用套头衫穿在别的衣服里面或者外面，给宝宝保暖。要选择领口宽松的，如果是肩上开口的，则摁扣一定要结实。领口后有拉链的那种也可以。

● 帽子 ●

天气比较冷的时候，外出时就要给宝宝戴一顶编织帽，捂住他的耳朵。在比较寒冷的房间里睡觉时，也应该给宝宝戴帽子。这时的帽子不能太大，否则，在宝宝睡觉移动时，容易盖住他的脸。

● 连体衫 ●

它是一种带拉链的口袋，宝宝穿上以后只露出头和脖子。它通常还附带一个连体帽。购买时一定要选择中间有洞口的那种，以便乘汽车时宝宝坐兜上的搭扣可以伸进去。

● 鞋袜 ●

不要急着给宝宝穿毛线鞋子或者袜子，至少要等到他会坐起来，并且能在比较冷的房间里玩耍的时候才需要穿。

无论给宝宝选择什么样的衣服，舒适度都是最主要的！

为宝宝准备合适的尿布

尿布是新生儿的必备用品，有几种不同的尿布可供父母选择。传统的棉尿布非常舒服，但洗起来很麻烦；一次性纸尿布很方便，但经常是一打一打地用，消耗较大。面对不同的尿布，父母要了解他们的优缺点，从而根据自己的家庭及经济情况为宝宝准备尿布。

● 棉尿布 ●

◎**优点**：纯棉特有的舒适、透气性是棉尿布的一大优点。宝宝柔嫩的小屁股裹上软软的棉质尿布，会感觉很舒服。不过，最重要的还是棉尿布价格较低，而且可以重复使用，既经济又实惠。另外，老人通常比较喜欢棉尿布，如果家里有老人带小孩，千万别忘了多准备一些棉尿布。
◎**缺点**：棉尿布尿湿一次就必须更换，所以要准备很多。而且妈妈要时刻注意宝宝是不是尿尿了，是不是要换尿布了，大人宝宝都休息不好。而且棉尿布洗起来比较麻烦，晾晒也是个问题，碰到接连几天下雨或阴天，就更糟糕了。

● 一次性尿布 ●

一次性尿布使用很方便，但长期使用则比较贵。它们容易使用，可折叠，并且不需要别针和使用塑料衬裤。它有两种类型：两件套的是一个吸水垫插在一只特殊设计的塑料衬裤之中；一件套的是一个塑料的外表面和里面有一吸水内层，可调扣带，能保证它的大小合适。一次性尿布有能伸缩、高弹性的裤腿以防泄漏，并且分男孩和女孩，根据出生月数有不同类型。
◎**优点**：不用洗和晾，不需用别针或塑料衬裤，这就没有了别针刺伤宝宝的危险。多在旅行时使用。
◎**缺点**：只能使用一次。长期使用较贵，产生生活垃圾。绝不要把它们从马桶中冲下去。

● 手帕 ●

可以用一条洗脸毛巾蘸着水和肥皂给宝宝擦洗屁股。如果觉得手帕使用方便，就要选择不带药物和香水的。因为含酒精、其他药物和香水的手帕有时可能会引起皮疹。

● 尿布单 ●

尿布单铺在尿布的上面。尿布单种类很多，有天然纤维的，也有合成纤维的，它们在价格和吸水性能上都有区别：有套在尿布上的，有用摁扣扣住的，还有自动松紧的。它的4个边有带皮筋的松紧织物，非常柔软，摩擦皮肤时也不会产生刺痒。只要宝宝接触尿布的皮肤正常，尿布单就可放心使用。使用时要注意不要让尿布单缠住宝宝的腿。

尽量为宝宝选择天然护肤品

新生儿的皮肤非常娇嫩，父母在选择护肤品时要十分小心，一定要了解宝宝需要什么样的护肤品，以及各种护肤品的使用时间和使用方法。无论是哪种护肤品，其成分都应尽量天然为好。

• 沐浴露 •

应选择由天然油脂制成的没有刺激性的宝宝专用沐浴露，不会伤害宝宝的稚嫩肌肤，并含有丰富的蛋白质。不要使用宝宝香皂和除臭香皂，容易引起皮疹。对于皮肤容易过敏的宝宝要使用有针对性的沐浴露。3个月以下的宝宝应少用一些沐浴露，如三次澡中用清水洗两次，最大限度地减少对宝宝皮肤的刺激。

• 棉球 •

在沐浴的时候，棉球可以用来给宝宝擦眼睛。纱布块比较好，不容易在宝宝的眼睛上留下碎渣。最好为宝宝购买宝宝专用的天然海绵，干燥时坚硬成型，遇水后立即变软。

• 护肤水 •

如果宝宝的皮肤不干燥，就不一定要使用护肤水。要选择含天然成分的宝宝专用护肤水，无色无味的护肤乳和护肤水既好用又便宜，不要用成人的护肤水。使用前最好先在宝宝的皮肤上小范围地试用，确定宝宝不过敏之后再使用。

• 护肤油 •

宝宝护肤油多数是由矿物油制成，用于干性或正常皮肤的保护，也可用于尿湿引起的皮疹。但矿物油本身也能使某些宝宝产生轻微的皮疹，所以，最好先试用一段时间，看它是否适合宝宝。

• 油膏 •

含羊毛脂和矿脂的油膏可以在宝宝出现尿疹的时候涂擦，用来保护皮肤。

• 指甲剪 •

选购宝宝指甲剪需要注意两个要点：

◎选用不锈钢材料制成的指甲剪，经久耐用，不会生锈，安全性高。

◎指甲剪外面包层塑料外套，以此保护宝宝的小指甲不被伤害。

另外，也可以选择指甲刀，对有些妈妈来说，指甲刀也许更好用，而且不容易伤到宝宝。

喂奶用具的选择必不可少

无论将来打算母乳喂养还是人工喂养，奶瓶、奶嘴等喂奶用具都是必不可少的东西。在宝宝出生前父母就应了解这方面的知识，知道各种奶具的使用方法，注意消毒等事项，为宝宝将来的饮食做好准备。

● 吸奶器 ●

所谓吸奶器，指的是用于挤出积聚在乳腺里的母乳的工具。一般是适用于宝宝无法直接吮吸母乳的时候，或是母亲的乳头发生问题，还有像尽管在坚持工作，但仍然希望母乳喂养的情况。吸奶器有电动型、手动型。另外，母乳可能从两侧的乳房同时流出，所以吸奶器还有两侧乳房同时使用，以及单侧分别使用两种类型。实际使用时，只要挑选适合自身情况的产品就可以了。挑选吸奶器的要点：①具备适当的吸力；②使用时乳头也没有疼痛感；③能够细微的调整吸引压力。

★ 准父母知识必读

吸奶器的使用方法

1.在吸奶之前，用熏蒸过的毛巾温暖乳房，并进行刺激乳晕的按摩，使乳腺充分扩张。
2.按照符合自身情况的吸力进行吸奶。
3.吸奶时间应控制在20分钟以内。
4.在乳房和乳头有疼痛感的时候，停止吸奶。
5.两侧的乳房都要吸。

● 奶瓶 ●

奶瓶分为PC（聚碳纤维）及玻璃两种，PC奶瓶轻且耐摔，玻璃耐高温易消毒。建议妈妈们一般至少要购置1只玻璃奶瓶和1只PC奶瓶。玻璃奶瓶适合妈妈拿着喂，PC奶瓶在外出或宝宝大些时可以自己拿着喝。一般普通的奶瓶售价在10元左右，稍贵的价格从20多元至30多元不等。

● 奶嘴 ●

奶嘴分为很多种。父母要鼓励宝宝用力去吸奶，所以选择的时候并不是奶嘴洞越大越好。如果奶嘴洞太大，宝宝吃奶的时候很容易呛着。选择奶嘴主要是看宝宝的食量。

通常奶嘴分为小圆孔，就是慢流量的；还有中圆孔，是中流量的；还有大圆孔，就是大流量的；还有一种是十字孔，流量是最大的。一般来说，小圆孔的奶嘴适合刚出生的宝宝，中圆孔的适合用来喝水和牛奶，那种大圆孔和十字孔奶嘴一般是用来喝果汁和米粉这些流质食物的。

● 围兜 ●

要防止宝宝的口水或者吃的食物弄到衣服上，可以给他戴个圆形的小围兜。围兜可以是塑料的、尼龙的或者毛圈的，也可以是这三种材料搭配制成的，围兜的颈口必须用布带子扎。使用毛圈围兜时，如果上面有干净的边角，还可以拿它给宝宝擦嘴。

● 调奶用具 ●

有刻度的度量杯是调奶工具。也可以使用任何有刻度的量杯，然后倒入容积为1升的平底锅、壶或者罐子里调制。此外，还需要一把用来搅动的长柄勺、一套调制淡炼乳用的量勺、一把冲压式起子和一把打蛋器。

● 消毒器具 ●

消毒时需要一只桶或一只锅，也可用一只带盖子的烤炉。它们的体积最好是高20.3厘米、直径22.8厘米，以便将8个奶瓶垂直摆放在铁丝筐里，一起放进这些容器里。市场上可以买到放在炉子上加热的消毒器，也有能自动断电的电消毒器。还有用来夹热奶瓶的夹子。刷碗机的温度也足以用于奶具的消毒。

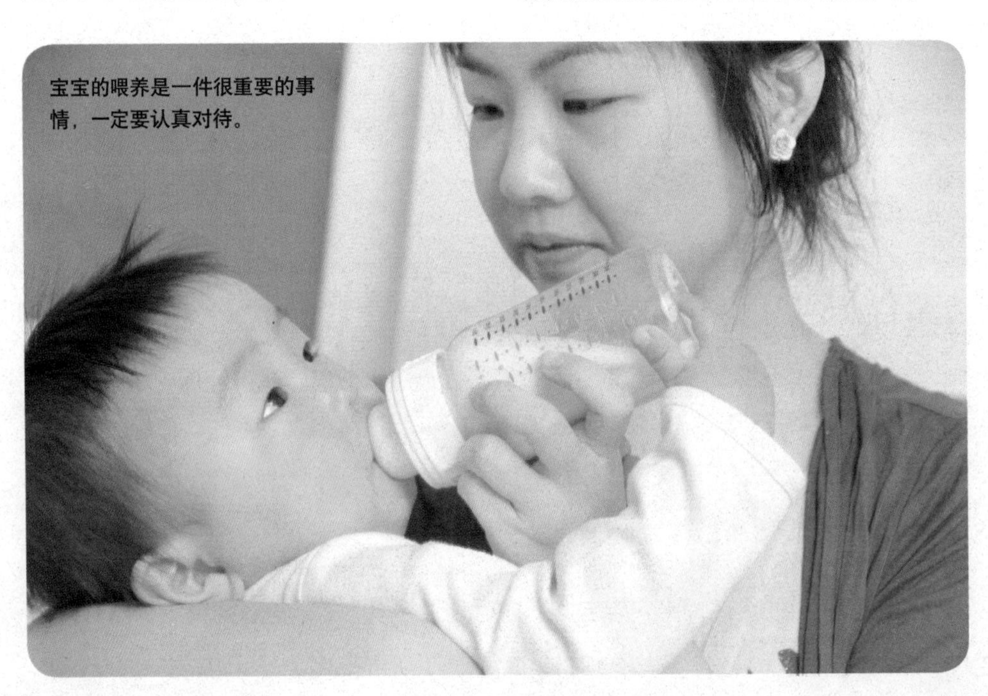

宝宝的喂养是一件很重要的事情，一定要认真对待。

0~1周新生儿护理

在家人的期盼下，新生命终于平安地来到了这个世界。在小宝宝的第1周里，他的身上会产生许多奇特的变化，不过新父母们不用担心，事先弄明白是怎么回事就不会瞎着急了。这一周新父母们会遇到许许多多的第一次，特别是母亲，其实在初为人母的第1周里，母亲也可以远离焦虑，做一个快乐的新妈妈。

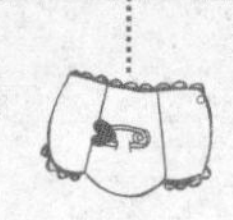

宝宝出生了

随着一声响亮的啼哭，小生命向父母宣告了他的来临，妈妈爸爸和等待在外的家人终于松了一口气，可这时才是忙碌的开始。新生儿首先要通过应急处理除去身上的异物、剪断脐带，洗完澡后还要在医院进行各项身体检查。当爸爸妈妈第一眼看到自己的宝宝之前，其实对他已经做了好多事情了。第1周里，刚脱离母体的小宝宝还要经过一系列身体上的变化，对于这些变化，父母们都要提前做好思想准备。

新生儿出生后的应急处理

新生儿刚出生的时候可不像后来看到的那样可爱，瘦瘦小小的不说，身上还有羊水和各种异物，脐带也没有剪断，真是邋遢得很。所以，宝宝一出生就要立刻进行各项应急处理，包括异物的清理、剪断脐带以及消毒和洗澡。完毕之后，宝宝就能干干净净地和妈妈见面了。

• 异物的清理 •

胎儿生活在母体期间通过脐带吸收氧气和营养物质。在母体内，即使羊水、胎粪等异物进入胎儿肺部也没什么大碍，但胎儿娩出母体后，嘴、气管、食道等处的羊水或异物会妨碍宝宝呼吸，必须立刻清除干净。具体做法是，用细长的管子将宝宝肺部的异物吸出，这个过程不是一步就能完成的，在宝宝自己呼吸后仍然要继续进行。小宝宝被送往新生儿室后，医护人员会放低其头部，持续观察几个小时，确保异物全部清除干净。

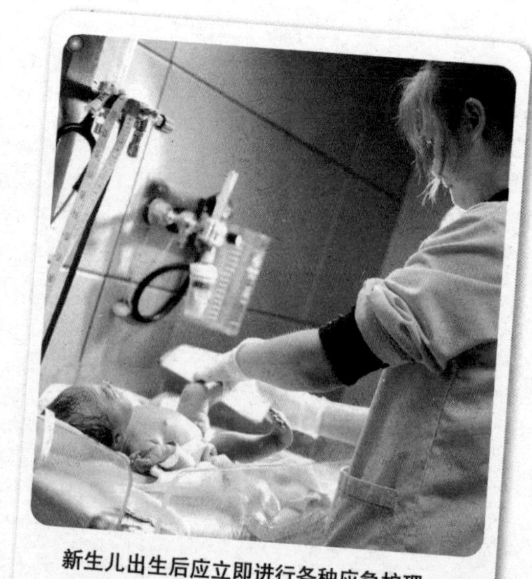

新生儿出生后应立即进行各种应急护理，这关乎着宝宝的身体健康。

• 剪断脐带 •

胎儿娩出母体后，首先要将脐带

留长剪断。将母体一侧的脐带和胎儿的脐带结扎，并在中间处剪断，留长的脐带可在以后的处理中剪短。剪断后用塑料夹夹起，并进行消毒，然后用脱脂棉包好。刚剪下的脐带富有弹性，呈现白色，几天后会变干、变黑，1周后会自行脱落。脐带剪断后要涂上消毒药。

● 为新生儿洗澡 ●

应急处理措施完成以后，新生儿会发出第一声啼哭并开始呼吸，这时应将他在母体中沾上的胎脂或娩出产道时沾的血迹擦干净。洗澡后再次给脐带消毒，用裹被包好后，新生儿就可以与妈妈见面了。

● 进行眼部消毒 ●

大部分宝宝都是闭着眼睛来到这个世界的。只要将他们眼皮上的异物清除干净，小宝宝就能睁开眼睛看这个世界了。新生儿出生经产道时，细菌有可能污染眼睛，所以要及时点眼药水。进行眼部清洁时，应用消毒棉球、洁净水从眼内向外轻轻地擦拭。

● 盖脚印 ●

盖脚印做新生儿的印鉴图章。将出生时间、身高、体重等基本信息记录在宝宝的足文表中。

妈咪育儿小窍门

新生儿体检的重要性

婴儿一出生就要在医院进行一次仔细的身体检查，包括身体异常检查、健康状况检查、口腔内检查、头部检查等，项目虽然多，但对宝宝今后的健康成长是很有必要的。在检查中若发现异常情况可以及时做出处理，避免以后因为治疗不及时而产生遗憾。

新生儿体检的检查项目

在分娩室中做完应急处理后，宝宝被送往新生儿室。在此之前务必要观察新生儿是否有异常症状。首先要检查身体表面是否有异常，然后通过基本检查，看他的心脏跳动是否正常，呼吸是否规则等，以此确定宝宝的健康状况。

◎**身体异常检查**：应急处理结束后，宝宝就可以自己呼吸了。这时要确定他的身体没有任何异常。检查的内容包括：肛门是否通畅，耳朵是否正常，头部是否有肿块，颈部是否因生有肿块而歪斜，生殖器官是否发育完全，腿长是否有异常等。

◎**健康状况检查**：通过基本诊查来确定新生儿的心脏跳动是否正常，呼吸和体温是否正常。特别是通过血液检查来判断是否有导致精神衰弱或身心障碍的异常因素以及新生儿的血型等。如果新生儿除了啼哭外没有任何表达意思的方式，医生就应该用手或通过血液检查来确定宝宝是否有异常症状。

◎**斜颈检查**：仔细观察新生儿躺着时的样子，可能会发现他的头部向一侧歪斜。这种症状称为“斜颈”，它是因为新生儿颈部生有肿块导致的。在医院里，斜颈儿经过简单的物理治疗就可以恢复正常。检查斜颈时可以用手轻轻抚摩颈部，看是否存在硬块。

◎**口腔内检查**：用手指掰开宝宝的口，查看其舌头、牙龈、上颌是否形成，口内是否有损伤等。例如，有的宝宝舌根部位与下腭相贴。若出现这种情况，检查出来通过手术可以使之恢复正常。

◎**头部检查**：由头顶向四周轻轻抚摩，检查宝宝头部是否有肿块或其他异常症状以及胎儿头部娩出产道时是否因会阴切开手术而受伤。头部是身体的重要部分，及早发现异常是非常重要的。

◎**耳朵检查**：用眼睛观察，用手抚摩新生儿两侧的耳朵是否有异常，耳朵眼是否通畅，耳郭形状有无异常等，用手仔细抚摩一遍就可以了。

◎**股关节检查**：用手撑开宝宝的两腿，查看腿长是否一致，撑开后的腿形是否正常。若股关节发生脱臼，两腿长度就会不同，张开的腿形也会不自然。

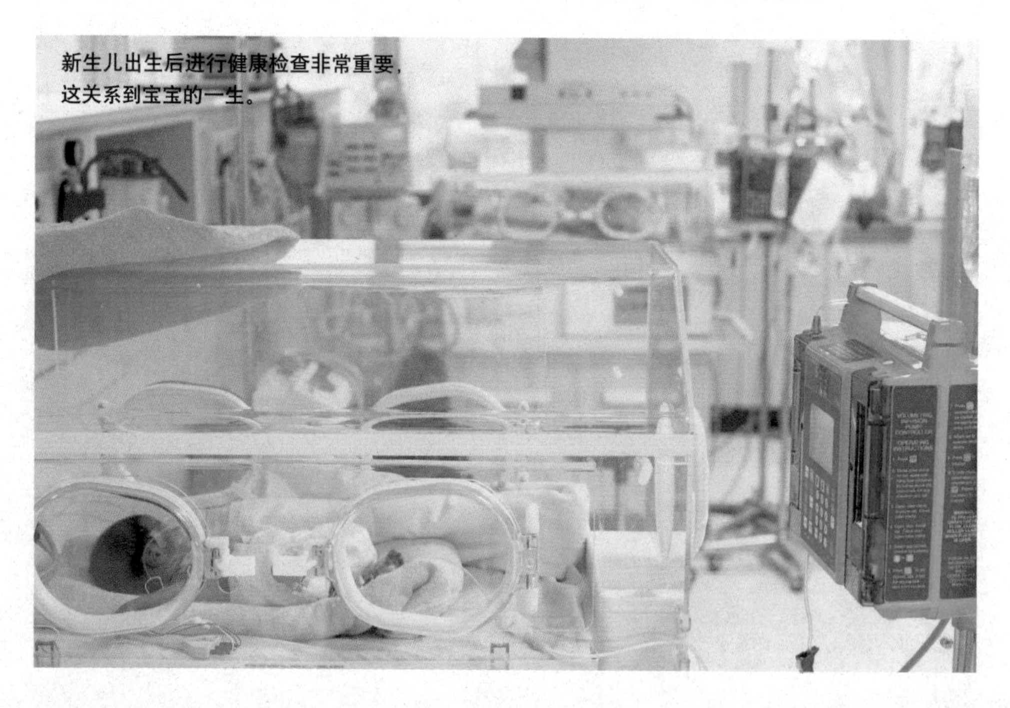

新生儿出生后进行健康检查非常重要，这关系到宝宝的一生。

◎ **肛门检查**：排泄是宝宝出生后不久就能开始的一种新陈代谢形式。用手指轻轻插入宝宝的肛门部位查看肛门是否通畅。若肛门出现异常，应立即通过手术进行处理。排泄功能正常与否与健康的关系紧密，因此要仔细检查。

◎ **生殖器检查**：检查生殖器官是否发育正常是检查步骤中重要的一步。如果是男孩，就要检查阴囊，用眼睛查看左右两侧大小是否有差异，若差别较大就是异常。如果是女孩，则要检查外阴唇和小阴唇是否协调。

◎ **先天性代谢检查**：没有新陈代谢的必要酶或酶较少可能会引发精神衰弱或身心障碍等疾病。先天性代谢疾患检查在产后2天进行。如果早期未发现并治疗此类疾病，就可能引发脑障碍或生长障碍。住院期间，新生儿要进行整体部位检查，以便及时发现症状。

◎ **新生儿黄疸检查**：当血中胆红素量过多时，皮肤呈现黄色，即称黄疸。黄疸出现在新生儿阶段，称为新生儿黄疸。新生儿由于肝内酶活力不足，肝功能不健全等因素，出生后2～3天开始面、颈部、继之躯干及四肢轻度发黄，但全身情况良好，7～10天逐渐消退，称生理性黄疸，不需任何治疗。但有些病理情况也可引起新生儿黄疸，如溶血病、早期感染等。如果黄疸出现得过早（生后24小时以内）、过重、消退时间延迟、黄疸退而复现，日益加重就不是生理性黄疸，必须去医院检查。

新生儿特有的生理现象

新生儿时期的宝宝会有一些特殊而又正常的生理现象，却往往引起年轻父母的焦虑和恐慌，造成不必要的麻烦，对宝宝产生不利。父母要事前了解这些情况，做到心中有数，从容应对，让宝宝健康成长。

● 乳房肿大 ●

男女足月宝宝均有可能发生。生后3～5天出现，乳房如蚕豆到鸽蛋大小，这是因为母亲的黄体酮和催乳素经胎盘至胎儿，出生后母体雌激素影响中断所致，多于2～3周后自行消退，不需处理，更不能用手强烈挤压，否则可能导致继发感染。

● 口腔加厚 ●

新生儿及宝宝口腔颊部有坚厚的脂肪层，俗称“螳螂嘴”。这种结构便于吸牢乳头，有利于吸吮动作的进行。随着宝宝长大，它会逐渐消失。2～3个月后会自然消失，不影响吃奶。千万不能强行割“螳螂嘴”，以防感染。

• 脱皮现象 •

出生后从浸在羊水中的湿润环境转变为干燥环境，新陈代谢旺盛的新生儿，其表皮角化层成为皮屑脱落。由于新生儿表皮与真皮之间的组织不够紧密，腕关节、踝关节等褶皱部以及躯干部在出生2～3天后还可能出现脱皮现象。

• 脱发症状 •

新生儿的枕部，也就是脑袋跟枕头接触的地方，出现一圈头发稀少或没有头发的现象叫枕秃。引起枕秃的原因有多方面，可能是妈妈孕期营养摄入不够，也可能是枕头太硬，甚至是缺钙或者佝偻病的前兆，不过大多数新生儿的枕秃往往是因为生理性的多汗、头部与枕头经常摩擦而形成的。

• 新生儿的语言——啼哭 •

啼哭是新生儿的语言。健康的啼哭声抑扬顿挫、不刺耳、声音响亮、节奏感强，常常无泪液流出，每日4～5次，每次时间较短，不影响饮食、睡眠、玩耍。宝宝啼哭时，大人用同样的声音回应，他就会停一下，先听听是谁的声音，然后再继续啼哭，但这已经不是真的啼哭了，只是用同样的口形发出声音而已。这就是宝宝的自主发音，是以后有意发音的起步。出生后20天左右，宝宝睡醒时，如果高兴就会“咿呀，啊啊”地发音自娱。

• 笑的发育 •

在新生儿的脸上，能看到浮露在嘴角的奇妙的笑。它在新生儿一出生就出现了，这种最初的笑，即使没有外来刺激也会出现，所以也被称自发性或内向性或反射性微笑。在出生后的第三周的宝宝脸上，可以看到由人声、铃声和笛音引起的微笑，这就是所谓的“诱发性微笑”。这时的父母可能会注意到宝宝越来越爱看大人的脸，最吸引他的是从发际到眼睛这个部位。这种新的兴趣是真正社交性微笑的一种准备。可以从新生儿的笑中判断他的健康和舒适状态。

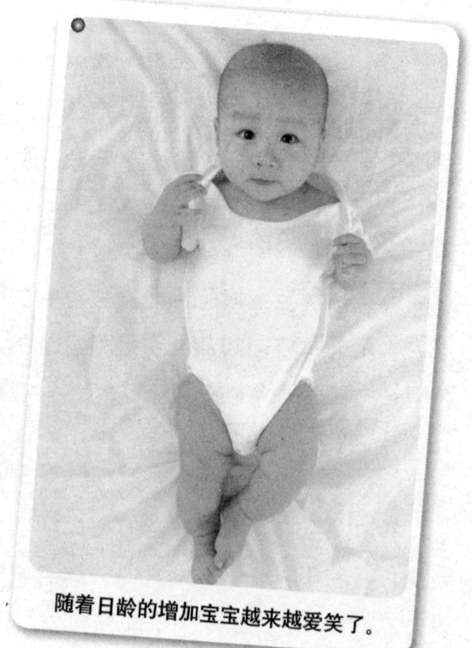

随着日龄的增加宝宝越来越爱笑了。

母乳喂养：为新生儿提供最适合的食物

关于乳汁分泌

怀孕过程也是乳汁分泌的准备过程，所以准妈妈要在怀孕的时候摄取丰富的营养。分娩后，妊娠过程中促进乳腺发育的黄体急剧降低，而促进乳汁分泌的激素水平增高，促使乳汁分泌。乳汁分泌后，乳腺细胞周围的肌肉收缩，将乳汁输送到乳头。宝宝吮吸乳头也会促进激素分泌，从而使乳汁分泌增多。母乳在产后2～3天呈现浅黄色，之后慢慢变为乳白色。

母乳喂养的益处

现代医学证实，母乳是母亲给予宝宝的最理想的天然食物，它不但维护了宝宝营养的均衡，是增强宝宝免疫力及抵抗疾病的最佳方式，而且还可以降低女性乳腺、卵巢肿瘤及缺铁性贫血等疾病的发生率，也是女性保持健康的体现。更重要的是，母乳喂养能促进宝宝大脑和智力的健康发育。母乳喂养是母婴情感的纽带，也是宝宝要求食物、关爱与健康的保障。

母乳喂养的益处具体如下：

◎母乳营养成分丰富，含有适合宝宝生长发育所需要的各类营养要素，而且随着宝宝月龄的增长，母乳的营养成分比例也会随之改变而与宝宝的需要相适合。

◎母乳的温度适宜、清洁卫生、无菌，并可随时供给宝宝，不受时间、地点的限制，既经济又方便。乳房里的母乳不会变质，永远是新鲜的。而且宝宝越吸空，乳汁分泌就越多。

◎母乳喂养有助于母婴的感情交流。通过哺乳，宝宝能听到他在宫内已听过的母亲的心跳声，感受到母亲和肌肤之亲，能闻到母亲肌肤的香味，这对于稳定宝宝情绪和身心的健康发育有很大好处。此外，母亲自己喂奶，还能及时照顾宝宝的寒暖、

妈咪育儿小窍门

母乳中的营养物质

1.蛋白质和脂肪，比牛奶中所含的蛋白质成分更易被婴儿吸收；另外还有乳糖、维生素、铁、水分、钙、磷等。

2.抗感染的活性白细胞、免疫抗体和其他免疫因子，尤其是初乳含有大量免疫球蛋白，这些免疫物质就像抗生素一样，可以保护婴儿免受细菌感染，不易发生肺炎等疾病。

3.乳铁蛋白，它能阻止那些需铁的有害细菌生长。

发现异常，以便及早治疗。

◎母乳喂养有利于母亲健康。母乳喂养不仅能促使产后子宫复原，还可降低乳腺癌和卵巢癌的发病率。

各阶段母乳营养成分的变化

母乳分为初乳、过渡乳、成熟乳及前奶、后奶几个阶段，各个阶段的母乳其营养成分都有所不同。初乳的营养价值很高，对宝宝的健康非常重要，千万不可弃之不用。

◎**初乳**：产后7天内所分泌的乳汁称初乳，由于含有β-胡萝卜素而呈黄色，由于含蛋白质及有形物质较多而质稠，开始3天内乳房中乳汁尚未充盈之前，每次喂乳也可吸出2～20毫升初乳。初乳中含蛋白质量比成熟乳多，尤其是分泌型igA，曾被称为出生后最早获得的口服免疫抗体。

◎**过渡乳**：产后7～14天所分泌的乳汁称过渡乳。其中所含蛋白质的量逐渐减少，而脂肪和乳糖含量逐渐增加，是初乳向成熟乳的过渡。

◎**成熟乳**：产后14天后所分泌的乳汁称为成熟乳，实际上要到30天左右才趋稳定。

◎**前奶**：前奶是在一次哺乳过程中先产生的带蓝色的奶，含大量水分，能提供丰富的蛋白质、乳糖、维生素、矿物质和水，以及具有抗癌能力的免疫球蛋白。

◎**后奶**：后奶是在一次哺乳过程中产生的较白的奶，后奶含有较多的脂肪，看起来颜色比前奶白，这些脂肪提供母乳喂养的大部分能量。

母乳喂养需要掌握的要领

母乳喂养不是一件简单的事，并不是让宝宝把乳头含在嘴里就可以了，母亲要掌握新生儿对母乳的需要量，喂多喂少对宝宝的健康都不利。还要掌握喂奶的时间，尽量早开奶。要尽量多学习关于母乳喂养的知识。

哺乳期间新妈妈要保持心情愉快，这样才有利于乳汁分泌。

掌握宝宝需要的乳量

从解剖学上来看，所有母亲都适合喂养她们的宝宝。就身体而言，母亲是完全能够喂养她的宝宝的。乳房的大小和可产生的乳汁量多少无关，乳量取决于宝宝的摄食量有多少。宝宝摄食的乳量越多，母亲的乳房产生的乳汁量也就越多。

新生儿需要的乳量为：每450克体重每日需要50～80毫升。所以，一个3千克的宝宝每日需要400～625毫升。妈妈的乳房可在每次哺乳3小时后每小时产生40～50毫升乳汁，因此，每日产奶720～950毫升是足够的。

做好母乳喂养的准备

在分娩前就应该决定是否采用母乳喂养宝宝，这样就可为母乳喂养做准备和计划。如果有乳头凹陷的话，就必须采取特别措施，如遇乳头完全扁平的情况，宝宝就不能吸住乳头，这种情况是十分罕见的。但是如果确实是乳头凹陷的话，可以穿着胸罩使乳头稍为凸起。入院时就应告诉看护人员，自己打算用母乳喂养宝宝，要求医护人员帮助。可以和医护人员详谈有关宝宝喂养的方法，多听取医生的建议。

掌握开始喂奶的时间

母亲第一次给宝宝喂奶叫“开奶”。早开奶有利于母子健康，所以产后应该尽早让宝宝吮吸母亲的乳头，新生儿强有力的吸吮是对乳房最好的刺激，喂奶越早越勤，乳汁分泌就越多。新生儿出生后第一个小时是敏感期，而且出生后20～30分钟内，宝宝的吸吮反射最强，因此母乳喂养的新观点提倡产后1小时内即开奶，最晚也不要超过6个小时。

开奶前不要给新生儿喂糖水或奶粉

开奶前不要给新生儿喂糖水或奶粉，否则消除了他的饥饿感，就会减

妈咪育儿小窍门

早开奶的好处

1.母亲产后泌乳必须依靠宝宝对乳头的吸吮刺激，宝宝尽早吮吸乳头，能促使早下奶，下奶快。

2.加快母亲子宫复位，止血。

3.使宝宝早获免疫能力。

4.早日增进母子感情。

5.能够及时弥补宝宝从母腹到母体外的生理断层，能够尽快获得生理需要，特别是水分、营养的及时补充，有利于宝宝的健康成长。

少新生儿对吸吮母亲乳头的渴望，这样就失去了对母亲乳头的刺激作用，使母乳分泌延迟，乳汁分泌量也少，影响母乳喂养。另外，给新生儿服用含糖量高的奶粉和水，会导致腹泻和消化不良、食欲不振，以致发生营养不良，还可能会使坏死性小肠炎的发病率增加。

• 母婴初次接触 •

宝宝一出世，就试着给宝宝吸吮乳房，这对母亲和宝宝都有好处。如果在医院的产房里，可以要求把宝宝放在自己的胸部上，自然地吸吮刺激“催产素”的产生。这种激素使子宫收缩和在宝宝娩出后不久排出胎盘。让宝宝吸吮也有助于形成一种很强烈的感情结合。宝宝偶然会有呛奶现象，不必担忧，吸吮的自然反射是很强烈的，宝宝出生后就有吞咽的能力。

• 正确进行初乳喂养 •

当宝宝出生后前几天母亲还没有乳汁分泌之前，初乳可满足宝宝所有的营养需要。初乳也含有非常宝贵的抗体，能帮助宝宝抵御诸如脊髓灰质炎、流行性感冒和呼吸道感染等疾病。初乳还附带有一种轻泻的作用，有助于促进排出胎粪，所以一定要给宝宝喂初乳。

新生儿出生后前几天妈妈应规则地把宝宝抱在胸部前，一是喂哺初乳，二是使宝宝习惯伏在胸上。每当宝宝啼哭时，可把他抱起靠近乳房，开始时每侧乳房仅吸几分钟，这样，乳头不会酸痛。

如果宝宝是放在医院婴儿室的，应该告诉医务人员，请他们把婴儿抱来喂养，不要用奶粉喂养，一定要喂宝宝初乳。

• 做好排乳反射准备 •

宝宝吸吮乳房时，母亲的脑垂体腺受刺激而激发“排乳反射”，母亲能够感到这种反射。事实上，每当母亲看见宝宝或听到宝宝声音的时候都可能促使泌乳，乳汁可从乳头流出，为喂奶做好准备。

• 掌握宝宝的觅乳反射 •

母亲前几次抱着宝宝靠近乳房的时候，应该帮助和鼓励宝宝寻找乳头。用双手怀抱宝宝并在靠近乳房处轻轻抚摩他的脸颊。这样做会诱发宝宝的“觅乳反射”。

宝宝将会立刻转向乳头，张开口准备觅食。此时如果把乳头放入宝宝嘴里，宝宝便会用双唇含住乳晕并安静地吮吸。

许多宝宝都会先用嘴唇舔乳头，然后再把乳头含入口中。有时，这种舔乳头的动作是一种刺激，往往有助于挤出一些初乳。

这样过几天，宝宝就无须人工刺激了，宝宝一被抱起靠近母亲身体，他就会高兴地转向乳头并含在口里。

妈咪育儿小窍门

宝宝如果不含乳晕会吸不到奶

宝宝有很强的吸吮能力，如果他没有含着乳晕而只有乳头在宝宝的口内，这时就几乎没有乳汁流出了。这样乳头就变得酸痛异常，结果乳汁的供应就由于乳汁没有被吸出而减少。宝宝就会吸不到乳汁，并由于饥饿而哭闹。

母亲不要用手指扶持宝宝的双颊把他的头引向乳头。他会因双颊被触摸受到不一致的引导而晕头转向，并拼命地把头从这一侧转到另一侧去寻找乳头，这就是宝宝跟着感觉走的表现。

• 正确抱持宝宝哺乳 •

每次给宝宝哺乳时，应将乳头正确地放入他的口内，这样做有以下好处：

◎只有宝宝将大部分乳晕含在口中，才能顺利地从乳房吸吮出乳汁。

◎如果乳头能正确地放入宝宝的口腔内，那么，乳头酸痛或皲裂就可以减少至最低程度。

母乳喂养应注意的事项

掌握了母乳喂养的要领后，母亲还要注意几件事：充分休息以及减少给宝宝夜间喂食的次数。做好这两点是为了母亲和宝宝都能得到很好的休息和睡眠。此外母亲还要注意清洁卫生、保持心情轻松愉快等，这些对于母亲产后身体恢复和乳汁的供应以及宝宝的健康很有意义。

• 母亲要充分休息 •

进行母乳喂养的妈妈应在白天和晚间争取充分的时间休息，作为丈夫应该协助妻子，并且帮助妻子做一些家务事。如果晚上宝宝睡在另一间房里，一旦他啼哭，就可请丈夫把他抱来喂奶，并且在喂完奶、换完尿布后把他抱回婴儿房。

• 适当减少夜间喂食 •

宝宝在体重达到4.5千克的时候，他才能一次睡眠5个小时以上，而不会因饥饿而醒来。宝宝的体重一旦达到上述标准，就可尝试把两次授乳之间的时间延长，以便能获得6小时安静的睡眠，并能顺利地停止凌晨给宝宝喂乳。宝宝有他自己的吃奶规律，但一般来说，巧妙地省去最后一次喂乳是合理的，以便母亲能按规定的时间睡觉。但是要灵活处理，也许宝宝不想停止凌晨的哺乳，无论怎么样试图改变哺乳程序，他都是醒来就饿了。

哺乳的新妈妈无论是白天还是晚上都要争取时间休息。

• 保持清洁卫生 •

剪掉指甲，并在每次哺乳前洗手。用温开水清洗乳头、乳晕（不要用肥皂洗）。将宝宝嘴的周围也擦一擦，但不要擦里面。母亲感冒时应戴口罩。

• 以轻松的心情喂奶 •

如果母亲精神上有负担或心情紧张，乳汁就会流不出来或流得不通畅。要掌握适当的喂奶时间与间隔，并形成一定的规律性。如果宝宝睡在另一个房间而你又担心听不到他的哭声，可买一个能传递宝宝任何声音的宝宝信号器。

• 掌握正确的喂奶方法 •

乳房要全露出来，不要让衣服挡住，更别让衣服遮住宝宝的头和嘴。尽量把乳头伸入宝宝嘴中，让宝宝的舌头含住乳头。要特别注意，宝宝充分吸吮乳头时，乳房会堵住宝宝的鼻子，容易造成宝宝窒息或者呛着宝宝，要做好防范措施。

• 准备好尿布和饮料 •

在卧室里放一些尿布等替换用品，以便更方便地给宝宝授乳和换尿布。在床边放些饮料，以备在授乳期间口渴时饮用。喂奶前查看一下尿布是否湿了，如果湿了，就要更换干净的尿布，否则宝宝不能好好吃奶。

哺乳期间的乳房护理

哺乳期间，母亲的乳头常常会由于各种原因而产生异常，乳头皲裂、乳房充盈过度、乳腺炎、乳房囊肿等，有时甚至会妨碍正常的母乳喂养。母亲需要了解这方面的有关知识，防患于未然，即使发生异常情况，也知道如何正确处理，使宝宝顺利地吃到奶。

• 乳头皲裂 •

宝宝吸吮时，母亲感觉像针刺那样痛，那就在头几天少喂哺。用易处理的乳房垫或干净的手帕保持乳头干燥。乳头皲裂愈合之前不要用患乳喂哺宝宝，可以用手（不要用吸奶器抽吸）挤出乳汁，并用奶瓶或茶匙喂哺宝宝。

• 乳房充盈过度 •

乳房极度充盈并伴有和疼痛感，乳晕肿胀。可增加喂哺宝宝次数，鼓励他有规律地吸空乳房。也可洗热水浴，轻轻地挤压出一些乳汁，或朝乳头方向按摩促进乳汁流出。

• 输乳管阻塞 •

在乳房外部输乳管的部位有一质硬而红色的斑块。输乳管阻塞常由乳房充盈过度或乳罩、衣服过紧造成。预防方法与充盈过度相同，即戴恰当的合身乳罩，每次哺乳时用不同的位置喂哺宝宝。要用输乳管阻塞的乳房多次进行喂哺，使得乳汁被吸空。如在必要时，可挤压乳房。

• 乳腺炎 •

由于输乳管道的急性感染，结果形成充满脓液的肿块。预防方法与输乳管阻塞相同。可服用医生开的抗生素，如果用药无效则必须实施外科手术切开引流，但仍可继续喂哺。

• 乳房囊肿 •

这是输乳管阻塞感染，不加治疗而产生的一种感染，它常使患者好像患流行性感冒那样发热，在乳房上可有一发亮的红斑块。预防方法与输乳管阻塞相同。医生很可能给你开抗生素，除非另有医嘱，才能继续用患乳喂哺宝宝。

乳头疼痛

宝宝对乳头产生新的刺激可造成乳头疼痛。如果能够做到把乳头和乳晕很好地放入宝宝口里、轻轻地把他从乳头处分开以及两次喂哺之间把乳头弄干，发生乳头疼痛的可能就会降到最低。

母亲如果发现一侧乳头开始疼痛，就应停止喂哺24小时或者等到乳头疼痛消失为止。可用另一侧乳房喂哺宝宝，并从患乳挤出乳汁。

用一些滋润乳头的乳膏涂在疼痛的乳头上，每日2～3次，以防止乳头皲裂。当喂哺宝宝时，也可使用乳头护罩。这种护罩是用软橡皮做成的，它刚好能遮盖住乳头，但又能让宝宝通过其前面的小奶嘴吸吮。乳头护罩在使用之前应消毒。如果哺乳时突然出现透过乳头的剧烈刺痛，那么乳头很可能是破裂了，必须尽快到医院治疗。

乳头过大、过小、扁平、内陷

乳头外形异常大，大得宝宝无法含住，或者太小，小得根本含不住，或者犹如压过似的扁平乳头，或者凹陷于内的乳头等。这些乳头往往会给哺乳带来很大困难，如果有这类乳头的女性，应在妊娠期就抓紧矫正。如果到此时还没矫正，宝宝依然无法吃奶时，可以将乳汁挤到奶瓶里再喂。

乳头受伤

宝宝的吮吸力很大，有的性急的宝宝会嚼咬乳头，因而引起乳头破裂、糜烂，疼得无法给宝宝喂奶。遇到这种情况，应抓紧涂敷软膏治疗糜烂，及早治愈。此时可暂时先戴上乳头帽（药店有售），这样，宝宝吸奶时不会弄痛奶头。如果宝宝不吸这种奶头，那只好将乳汁挤到奶瓶里再喂了。

妈咪育儿小窍门

产后乳房的保健

◎根据具体情况选择正确的喂奶方式姿势，这样有利于防止乳头疾病的发生。每次喂奶后应将乳汁排空，这样有助于乳汁再次分泌，否则会导致乳汁淤积，容易造成乳腺炎。

◎哺乳时不要让宝宝过度牵拉乳头，每次哺乳后，轻轻托起乳房按摩10分钟。

◎每日至少用温水清洗乳房两次。这样不仅有利于乳房的清洁卫生，而且能增加悬韧带的弹性，从而防止乳房下垂。

◎乳罩选戴松紧合适，令其发挥最佳的提托效果。

◎哺乳期不要过长。宝宝满12个月，即应断奶。

◎注意婴儿口腔卫生。如果乳头有破损，就要停止喂奶并及时治疗。

◎坚持做俯卧撑等扩胸运动，促使胸肌发达有力，增强对乳房的支撑作用。

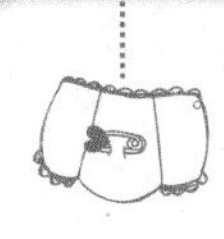

人工喂养：也能满足宝宝的营养需求

母乳是新生儿的最佳食品，可是，并不是所有宝宝都能幸运地喝上母乳。有些母亲因各种原因不能喂哺宝宝，而选用配方奶粉，或其他代乳品喂养宝宝，称为人工喂养。人工喂养虽不如母乳喂养，容易引起营养不良和消化紊乱，但若能选用优质乳品或代乳品，调配恰当，供应充足，注意消毒，也能满足宝宝的营养需要，使生长发育良好。所以关键还在于父母的细心喂养。

不宜进行母乳喂养的情况

用母乳喂养自己的宝宝是许多父母的愿望，可并不是所有的母乳都适合喂养的，比如母亲患有某些疾病，或者服用了某些药物，又或者母亲的乳头异常导致宝宝吸不到母乳，还有可能是宝宝患有某些不能喝母乳的疾病等，父母都需要了解。

• 宝宝的原因 •

患有以下疾病的宝宝不宜母乳喂养。

半乳糖血症

这是一种先天性酶缺乏而引起的代谢性疾病，由于缺乏酶，人乳中的乳糖不能很好地代谢，乳糖代谢不完全的产物是一些有毒的物质，这些物质聚集在体内，就会影响神经中枢的发育，造成宝宝智力低下、白内障等。所以在给新生儿喂奶时，如果宝宝出现拒乳、严重呕吐、肝脏肿大等表现时应当及时请儿科医师诊治。宝宝有白内障时，要高度怀疑本病。一旦怀疑是半乳糖血症，就要停止喂奶类食品，并请教医生。

医生提醒：当妈妈或宝宝患有某些疾病，都不适合进行母乳喂养。

苯丙酮尿症和枫糖尿症

这两种病都是氨基酸代谢异常的疾病，

如果全部用母乳或动物乳汁喂养宝宝，宝宝也会出现智力的障碍。预防智力障碍的方法就是调整饮食中的氨基酸含量，减少母乳喂养，给予治疗食品，患这两种病的宝宝，小便中有很特殊的气味，宝宝还会出现喂养困难、反应差等表现。

• 妈妈的原因 •

母亲患传染病，属于急性传染期；患慢性病有严重并发症；治疗各种疾病时使用对宝宝有害的药物。上述几种情况下不能进行母乳喂养，母亲及其他家庭成员应为宝宝选择适当的母乳替代品，以保证宝宝的健康成长。

妈咪育儿小窍门

不宜进行母乳喂养的妈妈

患慢性病需长期用药；处于细菌或病毒急性感染期（应暂时中断哺乳，以配方奶代替，定时用吸乳器吸出母乳以防回奶，待妈妈病愈停药后可继续哺乳）；进行放射性碘治疗（正常后可以继续喂奶）；接触有毒化学物质或农药；患严重心脏病；患严重肾脏疾病；患严重精神病及产后抑郁症；处于传染病急性期。

挑选适合宝宝的乳类产品

市面上充斥着各种各样的婴儿奶粉，是不是都适合自己的宝宝呢？父母在挑选人工喂养使用的奶类产品之前，先要了解这些产品的种类以及它们各自的特点，挑选适合自己宝宝的产品。

• 配方奶 •

配方奶是通过高科技手段对牛奶进行了改造之后的产物，其成分更接近母乳，故以前也称为母乳化奶粉，这是较为适合4～6个月以内的宝宝食用的母乳替代品。

配方奶粉是最适合的代乳食品。

• 全脂奶粉 •

全脂奶粉便于保存，也较鲜牛奶易于消化。配制时，按容量计算可在1份奶粉中加入4份水，按重量计算为1∶8。但是否可以给宝宝喂食，还应根据宝宝的情况咨询医生。

把握好每天喂奶的量

人工喂养的宝宝每天需要多少奶，是不是和母乳喂养的宝宝一样？完全人工喂养和一般人工喂养有什么区别？应该怎样安排每天的奶量？这些问题往往让父母头疼，感到难以把握，有些父母甚至完全没有概念。其实只要读一读有关的知识就可以了。

● 完全人工喂养 ●

传统的计算方法是根据体重，宝宝每天每千克体重需要加配方奶100～120毫升，根据宝宝月龄和每次的食量，用总量等分为5～6份喂给宝宝。

现在的新观点是，添加辅食以前的宝宝，只要每日吃奶的总量不超过1000毫升，那么每次喂哺宝宝时不必过分限制奶量，以让他吃饱为准。如果宝宝每日需奶量达到1000毫升以上，则说明该给宝宝添加辅食了。

用奶瓶喂奶时的姿势：让奶瓶斜上45°，使乳汁完全充盈奶嘴，不可让空气进入奶嘴。

● 一般人工喂养 ●

新生儿时期每天喂奶6～7次；2周以内每次喂奶50～100毫升；2周以后每次喂奶70～120毫升；1～3个月的宝宝每天喂奶6次，每次130毫升左右；4～6个月的宝宝每天喂奶4～5次，每次150～180毫升。此后因添加了辅食，可根据宝宝吃辅食的量来

★ 妈咪育儿小窍门

不能先倒好奶粉再加水

有的妈妈在冲奶粉的时候总是先放好奶粉，然后再加水，这恐怕是很多妈妈都会犯的错误吧。她们认为先加奶粉还是先加水不都是一样吗？其实，还是有不同的。给宝宝冲泡奶粉时浓度一定要适宜，因为宝宝的消化、代谢与排泄功能都还没有完善，所以牛奶的浓度要尽可能接近母乳。

如果先加奶粉，后加水，再加到原定的刻度，奶就加浓了；而先加水，后加奶粉，会涨出一些，但是浓度很合适。

调整每日奶量。辅食摄入量相应增加，奶量则应该相应减少。到1周岁时，宝宝已能吃不少辅助食品，一般每天喝600～700毫升的配方奶就足够了。

制订最佳混合喂养方案

混合喂养是指因母乳分泌不足或工作原因白天不能哺乳，需加用其他乳品或代乳品的一种喂养方法。它虽然比不上纯母乳喂养，但还是优于人工喂养，尤其是在产后的几天内，不能因母乳不足而放弃。混合喂养有其特别需要注意的事项，如母乳和其他此类产品的比例等。

● 一次只喂一种奶 ●

吃母乳就吃母乳，吃奶粉就吃奶粉。不要先吃母乳，不够了，再冲奶粉。这样不利于宝宝消化，也使宝宝对乳头发生错觉，可能引发厌食奶粉、拒用奶瓶。

● 充分利用有限的母乳，尽量多喂母乳 ●

如果妈妈认为母乳分泌不足，就减少喂母乳的次数，会使母乳分泌越来越少。母乳喂养次数要均匀分开，不要很长一段时间都不喂母乳。

● 注意夜间的喂养 ●

夜间妈妈比较累，尤其是后半夜，起床给宝宝冲奶粉很麻烦，最好是用母乳喂

妈咪育儿小窍门

人工喂养需要注意的10件事

1.奶瓶、奶嘴等食具，每次用后都要清洗并消毒。

2.喂哺前要观察奶液的温度，过热、过凉都不利。

3.喂奶时将奶瓶倾斜45°，使奶嘴中充满乳汁，避免冲力太大或空气吸入。

4.喂奶粉要现吃现冲。

5.没吃完的剩奶要倒掉。

6.配好的奶放在冰箱里不得超过24小时。

7.如果外出，可把配好的奶放在冰箱冷冻起来，用时解冻，再温热。

8.奶粉不能放在保温的器具中，这样容易滋生细菌。

9.手不要碰奶嘴，喂奶之前大人要洗手。

10.消过毒的奶具要放在消毒锅里，但不要用水泡着。

养。夜间妈妈休息好，乳汁分泌量相对增多，宝宝需要量又相对减少，母乳可能会满足宝宝的需要。但如果母乳量太少，宝宝吃不饱，就会缩短吃奶间隔，影响母子休息，这时就要以奶粉喂养为主了。

妈妈患乙肝时的喂养方案

母亲患乙肝最好不要选择母乳喂养，而采取人工喂养。患乙肝的母亲还要给宝宝及时注射相应的疫苗，增强他的抗感染能力。

● 谨防乙肝病毒的母婴传播 ●

资料表明，母亲为乙肝病毒携带者，有10%的胎儿有宫内感染乙肝病毒的可能，当婴儿出生3个月后，感染率可达30%，5年后则可能达80%以上。由此可见，宫内垂直传播乙肝病毒的概率并不像一般想象的危险度那么高，反而是出生后的水平传播概率很高。这提示人们要重视乙肝病毒携带者将病毒传染给婴幼儿。

● 预防乙肝病毒母婴传播的基本措施 ●

给予新生儿以乙肝疫苗或高效免疫球蛋白注射，增强新生儿抵抗乙肝病毒感染的能力；乙肝病毒携带者最好不要哺乳。报道表明，乙肝血清阳性的母亲，其初乳中总排毒率达42%，而且初乳排毒率与传染性、感染率呈正相关，对新生儿威胁极大。所以，凡是母亲的乙肝血清阳性者，以人工喂养为宜；要对宝宝采取适当的隔离措施，如乙肝病毒携带者的母亲应与宝宝分床而睡，讲究卫生，衣物用品分开洗。

● 携带乙肝病毒的母亲可以哺乳的情况 ●

尽管从原则上讲，携带乙肝病毒的母亲不宜哺乳，但若有条件能够确定母亲血清标志物水平仅抗体阳性而抗原阴性，以及HBV—DNA阴性的话，则表明不存在传染性。这种情况可以予以母乳喂养，无须隔离，应注意的是要及时予以新生儿乙肝疫苗注射，做好提前预防。

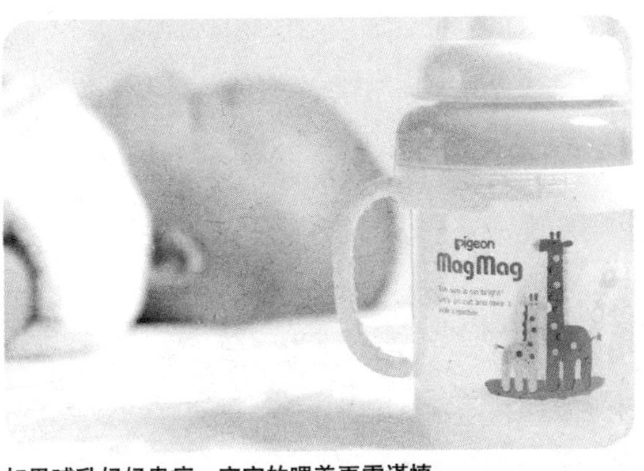

如果哺乳妈妈患病，宝宝的喂养更需谨慎。

成功面对宝宝诸多的第一次

新生儿在第一周里将要面对许多个第一次：第一次啼哭、第一次和母亲拥抱、第一次吸吮母亲的乳头、第一次洗澡等。宝宝的第一次也是爸爸妈妈的第一次，为了避免到时手足无措，成功实现宝宝的第一次，让宝宝愉快地度过他在这个世界上的第一周，父母们可要做好功课了。

第一次啼哭

人们常把新生儿第一声啼哭看做是一个新生命诞生的标志。如果生下来不哭，就意味着不正常。出生后窒息的新生儿一般不哭，这往往是严重疾病的表现。可以说哭是呼吸运动的一个标志，有力的哭声就是深呼吸的体现。

父母亲要细心观察宝宝的哭声。足月产的新生儿哭声洪亮；早产儿哭声弱小无力；有先天性心脏病的宝宝哭声小、弱、短，有时哭声发哑；有肺炎的宝宝哭声小且短。

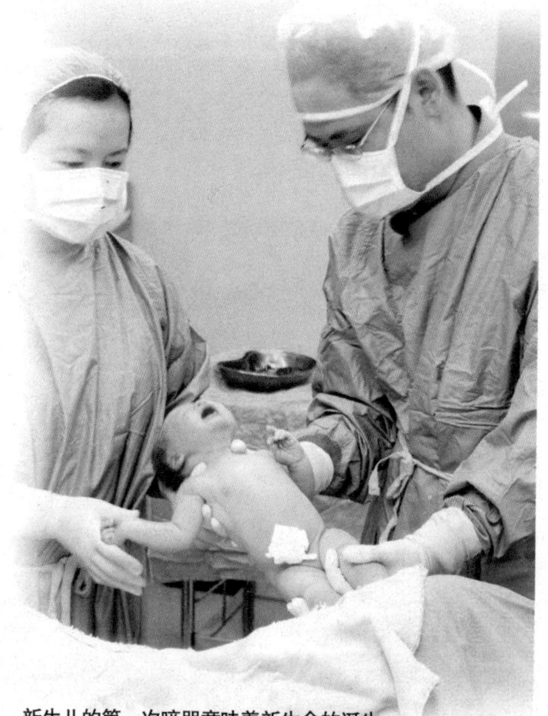

新生儿的第一次啼哭意味着新生命的诞生。

第一次拥抱

一般来说，父母应将宝宝横着抱在自己的怀里，宝宝的头部放在父母的左胸，并有意让宝宝的耳朵贴近父母心脏的部位，让他能听到父母心跳的节奏。出生前，胎儿在母体内，身体泡在羊水里，听惯了母亲的心跳；出生后，用这样一种抱的姿势使宝宝能再次听到这一熟悉的声音和节奏，宝宝便会产生一种亲切感，从而使其情绪逐渐平稳下来。

第一次吸吮

新生儿在妈妈怀中会很自然地寻觅妈妈的乳头，这时候是新生儿学习吸吮的良好时机。别以为此时的宝宝柔弱无能，正常新生儿往往非常灵活自如，当助产人员帮助新生儿含吮着妈妈的乳头时，新生儿可以很有力地吸吮起来。这种吸吮很可能只是很短暂的一会儿工夫，但在这种吸吮中，宝宝得到了价值很高的初乳；由于吸吮的刺激，母亲体内催产素分泌增多了，这有利于妈妈胎盘娩出并减少产后出血。更有意义的是，母子间的感情得到升华。

第一次喝水

若宝宝不断用舌头舔嘴唇，或看见宝宝口唇发干，或应换尿布时没有尿等，这些现象都提示需要给宝宝喂水了。此外，一般在两次喂奶（喂食）之间、洗澡后、睡醒后、晚上睡觉前等都需要给宝宝喝水，但必须注意在喂奶前不要给宝宝喝水，以免影响喂奶。

最好是喝不带甜味的白开水。经研究，喝烧开后再冷却至室温的水最有利于健康。

需要注意的是，凉开水暴露在空气中后，气体又会重新进入水中。因此，烧开后冷却4～6小时内的凉开水是最理想的饮用水。夏天以室温即可，冬天也只需控制在40℃左右。

第一次喝奶粉

宝宝第一次喝奶粉时可能会大哭并拒绝食用，因为一直是母乳喂养的，对奶粉没有什么感情。不过适应了一段时间后，等他渐渐习惯了奶粉的味道后就没什么大碍了。

第一次穿衣服与换衣服

给宝宝换衣服或者穿衣服的时候，可以把他放在一张矮桌或者浴室的条几上。也可以在一个高度适宜的地方给宝宝换。换衣台上应有防水垫、安全带和存货架，这样使用起来会很方便。有些换衣台还可以折叠，上面还有连体浴盆。但是它的价格比较昂贵，以后也派不上别的用场。

第一次排便

新生儿出生后，会排出颜色为绿黑色、光滑、黏稠的胎粪。以后将会排出淡黄色的粪便，这是正常哺母乳时的粪便。如果宝宝出生后第二天结束时还不排大便，就应该请医生进行检查。

第一次换尿布

先将洁净的尿布准备好，如果宝宝大便了，还要事先准备好洗臀部的温水和小毛巾。更换时，先掀开尿布的前片，如果尿布上仅有尿液，可用左手握住宝宝的脚部，右手将尿布前片干燥处轻轻由前向后擦拭外生殖器部位，将尿液擦干，然后抬起臀部，把尿布撤出。

如果有粪便，要将粪便折到尿布里面，取出后包好放在一边，而后用柔软的卫生纸将臀部上的污物擦干净，再用准备好的小毛巾蘸上温水抹洗臀部。注意应从前向后冲洗，并要将皮肤褶皱处的污物清洗干净。最后将干净的尿布放在臀下，包好。

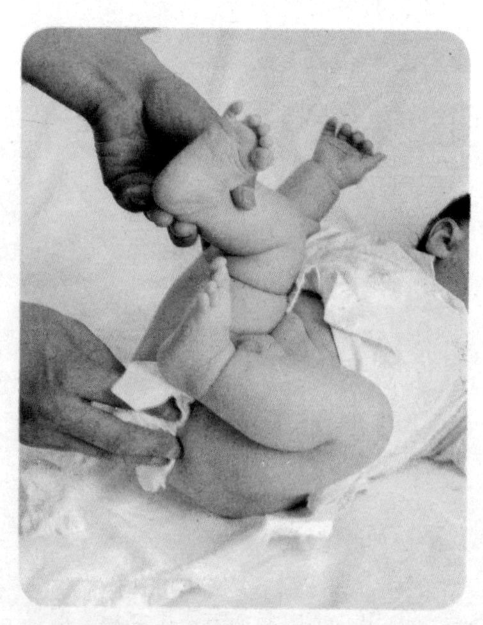

给宝宝换尿布也要讲究方式方法，家长千万不能忽视。

妈咪育儿小窍门

不要在喂奶后换尿布

在新生儿每次喂奶前应先换上干净的尿布，而不要在喂奶后立即换，否则很容易引起新生儿呕吐。

第一次睁眼

正常情况下，新生儿一出生就能睁眼了。有的宝宝过1～2天后才会第一次睁眼，或者偶尔睁开一会儿后就又闭上了，或者刚睁开的时候眼睛一大一小。只要医生检查后是正常的就不用担心。可能是宝宝习惯了在妈妈子宫里暗暗的光线，出生后眼睛遇到强光不适应。如果长时间还不睁眼的话就要好好检查一下了。

第一次洗澡

宝宝出生后第二天即可洗澡，洗澡时室温应保持在26℃～28℃。水温以38℃～40℃为宜，以成人感觉手背不烫为宜。澡盆、毛巾应为新生儿专用，以防止交叉感染，选用刺激性小的“婴儿肥皂”。并把事先准备更换的衣服，毛巾被打开铺好。

洗澡的步骤

1.洗眼：用清洁纱布擦脸，擦眼睛，自内眼角向外眼角，纱布洗净后再擦另一只眼睛。

2.洗头：用左手托住新生儿的头部，按住两外耳道口，用右手轻轻擦头，不要把头皮擦伤。

3.洗身体：按手、胸、腹、膝盖、足的顺序洗，凹进去的部分要用清水仔细地清洗。

4.洗屁股：臀部较脏，要用宝宝洗浴液认真洗。

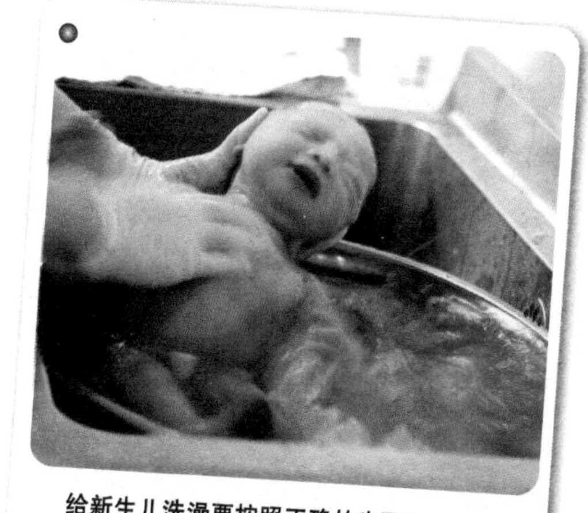

给新生儿洗澡要按照正确的步骤进行，这样对新生儿才有利。

5.洗背：右手托住宝宝腋下，调转宝宝身体，洗其背部。

6.在洗澡的过程中要保持水温：随时加一些事先兑好的温水，注意千万不能直接加入热水。

7.擦干身体：先用清水仔细将宝宝身上的洗浴液冲干净，再用预先暖过的、吸水好的柔软毛巾轻轻擦干宝宝的身体。

8.消毒脐部。

9.扑点儿爽身粉、穿上衣服。

洗澡的注意事项

给新生儿洗面部时，应用湿毛巾擦脸而不要把水直接撩在新生儿的脸上，以免水进入耳、鼻及口腔内。洗下身时应注意脐部，如果脐带已脱落，可以直接在水中洗，否则应注意不要将脐带弄湿。扑爽身粉的时候不宜堆积成块，以免刺激皮肤。每次洗澡不超过10分钟。洗澡前半小时内不要喂奶，以免溢奶，洗后可喂一次奶，然后让新生儿舒舒服服地睡一觉。

第一次抚摩

对新生儿抚摩可以促进母婴情感交流，促进新生儿神经系统的发育，加快免疫系统的完善，提高免疫力，加快新生儿对食物的吸收。

• 抚摩新生儿的准备 •

抚摩时新生儿应在温暖的环境中，体位舒适，安静不烦躁，不能在饥饿或刚吃完奶时抚摩。父母的双手要温暖、光滑，指甲要短、无倒刺，不要戴首饰，以免划伤新生儿的皮肤。可以倒些婴儿润肤液在手掌中，能起到润滑的作用。

• 新生儿抚摩的顺序 •

抚摸的顺序为：头部——胸部——腹部——上肢——下肢——背部——臀部。

第一次室外活动

一般没有特殊异常的宝宝，出生后应使宝宝尽快接触室外空气。最初选择天气好、风不大的日子，打开室内窗户，使宝宝接触室外空气5分钟，连续3～5天，适应之后再抱出室外。抱宝宝到室外，要选择宝宝情绪好、身体好、天气晴朗的日子。

春、秋季节上午10点到下午2点左右；夏天上午10点左右，或下午3点以后；冬天大约掌握在吃饭前后。最初的时间大约掌握在5分钟左右，持续3～5天。以后，逐步增加到10～20分钟。到室外一定要给宝宝戴帽子，注意不要使阳光直射头部。

第一次接种卡介苗

刚出生的新生儿对结核菌缺乏抵抗力，而且新生儿感染结核菌后易发生急性严重结核病。因此，足月新生儿，出生时体重大于2.5千克，且无严重疾病的，应在出生后4～72小时内接种卡介苗。对早产儿及体重小于2.5千克的，可在出生后3个月时接种卡介苗。

妈咪育儿小窍门

接种卡介苗后的反应

卡介苗接种后局部出现一个白色小泡，10分钟后消退，留下一个针尖大小的痕迹，几天后自行消失。

3～4周后接种处皮肤又出现黄色黄豆大小的丘疹，皮色暗红，有的在中央部形成小脓包，溃破后流出小量脓性分泌物，再过2～3周后结痂，留下一个小疤痕；同时左腋下淋巴结可稍肿大，一般直径不超过1厘米，以后会自行缩小。这些都是接种卡介苗的正常反应。有部分宝宝接种处的溃疡经3～4周不愈，家长应带宝宝到医院诊治。

Part 3

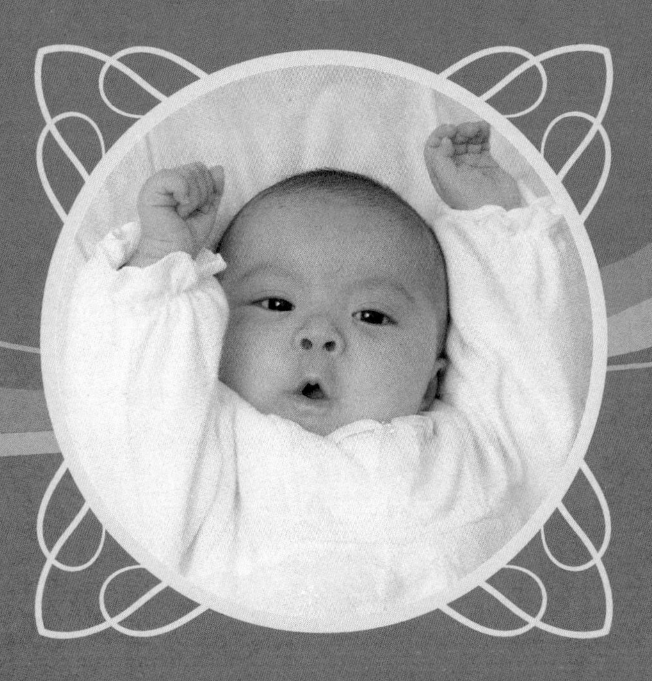

1~4周新生儿护理

宝宝的第1个月无论是对他自己还是对父母来说都非常关键。在这个月里，宝宝除了身体上因为发育而产生一些变化外，他的智力也在相应成长。他虽然还不会说话，但已经迫不及待地开始发出声音，用啼哭、眨眼睛、挥小手来表示他的意见和想法。这个月是父母学习照顾宝宝的关键时期，一定要耐心、仔细、科学地做好每一件事。

宝宝身体与能力发育特点

宝宝的发育包括身体发育和感觉发育。身体发育包括身长、体重、头围、胸围等几个方面，都有一定的指标可供参照。感觉发育包括视觉、听觉、嗅觉等方面。如果新生儿有很特别的地方，父母一定要注意。

身体发育特点

新生儿在头1个月里身高、体重等会有一个比较明显的变化，这让父母们欣喜不已，看着宝宝一天天长大，父母真希望他长得再快一点儿。其实，宝宝的身体发育有一定的规律，有一定的指标，虽然每个宝宝都不同，但只要宝宝健康，一般都会达到这个指标，父母们不用特别担心宝宝长得不够胖或者不够高，健康才是关键。

身高

满月时，男宝宝身高平均56.5厘米（51.9～61.1厘米）；女宝宝身高平均55.8厘米（51.2～60.9厘米）。

体重

满月时，男宝宝体重平均4.9千克（3.7～6.1千克）；女宝宝平均4.6千克（3.5～5.7千克）。

头围

新生儿的第一个月头围增长约3.5厘米。出生时男宝宝平均33.9厘米（31.8～36.3厘米），女宝宝平均33.5厘米（30.9～36.1厘米）；满月时男宝宝平均37.8厘米（35.4～40.2厘米），女宝宝平均37.1厘米（34.7～39.5厘米）。

胸围

出生时的胸围比头围小1～2厘米。随着年龄的增长，胸围的增长速率缓慢地超过头围的增长，至3～4个月时头围和胸围相等，其后，胸围逐渐较头围为大。新生儿时期胸围的增长约达4.5厘米。出生时，男宝宝平均32.3厘米（29.3～35.3厘米），女宝宝平均32.2厘米（29.4～35.0厘米）；满月时，男宝宝平均37.3厘米（33.7～40.9厘米），女宝宝平均36.5厘米（32.9～40.1厘米）。

前囟

宝宝头的前额上部有一菱形发软的无颅骨区叫做前囟（俗称囟门），前囟隆起或凹陷都是不正常的，应到医院检查。

上部量

上部量指头顶部至耻骨联合上缘的距离，通常用以表示上身的长度。出生时通常为31厘米，满月时可超过34.5厘米。一般说来，男宝宝的上部量值较女宝宝稍大。

下部量

下部量指耻骨联合上缘至足底的距离，通常用以表示下身的长度。出生时通常为19厘米，满月时可达21.5厘米。一般而言，男宝宝与女宝宝的下部量相近。

牙齿

新生儿还不到出牙的时间。但有的新生宝宝在牙龈上有黄白色、像芝麻大的颗粒，微微隆起，或长在上腭中线上，民间称它为“马牙”。这些白色颗粒是由角化上皮细胞堆积而成。一般经过2～3周后会自行消退，既不是牙，更不是病。当遇到此种情况时，千万不能用针挑或者用布去擦掉“马牙”。

皮下脂肪厚度

皮下脂肪的厚度是观察营养状况的重要指标之一。通常在锁骨中线与脐部水平线的交界处，用拇、食指将皮下脂肪轻轻提起、对捏，若之间厚度在2厘米左右，即属于正常范围。新生儿刚生时，皮下脂肪相对较薄，通常达不到1厘米，若喂哺得当，满月时即可达到上述标准。

体形

出生后根据上述测量结果，身体各部分成比例地发展。如果头部过小或过大，四肢过于短小，脊柱后突或有鼓包凸起，面部器官缺陷（如唇裂、腭裂等）等，均属于病态的体格发育。

睡眠

新生儿期一般一天睡15～20小时，但不是一概而论，睡眠的长短存在个体差异。睡眠对宝宝很重要，要充分注意室温和寝具，为宝宝创造一个快乐舒适的睡眠环境。

刚出生的新生儿，每天大部分时间都在睡觉。

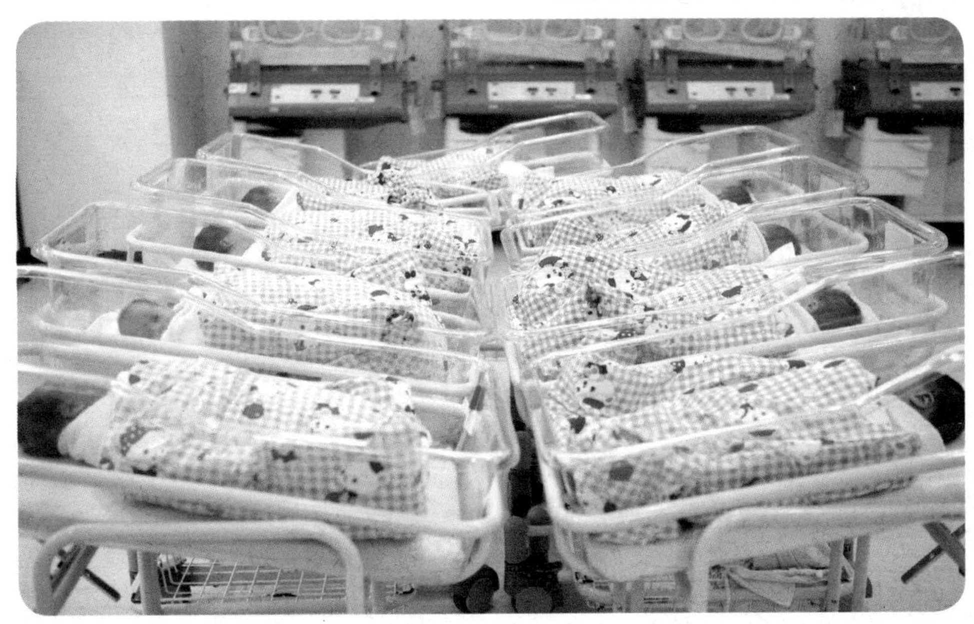

能力发育特点

新生儿看起来始终处于睡眠状态，似乎和外界没有过多的交流，更谈不上感应这个全新的世界。其实，新生儿在出生后就有了感知觉，能够感知这个世界的变化，并对外界条件作出本能的反应，这就是为什么宝宝会因为饥饿、寒冷或尿布潮湿等原因而哭闹，因为轻柔的抚摩而甜甜微笑。作为父母，应该了解宝宝的感知觉发育情况，并适度地通过刺激来促进这些能力的发育。

视觉

新生儿出生后7天，就会对眼前的物体作出“看”的反应。仔细观察7天以后新生儿的眼神，就会发现，这时候新生儿的眼神要比刚生下来时灵敏得多。睡醒后，处在安静状态下的宝宝，会把他的眼睛睁得大大的，好奇地望着你，显得格外有神。睁眼的时间要比之前稍长些，开始对大物体感兴趣。他喜欢看人脸，尤其是母亲的脸，也喜欢看色彩鲜艳的东西。他不仅会盯着你，目光还会跟着你左右移动。到了满月时，目光就更灵敏了。

听觉

1周以内的新生儿由于中耳鼓室尚未充盈空气，加上外耳道有少量的羊水，会影响到听力，所以在这段时间内，宝宝的听力相对差些。7天以后，以上的这些因素消失了，新生儿的听觉敏感度就提高了。他喜欢听人声，对母亲的声音特别敏感，当母亲轻轻对着新生儿说话时，新生儿的反应是很积极的。快满月时，宝宝的听觉会出现相对集中的表现，就能更好地听外界的声音了。

嗅觉

新生儿的嗅觉比较发达，对于刺激性较强的气味会作出本能的排斥反应，说明宝宝的嗅觉偏好与生俱来。并且，灵敏的嗅觉还能帮助宝宝分辨和寻觅长期闻到的味道，这也是宝宝在妈妈的怀抱中总能找到乳房位置的原因。

味觉

味觉能够帮助新生儿辨别物体的味道，是他出生时最发达的感知觉。新生儿一出生就具有比较完整的味觉系统，能够辨别酸、甜、苦、辣等味道，甚至对味道的灵敏度高于他的爸爸妈妈。宝宝从一出生就喜欢吮吸有甜味的食物，对于其他味道的食物则产生抗拒。这种灵敏的味觉是宝宝自我防御能力的本能表现，是自我保护的初期意识。父母可以根据宝宝的味觉偏好，有意识地训练和调整宝宝的食欲。

触觉

新生儿从生命的一开始就已有触觉。当你抱起他时，他喜欢紧贴着你的身体，依偎着你。当宝宝哭时，父母抱起他，并且轻轻拍拍他们，这一过程充分体现了满足新生儿触觉安慰的需要。新生儿对不同的温度、湿度、物体的质地和疼痛都有触觉感受能力。就是说他们有冷热和疼痛的感觉，喜欢接触质地柔软的物体。嘴唇和手是触觉最灵敏的部位，只要轻轻地碰一碰，新生儿就会立即作出反应。

温度感

新生儿对温度的感觉已经比较敏感，能够区分出物品温度的高低，且对冷的感觉比对热的感觉更敏感，例如，新生儿能对温度过高或过低的牛奶产生哭闹等不舒服的反应，对刚换上的冷衣服以及尿湿的衣裤和尿布也会出现哭闹等不适的反应。

痛觉

新生儿已经有痛觉，但痛觉比较迟钝，尤其在躯干、腋下等部位更不敏感，因此，即使不小心把新生儿弄疼，往往反应也不明显。为防止意外伤害，父母要特别注意新生儿的这一特点。

合理的喂养方式让宝宝更健康

新生儿最好进行母乳喂养，若是母乳不足，可采取混合喂养，即母乳喂养和人工喂养同时进行，但必须掌握一定的方法，如先喂母乳还是其他奶制品、配方奶或牛奶中是否需要加水、加糖的量以及新生儿喂养中的营养需求等问题。特别要重视早产儿的喂养，在营养需求、喂养时间等方面早产儿都有一些特殊的要求。

新生儿的混合喂养方案

母乳不足时，需加配方奶或其他乳制品进行混合喂养。混合喂养虽不如母乳喂养效果好，但要比完全人工喂养好得多。混合喂养要注意应按宝宝的需要给宝宝哺喂母乳，然后再用配方奶等补充不足的数量。

混合喂养应先哺喂母乳

混合喂养时，每次应先哺母乳，将乳房吸空后，再给新生儿补充其他乳品，补授的乳汁量要按宝宝食欲情况与母乳分泌量多少而定，原则是宝宝吃饱为宜。但每天母亲给宝宝直接喂哺母乳最好不少于3次。若每天只喂1～2次奶，乳房会因得不到足够的吸吮刺激而使乳汁分泌量迅速减少，这对宝宝是不利的。哺授开始需观察几天，以便掌握每次哺授的奶量及宝宝有无消化异常现象，以无腹泻、吐奶等情况为好。

喂奶的间隔

新生儿胃容量很小，能量储存能力也比较弱，需要不断补充营养。新生儿吃奶次数多，夜间也不会休息，因此喂奶的间隔，白天和晚上差不多是一样的。随着月龄的增大，宝宝夜间吃奶次数逐渐减少，慢慢会养成白天吃奶、晚上不吃奶的习惯。

饮食中加糖要适量

人工喂养或者混合喂养的新生儿，在其乳制品中加糖的时候要控制好量，不宜过多，也不宜过少。

配方奶中的乳糖含量较低，因此，新生儿所吃的配方奶要加一定量的糖，一般是5%～8%。因为配方奶本身的糖所提供的热量仅占人体总需热量的1/3，如果不另外加糖则不能满足新生儿能量的需求而影响生长和发育。但配方奶中加糖超过8%的话，则可能导致宝宝出现虚胖、腹泻，进而引起抵抗力下降，易受细菌感染。所以，配方奶中一定要加适量的糖。

人工喂养要适量补充水分

配方奶中的蛋白质80%以上是酪蛋白，分子量大，不易消化，配方奶中的乳糖含量比母乳少，这些都是容易导致便秘的原因，给宝宝补充水分有利于缓解便秘。另外，配方奶中含钙、磷等矿物盐较多，大约是母乳的2倍，过多的矿物质和蛋白质的代谢产物从肾脏排出体外，需要水做介质。此外，婴儿期是身体生长最迅速的时期，组织细胞增长时要蓄积水分。婴儿期也是体内新陈代谢旺盛阶段，排出废物较多，而肾脏的浓缩能力差，所以尿量和排泄次数都多，需要的水分也多。

喂多少水合适

这要根据宝宝的年龄、气候及饮食等情况而定。一般情况下，每次可给宝宝喂100～150毫升水，在发热、呕吐及腹泻的情况下需要的量多些。宝宝之间存在个体差异，喝水量多少每个宝宝不一样，他们知道自己应该喝多少，不喜欢喝水或喝得少都不要强迫。

喂水的时间和次数

喂水时间在两次喂奶之间较合适，否则影响奶量。喂水次数也要根据宝宝的需要来决定，一次或数次不等。夜间最好不要喂水，以免影响宝宝的睡眠。

新生儿需要喂什么样的水

宝宝喝白开水比较合适，也可喝煮菜水、煮水果水，不要加糖。也可喂些鲜果汁，不要以饮料代替水，饮料中含糖量较多，有些还含有色素和防腐剂，对宝宝的健康不利。

保证营养素的供给

新生儿出生后的2～4周内生长最快，按新生儿中等生长速度计算，每日增长体重在30克以上。这个时期较其他各期相对营养素需要高，为保证新生儿营养素的供给，减少或避免新生儿生理性体重减轻，应注意保证新生儿的营养供给。

热量

每日每千克体重100～120千卡，以后随月龄的增加逐渐减少，在1岁左右时为80～100千卡。

蛋白质

母乳喂养时为每日每千克体重2克；配方奶喂养时为3.5克。

脂肪

初生时脂肪占总热量的45%，随着月龄的增加，逐渐减少到占总热量的30%～40%。脂肪酸提供的热量不应低于总热量的1%～3%。

碳水化合物

婴幼儿期碳水化合物以占总热量的50%～55%为宜。新生儿除淀粉外，对其他糖类（乳糖、葡萄糖、蔗糖）都能消化。

维生素

除维生素D供给量稍低外，正常母乳含有宝宝所需的各种维生素。我国规定1岁以内宝宝维生素A的供给量为每天200微克。每摄取1000千卡热量，供给维生素B_1和维生素B_2各0.5毫克，盐酸的供给量为其10倍。

妈咪育儿小窍门

妈妈不要急于减肥

脂肪是乳汁的重要组成成分，一旦来自食物中的脂肪减少，母体就会动用储存脂肪来分泌乳汁。平时身体中的有害物质都储藏在脂肪中，调用储存脂肪会让这些有害物质进入血液及母乳中，危害到宝宝。

早产儿的喂养方案

早产儿是指胎龄未满37周、出生时体重低于2.5千克、身高少于46厘米的宝宝。

一般早产儿在肝脏贮铁、骨骼贮钙、消化功能及免疫功能等方面都尚未发育完全。因此，他们大多数身体瘦弱，皮肤薄而发亮，哭声细微，肌肉无力，体温偏低，呼吸困难，对各种疾病的感染率明显增高。照料早产的宝宝，除在维持体温和避免感染这两个方面应特别关注之外，还必须格外细心地喂哺。

用什么乳类来喂养早产儿

母乳是早产儿最理想的天然营养食品。早产儿生理功能发育不很完善，要尽一切可能用母乳（特别是初乳）喂养。用母乳喂养的早产儿，发生消化不良性腹泻和其他感染的机会较少，宝宝体重会逐渐增加。

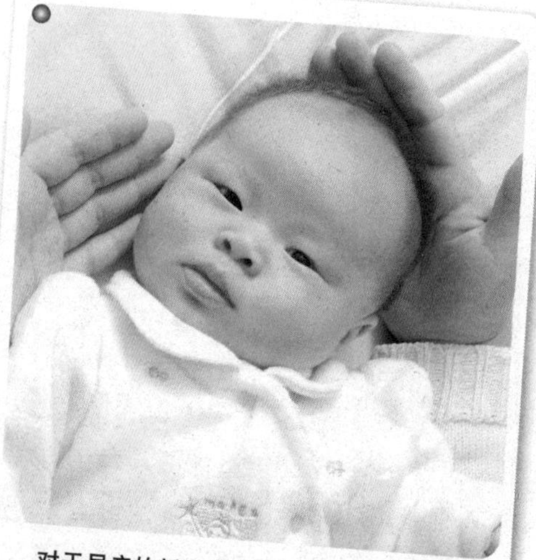

在万不得已的情况下才考虑用代乳品喂养早产儿。首选为优质母乳化奶粉，它的成分接近母乳，营养更易吸收，能使宝宝体重增长较快。在用代乳品喂养的过程中，要密切注意新生儿有无呕吐、腹泻、便秘以及腹胀等消化不良的症状。

对于早产的新生儿来说，细心的护理和喂养同样重要。

喂养时间

早产儿要尽早开始喂哺，生存能力强的，可在出生后4～6小时开始喂哺。体重在2000克以下的，可在出生后12小时开始喂哺，情况较差的，可在出生后24小时开始喂哺。

早产儿的喂养量及喂养次数

早产儿的吸吮能力和胃容量均有限，摄入量的足够与否，不像足月新生儿表现得那么明显，因此必须根据宝宝的体重情况给予适当的喂养量。母乳喂养的早产宝宝应该经常称一称体重，观察早产儿体重的增加情况，来判断喂养是否合理。一般足月新生儿在最初几日内由于喂哺不足或大小便排泄的原因，体重略有减轻，这是正常现象。但早产儿此时体重的维持至关重要，要重视出生后的早期喂养，设法防止宝宝体重的减轻。

具体喂养实例

先用5%～10%的葡萄糖液喂，每2小时1次，每次1～3汤匙，24小时后可喂奶。有吸吮能力的，尽量练习用嘴喂母乳。吸吮能力差的，先挤出母乳，再用滴管滴入其口内。注意动作要轻，不要让滴管划破新生儿的口腔黏膜。每2～3小时喂1次。

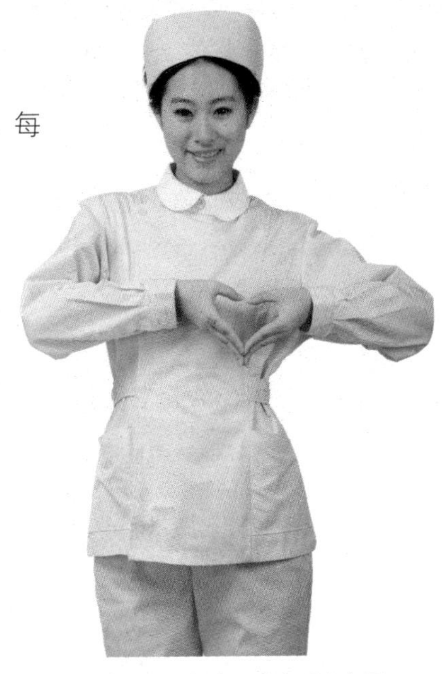

医护人员提醒：新生儿出生后应在医生的指导下合理补充营养素。

需要补充的营养物质

无母乳者可用稀释乳（2：1或3：1）加5%的糖液喂养。最初每千克体重每天喂60毫升，以后逐渐增加。同时要开始适量补充B族维生素、维生素C、维生素E。从第2周起喂浓缩液鱼肝油滴剂，每日1滴，并在医生指导下逐渐增加。出生后1个月在医生指导下补充铁剂。母乳喂养的早产儿要补充钙。

新生儿为什么不吃母乳

有些时候，新生儿会突然拒绝吃母乳，把妈妈弄得莫名其妙。其实这是新生儿在用他自己独特的手段来告诉妈妈：有什么事情出现差错了！新生儿拒吃母乳有很多原因，如母亲的乳头有宝宝不喜欢的味道，或过早地使用奶瓶使宝宝不喜欢吸吮乳头，等等。母亲一定要及时调整，不能让宝宝长时间饿着或者放弃使用母乳喂养。

宝宝不喜欢香皂味的乳头

香皂类清洁物质会洗去皮肤表面的保护层，碱化乳房局部的皮肤，使得乳房局部的酸化变得困难，还会洗掉保持润滑的油脂，母亲的皮肤就会变得又干又硬还容易皴裂。所以妈妈只要用水来清洁乳头和乳晕就可以了，这样宝宝吃起奶来软软滑滑的很好吸吮。

过早用奶瓶让宝宝有乳头错觉

乳头错觉是指宝宝在出生后早期，由于过早使用奶瓶而出现了不肯吃母乳的现象。吸吮乳头和吸吮奶嘴需要两种截然不同的技巧，奶瓶的奶嘴较长，宝宝吸吮起来省力、痛快。宝宝一旦习惯了这种奶头，再吸妈妈的奶头时，会觉得很难含住，也很费劲儿，就不愿再去吃母乳。

要按需而不是按时间吃奶

吃奶是宝宝表现天生性格的方式，他的胃口也随时有所变化，有时吃得多，有时需要得少。每一位妈妈的乳汁都是为自己宝宝的独特性而设计的，根据宝宝不同的需要，每次喂奶时，乳汁的分泌量、浓度和成分都有所变化。因此要按照宝宝的需要来喂奶，经过几周的磨合，你们就可以形成自己的喂奶时间表。

妈咪育儿小窍门

运动后不宜立刻喂母乳

母体在运动后体内会产生乳酸，留在血液中就会使乳汁变味。据测试，一般中等强度以上的运动即可产生乳酸。所以肩负喂奶重任的妈妈，只宜从事一些温和的运动，而且运动结束后应休息半小时再喂奶。

新生儿的日常护理

父母是新生儿的保护人，在他还不能自己照顾自己的时候，父母应义不容辞地担当起了照顾他的责任。新生儿的日常呵护要仔细、周到，还要注意安全。主要包括睡眠习惯的养成，穿衣、脱衣的正确方法，换尿布的方法等。虽然看似都是小事，可对于宝宝来说就是他每天非常重要的活动，从中可以体现父母对他的爱护，所以一定要非常重视。

养成良好的睡眠习惯

要让新生儿养成良好的睡眠习惯，否则会很麻烦。睡眠时应以侧卧为宜，但两侧应经常更换，以免面部和头部变形。晚上睡觉前不宜让宝宝吃得过饱，以免因胃肠不适或饥饿而影响睡眠。晚饭后，父母不要过分引逗宝宝，宝宝睡前要保持情绪安定，防止疲劳和过度兴奋。宝宝睡觉时要保持室内安静。

新生儿的睡眠时间

新生儿平均每天要睡18～20个小时，除了吃奶之外，几乎全部时间都用来睡觉。睡眠是一种生理性保护，由于新生儿视觉、听觉神经均发育不完善，对外界的各种声光刺激容易产生疲劳，所以睡眠时间长。随着年龄的增长，各系统发育逐渐完善，接受外界事物的能力和兴趣也增强，睡眠时间也逐渐缩短。现代试验表明，当人在睡眠时生长激素分泌旺盛，这种生长激素正是使宝宝得以发育健全的重要因素。所以说婴幼儿时期，多睡对生长发育有很大的好处。

不正确的睡眠姿势

新生儿的睡姿主要由照顾人决定，一般中国人的习惯认为要让新生儿及早把头躺平，因此多采取仰卧位，而且还用枕头、棉被、靠垫等物固定他们的睡姿，这是不科学的。

侧卧睡眠的好处

新生儿初生时保持着胎内姿势，四肢仍然屈曲，为了帮助他们把产道中咽进的一些水和黏液流出，在生后24小时以内，仍要采取低侧卧位。侧卧位睡眠既对重要器官不会过分地压迫，又利于肌肉放松，万一新生儿溢乳也不至于呛入气管，是一种应该提倡的睡眠姿势。

要经常变换睡眠姿势

睡姿直接影响到新生儿的生长发育和身体健康，不应固定睡姿不变，而应经常变换体位，更换睡眠姿势。

因为新生儿的头颅骨缝还未完全闭合，如果始终或经常地向一个方向睡，可能会引起头颅变形。例如，长期仰卧会使宝宝头型扁平，长期侧卧会使宝宝头型歪偏，这都会影响外观仪表。

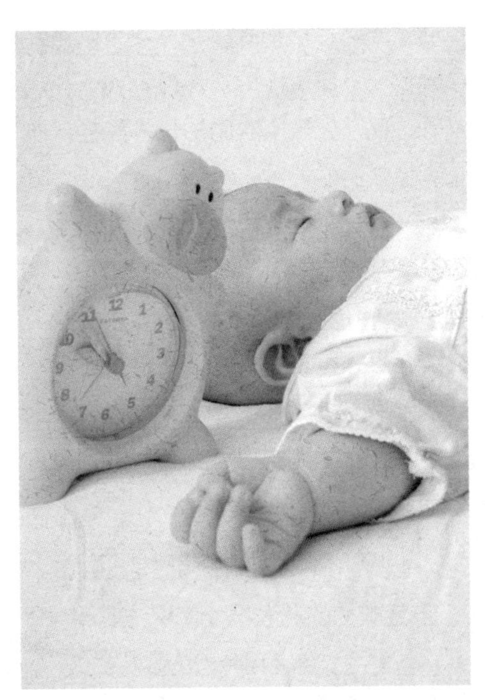

为了新生儿的健康发育，家长应经常为新生儿更换睡姿。

正确的做法是经常为宝宝翻身，变换体位，吃奶后要侧卧不要仰卧，以免吐奶。左右侧卧时要当心不要把宝宝耳轮压向前方，否则耳轮经常受压折叠也易变形。

给新生儿穿脱衣物的正确方法

给新生儿换衣服，一定要把新生儿放平，即放在换衣服垫上或是床上，这样妈妈就可以腾出手来了。

换衣服时，一定要加快速度，如果新生儿啼哭，也不必慌乱。新生儿不喜欢脱衣服，他们害怕皮肤暴露在空气中，而且取下了紧挨在身体上的舒适材料，这些都会使新生儿感到不安，也一定会啼哭的，声音也很大。妈妈一定要冷静下来，尽快把衣服脱完，可以用物品分散一下新生儿的注意力，如一些玩具等。此外，宝宝衣物的洗涤和换尿布也有特殊的要求。

穿衣服的方法

◎把新生儿放在平面上，先更换尿布。在给新生儿穿套头衫时，一定要把它抻好，用手指把衣领拉一拉。

◎把衣服套在新生儿的头上，同时把新生儿的头略微抬起，撑开右袖后，把新生儿的胳膊放进来，然后是左袖。拉平衣服，同时注意新生儿是否感觉舒服。如果是成套的宽松衣服，需要解开扣子，把衣服弄好放在平面上，再把新生儿放在上面。

◎把新生儿的右腿放到裤腿里，然后再放左腿，最后系好衣服。

> 妈咪育儿小窍门
>
> **宝宝衣物的洗涤不要使用洗衣粉**
>
> 宝宝衣物使用专门的婴儿洗涤剂，因为成人衣物洗涤产品，如洗衣粉中大多含有荧光剂和增白剂，这些对宝宝的幼嫩肌肤是有刺激性的哦！还有，贴身新衣物穿着之前最好先进行清洗。

脱衣服的方法

◎把新生儿平放在平面上，从上向下依次解开衣服。

◎轻轻地拉出双腿，在必要时，可更换尿布。

◎提起新生儿的双腿，然后把衣服从新生儿身下滑到肩部。

◎轻轻拉出新生儿的左手，然后再拉出右手。

◎如果需要脱套头衫，先把衣服卷到颈部，抓好新生儿的肘部，然后把衣服折成手风琴状，轻轻地拉出胳膊。

◎撑开领口，小心从新生儿的头上脱下衣服，注意不要触到宝宝的面部。

根据性别换尿布的方法

给男宝宝和女宝宝换尿布的方法有一些区别，主要是在清洁的时候，女宝宝要从前往后擦，切忌从后往前擦，因为这样容易使粪便污染外阴，引起泌尿系统感染。给男宝宝清洁时，要看看阴囊上是否沾有大便。

呵护新生儿的皮肤

正常足月产的新生儿皮肤呈粉红色，柔软并有些褶皱，出生几个小时后，皮肤会呈深红色，可持续数小时，如果新生儿一直暴露在冷空气中，皮肤会呈紫斑状，也会因手或脚背的周边血液循环不稳定，会产生皮下水肿，不过这一切变化是正常的。

刚出生几天的新生儿，因脱离母体原本湿润的环境，全身会变得干燥。他们的表皮会逐渐脱落，一般在1周左右就掉落干净，并且在1个月内会有脱皮现象。新生儿表皮柔软娇嫩、防御功能差、极易受细菌感染，所以要对新生儿的皮肤进行细致的护理。

新生儿皮肤的日常护理

首先应确保新生儿使用的衣物、被褥、用具是清洁的。父母的手应彻底洗净后再护理新生儿。仔细观察腋窝、颈部、腹股沟等部位是否有皮肤表面糜烂的现象，尤其是较胖的新生儿。

其次新生儿洗澡时应彻底洗净腋窝、颈部、腹股沟等处的胎脂，以减少对皮肤的刺激。如果皮肤有破溃，最好不用粉剂药物及甲紫药水自己进行处理，发现异常应及时看医生。然后在医生的指导下将皮肤破溃处用温水洗净、擦干，将适量的鞣酸软膏均匀轻柔地涂抹，每日2次。

夏季新生儿皮肤的护理

炎热的夏季，每天除了要用温水洗浴、扑粉外，还要预防尿布皮炎，最好不用尿布兜住臀部，可在凉席上铺一层夹被，或在臀部下面垫上尿布，但不能使用塑料布。也不能使用带有刺激性的护肤用品，应选用性质温和无刺激性的婴儿护肤用品、沐浴露及洗发精。

夏季新生儿经常出汗，所以要选用棉质、宽松的衣服，保持宝宝皮肤清洁干燥，还要经常沐浴更衣，擦婴儿爽身粉，防止痱子生成。新生儿皮肤内色素细胞较少，易被太阳光中的紫外线灼伤，在阳光强烈的季节不要带新生儿外出。

冬季新生儿皮肤的护理

冬季要注意新生儿保暖，避免体温过低引起新生儿硬肿症。气候干燥时，要为宝宝擦上婴儿润肤油或婴儿润肤露，防止宝宝皮肤皲裂。

新生儿的头发护理

宝宝的头发多少、色泽是否黑亮与遗传和营养密切相关。因此在母亲孕期要有充足而全面的膳食营养，宝宝出生后坚持母乳喂养。还应尽早带宝宝到户外活动，让宝宝晒晒太阳并按时为宝宝添加各类辅食。多数新生儿刚出生的时候，都长着一头浓密的胎毛，需要好好养护。要保护好宝宝的头发，就要从第一次洗发、梳发、理发做起。

第一次洗发

让新生儿仰卧在家长的一只手上，把新生儿的两腿夹在胳膊下，用手掌扶住其头部置于温水盆上，另一只手给他擦肥皂并轻轻按摩头皮，千万不要搓揉头发，以免头发缠在一起，然后用清水冲洗干净，这时头发会黏结在一起，最后用干热毛巾将头发轻轻吸干。有的新生儿头皮上有一种淡黄的薄膜，这就是“乳痂”，是皮肤油脂分泌过多的结果，为了去掉这种“痂”，可涂上一层薄薄的凡士林，使之变软，然后再用棉球将“痂”慢慢擦掉就可以了。

第一次梳发

第一次给新生儿梳头时不要用硬齿梳，否则会损伤头皮。要用橡胶梳，既有弹性又柔软。让新生儿头发顺其自然地梳至一个方向。另外，新生儿不宜用发夹或扎辫子，因为如用牛筋带子或发夹把头发缠得太紧，会伤及鬓角或额头上的头发而使它们变得渐渐稀疏。

第一次理发

第一次给新生儿理发时要避免在理发过程中新生儿乱动或突然转身时碰伤头皮。不要用剃刀或推子剃去后脑勺和耳边周围的胎毛，否则会刺激胎毛的生长。

妈咪育儿小窍门

要不要剃满月头

许多父母在新生儿满月的时候会给他们剃个大光头，即“满月头”。为的是能让新生儿的头发长得更黑亮、更浓密，其实，这种做法并不科学，而且对宝宝的健康有害无益。在剃头的过程中，刀片会对新生儿的头皮造成许多肉眼看不到的损伤。此时的新生儿皮肤娇嫩，处于功能尚不完善之时。作为人体的第一道防线，它尚不能很好地抵御病菌的入侵，更何况是用剃刀，这为病菌打开了无数的缺口。所以不宜给新生儿剃满月头。

掌握给新生儿剪指甲的正确方法

新生儿手指甲长得特别快，若不及时剪短，指甲下会藏污纳垢，也可能会因抓破皮肤而引起感染。所以间隔1周左右就要给新生儿剪指甲。不要小看为新生儿剪指甲这项工作，它也带有一定的危险性，如果用剪刀或成人用的指甲剪，稍不小心就可能弄伤新生儿的手指。因此，专家建议父母应选用专为儿童设计的指甲剪，并且要掌握正确的方法。

选购婴儿指甲剪

◎选用不锈钢材料制成的指甲剪，经久耐用，不会生锈，安全性高。

◎指甲剪外面包一层塑料外套，以此保护新生儿的小指甲不被伤害。

剪指甲的方法

应选择在喂奶过程中或新生儿深睡时剪。应选择钝头的、前部呈弧形的小剪刀或指甲刀。修剪时，母亲一手的拇指和食指牢固地握住宝宝的手指，另一手持剪刀从指甲边缘的一端沿着指甲的自然弯曲轻轻地转动剪刀，将指甲剪下，切不可使剪刀紧贴到指甲尖处，以防剪掉指甲下的嫩肉。剪好后检查一下有没有方角或尖刺，若有应修整。如果指甲下方有污垢，不可用锉刀尖或其他锐利的东西清理，应在剪完指甲后用水清洗干净，以防引起感染。

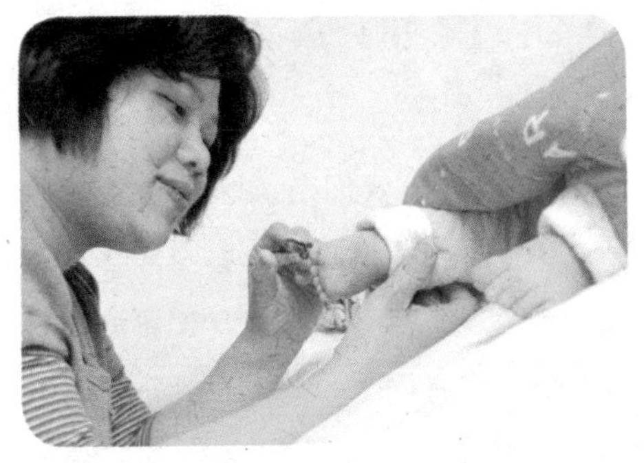

可不要小看剪指甲这个工作，它也关系着新生儿的健康。

> 妈咪育儿小窍门
>
> **误伤后的处理**
>
> 如果不慎误伤了宝宝的手指，应尽快用消毒纱布或棉球压迫伤口直到流血停止，再涂一些抗生素软膏。

预防宝宝眼睛斜视

眼睛是心灵的窗口，宝宝生来就有一双亮晶晶的眼睛，他用这双眼睛来看这个新鲜的世界，所以父母要特别保护好宝宝的眼睛。但有时候生活中的一点点不注意就可能导致新生儿产生眼睛异常，其中比较常见的是斜视。父母要尽早了解斜视产生的原因，及时预防。

宝宝眼睛斜视的原因

父母总是对宝宝关怀备至，有时宝宝被抱在胸前，大人和宝宝常处于近距离相互凝视状态；当宝宝躺在床上，父母会递上些玩具任其在胸前玩耍，或用鲜艳的东西不断挑逗宝宝。这样宝宝的眼睛与物体之间距离极近，时间久了，就易产生间歇性内斜。由于宝宝长期躺在床上，床靠墙边者居多，大人在喂养或与宝宝说话时也多在同一个方向，这样，宝宝会习惯性地总注视一个方向，久而久之就会造成宝宝外斜视。

预防斜视的方法

预防宝宝斜视重在消除引起斜视的条件，尽量使宝宝不要注视近距离及同一方向的物品。如果发现宝宝在4个月时已有斜视，可试用以下简单方法调节：如果是内斜，父母可在较远的位置与宝宝说话，或在稍远的正视范围内挂些色彩鲜艳的玩具，并让宝宝多看些会动的东西；如果是外斜，可经常转换大人与宝宝间的视觉，让宝宝更换睡觉方向，并采取和调节内斜相反的方法，也可让宝宝先注视一个目标，再将此目标由远而近直至鼻尖，反复练习，这有助于增强双眼的聚合能力。

宝宝出鼻疖怎么办

经常长鼻疖的原因

父母可能会发现，每次给宝宝通完鼻疖后过不了几天就又会出现，为什么宝宝总是长鼻疖呢？中医认为多与内热有关，新生儿长鼻疖多与母乳有关，因此母亲应注意饮食要清淡，少吃辛辣刺激性食物，还应注意多休息。

鼻疖的表现

鼻疖表现为局部疼痛明显，可伴有低热。严重患儿侧上唇及面颊部出现肿胀，并有发冷发热和全身不适。检查后可以发现一侧鼻前庭内有丘状隆起，周围浸润发硬、发红，颌下淋巴结常肿胀疼痛。

宝宝长鼻疖不能挤

鼻疖如果不及时治疗，有一定危险。因为鼻部三角区的血管丰富，血液容易将这个地区的细菌、病毒直接带进脑内的海绵窦，引起海绵窦血栓和脑膜炎。如果宝宝出了鼻疖肿除了要消炎治疗外，千万不要挤压。因为面部静脉内血液可以上下流通，如果挤压鼻疖，细菌感染可经面部静脉最后到达颅内引起感染。

囟门是反映宝宝身体状况的窗口

1岁之内，囟门是反映宝宝身体状况的一个重要窗口。父母若是对它了解得多一些，平时多加观察，便可通过它透视到宝宝身体里，如果有异常情况，即可尽快得知，从而让宝宝及早得到诊治。

囟门大小

囟门过大，首先可能是宝宝存在先天性脑积水，其次可能是先天性佝偻病。

囟门过小主要是指囟门仅有手指尖大，很可能是存在头小畸形，也可能是颅骨早闭造成的。

留心宝宝出现囟门早闭或迟闭现象

囟门早闭（即宝宝囟门过早闭合）时必须测量宝宝的头围，如果头围低于正常值，可能为脑发育不良。

囟门迟闭主要是指宝宝已经过了18个月，但前囟门还未关闭，多见于佝偻病、呆小病，仅有少数为脑积水或其他原因所致的颅内压增高，应去医院做进一步检查。

观察宝宝囟门的饱满情况

宝宝的前囟门原本是平的，如果突然鼓了起来，说明宝宝的颅内压力增高。通常，颅内压力增高是由于颅内感染所引起，宝宝可能是患了脑膜炎、脑炎等疾病。而如果囟门出现凹陷则可能是因为宝宝的身体内缺水。此时妈妈应该及时给宝宝补充水分，因为脱水过度会造成体内代谢紊乱。

妈咪育儿小窍门

切勿按压宝宝的囟门

检查宝宝的囟门时千万不要用指尖按压，以免发生意外。应以指腹放在头顶，从顶部轻按，滑向额部，触出囟门边缘，测量其大小。

宝宝疾病的预防与护理

及时为宝宝进行免疫接种

胎儿在未出生前在羊膜内受到很好的保护，除了少数一些先天性感染的微生物可以经由胎盘感染胎儿外，正常情况下羊膜内是无菌的状态，因此胎儿在此期间是最安全的；一旦破水或出生后就暴露在外界的环境中，开始与许多微生物发生接触，就有机会感染疾病。胎儿出生后即面临被微生物感染的危险，此时人体的免疫系统就扮演着举足轻重的角色。父母要及时做好给宝宝接种疫苗的工作。

计划免疫

当前预防接种的疫苗很多，妈妈们非常熟悉的“四苗”即卡介苗、脊灰糖丸疫苗、百白破三联疫苗及麻疹疫苗，为国家有计划地进行预防接种的疫苗，故又称计划免疫。此“四苗”是政府出资免费为儿童接种的，只是在接种时收取接种费用，它是我国儿童特有的福利待遇。这些疫苗在宝宝一出生便由专门的预防机构陆续为他们按期定时接种。

季节性免疫

像乙脑灭活疫苗和流脑多糖疫苗在这两种疾病流行的地方也被扩大列入计划免疫范围内，通常在疾病流行前2～3个月接种，属于季节性接种疫苗。个别地方是免费进行这类疫苗接种的。

自行选择的免疫

随着科学技术的不断发展，新的疫苗陆续被研制出来，如Hib疫苗、肺炎疫苗及水痘疫苗等。它们不属国家计划免疫之列，也不是国家要求每一个宝宝必须接种的，如果需求须自己承担费用。其中有些价格较便宜，自费承担问题不大，而有些是从国外进口而来，价格相对较高，家长可根据自己的经济能力和宝宝的情况来决定是否接种。

重点推荐接种乙肝疫苗

宝宝出生后要接受一系列的疫苗接种，其中，乙肝疫苗应该在他出生后24小时之内就注射，这样效果会比较好。乙肝疫苗是安全的预防疫苗，接种后有些轻微症状是正常的。父母要及时给宝宝安排接种。

◎**放心接种乙肝疫苗**。由于乙肝疫苗属血源性的，在制备过程中纯化与灭活程序十分严密，故不会产生像破伤

医生提醒父母：宝宝接种疫苗后可能会出现轻微的低烧现象，这属于正常现象，不必过于担心。

风等动物血清疫苗可能造成的过敏反应，与其他疫苗同时接种也不会出现相互干扰的现象。因此，可以说乙肝疫苗是安全可靠的预防疫苗。

◎ **接种乙肝疫苗的时间和程序**。接种乙肝疫苗最佳时机为新生儿出生时，出生24小时内上臂三角肌肌内注射1针，1个月大时注射第2针，6个月大时注射第3针。如果患有大三阳病的母亲所生的宝宝注射量应加倍，同时还应肌注高效乙肝免疫球蛋白。

◎ **接种乙肝疫苗的反应**。接种后一般会有一些轻微的反应，少数会有不超过38℃的低烧，伴有恶心及全身不适。约10%的儿童接种后在注射部位有局部发红、肿胀和硬结。接种乙肝疫苗虽然有反应但也要坚持接种，因为必须接种三次才可保证有效。

新生儿呼吸异常的处理方法

新生儿突然发生呼吸困难、呼吸暂停甚至窒息时，父母一定会非常焦急，一时间不知道怎么处理。一旦发生这种情况，如果父母了解一些应对方法，将对宝宝非常有帮助。

呼吸困难

新生儿呼吸困难的早期表现为呼吸次数增加、呼吸浅表、急促，进而表现鼻翼翕动，再重时可以看到三凹征（即锁骨上窝、胸骨上窝及肋间隙3个部位同时凹下），同时宝宝出现面色及口唇发青，严重时出现呻吟样呼吸、吭吭样呼吸或呼吸暂停，这些均表示病情进一步恶化。新生儿病情变化快，应早期发现、早期治疗，如果遇病情恶化，应及时送医院抢救。

呼吸暂停

正常新生儿有时可以出现不规则的呼吸，有时两次呼吸间隔5～10秒钟，但不伴有心率和面色的改变，这种现象称为周期性呼吸。呼吸暂停是指呼吸停止10～15秒钟甚至更久，同时心率减慢，每分钟为少于100次，还出现发绀和肌张力减低。

◎ **出现呼吸暂停的原因**。早产儿易出现原发性呼吸暂停。因为胎龄小，呼吸中枢功能差，呼吸暂停发生率较高，胎龄越小越易发生，呼吸暂停也与睡眠有关。此外，当新生儿面部温度高于躯干温度时易发生呼吸暂停。当中枢神经对喉部肌肉运动控制失灵时，易出现吸气梗阻，导致梗阻性呼吸暂停。早产儿还可能由于低血钙、低血糖、颅内出血、颅内感染、败血症等发生呼吸暂停。继发性呼吸暂停原因很多，如颅内出血、动脉导管未闭、肺炎、窒息、冠心病、低血糖、低血钙、败血症等。

◎**如何处理呼吸暂停**。当新生儿出现呼吸暂停时应及时吸入氧气并进行人工呼吸，尽量避免可诱发呼吸暂停的动作，插胃管动作要轻，喂奶时注意奶量、吃奶的速度和姿势，以免胃液反流引起呼吸暂停。对频发的呼吸暂停，可采取面罩给氧及采用机械辅助呼吸。同时应治疗原发病，纠正低血糖、低血钙等。

窒息的原因

胎儿娩出后，若1分钟无呼吸或仅有不规则、间歇性、浅表呼吸者，则可断定为新生儿窒息。

引起新生儿窒息的主要原因是呼吸中枢抑制、损害，或呼吸道阻塞。宫内缺氧严重或时间过久；滞产胎头受压过久；颅内出血累及延髓生命中枢的氧供应；分娩前不恰当地应用全麻或镇静药物；在娩出过程中发生深呼吸动作将羊水、黏液和胎便吸入呼吸道等。这些均可导致新生儿原发性无呼吸或呼吸功能不全。

那么，如何预防和处理新生儿窒息呢？

◎**如何预防新生儿窒息**。要做到孕妇定期接受产前检查，以便及时发现异常并予以适当的治疗。胎音异常提示胎儿缺氧，应及时给产妇吸氧，并选择适当的分娩方式。临产时产妇情绪要稳定，因过度换气后的呼吸暂停可使胎儿的氧分压降至危险水平。此外，产妇用麻醉剂、止痛剂、镇静剂时一定要严格掌握表征及剂量。

◎**如何处理窒息**。发现新生儿窒息时应及时处理：保持呼吸道通畅，可做人工呼吸、供氧等。多数患儿处理后情况能迅速好转，呼吸转为正常，但仍应仔细观察其呼吸及一般状况，并注意保暖，大部分新生儿日后发育不受影响，但如果窒息程度严重，经抢救后面色仍苍白，并迟迟不能出现正常的呼吸，四肢松弛，则这类新生儿存活率低，存活者常留有不同程度的运动或智力障碍。

及早发现新生儿耳聋现象

新生儿一出生就应有听觉，只是反应没那么灵敏。如果发现宝宝过分安静，睡觉不怕大吵闹，对大人的招呼、逗引声音毫无反应，只是眼睛炯炯有神，注视大人的面部表现和举止动作，对周围环境突然发出的大声响，没有寻找声源的反应，那么宝宝的听力可能有问题，应去医院仔细检查一下，及时发现宝宝听力障碍，进行听力和语言的康复训练。

新生儿耳聋的原因

专家指出，父母遗传因素、母亲孕期用药不当是造成新生儿耳聋的主要原因。调查结果显示，仅30%的耳聋儿童是由于父母一方或双方遗传所致，而70%则是母亲在孕期使用耳毒性药物所致。

母亲怀孕的整个过程，特别是前3个月，是胎儿听觉器官发育形成的关键期，如果不加注意很容易造成胎儿听觉器官损伤。据统计，在妊娠的前3个月，母亲如果患了风疹，那么新生儿出现耳聋的概率可高达68%。此外，在临床的病例中，绝大多数都是由于孕妇不注意用药而导致新生儿耳聋的。常见的对耳朵有毒性的药物有庆大霉素、阿司匹林、碘酒等，这就要求孕妇在用药前，必须向医生咨询所用药物能否引起新生儿耳聋，同时，在孕期，还应少做放射线、超声波、同位素检查，以免引起胎儿听觉器官受损造成耳聋。

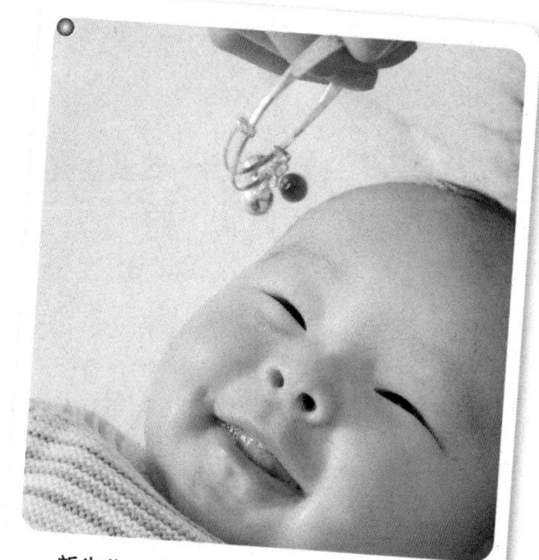

新生儿一出生就有听觉，如果新生儿没有寻找声源的现象，就应去医院仔细检查一下。

耳聋要及时治疗

新生儿在出生后2个小时就有听觉了，而且随着月龄的增长将逐步完善。在3个月时，宝宝听到声音，会出现眨眼、握拳等听觉反射活动，这时候就已能查出宝宝是否耳聋。如果家长能在宝宝6个月内发现并进行治疗，40%的新生儿能提高听力。俗话说“十聋九哑”，如果家长在新生儿学说话的最佳时机——3岁半以前，错过了药物治疗，让宝宝永远生活在无声世界里。专家提醒，一旦发现新生儿对各种声音没有反应，应当立即请耳科医生做测听检查，准确地检测宝宝听力是否正常，以便及时进行治疗。

父母吸烟可导致宝宝耳聋

医学研究表明，宝宝耳聋可能与儿童被动吸烟有关，这种由被动吸烟引起的耳聋多是传导的，是中耳长期性炎症的结果。父母经常吸烟，烟雾中的有害物质对宝宝娇嫩的中耳黏膜有直接刺激作用，它使中耳内分泌物和黏液增加、变稠，也使咽鼓管不通畅，从而造成中耳内积液，使听力下降。时间长了，黏稠积液可造成鼓膜粘连，发生传导性耳聋。

由于宝宝无法准确表达他们的痛苦，所以容易延误诊治，而真正发展到耳聋时为时已晚，致残率极高。所以，父母在家中不要吸烟。

妈咪育儿小窍门

胎教音乐太强烈可能会导致新生儿耳聋

胎儿5～6个月大时，已有听觉反应。越来越多的准父母开始选择用音乐来胎教，期望对胎儿进行最早的启蒙教育。有关专家表示，妊娠期间良好的音乐胎教，对新生儿确实有许多好处，但如果方法不当，可能导致胎儿出生后丧失听力。如直接把录音机、收音机等放在肚皮上，这是不正确的。如果让胎儿听了音频高达4000～5000赫兹的胎教音乐，乐声就变成了噪声，对胎儿将是恶性刺激。

新生儿皮肤病的防治措施

新生儿的皮肤非常娇嫩，容易受到外界环境的刺激而产生一些皮肤疾病。夏天的痱子、蚊虫的叮咬以及湿疹、皮炎等都是破坏宝宝皮肤的大敌，不但影响容貌，更会使宝宝产生不舒服的感觉。

产生痱子的原因及表现

当外界气温增高，湿度大时，汗腺导管堵塞，导致汗孔、角质层的浸渍发炎，使汗液排泄不出，留滞于真皮内而引起长痱子。因此肥胖或穿着过厚、过暖、及易过敏的新生儿，当室内通风不良和夏季炎热的情况下就更容易长痱子。新生儿长痱子常见于面、颈、背、胸及皮肤褶皱等处。并可见成批出现的红色丘疹、疱疹，有痒感。

防治痱子的措施

新生儿居室应注意保暖，不能过热；夏季居室应通风凉爽；衣着不宜过厚、过暖或过敏；注意经常洗澡；入睡后要让宝宝多翻身，避免皮肤受压过久而影响汗腺分泌。

痱子的护理方法

勤给宝宝换衣服和尿布，衣服要宽大，用棉布制作，不要捂得过多。经常躺着的宝宝，要经常换枕巾和翻身，勤洗澡，洗后扑一些爽身粉或痱子粉。宝宝睡觉时要常换姿势，出汗多时及时擦去，尽量少背抱宝宝。出了痱子要及时处理，痱子形成小脓包后，要用75%酒精棉球擦破涂上1%甲紫，必要时可服少量解毒中药及抗生素。痱子不能随便用手挤，以免扩散。

湿疹的症状

开始是红色的小丘疹，有渗液，最后可结痂、脱屑，反反复复，长期不愈，宝宝会感到瘙痒难受。主要分布在面部、额部、眉毛、耳郭周围，面颊部也有，严重的可蔓延到全身，尤以皮肤褶皱处多，如肘窝、腋下等处。

宝宝患湿疹的原因

婴儿湿疹是一种常见的、多发的、反复发作的皮肤炎症。有以下一些原因。

◎**遗传**：如果宝宝的父母均是过敏体质，那么宝宝有70%的可能是过敏体质；如果父母中的一方属过敏体质，宝宝仍有50%的可能性成为过敏体质。

◎**喂养**：婴儿患湿疹往往还和喂养有关，常见的是喂牛奶的宝宝患湿疹较多。

◎**其他的外界诱因**：环境因素、湿度、紫外线、洗涤剂选择不当、营养过高、肠内异常发酵等。

湿疹的预防和护理

◎一般不严重的湿疹，可不做特别的治疗，只要注意保持宝宝皮肤清洁，只用清水清洗就行了。到了宝宝4个月以后，开始逐步给宝宝添加辅食，减少牛奶的摄入量，直到宝宝完全脱离以牛奶为主食而以饭食代替后，皮肤湿疹常常会不治自愈。

◎尽量寻找并避开过敏原。

◎避免有刺激性的物质接触皮肤。

◎室温不宜过高，否则会使湿疹痒感加重。宝宝衣服要穿得宽松些，以全棉织品为好。

◎对脂溢型湿疹千万不能用肥皂水洗，只需经常涂一些植物油，使痂皮逐渐软化，然后用梳子轻轻地梳理掉即可。

◎母乳喂养可以防止由牛奶喂养而引起异性蛋白过敏所致的湿疹。注意定时喂奶，不要让宝宝过饥或过饱，防止因便秘及消化不良而诱发湿疹。

◎在医生指导下用药。

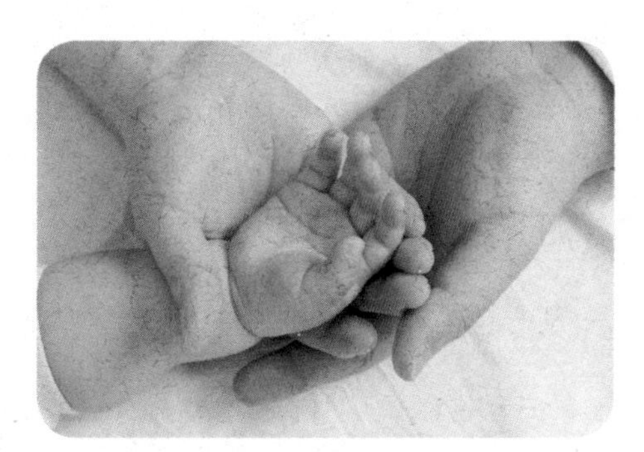

对于婴儿湿疹，父母不能麻痹大意。

宝宝患脂溢性皮炎的原因

脂溢性皮炎的发病原因尚不清楚，有人认为与遗传有关，但未得到证实。该病是在皮脂溢出的基础上所引起的皮肤继发性炎症。这和母体雌激素通过胎盘传给胎儿致使新生儿皮脂增多有关。维生素B_2缺乏也可以导致脂溢性皮炎。

脂溢性皮炎的症状

多见于1～3个月的肥胖宝宝，其前额、颊部、眉间皮肤潮红，表面覆盖黄色油腻性鳞屑，头皮上可见较厚的黄浆液痂，痂下有炎症合并糜烂和渗出。

脂溢性皮炎的预防和护理

清洗结痂是护理的重点。注意不要用肥皂洗，可用甘油、植物油或强生润肤油涂抹于痂皮上，过上两小时待痂皮软化后再用婴儿洗发精清洗即可。

清洁头皮时动作要轻柔，切勿擦破皮肤。洗后可涂含抗生素或激素的软膏，如丙酸倍氯美松软膏加糠馏油软膏、祛湿油、1%氯霉素间苯二酚酊、硫新霜等。

严重的湿疹还可用中医治疗，以清热、解毒、凉血、渗湿为原则辅佐外用药效果也很好。

避免新生儿脱臼

新生儿处在骨骼的发育阶段，如果大人在平时穿衣服或是户外活动时不留心，很容易造成宝宝关节脱臼。所以父母在平时活动宝宝的小胳膊小腿的时候一定要注意不要用力拉扯。在宝宝中存在一种先天性的髋关节脱臼，因为是先天性的，所以父母往往不知道是怎么回事，因此早期的检查非常重要。

先天性髋关节脱臼

髋关节是介于大腿骨与骨盆之间的大关节。先天性髋关节脱臼是小儿骨科中相当常见的问题，也是造成小孩跛行、长短腿、成人骨性关节炎的重要原因，值得为人父母者特别加以重视。

先天性髋关节脱臼的原因

先天性髋关节脱臼的发生，一般认为是胎儿在母腹内受压迫所引起。也就是说，髋关节在早期发育上是正常的，怀孕最后1～2个月胎儿长到相当大时，才因胎内受压迫，固定在某种姿势，髋关节不能活动，才造成它的不稳定，所以它是一种变形，而不像兔唇、多指畸形等是一种畸形。女宝宝特别容易罹患此症，一般认为是女性激素的影响，使髋关节韧带特别松弛，而易致脱臼。家族中曾有人罹患的可能性要比一般人稍高。

进行早期检查很有必要

有经验的护士、医师则可利用两项特殊检查来早期诊断髋脱臼或髋关节不稳定，欧特兰尼检查和巴罗氏检查，这两项检查是最具有诊断价值的。但因为医护人员并未普遍接受这方面的特殊训练，同时也不甚明了其重要性，不管是在婴儿室或健儿门诊大部分都未能实施髋部脱臼的检查，所以很少有在刚出生时就诊断出来者。

妈咪育儿小窍门

新生儿不能包扎太紧

把新生儿包扎得很紧，髋部处于伸直、内收姿势，而且不易活动，如此便使得不稳定的髋关节无法稳定下来，甚至发生脱臼。而发生脱臼者更无法自然复位了。如果改变包小孩的方式，使髋部能自然屈曲、外张，则会使脱臼的发生率下降。老式的包小孩方式对髋关节来讲，是有稳定作用的。

预防新生儿腹泻

几乎每个宝宝都会发生腹泻，尤其是年龄较小的宝宝。所以，消化不良和腹泻是宝宝们最容易患的儿科疾病之一。宝宝上吐下泻时，父母们的心里都很着急，恨不能让宝宝快快地好起来。于是，一股脑儿地给服用各种药。

然而，宝宝非但不见好，反而越来越止不住地泻，甚至拖至几个月不愈，使宝宝的生长发育受到很大影响，有时甚至危及生命。为了宝宝平安健康长大，父母对宝宝腹泻病的防治及护理应该多多了解。

新生儿腹泻的原因

新生儿免疫功能差，肠道的免疫能力就更低，当肠道感染时，没有能力去减弱和中和细菌的毒力。

另外，胎儿在子宫内无细菌的环境中生长，生后立即在众多的细菌、病毒污染环境中生长，抵抗力太弱了，消化功能和各系统功能的调节功能也比较差，因此，新生儿易患消化功能紊乱，同时也易患感染性腹泻。

生理性腹泻

这种腹泻虽然大便次数可达每日6～7次，大便呈黄绿色、较稀，甚至有小奶瓣和黏液，但显微镜下检查不会发现红细胞、白细胞，可见脂肪球。宝宝体重增长良好是判断这一类腹泻最重要的客观指标。

这一类宝宝还有一个特征就是精神好、食欲好、不发热、不呕吐，也就是腹泻病的伴随症状都不具备。因此对于这种生理性腹泻，家长大可不必着急，更不必为改变大便性状而停喂母乳改喂牛奶。一般宝宝长到4～6个月时合理添加辅食后，这种生理性腹泻也就自然痊愈了。

感染性腹泻的症状

不同的细菌和病毒引起的腹泻症状也不一样。轻症的宝宝表现单纯的胃肠道的症状，拉稀一日5～6次至10余次，同时还出现低烧、食奶量少、呕吐、精神衰、轻度腹胀、哭闹、唇干、前囟门凹陷。严重时大便呈稀水状，可增加到10～20次／日。还伴有高烧、呕吐、尿少、嗜睡，家长仔细观察新生儿，发现手足凉、皮肤发花、呼吸深长、口唇樱红色。在换尿布时发现宝宝反应差、口鼻周围发绀、唇干、眼窝凹陷，出现这种情况，需立即到医院输液抢救。

致病性大肠杆菌引起的腹泻

如果新生儿的大便次数多，呈黄色，有蛋花汤样，常伴有血丝和黏液，虽然宝宝未进食很多奶，但是大便有腥臭味，排便时哭闹，烦躁不安，这类腹泻，大多数是一种致病性大肠杆菌引起的，是新生儿时期比较常见的腹泻，可在医生指导下服用药物和补充液体以防脱水。

正确处理宝宝发热现象

宝宝发热是父母经常遇到的状况，发热有几种不同的类型，父母要根据发热的不同原因和不同类型采取不同的处理手段。尤其是对于高热要分外注意，若高热持续不退，将会对宝宝的健康造成损害。

发热的类型

发热是宝宝疾病常见的症状。通常以宝宝腋下体温37.5℃～38℃为低热，38.1℃～39℃为中度发热，超过39.1℃～40.4℃为高热，超过40.5℃为超高热。

发热的原因

◎**感染性发热**：是人体对感染的一种防御反应，最为常见。由感染性疾病引起的发热，有细菌性的，也有病毒性的。

◎**非感染性发热**：非感染性疾病引起的发热也很多，如风湿热、药物热、疫苗反应、大面积烧伤、白血病、甲状腺功能亢进、肾上腺皮质功能亢进等。

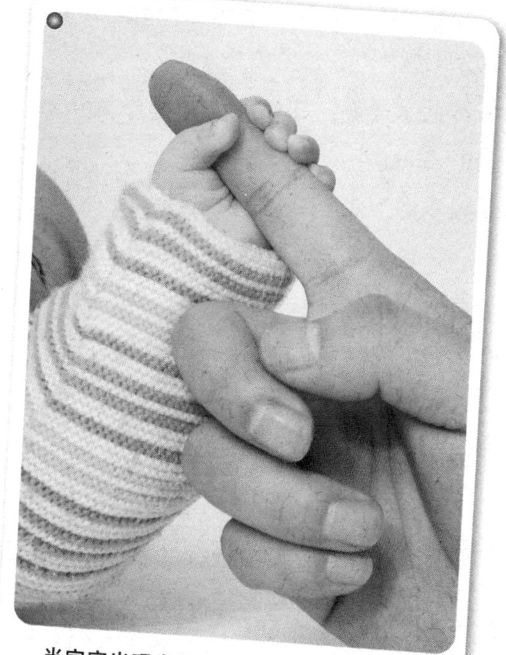

当宝宝出现发热现象时，父母要保持冷静，不可盲目使用抗生素。

治疗发热的目的

◎降低高热，减少机体消耗。

◎防止宝宝发生高热惊厥。

◎对某些危重病例（如乙型脑炎、中毒型痢疾、重症肺炎等），积极的退热处理对稳定病情有一定作用。

不要乱用抗生素

有的家长只要宝宝一发热，就赶快给宝宝服用抗生素，这是不科学的。因为抗生素主要对某些细菌有杀灭或抑制生长的作用，而对大多数病毒感染无效，更不用说对于那些非感染性疾病了。因此，发热的宝宝应该去医院检查，查明病因，对症下药。滥用抗生素，非但无益，而且会带来一些毒副反应，还可能招致“二重感染”，使病情更加严重。此外，少数宝宝对某些抗生素呈现一种特别的反应——药物热，即应用抗生素后会引起发热，反而使病情加剧了。

对高热的处理

◎**物理降温**。物理降温作用迅速，安全，尤其适用于高热。在做物理降温时应注意：每隔20～30分钟应量一次体温，同时注意宝宝呼吸、脉搏及皮肤颜色的变化。

◎**冷湿敷法**。用温水浸湿毛巾或纱布敷于宝宝的前额、后颈部、双侧腹股沟、双侧腋下及膝关节后面，每3～5分钟换一次。注意对39℃以上高热的宝宝来说，水温不宜过低，稍低于体温即可。

◎**酒精擦浴**。用30%～50%酒精重点擦抹上述冷湿敷部位及四肢皮肤，但不擦胸腹部。

◎**冷盐水灌肠**。婴幼儿可用温度为20℃左右的冷盐水150～300毫升，进行普通灌肠。

◎**温水浴**。适用于四肢循环不好（面苍白、四肢凉）。水温37～38℃，用大毛巾浸湿后，包裹宝宝或置宝宝于温水中，为时15～20分钟，或根据体温情况延长时间，做完后擦干全身。

◎**吃退烧药**。吃退烧药，多喝些凉开水，在水中加些盐和糖，防止脱水。

新生儿肺炎的预防和治疗

新生命的诞生是一件值得庆幸的事。但是，新生儿的身体变化是极其微妙的，不易察觉，如新生儿的肺炎。肺炎是一种呼吸道疾病，由于新生宝宝早期无明显呼吸道症状，所以很容易被忽视。如果病情加重会引起呼吸衰竭，容易导致产生严重的后果。

新生儿肺炎的类型

◎**吸入性肺炎**：胎儿在子宫内，或分娩过程中吸入羊水、胎粪或产道分泌物，或出生后吸入乳汁等引起，并常继发感染。

◎**感染性肺炎**：可在产前、分娩过程中或产后感染细菌或病毒引起。

肺炎的症状

新生儿肺炎缺乏典型表现。常表现为面色苍白或青紫、体温不升、口吐泡沫、吸奶减少或拒奶、呼吸增快、鼻翼扇动和呼吸困难。肺部可听到细水泡音。有的体征不明显，通过肺部X线照片可以检查出来。

妈咪育儿小窍门

妈妈感冒时宝宝的喂养

在感冒发作前，宝宝已经接触到了感冒病毒，母乳里就有他最需要的抗体。

继续哺乳也会帮助母亲得到适当的休息，突然断奶对母婴都是百弊而无一利。由于渗透到母乳中的药量非常小，不会对婴儿产生影响，不过吃药前最好咨询一下医生。

肺炎的预防及治疗

◎**预防**：①孕妇注意保健；②分娩时避免窒息，防止吸入羊水、胎粪；③加强新生儿保健，居室空气流通、新鲜，并避免与呼吸道感染病人接触。

◎**治疗**：①体温不升者应保温；②细心喂养；③面色苍白或青紫、呼吸困难者应给吸氧；④在医生指导下用药。

宝宝智力培育与开发

对宝宝进行早期的智力培育与开发是很有必要的。从人类大脑的发育过程看，脑细胞在胚胎期形成，胚胎后期一直到 4 周岁是脑细胞成长、发育、分化过程，这一阶段称为大脑快速发育期，可塑性较好，特别是胚胎后期和半岁以内脑细胞的成长和分工阶段，其可塑性更佳。

此时的教育主要是外界信息刺激，不仅是知识增长，更重要的是促进大脑发育，为日后的教育奠定物质基础。因此，医学专家认为，开发大脑潜能主要是在 4 岁以前，而 4 岁以后的教育则更多的是增加知识、学习本领了。如果父母漠视宝宝的这些发育，不进行强化开发的话，势必使这些功能减弱或消退，直接影响到他们日后的智力发展水平。

语言能力

当宝宝“咿呀学语”的时候，如果注意对他进行良好的言语教育，早日教宝宝说话，就能促进思维、发展智力，比如，在喂奶和护理时，把动作和语言结合起来，最好能指着某些物品用清楚缓慢的语言对他说这是什么，那是什么，要像对待已经懂事会说话的宝宝那样给他讲各种各样的事情，让他感觉，让他看，让他听。不要以为这样做是“对牛弹琴”，频繁的刺激能促进宝宝听觉和发音器官的发育和健全。

宝宝虽然不会说话，却有惊人的接受语言能力。让宝宝听语音可以训练听力，看口形可以锻炼视觉判断力。

无声的语言

在宝宝情绪好的时候，父亲或母亲可以和他面对面，相距约20厘米，宝宝就会紧盯着对方的脸和眼睛，当两人的目光碰在一起时，和宝宝对视并进行无声的语言交流，做出多种面部表情，如张嘴、伸舌、微笑等。

回声引导发声

宝宝啼哭之后，父母模仿宝宝的哭声。这时宝宝会试着再发声，几次回声对答，宝宝就会喜欢上这种游戏似的叫声，渐渐地宝宝学会了叫而不是哭。这时父母可以把口张大一点儿，用“啊”来代替哭声诱导宝宝对答，渐渐地教宝宝发音，以此训练宝宝的语言能力。如果宝宝无意中出现另一个元音，无论是“啊”或“噢”都应以肯定、赞扬的语气用回声给以巩固强化，并且记录下来。

交际能力

培养宝宝对外交流的能力。虽然宝宝还不会说话，但他会对外界的变化做出相应的动作，用他特殊的方式进行自己的社交活动。

随声舞动

父母可以在床前悬挂色彩鲜艳或能发声的玩具，让宝宝注视摇晃的玩具，并随着玩具发出声音，手足舞动。要注意的是，玩具不要只挂在一侧，应拴在床的四周，以免影响宝宝的视力。

熟悉环境

父母每天抱着宝宝在房间里走几圈，使宝宝能看到房间内各种形态的物品，并向他介绍周围景物，让他熟悉周围环境，增强社交能力。

情感能力

交流是自然真情的流露，对父母、宝宝都是一种心灵的需要。新生宝宝行为、感情的发育发展需要父母共同来关怀和诱导，所以不管是准爸爸妈妈还是新手爸爸妈妈，都要学会用心养育自己的宝宝，用自己的爱心与耐心与宝宝进行情感交流，进行早期智力开发和行为锻炼，培育出聪明和健康的宝宝。

抚摩传递亲子情

肌肤相亲、温柔抚触是一种爱的交流。哺乳时尽量与宝宝肌肤相亲，使宝宝感受到妈妈的怀抱是他最安全的场所。他会安静地满足这种依恋，并形成早期记忆。吃母乳的宝宝，只要妈妈每次用固定的姿势抱他，宝宝就会主动寻找乳头。爸爸妈妈轻轻抚摩宝宝的小手，传递爱意的同时还能让宝宝感受到皮肤的触觉，而且还能有利于他们的抓握反射，提高宝宝的灵敏度。这对今后宝宝的经验积累、心理发展和形成良好的人际关系是十分有益的。

悄悄话促进母子感情

每次给宝宝喂奶、换尿布、洗澡时，妈妈都要抓紧时机与宝宝谈话。“宝宝吃奶了”、“宝宝乖”等，以此传递母亲的声音，增进母子间的交流。虽然宝宝不会说话，但他们天生就具有听觉能力，宝宝能感知到妈妈的语言。有的宝宝在出生后感受到胎内曾听到的声音时，就会改变吸吮的速度，所以宝宝出生后要尽量给他们创造一个丰富的投入感情的语言环境，利用各种机会给宝宝以丰富多彩的情感生活，把你的爱意通过语言传递给你的小宝贝。

妈咪育儿小窍门

与爸爸的交流很重要

在与宝宝的交往中，千万不要忽视爸爸的作用。爸爸和宝宝的交往风格常常不同于妈妈，妈妈可能更多地会使用语言、温柔的抚触和宝宝进行交流，爸爸则更爱在嬉玩中与宝宝交流。爸爸的拥抱能使宝宝感受到爸爸有力的臂膀是他安全的港湾；爸爸用带有胡碴儿的脸轻轻地亲亲宝宝，会让宝宝感受到不一样的皮肤触觉。因此作为父亲一定要抽出时间与宝宝亲密接触一下，只有这样爸爸才会真正感受到宝宝与自己是亲密联系在一起的，增进父子之间的感情。

生活能力

虽然这个时期宝宝的生活要有父母照料，但也可以对宝宝进行一些简单的生活能力训练，首先可以从大小便的训练做起，使宝宝养成良好的定时定点大小便的好习惯。

把大小便

从出生半个月起，就可以开始培养宝宝大小便的习惯了。可以在便盆上制造一定的声音表示大便或小便，使宝宝形成排泄的条件反射，这样，在满月前后宝宝就懂得把大小便了。

视觉能力

新生儿有了一定的视觉能力，父母可以趁宝宝醒着的时候，用色彩鲜艳的玩具

（最好是红色的）或用你的脸来训练宝宝的注视能力，帮助宝宝发展视觉功能。

看玩具

在宝宝房间悬挂一些玩具，让宝宝看和听。悬挂的玩具品种可多样化，还应经常更换品种和位置，悬挂高度为30厘米左右。当宝宝醒来时，大人可把他竖起来抱抱，让宝宝看看墙上的玩具，同时可告诉他这些玩具的名称。当宝宝看到这些玩具，听到妈妈的声音，就会很高兴。同时经常把新生儿竖起来抱还可锻炼宝宝头颈部肌肉，为以后抬头做准备。

看图画

新生儿睡醒时，他会睁开眼睛到处看，所以应该为宝宝预备几幅挂图，一般宝宝最喜欢的是模拟母亲脸的黑白挂图，也喜欢看条纹、波纹、棋盘等图形。挂图可放在床栏杆右侧距宝宝眼睛20厘米处让他观看，每隔3～4天应换一幅图。家长可观察宝宝注视新画的时间，一般小宝宝对新奇的东西注视时间比较长，对熟悉的图画注视的时间短。直到满月后可换上彩图。

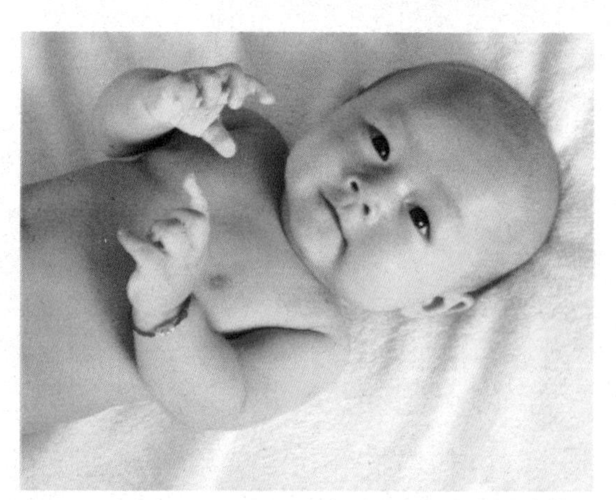

父母可以挂几幅挂图让宝宝看，来锻炼宝宝的视觉能力。

看光亮

用一块红布蒙住手电筒的上端，然后开亮手电。将手电置于距宝宝双眼约30厘

妈咪育儿小窍门

新生儿可以玩的玩具

对于新生儿，父母应重视培养宝宝的注意力和手眼协调能力。小于3个月的婴儿适合玩一些色彩鲜艳的玩具，因为色彩鲜艳的玩具能够吸引宝宝的注意力，引发宝宝伸手去触摸这些玩具，促进他们肌肉的伸展。可以考虑购买一种可以挂在床边的、带音乐的娃娃或小动物造型的玩具。要注意，玩具要经常换个位置，免得宝宝因长时间向一个点凝视而引起一些生理的小问题。

米远的地方，沿着水平和前后方向慢慢移动几次，以吸引宝宝注视着灯光，进行视觉训练。最好隔天进行一次，每次1～2分钟，注意不要用电筒直照宝宝的眼睛。

听觉能力

听觉的发育十分重要，它直接影响语言的发展。宝宝会高兴地看着你，眼睛和头不时地跟着动，脸上显出非常愉快的表情，似乎真正能听懂你在和他说什么。听觉的发育需要良好的外部环境，家长要给宝宝多提供适当的听的刺激，如多和宝宝说说话，叫叫他的名字，给他唱唱儿歌、摇篮曲，或者用会发出悦耳动听声音的玩具逗逗他，放放轻松柔和的音乐等，这对提高宝宝的听觉能力都是有相当好处的。

摇响铃

在宝宝头部两侧摇响铃，节奏要时快时慢，音量要时大时小。边摇边说："铃！铃！铃儿响叮当！"先不要让宝宝看到摇铃，而要观察其对铃声有无反应，再训练宝宝根据铃声用眼睛寻找声源，每天2～3次，以此检验听力，提高视觉能力。要注意铃声不可过响，否则会影响宝宝听力。

感觉能力

主要训练新生儿的触觉、味觉和嗅觉。宝宝的皮肤能够感觉到不同质地和温度的差异；宝宝的嗅觉会对不同气味产生不同反应，特别是对刺激难闻的气味产生反感。

触觉训练

在生活中，家长可以给宝宝提供各种不同性质的玩具，例如，黏手的橡皮泥、毛茸茸的玩具狗、光滑的金属汽车等，供宝宝触摸摆弄，让宝宝接触冷暖、轻重、软硬等性质不同的物体，增加宝宝对各种物体的感觉，在实践中逐步发展宝宝的触觉功能。

味觉与嗅觉试验

新生儿期，宝宝能对各种气味会作出不同的反应。例如，让宝宝嗅刺激难闻的气味，他会做打喷嚏、皱眉、摆头等动作。宝宝吮吸到甜味时，会做出舔嘴的动作，脸上呈现出愉快的表情。若闻到咸味、酸味，他会表现出皱眉、闭眼、不安的神情，甚至出现恶心或呕吐的反应。所以，发展宝宝的嗅觉和味觉应该从小开始。

本月适合的宝宝体操

让还不会说话走路的小宝宝们做做健身操能使宝宝健康成长，同时妈妈的抚触还能促进宝宝情感和智力的发展。但0～6个月的宝宝自主活动能力有限，所以宝宝健身操需要妈妈帮助完成。

被动操与抚摩的区别

新生儿被动操，是全身性运动，包括骨骼和肌肉，抚触宝宝的时候就可以做。宝宝被动操不同于宝宝抚触。宝宝抚触是局部的皮肤抚摩、按摩，它需要手有一定的力度，进行全身皮肤的抚摩，而宝宝被动操是在出生后10天左右才开始做。室内温度最好在21℃～22℃。月子里每节操做6～8次。一天一次，甚至两天一次。最好是在宝宝睡觉之前给他做操，他可能会睡得更香。吃饱了之后不要动他，在两顿餐之间，可以让他活动一下。给宝宝做操时不要有大幅度的动作，一定要轻柔。

被动操的具体操作方法

◎**上肢运动**：把宝宝平放在床上，妈妈的两只手握着宝宝的两只小手，伸展他的上肢。

◎**下肢运动**：妈妈的两只手握着宝宝的两只小腿，往上弯，使他的膝关节弯曲，然后拉着他的小脚往上提一提，伸直。

◎**胸部运动**：妈妈把右手放在宝宝的腰下边，把他的腰部托起来，手向上轻轻抬一下，宝宝的胸部就会跟着动一下。

◎**腰部运动**：把宝宝的左腿抬起来，放在右腿上，让宝宝扭一扭，腰部就会跟着运动。然后再把右腿放在左腿上，做同样的运动。

◎**颈部运动**：让宝宝趴下，3～4个月的宝宝就会抬起头来。这样颈部就可以得到锻炼。

◎**臀部运动**：让宝宝趴下，妈妈用手抬起宝宝的小脚丫，宝宝的小屁股就会随之一动一动的。

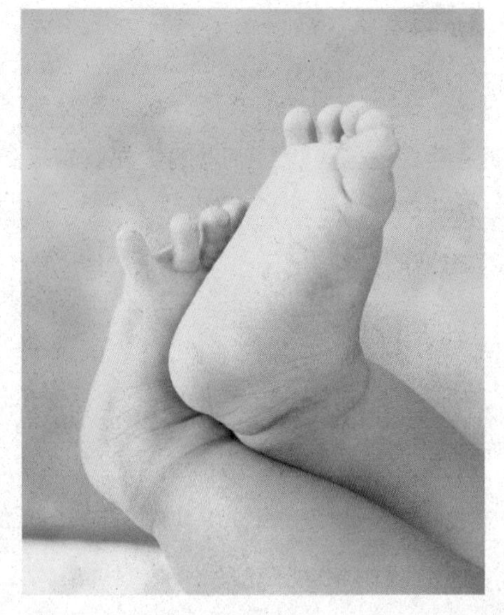

Part 4

1～2个月宝宝护理

1～2个月的宝宝开始能发出1～2种不同的声音，现在这些声音还没有什么意义，只是表示他身体放松、情绪愉悦。当父母在一边轻声地和他交谈、讲解时，他会倾听一会儿，然后重复发出“咕咕咕”的声音。宝宝已经能够更准确地控制自己的视线了，他常常会饶有兴趣地看着眼前有规律移动的物体。这个月中，宝宝会第一次微笑，这表明他很快乐，并能从与他人交往中得到乐趣。

宝宝身体与能力发育特点

本月宝宝的身体发育比较稳定，感觉器官较前一个月成熟，父母在这个月要加强和宝宝的语言交流，促进他的语言能力进一步发展。特别是父母温柔的声音，不但能使宝宝有发音的冲动，更能增进父母和宝宝间的感情交流，对宝宝的情商发育很有好处。

身体发育特点

又经过一个月的悉心照料，宝宝又长高长胖了一些。虽然宝宝已经离开了新生儿期，进入了婴儿期，各项身体发育指标都有一定提高，但身体上的变化尚不明显，满月的宝宝和2个月的宝宝看起来没有很大的差别，爸爸妈妈也不要太心急哦。

身高

男宝宝平均60.1厘米（55.3～64.9厘米），
女宝宝平均58.8厘米（54.2～63.4厘米）。

体重

男宝宝平均6千克（4.6～7.5千克），
女宝宝平均5.5千克（4.2～6.9千克）。

头围

男宝宝平均39.6厘米（37.0～42.2厘米），
女宝宝平均38.6厘米（36.2～41.0厘米）。

胸围

男宝宝平均39.5厘米（36.2～43.4厘米），
女宝宝平均38.7厘米（35.1～42.3厘米）。

牙齿

两个月的宝宝还未开始长牙。

前囟

出生时为1.5～2.0厘米，一般不超过2.5厘米。随着年龄的增长，6个月后则逐渐骨化缩小，一般到6～18个月时闭合，1～2个月时有的已经闭合。

皮下脂肪厚度

1～2个月的宝宝，正常的皮下脂肪厚度较新生儿期丰满，通常超过1厘米。

体形

体形比新生儿期丰满，身体各部分也比较协调，皮肤红润，肌张力也日趋正常。

能力发育特点

知觉是对事物的整体认识。研究表明，刚出生后2天的宝宝就可以分辨人脸和其他形状。他们看人脸的时间比看圆形或不规则形状的时间长。宝宝似乎天生对人感兴趣。其实，宝宝并非对人脸感兴趣，而是对人脸的轮廓线和曲度感兴趣。宝宝大约在2个月左右时，就对远和深有了一定的认识。

视觉发育状况

随着天数和月龄的增长，宝宝逐渐能看见活动着的物体，如果将手慢慢靠近他的眼前，他就会眨眼。这就是宝宝能看到物体的证明，这种眨眼叫做“眨眼反射”。一般宝宝在1.5～2个月都会有这种眨眼反射。如果有斜视的宝宝，等满2个月时一般都能自行矫正过来，而且双眼能够一起转动，这表明宝宝的大脑和神经系统发育正常。在这一段时间里，即使有的宝宝斜视尚未矫正过来，也不一定是大脑发育不正常或生理上有问题。比较明显的斜视在1岁前后可以进行治疗，轻度的在3岁前后再进行治疗也不算太迟。

听觉发育状况

宝宝听到太响的声音时会表现出烦躁、惊恐、哭闹等反应，而听到温柔、低沉和慢节奏的声音时则表现得安静或高兴，这说明出生不久的宝宝对声音已经有了分辨能力，对妈妈和经常接触他的人的声音和陌生人的声音有完全不同的反应更说明宝宝的听觉已经非常灵敏。妈妈在宝宝面前的语言动作，都会通过眼神、情绪及说话时的口气传给宝宝，从而影响宝宝的情绪。宝宝虽小，但也能从听到的声音中感受到妈妈的心情。

感觉发育状况

当听到有人与他讲话或有声响时，宝宝会认真地听，并能发出“咕咕”的应和声，会用眼睛追随走来走去的人。如果宝宝满2个月时仍不会哭，目光呆滞，对背后传来的声音没有反应，则应该检查一下宝宝的智力、视觉或听觉是否发育正常。

心理发育状况

父母的身影、声音、目光、微笑、爱抚和接触，都会对宝宝心理造成很大影响，对宝宝未来的身心发育及建立自信、勇敢、坚毅、开朗、豁达、富有责任感和同情心的优良性格都会起到很好的作用。这个时期的宝宝最需要人来陪伴，当他睡醒后，最喜欢有人在身边逗他玩、爱抚他，与他交谈，这时他才会感到安全、舒适和愉快。

合理的喂养方式让宝宝更健康

满月后的宝宝，只要母乳充足，吃奶就很有规律。一般每隔3～4小时吃一次。在这段时间，注意不要让宝宝养成吃吃停停的坏习惯。对2个月的宝宝仍应继续坚持母乳喂养。要是妈妈外出工作无法哺乳，可以选择人工喂养。

喂食婴儿配方奶粉

宝宝在0～36个月的生长期是他一生中非常重要的时期。在此期间，宝宝的生长发育需要大量的营养物质，是一般食品所不能提供的，因此，需要某些营养物质齐全、含量又充足的食品供之食用，如母乳、婴幼儿配方奶粉等。如果宝宝生长期喂食普通奶粉或其他普通食品，将导致宝宝身体的营养不良、生长缓慢、智力发育不全、身体素质较差，也会影响儿童期的发育，甚至一生将受到不良影响。

婴幼儿配方奶粉的特点

婴幼儿配方奶粉是专为没有母乳和缺乏母乳喂养的宝宝而研制的食品，根据不同时期宝宝生长发育所需营养特点而设计。它是以新鲜牛乳为主要原料，以大豆、乳精粉等为辅料，经净化、杀菌、均质、浓缩、喷雾、干燥、包装后的产品。此类产品强化了人体生长发育所必需的维生素和微量元素，并调整了脂肪、蛋白质、碳水化合物的比例，适合于0～36个月中不同年龄段的宝宝食用，是无母乳、母乳不足宝宝理想的替代食品，也是月龄较大宝宝的主要辅助食品。长期食用可预防佝偻病、软骨病、缺铁性贫血、坏血病等疾病，促进视力发育、智力发育、神经系统的发育等。

选购配方奶粉的方法

◎**看包装上的标签标志是否齐。**包括厂名、厂址、生产日期、保质期、执行标准、商标、净含量、配料表、营养成分表及食用方法等项目。

◎营养成分表中标明的营养成分是否齐全，含量是否合理。营养成分表中一般要标明热量、蛋白质、脂肪、碳水化合物等基本营养成分，维生素类如维生素A、维生素D、维生素C、部分B族维生素，微量元素如钙、铁、锌、磷。

◎选择规模较大、产品质量和服务质量较好的知名企业的产品。

◎要看产品的冲调性和口感。

◎要根据婴幼儿的年龄选择合适的产品。0～6个月的宝宝可选用婴儿配方乳奶粉。

用配方奶粉喂养要注意卫生

◎冲奶粉的水：一定要用烧开后再凉了的水，不能直接用饮水机里凉的纯净水。

◎奶瓶消毒：先洗净奶瓶和奶嘴，消毒时，水要漫过奶瓶（先不放入奶嘴），用水煮沸，水开后煮7分钟左右，放入奶嘴，再一起煮3分钟即可。消毒后放到干净的容器里备用。喂奶时，手一定要洗干净。每次喂奶都要用新消毒的奶瓶，不要重复使用，因为奶瓶很容易被细菌感染。

妈咪育儿小窍门

不能用沸水冲调配方奶粉

冲奶粉的水的温度在65℃左右为宜，一定不要用刚烧开的水，因为一方面水温过高会使奶粉中的乳清蛋白产生凝块，影响消化吸收；另一方面，某些维生素受热会被破坏。因此，一定要正确掌握奶粉的冲调方法，避免奶粉中的营养物质损失。

每次给宝宝喂奶时，都一定要注意卫生，防止感染。

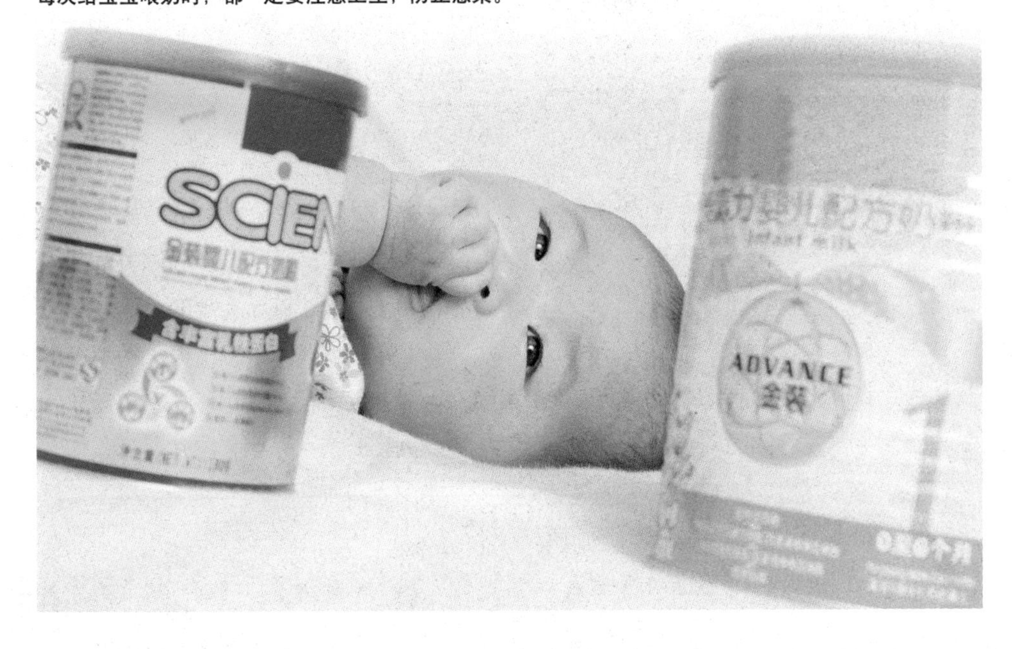

配方奶的免疫力

宝宝一般从母体中获得的抗体可用6个月，以后可由母乳来补充，但配方奶喂养的宝宝，可能在抵抗力和免疫力上要差一些，但父母可以通过下列方法来预防宝宝生病：改善宝宝居住的大环境；注意卫生、通风等问题；不带宝宝到人多的地方去；家庭成员生病了，尽量避免与宝宝接触；通过运动、婴幼儿体能训练等来增强宝宝自身的抵抗力。

把握喂食规律

父母应把握正确的喂食规律，但这并不是指每隔3～4小时就必须喂一次食，而是需要根据每个宝宝的实际情况培养良好的喂食规律。首先喂食相隔的时间不要太长，因为宝宝体力消耗过大后，吃东西时可能会感觉累。其次，喂食的时候父母应将全部注意力集中在宝宝身上。易醒的宝宝会经常寻求乳房或奶瓶，因为他已经习惯了这种吮吸，父母可以用奶嘴应付宝宝。

需要重点补充的营养素

宝宝在0～6个月时生长得最快。大多数宝宝在约4个月的时候体重就能增长一倍。身体的所有部位都生长得很快，变化越来越大，宝宝的营养需求要与之相适应。为了生长发育的需要和健康，无论宝宝有多大，食物中都应该含有充足的蛋白质、维生素、碳水化合物和矿物质。至少在0～4个月，宝宝要靠吃奶吸收这些营养。过了4个月，等宝宝开始吃固体食物的时候，只要父母准备合理、均衡的膳食，宝宝就能得到所需的全部营养。

能量

发挥身体的各种功能所需要的能量来自食物。以往食物中的能量通常以卡路里为单位表示（现已改用焦耳），对宝宝来说，卡路里摄入量的要求大约是成人的两倍半到三倍。在最初的6个月里，每千克体重需要100多千卡的热量。因此，出生时重达3500克的宝宝每天需要大约400千卡的热量。如果这个宝宝在大约6个月的时候体重增长了一倍，达到7000克，那么，他这时每天需要的热量大约为800千卡。

维生素D

即使是母乳喂养，也会缺乏维生素D，需要及时补充，而配方奶粉喂养者则更需补充。宝宝缺乏维生素D后，骨骼发育会受到影响，易患佝偻病。补充维生素D时，最好先咨询一下医生，按医生的建议补充会比较安全合理。

DHA和ARA

良好的营养是大脑发育的物质基

础。DHA（二十二碳六烯酸，又称脑黄金）和ARA（花生四烯酸）是宝宝大脑生长发育所必需的营养物质，也是构成神经细胞膜，且在神经细胞膜中发挥重要作用的“结构性”脂肪。母乳中含有这两种营养素，而对于人工喂养的宝宝，这两种物质在目前的配方奶粉中不一定含有。因此，不能坚持母乳喂养的妈妈在选择奶粉时，要注意其中是否含有DHA、ARA，其含量是不是充足，如果奶粉中没有，则要在奶粉中加入DHA，以满足宝宝大脑发育的需要，否则会造成宝宝大脑发育不良，削弱宝宝学习记忆能力。

正确地保存乳汁

许多妈妈都会遇到这样的问题，如果自己生病了或是要上班，该如何给宝宝喂奶。特别是生病的时候是不是就应该停止喂奶。其实，并不是生任何病妈妈都不可以喂奶的，更不应该因为上班而停止给宝宝喂奶。

妈妈生病时的喂养

妈妈患一般疾病，如乳头破裂、乳腺炎、感冒、肠胃不适等，原则上并不影响母乳喂养。此时妈妈体内的抗体可以通过乳汁传给宝宝，也可提高宝宝抵抗疾病的能力。这种情况下妈妈用药应慎重，要告诉医生你正在哺乳，请医生帮助选择对宝宝无不良影响的药物。如果母亲患较重的感冒，最好先停止给宝宝喂奶，以免引起太大麻烦，但须注意的是为了不让母乳分泌逐渐减少，在中断期间，必须每天把母乳挤出。

上班时的喂养

在上班前可以事先将乳汁挤出，但挤出的母乳如何保存确实是个很重要的问题，如果保管不当，既造成浪费，又会让宝宝患上胃肠疾病。妈妈在上班期间可以到化妆间、私人办公室把乳汁挤出，当然有专设挤奶室更好，大约3小时挤一次。

如何保存多余的母乳

如果乳汁挤出的时间不长，冷藏保存就可以，但必须把冷藏的母乳在1小时内喝完；要是想较长时间地保存，如1周左右，就应该采取冷冻的方法。无论采取哪种方法，妈妈都应该先将手洗

妈妈可将多余的母乳挤出来备用。

净，把母乳挤出并立即装入已消毒过的干净奶瓶中。如果是冷藏保存，放进一直能保持4℃以下的冰箱中；若冷冻保存，也应把母乳挤出后马上放进冷冻容器，最好记录一下挤母乳的时间、日期和奶量，以防记忆得不准确。在此提醒一点，不要把挤出的奶放进装有原先挤的母乳的冷冻容器里。

妈咪育儿小窍门

不要用微波炉解冻母乳

解冻母乳时注意不要使用微波炉加热，因为温度太高，就会把母乳中所含的免疫物质破坏掉。解冻后的母乳需在3小时内尽快使用，而且不能再次进行冷冻。

宝宝的日常护理

父母在平日要多给宝宝温柔的抚摩，因为宝宝的皮肤是他第三个心灵的窗户。温柔的抚摩会使关爱的暖流通过爸爸妈妈的手默默地传递到宝宝的身体、大脑和心里。这种抚摩能滋养宝宝的皮肤，并可在大脑中产生安全、甜蜜的信息刺激，对宝宝智力及健康的心理发育起催化作用。

宝宝排便情况与健康的关系

宝宝的排便是否正常和他的健康状况有很大关系。父母除了要培养宝宝良好的排便习惯外，还要留意他的粪便，通过排出粪便的颜色、形状及次数来判断宝宝的健康情况。

养成良好的排便习惯

从2个月左右开始就应该训练宝宝的排便习惯了。每天定时排便，逐渐使他的消化排泄功能规律化。排便时间最好是在早上起床后，因早晨排便对宝宝一天的吃、玩、睡都有好处。也可根据家庭条件和个人的习惯，选择合适的排便时间。

观察宝宝排便是否正常

要以排便的次数及形状来判断。通常吃母乳的宝宝，一喝就排便，排便次数较多，粪便呈稀水状，但也有可能因为消化完全，肠胃道没有残渣，所以多天不排便，医学上统计有20天不排便的记录。至于吃配方奶的宝宝，一天排便1～2次，粪便较硬。宝宝的排便情形因人而异，只要宝宝的体重正常增加，就是正常状况。刚出生1～2个月的宝宝，会呈现“新生儿肠胃反应”，即喝奶后很快会放屁排便，所以排便的次数较多。若是一天排便超过6次就要注意，但如果是喝母乳的宝宝，排6～8次为正常现象。

宝宝排绿便的原因

大便中的黄色色素是由于胆汁中的胆红素所造成的，胆红素氧化时会呈绿色，因此绿便也是正常的。还有富含铁的配方奶粉或添加铁剂也可能会造成绿便，宝宝绿便，主要还是因为肠蠕动过快。偶尔拉绿便没关系，如果经常拉绿便，适当用点儿助消化药后，症状还不改善，则要到医院就诊。

为宝宝洗澡的正确步骤

给宝宝洗澡所必备的用品应该是单独的和固定的，具体有洗澡盆、婴儿浴液、婴儿爽身粉或护肤液、温度计、换洗衣服、干净的尿布、擦干用的大浴巾、包裹宝宝身体用的小浴巾、洗澡用的小毛巾或纱布。给宝宝洗澡的时间应安排在喂奶后的1小时左右，给宝宝洗澡时动作要迅速、准确和灵活，全过程应在15分钟左右。

准备工作

拿出宝宝洗澡时所需的全部用品并放在适当的位置。调节好室温，保持在18℃以上。把对好的温水倒入宝宝澡盆里，水温必须保持在38℃～40℃。严格说来，夏天水温应是38℃左右，冬天40℃左右较好。

洗澡过程

◎**洗头**：把宝宝放好，脱去衣裤，用小浴巾包好宝宝的身体，左手托住后脖颈和头，母亲半蹲在澡盆前，把宝宝的屁股放在左腿上。先给宝宝洗脸，用湿毛巾或纱布从眼睛周围轻轻向外擦，洗去脸上的脏东西，擦干。再用湿毛巾打湿宝宝的头发，放少量浴液在右手掌心，再放少量水，轻轻揉搓在宝宝头上。注意动作要轻柔，用掌心和手指而不要用指甲为宝宝洗头。然后再用小毛巾撩起清水冲洗干净头发并擦干。

◎**洗身体**：宝宝洗好头以后，把包着身体的小浴巾拿掉，左手托住头，右手托住屁股，轻轻放入水中。左手托住宝宝的后脖颈和头，右手放上少量浴液，洗脖颈、胳膊、手、前胸及腹部。然后把宝宝翻过身，左手扶住前胸，右手洗后背、屁股和腿。洗完全身后再把宝宝仰面放好，左手托住头，右手用清水冲洗干净全身，把他抱出澡盆，放在事先铺好的大浴巾上，包好身体。

结束阶段

用大浴巾包好宝宝后，从头到脚轻轻擦干他身上及头上的水。把宝宝护肤液放在手心，轻轻抹在宝宝身上并按摩片刻，或者把爽身粉放在手掌心轻轻抹在宝宝身上，特别是脖颈、腋窝、腹股沟等处要仔细。初生宝宝要处理脐带，轻轻擦上75%的酒精，垫一块纱布，裹上绷带。然后换上尿布，穿上衣服。最后再用棉签清洁一下宝宝的耳朵和鼻子，梳理一下头发就行了。

洗澡的注意事项

◎应该紧闭门窗，以避免宝宝着凉，室内温度控制在25℃～28℃。

◎在放洗澡水的时候，一定要遵循“先凉水后热水”的原则，防止过热的洗澡水给宝宝带来意外伤害。

◎浴室中如果还有电器用品，一定要拔掉插头，以免宝宝有触电的危险。

◎一般水温在38℃～40℃最合适，也就是大人用手摸着稍微有一点儿热。

◎严防溺水，绝对不可以把宝宝单独留在浴室或洗澡盆旁边。

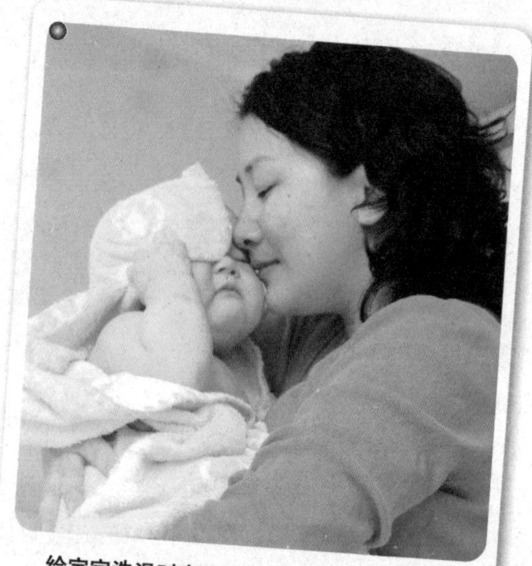

给宝宝洗澡时有很多事情需要妈妈多加留心。

◎避免滑倒或滑脱，最好在浴室的地板上铺上防滑垫或防滑毯，并养成一有水渍就马上擦干的习惯，让地板随时保持干燥。

◎用手臂托住宝宝手臂下方，以较好地撑住宝宝身体，让头部保持在水面之上。

◎在将宝宝抱出浴盆或浴缸前一定要用大浴巾将其包裹好，以防宝宝从手中滑落。

妈咪育儿小窍门

洗澡时间不宜过长

由于宝宝洗澡水的温度不高，所以洗澡时间不宜过长，以防水温降低造成宝宝不舒服，如果确实需要延长洗澡时间的话，切记保持水温，严防宝宝感冒。

宝宝打嗝的处理及预防方法

当宝宝吃奶过快或吸入冷空气时，都会使自主神经受到刺激，从而使膈肌发生突然的收缩，引起迅速吸气并发出"嗝"的一声，当有节律地发出此种声音时，这就是所谓的宝宝打嗝了。

宝宝打嗝多为良性自限性打嗝，虽然没有成人那种难受感，打嗝时间也没有成人那么长，但是看着宝宝一声声的"嗝"，父母也会心乱如麻。专家认为，宝宝打嗝大多是由于父母照顾不周所引起，所以处理时需要先找到原因。

打嗝的原因

◎**护理不当**：导致宝宝外感风寒，寒热之气逆而不顺，俗话说是"喝了冷风"而诱发打嗝。

◎**哺乳不当**：如果宝宝乳食不节制，或喝了生冷奶水、服了寒凉药物，造成气滞不行、脾胃功能减弱、气机升降失常而使胃气上逆动膈都会诱发打嗝。

◎**吃得过快或惊哭后吃奶**：在这种不恰当的时机哺乳会造成宝宝哽噎从而诱发打嗝。

缓解打嗝的方法

◎如果平时宝宝没有其他疾病而突然打嗝，嗝声高亢有力而连续，一般是受寒凉所致，可给他喝点儿温热的水，同时胸腹部覆盖棉衣被，冬季还可在衣被外置一热水袋保温，即可缓解。

◎如果小宝宝打嗝时间较长或发作频繁，也可在开水中泡少量橘皮（橘皮有舒畅气机、化胃浊、理脾气的作用），等到水温适宜时给他饮用，也可达到止嗝的目的。

◎如果由于乳食停滞不化，打嗝时可闻到不消化的酸腐异味，可用消食导滞的方法，如胸腹部的轻柔按摩以引气下行或饮服山楂水通气通便（山楂味酸，消食健胃，增加消化酶的分泌），等到食消气顺后，宝宝的打嗝就会自然停止。

预防打嗝的方法

◎宝宝在啼哭时不宜进食，吃奶时要有正确的姿势体位。

◎吃母乳的宝宝，如果母乳很充足，进食时应避免使乳汁流得过快。

◎人工喂养的宝宝，进食时也要避免急、快、冰、烫，吸吮时要让宝宝少吞慢咽。

◎宝宝在打嗝时可用玩具引逗或放送轻柔的音乐以转移其注意力，减少打嗝的频率。

宝宝为什么会吐奶

吐奶和溢奶，其实都是指奶液从宝宝嘴里面流出来的现象，一般来说，轻微吐奶和溢奶并没有什么太大的区别，也不用采取特别的治疗方式。有时宝宝感冒、生病，可能会出现比平时严重一点儿的吐奶情况。不过随着宝宝的逐渐长大，这种情况将会明显地改善。但是，如果宝宝出现了严重的喷射性吐奶状况，严重时奶液还会从鼻孔里流出来，这时，爸爸妈妈就必须特别注意了，应尽快带宝宝去医院进行检查。

吐奶的现象及原因

◎**现象**：吐奶多在吃奶后不久、由抱着吃奶改为躺下时发生，也可在吃奶后活动时发生，吐出的奶多顺着宝宝口角边流出而不是从口中猛烈喷出，量可多可少，吐出的东西主要为刚吃下的奶或稍经胃酸作用后形成的奶块，没有黄色胆汁或血液等成分，宝宝吐奶后精神食欲仍好，一般无其他不适。

◎**原因**：①食管与胃连接处的括约肌没有完全发育好，其阻碍胃中食物向食管反流的阀门功能差，多见于早产儿。②宝宝胃的位置较水平。③喂奶方法不当，如宝宝躺着吃奶，人工喂养时奶瓶的奶头有空气而未充满奶，吃奶后马上让宝宝躺下等。

吐奶的处理方法

对吐奶宝宝的处理主要是通过改善家庭护理，一般不需要采取特殊处理。对吐奶宝宝的家庭护理应注意以下几个方面。

◎少食多餐。

◎喂奶时应将宝宝抱起来、头向斜上方斜躺在妈妈的怀里，妈妈一手托住宝宝背部、一手用拇指和其他四指分别放在乳房的上方和下方以托起整个乳房喂奶。如果奶流过急，则可用拇指和食指分别放在乳头上、下方适当按住或夹住乳房以控制奶流速度，可避免宝宝因吃奶过急引起胃部痉挛而导致溢奶。

◎不吃奶后应将宝宝抱起让其头朝上趴在妈妈的肩膀上，用手轻拍其背部，让吃奶时咽下的空气从口中排出再让宝宝躺下。

◎人工喂养时奶瓶的奶头应充满奶而不能有空气。

妈咪育儿小窍门

吐奶严重会影响宝宝正常发育

轻度的溢奶对宝宝生长发育一般无明显影响，较重者由于营养摄入不够则可能影响宝宝的生长。如果宝宝吐奶严重，或吐奶呈喷射状，或吐出物颜色异常等则应找医生看。

给宝宝按摩对健康有益

给宝宝按摩不仅是父母与宝宝情感沟通的桥梁，还有利于宝宝的健康。它具有帮助宝宝加快新陈代谢、减轻肌肉紧张等作用。通过对宝宝皮肤的刺激使身体产生更多的激素，促进对食物的消化、吸收和排泄，加快体重的增长。按摩还能帮助宝宝睡眠，减少烦躁情绪。

给宝宝按摩的准备工作

◎保持房间温度要在25℃左右，还要保持一定湿度。

◎居室里应安静、清洁，可以播放一些轻柔的音乐，营造愉悦氛围。

◎最方便做按摩的时候是在宝宝沐浴后或给宝宝穿衣服的过程中。

◎在做按摩前妈妈应先温暖双手，倒一些婴儿润肤油在掌心，这样妈妈很容易用手蘸取，注意不要将油直接倒在宝宝皮肤上。妈妈双手涂上足够的润肤油，轻轻在宝宝肌肤上滑动，开始时轻轻按摩，然后逐渐增加压力，让宝宝慢慢适应按摩。

妈咪育儿小窍门

如何辨别按摩油是否适合宝宝

将按摩油或精油滴1～2滴在宝宝的手腕上，等待10～20分钟，若皮肤没有出现红肿或是其他不适时，就表示按摩油应该适合宝宝。

全身运动按摩

全身运动按摩就是给宝宝热身。妈妈坐在地板上伸直双腿，为了安全铺上毛巾，让宝宝脸朝上躺在妈妈的腿上，头朝妈妈双脚的方向。在胸前打开再合拢他的胳膊，这能使宝宝放松背部，肺部得到更好的呼吸。然后上下移动宝宝的双腿，模拟走路的样子。这个动作使宝宝大脑的两侧都能得到刺激。

按摩胸膛和躯干

两手分别从胸部的外下侧向对侧肩部轻轻按摩，然后由上而下反复轻抚宝宝的身体，如果宝宝表现出不舒服的样子，换下一个姿势。这个动作可使宝宝呼吸循环更顺畅。

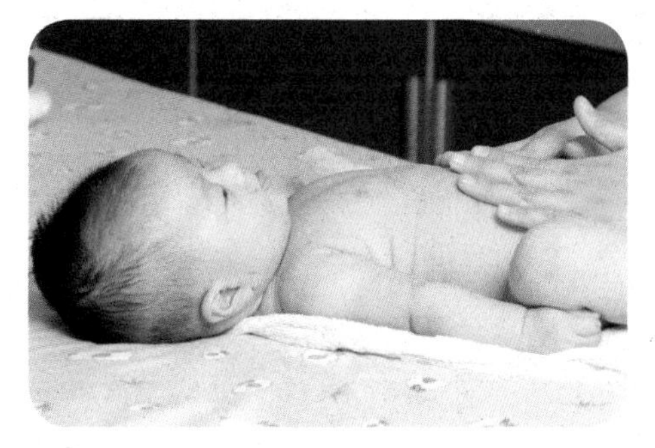

对宝宝的胸部与腹部按摩有助于宝宝的呼吸循环更顺畅。

按摩腹部

轻轻地用整个手掌从宝宝的肋骨到骨盆位置按摩，用手指肚自右上腹滑向右下腹，左上腹滑向左下腹。腹部按摩帮助宝宝排气、缓解便秘。

按摩胳膊和双手

用一只手轻握着宝宝的左手并将他的胳膊抬起，用另一只手按摩宝宝的左胳膊，从肩膀到手腕，然后轻轻摩擦宝宝的小手，将他的手掌和手指打开，按摩每一个手指，要注意这时的动作一定要轻，另一侧做同样的动作。这可以增加宝宝的灵活性，并且会使宝宝感觉非常舒适。

按摩腿部和脚部

用一只手扶着宝宝左脚踝，把左腿抬起，用另一只手按摩宝宝的左腿，从臀部到脚踝，然后用手掌抚摩宝宝的小脚丫，从脚后跟到脚趾自下而上地按摩，另一侧做同样的动作。按摩腿脚能够增强宝宝的协调能力，使宝宝的肢体更灵活。

按摩背部

如果宝宝不介意后背朝上，可以试着让他俯卧在妈妈的腿上，用手掌从宝宝的脖子到臀部自上而下地按摩。也可以让宝宝平躺，用一只手托起宝宝的臀部，另一只手轻轻地从脖子慢慢向下揉搓宝宝的脊柱。背部按摩有助于增强免疫力。

按摩脸部

用你最柔软的两只手指，由中心向两侧抚摩宝宝的前额。然后顺着鼻梁向鼻尖滑行，从鼻尖滑向鼻子的两侧。多数宝宝会喜欢这种手法，他们以为这是在做游戏，但是如果宝宝觉得不舒服就先停止做这个动作，隔天不妨再试一次。

适当进行户外活动

2个月的宝宝户外活动时间要比1个月内的宝宝有所增加，并随着宝宝的长大，户外活动的次数和每次的时间也增加。在户外活动可以使宝宝接触到环境中的各种新事物，增加对视觉、听觉的刺激。更重要的是可接触阳光和新鲜的空气，以增强宝宝对外界环境变化的适应能力，增强体质，提高抵抗疾病的能力。

户外活动的时间和次数

户外活动的时间和次数应当循序渐进，开始时每天1次，适应后可增加至每天2～3次，每次从几分钟适应，以后可增加到1～2个小时。

根据季节变化、气温的高低、宝宝适应的情况，户外活动的时间也不相同，如在夏季，可在上午10点前、下午4点后，冬季可在上午9点后到下午3点前。

妈咪育儿小窍门

开窗睡眠是很好的“户外活动”

开窗睡眠也是一种很好的锻炼，夏季可在室内开窗睡眠。宝宝的床不要离窗户太近，不要两面相对开窗，以免形成穿堂风，直吹宝宝身体。在睡前和睡醒起床前应关上窗户，以防止脱衣、穿衣而受凉。当宝宝患病、大风、大雨时均不宜开窗睡眠。

谨防户外活动造成的伤害

坚持户外活动对宝宝是一种有益的锻炼，但活动不当也可影响宝宝的健康，因此，在此过程中应当注意让宝宝有一个逐渐适应的过程。开始时，可先在室内打开窗户，让宝宝接触一下较冷的气温，呼吸新鲜空气，无不良反应时，即可到户外去。宝宝患病时，抵抗力下降，可暂停户外活动。

给宝宝买玩具要有选择性

有些父母认为太小的宝宝不需要什么玩具，因为他们还不懂得玩耍。研究表明，即使0～1个月的宝宝也有很强的学习能力，从一出生，他们就会用自己的独特方式来认识周围的世界。不到1个月的宝宝，吃饱睡足后也能积极地吸收周围环境中的信息。所以，父母现在起就可以有选择地给宝宝买些玩具了。

适合0～2个月宝宝的玩具

◎**摇响玩具（拨浪鼓、花铃棒等）**：让宝宝寻找声源，锻炼听觉能力。

◎**音乐玩具**：让宝宝倾听声音，不但能锻炼听觉能力，还能愉悦他的情绪。

◎**活动玩具**：吸引宝宝视线，锻炼视觉能力。

◎**悬挂玩具**：悬挂在床头，能吸引宝宝的视线，锻炼宝宝视觉、听觉能力。

◎**卡通图片（人像、有一定模式的黑白图片）**：悬挂在床头或贴在墙上让宝宝观看，锻炼视觉能力。

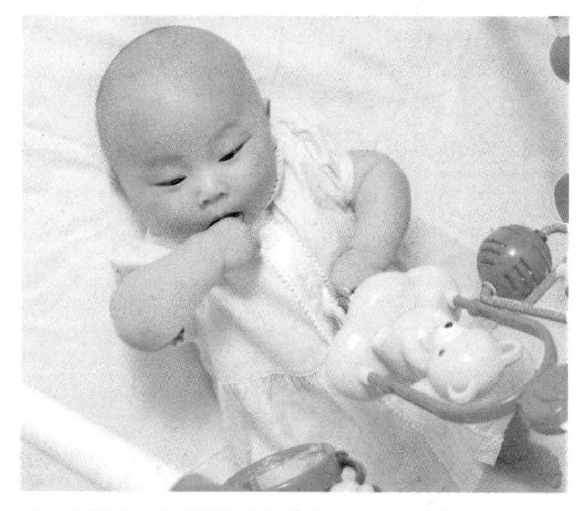

这一阶段的宝宝对能发出声响的玩具很感兴趣。

选择安全的玩具

我国对玩具的使用说明及标志有严格规定，如必须标明生产厂名称、厂址、商标、使用年龄段、安全警示语、维护保养方法、执行标准号、产品合格证等。因此，在为宝宝挑选玩具时，首先要检查玩具的包装上有没有这些内容，然后再购买。为3岁以下的宝宝选购玩具要考虑得更周全，如玩具不应有角或尖锐的边；材料应不易燃、不带毒性并易于清洗、消毒；玩具要坚实耐玩，玩具上的附件要牢固；玩具不能太小，以免宝宝将玩具放入口中；玩具上如果有绳索，则长度不要超过30厘米，以免使用时不慎缠绕脖子而造成严重后果。此外，家长还要经常检查家中的玩具，以确保安全，若有破损应及时修理。

注意玩具的卫生

家长还要注意宝宝玩具的卫生，定期给玩具清洗和消毒。一般情况下，给皮毛、棉布玩具消毒，可把它们放在日光下暴晒几小时；木制玩具，可用煮沸的肥皂水烫洗；铁皮制作的玩具，可先用肥皂水擦洗，再放到日光下暴晒；塑料和橡胶玩具，可用浓度为0.2%的过氧乙酸或0.5%的消毒灵浸泡1小时，然后用水冲洗干净、晾干较好。

宝宝疾病的预防与护理

在不会说话之前，哭是宝宝自我表达的一种重要方式，哭声不同表达的含义也不同，哭的原因除了常见的饿了、尿了，有时候还是宝宝生病的一种表现，比如蚊虫叮咬难受、脱水等。这个月要开始给宝宝服用预防小儿麻痹的糖丸，给宝宝服用药物也需要掌握一定的方法。此外，这个月里，宝宝脱水也是父母需要十分注意的问题。

服用小儿麻痹糖丸要及时

小儿麻痹糖丸的正式名称叫脊髓灰质炎减毒活疫苗，它是用减低毒力的Ⅰ、Ⅱ、Ⅲ型脊髓灰质炎疫苗株。它色彩鲜艳，又香又甜，宝宝只要吃上几粒就可以有效预防小儿麻痹了。第一次服用糖丸的时间最好是出生后第2个月，所以宝宝2个月时父母应该及时给他服用。

宝宝服用小儿麻痹糖丸的时间

宝宝出生后2个月就应开始服用三价混合型糖丸疫苗1粒，3、4个月时各服1粒，即在1周岁内连服3次，每次间隔时间不得短于28天，4周岁时再服1粒，一般情况下就不会得这种传染病了。

如何正确服用糖丸

切忌热水服用。小儿麻痹糖丸活疫苗是减毒处理的活病毒，十分怕热。为确保服用效果，月龄较小的宝宝先用汤勺或筷子将糖丸研碎，或用汤勺将糖丸溶于冷开水中服用；较大月龄宝宝可直接吞服。

宝宝在服用疫苗后，若能在4小时内停止吸吮母乳（可用牛奶或其他代乳品），则效果更佳。因母乳中含有抗病毒抗体，对疫苗病毒有一定的中和作用。

服用糖丸后的反应

服用疫苗后一些宝宝会出现发热、恶心、呕吐、皮疹等轻微症状。个别宝宝可能发生腹泻，泻出物多为黄色稀便，次数不等。多数宝宝在2～3天时会自行缓解。

不适合服用糖丸的宝宝

腋下体温37.5℃以上或每天腹泻在4次以上者及严重佝偻病、活动期结核、丙种球蛋白缺乏症、免疫抑制剂治疗者，其他重症疾病者均不宜服小儿麻痹糖丸活疫苗。

蚊虫叮咬的防治措施

夏天，父母要留心宝宝被蚊虫叮咬。蚊虫叮咬后常会引起皮炎，这是夏季小儿皮肤科常见病症，以面部、耳垂、四肢等裸露部位的丘疹或淤点为多见，也可出现丘疱疹或水疱；损害中央可找到刺吮点，像针头大小暗红色的淤点，宝宝常会感到奇痒、烧灼或痛感，表现出烦躁、哭闹；个别严重者可见眼睑、耳郭口唇等处明显红肿，甚至发热、局部淋巴结肿大；偶发由于抓挠或过敏引起的局部大疱、出血性坏死等严重反应。

避开蚊虫侵扰的预防措施

注意室内清洁卫生，在暖气罩、卫生间角落等房间死角定期喷洒杀蚊虫的药剂，最好在宝宝不在的时候喷洒，并注意通风。

宝宝睡觉时，夏季可以给他的小床配上一盏透气性较好的蚊帐；或插上电蚊香，注意蚊香不要离宝宝太近；还可以在宝宝身上涂抹适量驱蚊剂；睡觉前沐浴时可以在宝宝的大盆里滴上适量花露水。

郊游时尽量穿长袖衣裤；可以在外出前全身涂抹适量驱蚊用品。在使用驱

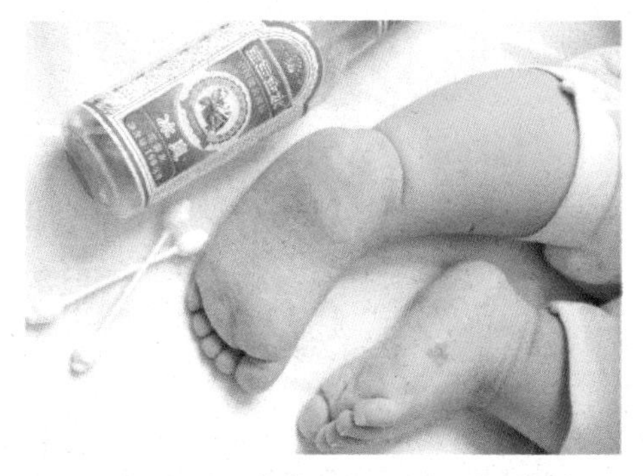

夏季可给宝宝涂一些花露水，以防止蚊虫叮咬。

蚊用品，特别是直接接触皮肤的防蚊剂、膏油等时，要注意观察是否有过敏现象，有过敏史的宝宝更应该注意。

宝宝被蚊虫叮咬后怎么办

一般性的虫咬皮炎的处理主要是止痒，可外涂虫咬水、复方炉甘石洗剂，也可用市售的止痒清凉油等外涂药物。

对于症状较重或有继发感染的宝宝，可在医生指导下内服抗生素消炎，同时及时清洗并消毒被叮咬的局部，适量涂抹红霉素软膏等。

父母要勤给宝宝洗手，剪短指甲，谨防宝宝搔抓叮咬处，以防止继发感染。

妈咪育儿小窍门

不要轻视蚊虫叮咬

蚊虫是传播乙型脑炎和多种热带病（如疟疾、丝虫病、黄热病和登革热）的主要媒介，夏秋季如果发现宝宝有高热、呕吐，甚至惊厥等症状时，应及时就诊。

防止宝宝脱水

脱水也是发生在宝宝身上的常见现象，尤其是在冬季干燥的室内和在宝宝生病的时候。如果脱水症状不能及时得到缓解，宝宝体内的水分、电解质失去平衡，血液中的重要营养物质大量丢失，可能会导致大脑的损伤甚至死亡，因此必须对脱水宝宝给予及时救治。当宝宝脱水严重时，作静脉补液注射往往还比较困难，所以要尽量避免宝宝出现脱水现象。在宝宝患病的过程中，家长要注意宝宝是否会引起脱水的问题，及时采取有效措施，以避免问题的发生。

引起宝宝脱水的原因

宝宝患了某些疾病时，很可能使机体丢失水分。比如宝宝发热时，机体大量汗腺分泌，丢失了水分；宝宝呕吐或腹泻时，水分丢失就更快。当体内的水分丢失到一定的程度，而又未能及时补充水分时，宝宝就会出现脱水现象。

脱水的主要症状

宝宝会有口唇干燥的感觉；尿液减少且颜色呈深黄色；皮肤缺乏弹性，如果用两个手指捏一下皮肤，该处的皮肤会相互粘着而不能立即弹开，头顶的囟门会凹陷下去。

冬季也要谨防宝宝脱水

冬季，天气寒冷，屋里经常开着暖气，大人也会感觉到有些口干，经常想喝水。水分对宝宝尤为重要，宝宝体内的水分占体重的70%左右，而宝宝期的新陈代谢速度非常快，是成人的几倍，所以就导致了宝宝体内的水分易于流失。冬天如果是统一供暖的房子，家里最好买个雾化器或加湿器，屋里太干时，可以制造水雾；如果是独立供暖的房子，可以在暖气上放一小杯水或一条湿毛巾。

判断宝宝是否脱水的简单方法

1周岁以内的宝宝一般囟门尚未闭合，所以只要用手轻轻地摸摸宝宝的前囟门，如果感觉往里凹得比较深，就说明宝宝缺水，母乳喂养的宝宝应该给其多喝水。人工喂养的宝宝也应该给其喝点儿果汁或者宝宝专用矿泉水。如果宝宝经常有夜间哭闹、烦躁不安等情况，在排除其他原因时，应该考虑到宝宝是否缺水。

宝宝患腹股沟疝的治疗方法

宝宝腹股沟疝俗称小肠疝气，主要症状是当哭闹或屏气用力时，腹股沟内侧出现肿物突起，安静时消失。随着肿物的屡次出现，肿物可增大并坠入一侧阴囊内。父母用手指将肿物向内、向上轻轻挤压，可使其进入腹腔，有时会听到"咕噜"声。用手指压迫腹股沟中点稍上方，肿物就不再出现。肿物出现后走路会有坠胀感，但不影响宝宝的生长发育。

腹股沟疝产生的原因

腹股沟疝是由于先天性腹膜鞘状突闭合不良，遗留了通向腹腔的囊袋所致。睾丸在胚胎时期位置较高，下降过程中带下来一部分腹膜包裹睾丸。正常情况下，宝宝出生后鞘状突中间部分闭塞萎缩，只保留鞘膜包裹睾丸，分泌少量液体使睾丸活动自如，不易受损。若是出生后腹膜鞘突没有闭合，同时存在腹压增高的因素时，腹内肠管和大网膜就可以通过此通道被压到腹股沟内侧皮肤下面，甚至到达阴囊内，而成为腹股沟疝。

如何治疗宝宝腹股沟疝

宝宝腹股沟疝较好的治疗办法是手术治疗。手术原则是将疝囊袋横断，高位结扎疝囊。最好在宝宝出生5～6个月以后，营养状况较好的情况下进行手术。应首先消除腹压增高因素，如慢性咳嗽、排便困难等，择期手术治疗。

宝宝服药的正确方法

宝宝生病了免不了要打针吃药。对父母来说，给宝宝喂药可是一件十分艰难的任务。开始时宝宝可能还没有尝到药的滋味，吃药也相对容易一些，时间一长，由于宝宝惧怕药的苦味，往往会拒绝服药。有些父母便采取一些"强硬措施"，如按住宝宝的双手，捏住鼻子，在宝宝张口呼吸或哭闹时，把药灌进宝宝嘴里。这种做法是极不妥当和不安全的。家长要掌握正确的喂药方法，避免强迫宝宝吃药。

让宝宝乖乖服药的窍门

通常苦药粉可加糖水喂服。如果是药片，首先将它碾碎，再加糖水或水果罐头水喂服。

喂药时，将宝宝抱在怀里，呈半卧位姿态，用一只匙子压住舌头中部，另一只匙子将药液送入舌头后部，喂完药后再喂点儿糖水，把宝宝抱起来轻轻拍打背部，让他睡下。喂药之前，最好不要吃东西，免得服药后引起反胃、呕吐。喂药一定要按时按量，不可中断，也不可随意漏服或加服，否则将达不到治疗的目的，且能引起不良后果。

给宝宝喂药最好用白开水，切忌使用茶水喂药。

切忌用茶水服药

切忌用茶水给宝宝喂药，因为茶中有一种叫鞣酸的物质能与药物中所含蛋白质、生物碱或金属盐等成分发生化学反应，生成不易溶解的沉淀物，影响宝宝吸收，降低疗效。如加了糖水等饮料，宝宝仍拒绝服药时，可将药放在粥里再喂。

宝宝智能培育与开发

1～2个月的宝宝好像一下子长大了，脖颈硬了，清醒的时间长了，眼睛滴溜溜地转来转去，四肢使劲地伸展，嘴里还咿呀噜地叫个不停，变得越来越会玩了。因为1～2个月的宝宝视线已经可以随物体水平移动，但只能跟踪90° 。从第2个月起宝宝对成人的话语开始有反应，你对宝宝讲话，逗引他，他也会“说”起来。看与听的游戏这时是再适合不过的了。缤纷的色彩能刺激宝宝的视觉功能，你可以在宝宝床上吊一些风铃、彩球、摇铃等，不过不要太多。听比看更能引起宝宝的注意，一点儿微小的声音都会引起宝宝的兴趣。小铃、小鼓、小钢琴、小手风琴等音乐玩具对宝宝的听觉和节奏感十分有利，父母的温柔逗引和亲切谈话，更能吸引宝宝的注意力。

尊重宝宝性别的差异性

绝大多数宝宝在婴儿期就明显地显示出男女之间的个性差异。如一般男宝宝好动、胆大、说话晚，而女宝宝则较文静、胆小、说话早。造成这些差异的原因主要有生理和后天培养两个方面。

由生理差异引起的男女宝宝性格的差异

从生物学角度看，男女之间的生理差异，如男宝宝有睾丸、女宝宝有卵巢等，决定了一个人的性别是“男”还是“女”，但这仅仅是为宝宝提供了可能发展的方向。实际上，男女宝宝之间在对食物、庇护、爱抚等方面都有同样的基本要求，他们在智力上、体格上、言行举止、情绪上等都可能达到相同的发展水平。

后天培养造成男女宝宝心理性格差异

在现实生活中常常会见到“娘娘腔”的男孩或“男孩气”的女孩，这种差异属于心理性别上的差异。这主要还在于宝宝出生后所受到的养育方式。首先，家庭中的成员对待男宝宝和女宝宝的态度会有所不同，社会也会在宝宝身上培养起适合宝宝性别的动机、兴趣、技能和态度。女宝宝出生后，往往让她穿上红衣服，玩具很可能是洋娃娃之类的；而男宝宝出生后往往穿蓝色的衣服，玩具往往是汽车、枪之类。父母对自己认为是合乎性别的行为会给以微笑、赞许和鼓励，而对他们认为不合乎性别的行为则要处罚、阻拦或限制。这些都是造成男女性别差异的重要因素。

语言能力

用亲切温柔的声音，和蔼微笑的表情对宝宝说话，说话时最好面对着他，使宝宝能看得见你的口型，试着对他发单个韵母音，引逗宝宝发出“哦哦”，“嗯嗯”声。也可模仿宝宝发出的声音，鼓励宝宝积极发音，逗着宝宝笑一笑，玩一会儿，以刺激他发出声音。快乐情绪是发音的动力。注意口型一定要做对，以免误导宝宝。

模仿面部动作

在宝宝情绪很好、很稳定的时候搂抱他，并在他面前经常张口、吐舌或做多种表情，使宝宝逐渐会模仿大人的面部动作或微笑。不要做恐怖的表情，那样不利于宝宝的心理发育。

引逗发音发笑

用亲切温柔的声音，面对着宝宝，使他能看得见你的口型，试着对宝宝发单个韵母a（啊）、o（握）、u（呜）、e（鹅）的音，这时宝宝会很开心，也会跟着发出声音。

听觉能力

妈妈的声音是宝宝最喜爱听的声音之一。妈妈用愉快、亲切、温柔的语调，面对面地和宝宝说话，可吸引宝宝注意成人说话的声音、表情、口型等，诱发宝宝良好、积极的情绪和发音的欲望。除了妈妈的声音，爸爸低沉而有富有磁性的声音，宝宝也非常喜欢，爸爸要多跟宝宝说话。

听声音

可选择不同旋律、速度、响度、曲调或不同乐器奏出的音乐或发声玩具，也可利用家中不同物体敲击声如钟表声、敲碗声等，或改变对宝宝说话的声调来训练宝宝分辨各种声音。但不要突然使用过大的声音，以免宝宝受惊吓。

转头

父母可在宝宝周围不同方向，用说话声或玩具声训练宝宝转头寻找声源。注意在移动玩具时，令玩具发出声响。当宝宝的头能朝左朝右各转90°时，表示宝宝已经能够寻找到声源了。

社交能力

对成人微笑，这可促进宝宝喜悦情绪的产生，是具有良好性格的开端。经常快乐的宝宝招人喜爱，也能合群。锻炼宝宝的笑可以激励他与人交往。

笑与条件反射

在宝宝面前走过时，要轻轻抚摩或亲吻宝宝的鼻子或脸蛋，并笑着对他说“宝宝笑一个”，也可用语言或带响的玩具引逗宝宝，或轻轻挠他的肚皮，引起他挥手蹬脚，甚至吱吱呀呀发声，或发出“咯咯”笑声。注意观察哪一种动作最易引起宝宝大笑，经常有意重复这种动作，使宝宝高兴而大声地笑。

呼唤宝宝

妈妈（或爸爸）经常俯身面对宝宝微笑，让其注视自己的脸。然后，妈妈将脸移向一侧，轻声呼唤宝宝的名字，训练宝宝的视线随妈妈的脸移动。经常做这样的游戏可以增强母子（父子）间的情感联络，加强宝宝和父母的沟通。

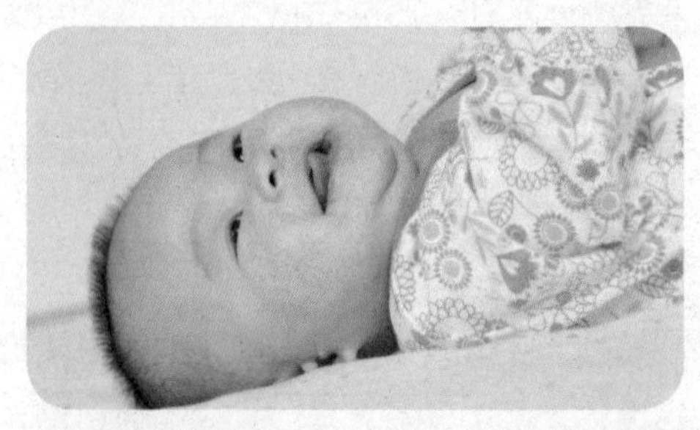

妈妈要经常叫宝宝的名字，让宝宝的视线随着妈妈的脸移动。

视觉能力

引导宝宝用眼睛去看悬挂的玩具，训练宝宝学会用眼睛追随着视力范围内移动的物体，并训练宝宝视线随物体做上下、左右、圆圈、远近、斜线等方向运动，来刺激视觉发育，发展眼球运动的灵活性及协调性。还要开阔宝宝的眼界，这对开发他的智力大有好处。

看气球

在宝宝睡床上方约7.5厘米处悬挂一个体积较大、色彩鲜艳的玩具，如彩色气球。妈妈一边用手轻轻触动气球，一边缓慢而清晰地说："宝宝看，大气球！"或"气球在哪儿啊？"悬挂的玩具不要长时间固定在一个地方，以免宝宝的眼睛发生对视或斜视。

看世界

挑选一个好天气，把宝宝抱到室外，让他观察眼前出现的人和事物，如大树、汽车等，并缓慢清晰地反复说给他听。这时的宝宝可能会手舞足蹈地东看西看，非常开心。外出时间可由3～5分钟逐渐延长至15～20分钟。

感觉能力

利用日常生活，发展宝宝各种感觉。如吃饭时，用筷子蘸菜汁给宝宝尝尝；吃苹果时让宝宝闻闻苹果香味、尝尝苹果味道；洗澡时，让宝宝闻闻肥皂香味；用奶瓶喂奶时，让他用手感受一下奶瓶的温度等。这些均有助于宝宝感觉能力的发展。

抓玩具

分别把不同质地的玩具放在宝宝的手中停留一会儿。如果宝宝还不会抓握，可轻轻地从指根到指尖抚摩他的手背，这时他的握持反射就会中断，紧握的小手就会自然张开。此时可把玩具塞到他的两只手里，并握住宝宝抓握玩具的手，帮助他抓握，提高他的触觉能力，训练手的灵活性。

握手指

把食指放在宝宝的手心让他抓握，并轻轻触动他的手向他"问好"，引起他的兴趣。待宝宝会抓后，父母再把手指从宝宝的手心移到手掌边缘，看他能否抓握。

反复动作，直到他熟练。

动作能力

本月可以从抬头、侧翻及手部动作几个方面练习宝宝的动作协调能力。着重训练他的主动性和协调性。进行的练习要引发他的兴趣，不能让他感到不舒服，更不能强迫宝宝练习。

抬头练习

◎**俯卧抬头**：使宝宝俯卧，两臂屈肘于胸前，父母在宝宝头侧引逗他抬头，开始训练每次30秒，以后可根据宝宝训练情况逐渐延长至3分钟左右。

◎**坐位竖头**：将宝宝抱坐在你的一只前臂上，宝宝的头背部贴在你的前胸，你的一只手抱住宝宝的胸部，使宝宝面前呈现广阔的空间，能注视到周围更多新奇的东西，这可激发宝宝兴趣，使宝宝主动练习竖头。也可让宝宝胸部贴在你的胸前和肩部，使宝宝的头位于你的肩部以上，用另一只手托住宝宝的头、颈、背，以防止宝宝头后仰。

侧翻训练

◎**转侧练习**：用宝宝感兴趣的发声玩具，在宝宝头部左右侧逗引他，使宝宝头部侧转注意玩具。每次训练2～3分钟，每日数次。这可促进宝宝颈肌的灵活性和协调性，为侧翻身做准备。

◎**侧翻练习**：宝宝满月后，可开始训练侧翻动作。先用一个发声玩具，吸引宝宝转头注视，然后，你的一只手握住宝宝一只手，另一只手将宝宝同侧腿搭在另一条腿上，辅助宝宝向对侧侧翻注视，左右轮流侧翻练习，以帮助宝宝感觉体位的变化，学习侧翻动作。每日2次，每次侧翻2～3次。

手部动作训练

◎**手部感知练习**：可在宝宝手腕部系上铃铛或鲜艳的手帕、手镯，来吸引宝宝对手部的感知，帮助他感知手的存在、体验手的动作。可隔一段时间变更一种系法，看看宝宝注意到这些变化没有。

◎**抓握练习**：握着宝宝的手，帮助其触碰、抓握面前悬吊的玩具，吸引他抓握，可促进眼手的协调和视知觉的形成。

2～3个月宝宝护理

2～3个月的宝宝身体器官发育还不完善，适应外界环境的能力很差，但宝宝对外界的任何事物都感兴趣。根据这些特点，父母应该花时间布置好宝宝的小居室。房间居室应该采光充足，通风良好，空气新鲜，环境安静，温度适宜。宝宝的居室要经常彻底清扫，床上用品也要经常洗换。可在宝宝的小床周围放置1～2件色彩鲜艳的玩具，玩具，要经常变换以吸引宝宝的注视。为给宝宝的语言能力发展打下良好的基础，应当与宝宝多说话，以便增强其语言能力。

宝宝身体与能力发育特点

宝宝出生的头3个月是体格发育最快的时期，宝宝这时体态丰满，对周围环境充满了兴趣，清醒的时间更多了，特别喜欢自己所亲近的人。出现了真正的抓握动作，并出现手眼协调和眼头协调的前奏，俯卧时抬头较稳定，能持久注视物体。

身体发育特点

反映宝宝体格发育最重要的指标是身高和体重。宝宝的身高主要受种族、遗传、环境等因素的影响，短期内表现不出来，一般需要半年以上才能反映出来。但体重可以反映宝宝的营养状况。体重是反映宝宝近期营养状况最灵敏的指标。当宝宝患消化不良、腹泻等疾病时，几天时间就会出现体重下降。观察宝宝体重增长的趋势就可以了解他近期的营养状况。

身高

这个时期的身高增长到了约57.6厘米。男女宝宝的身高分别是：男宝宝62.4厘米（57.6～67.2厘米）；女宝宝61.2厘米（56.9～65.2厘米）。

体重

这个时期的体重已比出生时增加了约1倍。男女宝宝的体重分别为：男宝宝6.7千克（5.2～8.3千克）；女宝宝6.2千克（4.8～7.6千克）。

头围

头围相对比胸围增长得慢。男女宝宝的头围分别为：男宝宝40.8厘米（38.2～43.4厘米）；女宝宝39.8厘米（37.4～42.2厘米）。

胸围

由于胸部器官发育较快，因此胸围也增长较快，此时，胸围的实际值开始达到或超过头围。男宝宝41.2厘米（37.4～45.7厘米）；女宝宝40.1厘米（36.5～42.7厘米）。

前囟

前囟基本上没有大变化。这个时期是颅骨缝闭合的重要阶段。父母要经常注意更换宝宝睡眠时的体位，左右枕位交替睡觉，枕头要柔软，以适应宝宝头形的发育。

皮下脂肪厚度

皮下脂肪厚度一般比较丰满，在腹部测量，厚度超过1厘米。父母可以在锁骨中线与肚脐水平线相交处用拇、食指轻捏起后再用皮尺给宝宝测量。

体形

这个时期，健康宝宝的体形给人以匀称、丰满、健壮的感觉。

能力发育特点

感知觉是宝宝心理发展中最早出现的。在视力方面，大多数3个月大的宝宝，其焦距系统的伸缩性已经达到全部发展的时期；他的听觉能力也逐步提高，有了明显的发展，接近成人水平。对3个月大的宝宝要加强亲子交流，因为他在感觉和心理的发育方面也有了明显的进步，喜欢跟妈妈在一起，喜欢父母和他一起玩。

视觉发育状况

2～3个月大的宝宝已经能任意调节双眼的焦距，可以随意观察适当距离内的物体，同时也能够看清不到1厘米距离的物体的立体形状，能转动双眼来观看迎面而来的缓慢移动物体。2～3个月大的宝宝，只是具备近似成熟的视力。之前，宝宝只会对近处的精巧物体瞥一眼，不会盯着看，而在2～3个月以后的几周时间里面，他不但很喜欢看附近小巧的物体，而且会很迅速地在物体的表面，从这一点仔细看到另一点。这个时期的宝宝，已经变成一个善于观察的宝宝了。

听觉发育状况

2～3个月时，宝宝的听力有了明显发展。他听到声音后，头能转向声音的方向，并表现出极大的兴趣；当大人与他说话时，他会发出声音来表示应答。因此，父母平时应该多和宝宝说话，适当让宝宝听一些轻松愉快的歌曲、音乐等，这将有利于宝宝的听觉发展，也有利于宝宝语言的发展。

感觉发育状况

2～3个月的宝宝视觉有了发展，开始对颜色产生了分辨能力，对黄色最为敏感，其次是红色，见到这两种颜色的玩具很快能产生反应，但对其他颜色的反应要慢一些。他已经认识奶瓶了，一看到大人拿着它就知道要给自己喂奶或喝水，会非常安静地等待着。听觉的发展也较快，已具有一定的辨别方向的能力，听到声音后，头能顺着响声转动180°。

妈咪育儿小窍门

新生宝宝喜欢看什么

宝宝喜欢明暗对比鲜明或颜色对比鲜明的图像，不喜欢空白无条纹、无明度对比和单色的图像。宝宝喜欢看那些他能够看清的东西。2～3个月的宝宝非常喜欢看正常人的面孔，不喜欢看那些五官被颠倒摆放的面孔。3个月的宝宝对人的面孔已形成清晰的像。他们熟悉了人的面孔，更加喜欢人，欢迎人接近、抚摩他们，显示出一种对人肯定、接受的明确态度。

心理发育状况

2～3个月的宝宝喜欢从不同的角度玩自己的小手，喜欢用手触摸玩具，并且喜欢把玩具放在嘴里咬着玩。能够用一些连续的声音与父母交谈。会听自己的声音。宝宝对妈妈显示出更多的依赖。此时，要多进行亲子交流，多跟宝宝说说笑笑，给宝宝唱歌，或用玩具逗引，让他主动发音，还要轻柔地抚摩他、鼓励他。

合理的喂养方式让宝宝更健康

从这个时期开始，宝宝唾液腺的分泌逐渐增加，开始为接受谷类食物提供消化的条件，此时，宝宝喜欢吃乳类以外的食品了。母乳喂养的宝宝此时还不宜增加其他代乳辅食，仍主张用母乳喂养。配方奶喂养的宝宝仍应继续配方奶喂养，但不要过量，否则可能会使宝宝讨厌喝配方奶。

本月宝宝的饮食喂养特点

对2～3个月大的宝宝仍应继续坚持母乳喂养。无条件哺乳的，2～3个月的宝宝仍应每隔4小时喂奶1次，每天共喂6次，配方奶喂养的宝宝奶量每次100毫升左右，即使吃得再多的宝宝，全天总奶量也不能超过1000毫升。

本阶段宝宝补钙指南

不是每个年龄段的宝宝都要补钙

事实上，一般正常进行母乳喂养或人工喂养宝宝合理，是不需要额外补钙的。

妈咪育儿小窍门

对宝宝进行适宜的光和色刺激

让宝宝多见光，多看五颜六色的东西，使他的视觉受到相当的光和色的刺激，以提高宝宝视觉的灵敏度。此外，让宝宝感觉到白天亮、晚上暗，开灯亮、关灯暗，还有利于建立条件反射，使宝宝知道天暗了、关灯了要睡觉；天亮了可睁开眼看看、玩玩，等等。当然也不能为了训练宝宝，让房间搞得过于光亮，大致控制在灯光感觉柔和舒适就可以了。

而宝宝添加哺食后，随着母乳营养质量的下降，这时宝宝因为咀嚼和消化能力有限，食物比较单调，户外活动也比较少，最好补充一定量的钙剂和鱼肝油。

正确把握补钙的量

宝宝的肠胃功能较弱，不要选择碱性较强的补钙剂，如碳酸钙、活性钙等。0～2岁的宝宝，每天大约需要600毫克的钙量，其中400毫克完全可以从母乳或配方奶中取得，因此一些宝宝每天需补200毫克的钙剂。父母可通过钙剂中的含钙量来换算控制，葡萄糖酸钙、钙尔奇D都可。

选择性购买“二合一”钙剂

父母应慎重给宝宝服用大量添加维生素D的补钙剂，尤其是同时在服用鱼肝油的宝宝。因为服用维生素D过量，会产生积蓄中毒现象，使宝宝食欲减退、反应迟钝、心律不齐，还可能出现肝肾功能损伤。

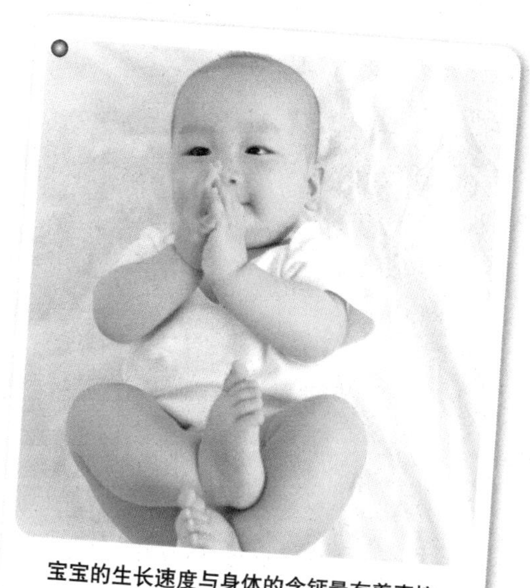
宝宝的生长速度与身体的含钙量有着直接的关系。

少给宝宝服用含磷或含镁的复合钙剂

磷的摄入量过多，将与钙化合成不溶于水的磷酸钙排出体外，而镁摄入过量不仅影响到钙的吸收利用，还会引起运动功能障碍。又因为食物与水源的问题，我国北方地区的宝宝摄入的磷和镁都已超标，因此，妈妈们要小心，千万别给宝宝服用含磷或含镁的钙剂。

宝宝缺锌要当心

此阶段的宝宝是以喝母乳或配方奶为主，只要喂养合理，一般不会出现营养缺乏的情况，但父母也要注意不要出现宝宝缺锌的情况。缺锌的宝宝最有可能出牙慢，长蛀牙；容易口腔溃疡；视力差，怕光；皮肤无光泽；注意力不集中，反应慢；记忆力差；多动；厌食、偏食；发育慢，长不高；免疫力差；易感冒发热。

补充维生素的3大误区

◎给喝配方奶的宝宝额外补充维生素A和维生素D。

说明：配方奶中已经添加了维生素A和维生素D，再补就很容易过量，造成宝宝的蓄积性中毒。

◎为了提高宝宝的免疫力而大量补充维生素C。

说明：服用太多的维生素C容易造成泌尿系统结石。

◎补充维生素迷信“大而全”。

说明：复合维生素很是诱人，小小一片药丸将维生素家庭中的大部分成员一网打尽。可这样没有目的地全面补充，很容易产生维生素之间的失衡，该补的量不足，不需补的反而偏多。

正确补充碘

碘少碘多都有害，长期过量摄入碘元素，甲状腺一样容易肿大。常常超量摄入碘元素，这种蓄积到了宝宝10岁以后，其“威力”就显现出来。皮肤科医生认为，很多10～12岁的儿童，在月经和遗精尚未到来时，就长了满脸的青春痘，近乎“毁容”，原因就是碘补多了，打破了正常的内分泌平衡，导致宝宝体内激素水平过高。

补硒对宝宝眼睛有好处

硒元素是一种对宝宝眼睛非常有益的营养素，它用量最少，见效最早，补硒对宝宝眼睛的正常发育非常重要，硒还能大大提高宝宝的免疫力。补硒不可过量，食补最为安全可靠。缺乏它的时候可能导致心脏疾病和癌症高发，但是如果吃得过多也会导致中毒。现在市场有加硒的食盐出售，很多种食品中也含有硒，不需要特别补充。

妈咪育儿小窍门

维生素食补排行榜

维生素A：动物肝脏、胡萝卜、黄油、鳝鱼、韭菜、橘子等。

B族维生素：小麦胚芽、含麸皮的谷物（全谷类），然后是动物肝脏、酸奶、豆类、瘦肉等。

维生素C：猕猴桃、红枣、青椒、草莓、柚子、柑橘、西瓜、绿叶蔬菜。

维生素D：鱼肝油、海鱼类、动物肝脏。

维生素E：动物肝脏、小麦胚芽、芝麻油、红花籽油、麦芽糖、甘薯、莴苣等。

维生素K：油菜、菠菜、莴苣、苜蓿等绿叶类及根茎类蔬菜。

宝宝的日常护理

养成良好的生活习惯，逐渐形成一定规律。到了3个月，宝宝吃奶的时间和数量开始有规律了，所以应该把吃奶时间大体上定下来，为宝宝安排一个有规律的生活日程。宝宝的睡眠时间比以前短了，要让宝宝把昼夜区分开来，逐渐适应大人的生活习惯，培养晚间睡觉的习惯，白天可以多陪着宝宝玩，这样可以保证宝宝晚间睡眠的质量。

注意保护宝宝的眼睛和耳朵

2～3个月宝宝的眼睛和耳朵是非常需要保护的。父母平时在给宝宝洗头时，要注意不让水流进他的眼睛和耳朵里，用专门的无刺激的洗发水给宝宝洗头。在给宝宝的床上挂玩具时也要注意方法，以免眼病的形成；尽量避免宝宝待在声音嘈杂、噪声严重的环境里，以免影响他的听觉发育。

眼睛的保健重点

◎ **防止眼内斜：** 很多父母喜欢在宝宝的床栏中间系一根绳，上面悬挂一些可爱的小玩具。如果经常这样做，宝宝的眼睛较长时间地向中间旋转，就有可能发展成内斜视。正确的方法是把玩具悬挂在围栏的周围，并经常更换玩具的位置。

◎ **勿遮挡眼睛：** 婴儿期是视觉发育最敏感的时期，如果有一只眼睛被遮挡几天时间，就有可能造成被遮盖眼永久性的视力异常，因此，一定不要随意遮盖宝宝的眼睛。

保护宝宝的耳朵

宝宝的耳朵很软，如果你看到它们折到了一个不可思议的角度，你也别太惊讶。因为他们耳朵中的软骨尚未发育成熟，很易曲折，但几周后，它会逐渐变硬，宝宝的耳朵就会像你的一样竖直，保持正常姿势了。

帮宝宝建立规律的睡眠

到2～3个月时，大多数宝宝可以整夜睡眠7～8小时不醒。如果宝宝2～3个月时仍然不能整夜持续睡眠，父母可以鼓励他在下午或晚上保持更长时间的清醒。在这些时间内主动与他玩耍，或者让他加入家庭成员在起居室的活动，保持他在睡眠时间以前清醒。在将要上床睡觉前增加他的喂奶量（如果是母乳喂养，延长他的喂奶时间），以免因为饥饿而过早醒来。这个年龄的宝宝宜仰卧睡觉。如果父母耐心并坚持的话，宝宝的睡眠方式将很快发生变化。

建立睡眠规律的方法

◎**帮助清醒**：早晨吃过奶后，用温湿的毛巾轻轻地给宝宝擦擦脸，让他慢慢地精神起来。

◎**让宝宝迎接曙光**：抱着宝宝走到窗边，接受清晨和煦的阳光，和宝宝一起呼吸一天中最新鲜的空气，帮助宝宝慢慢认识早晨。

◎**白天父母应在宝宝睡觉时该干啥就干啥**：妈妈在宝宝白天睡觉的时候，不要刻意限制自己的生活，如关掉电视机、禁止交谈等，尽可能维持正常的生活，让宝宝明白白天的睡眠和晚间的睡眠是不一样的。

◎**调节光线，让宝宝理解白天与黑夜**：白天睡觉的时候，尽可能保持正常的光线；而夜晚，不要开灯，过多接触灯光会打乱宝宝的生物钟，让宝宝习惯在全黑的状况下入眠，这也是理解黑夜的一种方式。

调整宝宝睡眠黑白颠倒的现象

即使在为宝宝建立一个相当规律而合理的睡眠方式以后，仍然可能出现问题。例如，这个时间的宝宝很容易黑白颠倒，使得他们在白天的大多数时间内睡眠。宝宝白天的睡眠延长时，夜间睡眠相应减少。如果他在夜间醒来时，获得喂奶和安慰，他就会很自然接受这种新的睡眠周期。为了预防或打破这种习惯，在夜间要尽快地使宝宝重新睡着，不要开灯、谈话或与他玩耍。如果你必须给他喂奶或换尿布，尽可能轻，以免惊醒他。白天要尽量保持宝宝清醒，在夜里10点或11点以前尽量不要让他睡着。

为了调整宝宝睡眠黑白颠倒的现象，要尽量白天让宝宝保持清醒，夜里不惊动宝宝。

如何对待宝宝早上过早醒来

许多宝宝早上会过早醒来而使父母感到不适应。有时使用深色的窗帘阻挡早上的阳光进入房间会改善这种状况，宝宝醒来哭闹几分钟后，可能重新入睡，也可以让宝宝晚上晚一点儿睡觉。但并非所有的宝宝都能在夜间很晚入睡。有的宝宝醒来很早，天刚亮就开始他一天的活动，除适应他的方式外，父母几乎没有别的办法。不过，随着宝宝的生长，床边的玩具可以占用他更多的时间，这样父母就可以有更长的睡眠时间。

解读宝宝睡眠不安的原因

◎**饮食不当**：摄入量不足或摄入量过多，食物过凉，食物搭配不合理。

◎**环境因素**：噪声大，室内湿度过高或过低，室内温度过高或过低，光线太强、异味太重。

◎**护理不当**：衣着不适，盖被太厚或太薄，尿布湿了没有及时更换，抱睡、叼奶头睡、陪睡等不良睡眠习惯。

◎**疾病因素**：佝偻病可造成宝宝烦躁不安、易惊、多汗等症状；湿疹会使宝宝因有奇痒而影响睡眠；中耳炎导致宝宝因耳道疼痛不适而引起睡眠不安；肠痉挛表现为阵发性的腹部疼痛，宝宝多有惊叫、哭闹；其他疾病，如感冒鼻塞、支气管炎症引起的咳嗽也会使宝宝睡不好觉。

多抱宝宝去户外活动

本月应多抱宝宝到户外活动。户外活动对宝宝的认知能力和体格锻炼都是有好处的。外界不同季节具有的空气浴及冷空气对宝宝的刺激，有助于宝宝的体格发育，提高宝宝的抗病能力。同时还有日光浴，经过阳光照射可以提高宝宝的体质，增加他的抵抗力。所以户外活动对宝宝的成长是非常必要的，不要紧紧地把宝宝关在家里。父母要选择晴朗的天气带宝宝外出，气温最好在20℃以上。夏季外出，不要在强烈阳光下暴晒，可在有阴凉处散步；寒冷季节，要在阳光明媚时外出。这时带宝宝到公共场所还为时尚早。

春季户外活动

春季阳光充足，应该增加宝宝的户外活动，一天最好不少于2小时。进行户外活动时，不需要戴帽子、手套，要让宝宝直接接触阳光，增强体质并促进钙的吸收，避免宝宝患佝偻病、发生贫血。户外的活动量加大，穿得过多容易出汗，一遇冷风会导致感冒。因此，穿衣应以进行一般活动不出汗为标准。最好在此基础上进行少穿训练，增强宝宝对外界气温变化的适应能力，提高机体免疫力。当然，春季父母尽量少带宝宝去人员密集的地方，如火车站、电影院、商场等。父母要给宝宝养成进门先漱口、洗手、洗脸的习惯。哺乳期的母亲如果患感冒，应戴好口罩再给宝宝哺乳。

夏季户外活动

夏季可在通风凉爽的树荫下、房檐下做些安静的活动，这些地点有折射的紫外线，其量为直接阳光照射的40%，同样能使体内产生抗佝偻病的维生素D。天气暖和时多到户外活动，维生素D便储存在体内，补充冬季的需要。

秋季户外活动

秋季气候宜人时，应多带宝宝到户外活动，地点最好选择公园、广场等空旷场所。一般情况下，父母很愿意在这个季节带宝宝到外边玩耍，宝宝只有在这样的气候下，才能得到更多的机会去享受户外的自由。虽然天气一天比一天冷，但不要因为天气凉就不带宝宝出门，研究证明，适当的寒冷刺激有助于宝宝发育，每天都带宝宝出去玩1～2小时，让宝宝每天都有丰富的生活经验，他的自信心会逐渐增强，运动能力也会越来越强，对新鲜事物的求知欲望也增强，并且善于与人接触，这些良好的素质将使他一生受益。

冬季户外活动

冬季户外活动，除非天气特别恶劣，一般情况下也应该每天带宝宝外出活动半个小时。让宝宝的皮肤和呼吸适当感受到冷空气的刺激，这也是一种很好的锻炼。另外，室内温度不要过高，以免室内外温度悬殊太大，宝宝从较热的室内外出活动，容易着凉，所以外出时也要做好准备。宝宝可以在背风处晒晒太阳，戴一个有沿的帽子，以免阳光刺激眼睛；给宝宝洗净脸后，擦点儿婴儿护肤品，以保护脸部皮肤；保持鼻子通气，以免张口呼吸。据报道，冬季天气晴朗时，户外活动，即使仅是面部和手暴露在阳光下，也有预防佝偻病发生的作用。

妈咪育儿小窍门

谨慎选择户外活动的地点

户外活动要选择空气清新、宽广平坦的场所，不能把逛商店、遛马路认为是带宝宝户外活动，这些地方空气污浊，对健康不利。

宝宝疾病的预防与护理

2～3个月在宝宝的整个成长过程中，是一个相对太平的月份，这个月宝宝一般不会遭受过多的疾病困扰。妈妈们也可以不用那么紧张，松口气尽情享受亲子的快乐吧！

及时接种疫苗

本月要给宝宝服用第二颗小儿麻痹糖丸。开始注射百白破三联针。父母要注意注射三联针的时间以及宝宝不宜打三联针的特殊情况，了解宝宝在打三联针后的反应及护理要点。

服用第二粒小儿麻痹糖丸

宝宝2～3个月大了，到了服食第二粒小儿麻痹糖丸的时候，爸爸妈妈千万不要忘记了！

三联针

根据国家计划免疫政策，2～3个月的宝宝应该开始接种“百白破”三联针。该疫苗是将百日咳菌苗、白喉类毒素及破伤风类毒素混合制成，可同时预防百日咳、白喉和破伤风。

三联针的注射时间

第一次注射在宝宝2～3个月的时候，然后4个月和5个月时各注射一次。该疫苗必须连续打三针，才会产生足够的抗体。另外，这些抗体只能维持一定的时间，不能终生免疫，所以，以后还要继续接种疫苗。

注射后的反应及护理要点

宝宝在注射后可能会出现局部皮肤硬结、发热等不良反应，一般在2～3天内消失。护理要点为：红肿部位可用热毛巾热敷；多喝水；接种出现体温升高，且在38.5℃以上，应到医院就诊；红肿、硬结范围较大，持续时间较长，应到医院就诊，定期观察。

预防宝宝出现肥胖症

通常把超过同年龄同身高正常体重20%的宝宝称为肥胖症儿。肥胖症大多是单纯性的。但过多的脂肪不仅对机体

妈咪育儿小窍门

不宜打百白破三联针的宝宝

有急性病的宝宝，如感冒发热等，等病好了再打针；有严重的慢性病的宝宝，如心脏病、肾脏病、肝脏病等；有严重过敏性疾病的宝宝，如哮喘、荨麻疹等；有癫痫、高烧惊厥史的宝宝。

是一个沉重的负担，而且与高血压、糖尿病、动脉粥样硬化、冠心病、肝胆疾病及其他一系列代谢性疾病密切相关。患有肥胖症的宝宝通常不好动，有自卑感，性情较孤僻。因此，父母应该注意不要让宝宝成为“小胖墩儿”。

在婴儿期就应该预防肥胖症

肥胖症主要是因营养过剩导致的。研究证明，在婴儿期，尤其是从胎儿第30周至出生后1岁末，是脂肪细胞增殖活跃期，若此时营养过度可使过多的脂肪细胞一直留在体内，引起难以治愈的肥胖症。因此，肥胖症应注重早期预防，对于有肥胖症家族史的宝宝尤其如此。

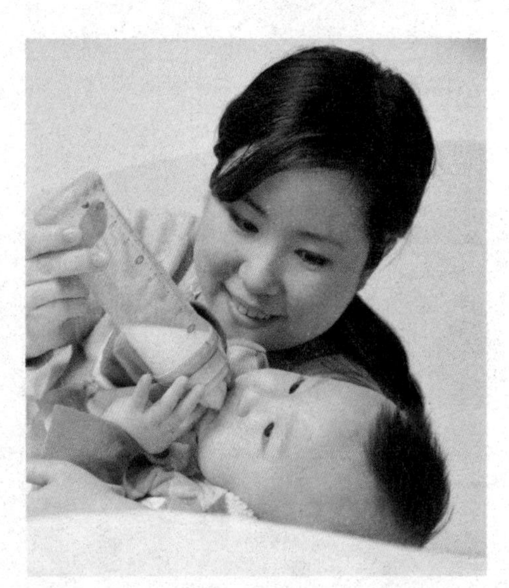

补充营养适度，科学喂养宝宝，才不至于发生肥胖症。

预防肥胖症的良方

母乳喂养至少4个月；6个月前不宜喂固体食物；摄入能量应按照各月龄的需要来定，能保证正常生长发育即可；1～3岁饮食要有规律，不要用哺喂的方法制止非饥饿性哭闹；及早锻炼身体、多活动。

预防宝宝出现碘缺乏症

此时宝宝正处于脑发育的第二个关键时期，如果婴幼儿时期碘缺乏，则可能出现克汀病症状，造成智力低下。

什么是碘缺乏症

碘缺乏症是由于自然环境中碘缺乏造成机体碘摄入不足所表现的一组有关联疾病的总称。它包括地方性甲状腺肿、克汀病和亚克汀病、单纯性聋哑、胎儿流产、早产、死产和先天畸形等。它实质上属于微量营养不良，与维生素A缺乏、缺铁性贫血并列为世界卫生组织、联合国儿童基金会等国际组织重点防治、限期消除的三大微营养素营养不良疾病。

碘缺乏症主要发生于特定的碘缺乏地理环境，具有明显的地方性，在我国被列为地方病之一。

导致碘缺乏症的原因

食物是身体内碘元素的主要来源。如果我们生活环境的土壤含碘少，生长在这种土壤上的植物含碘也少，吃了低碘饲料的各种动物也会碘摄入不足。因此，身体的碘营养状况同环境密切相关。如果我们长期以含碘低的粮食和肉类为食物，就会出现碘营养不足，健康就会或多或少受到影响，特别是儿童和妇女。虽然大多数人看上去似乎很“正常”，只有部分人会表现出明显病态——地方性甲状腺肿和地方性克汀病。但实际上，这种“正常”是一种隐藏的病态。

碘缺乏症的危害及预防

◎**胎儿期**：流产、死产、先天畸形。

◎**围产期及婴儿期**：死亡率增高。

◎**神经型克汀病**：脑发育落后、聋哑、痉挛性瘫痪、斜视。

◎**黏肿型克汀病**：大脑发育落后、体格发育落后、神经运动功能受损、胎儿甲低。

◎**新生儿期**：新生儿甲状腺功能低下、新生儿甲状腺肿、脑发育落后。

◎**儿童期和青春期**：智力低下、甲状腺肿、青春期甲低、体格发育落后。

◎**成人期**：智力低下、甲状腺肿及其并发症、甲状腺功能低下。

预防碘缺乏症最方便又经济的方法是食盐加碘，同时可经常食用含碘丰富的海产品如海虾、带鱼、海带、紫菜等食物。

缺铁性贫血的表现和预防

缺铁性贫血是全世界发病率最高的营养缺乏性疾病之一。我国6个月至2岁婴幼儿中较多见，患病率为20%～30%，农村高于城市。主要原因与断奶期喂养不当，未及时补充铁有关。婴幼儿期是大脑、体格发育的重要阶段，如缺铁未能及时防治，会导致智力、身体发育迟滞。

因此，若怀疑宝宝患缺铁性贫血，应及时去看医生。

宝宝缺铁的危害

缺铁性贫血宝宝常面色苍白、食欲减退、活动减少、生长发育迟缓，因免疫功能降低而易患各种感染性疾病，而且缺铁还会影响婴幼儿智力发育，出现神经精神症状。

另外，有些贫血婴幼儿还有呼吸暂停现象，常在大哭时发生。年龄较大的贫血宝宝多动、注意力不集中、理解力差，少数还会有异食癖，如吃土、沙子、墙皮及纸等。

妈咪育儿小窍门

不宜长期纯母乳喂养

母乳一直被认为是婴儿最好的食物，但随着婴儿的渐渐长大，母乳中的铁已不能满足婴儿的发育需要，长期纯母乳喂养可能导致婴儿缺铁性贫血。因此，纯母乳喂养时间越长，儿童缺铁性贫血的可能性就越大。

如何预防宝宝缺铁性贫血

婴幼儿缺铁性贫血应予以积极预防。因为母乳、牛乳中的铁较少，正常宝宝自4个月起就应添加含铁较多的辅食。经营养专家证明，每天定量进食一些强化了铁成分的宝宝营养米粉，对婴幼儿缺铁性贫血有良好的预防作用。另外，由于动物性食物中的铁吸收率较高，故自5～6个月起，应加食动物血、肝、鱼及肉泥等，保证充足的铁摄入，使宝宝聪明、健康地成长。

通过舌头判断宝宝的健康状况

每位妈妈都非常关心宝宝是否吃饱穿暖，却没有留心观察一下宝宝的小舌头有什么变化。只有宝宝吃饭不好或是异常哭闹时，妈妈才会让他张开嘴巴，看看嗓子红不红，可也不会注意宝宝的小舌头有什么变化。

其实，小舌头就像一支反映宝宝身体健康状况的“晴雨表”，尤其是宝宝的肠胃消化功能更是在小舌头上表现得淋漓尽致。如果妈妈对小舌头的变化能够有所了解，就能及早发现宝宝的异常，防患于未然。这样，就可使宝宝减少生病，更加健康地成长。

妈妈可以通过观察宝宝的舌头来判断宝宝的健康状况。

宝宝正常的舌头

正常健康的宝宝的舌体应该是大小适中、舌体柔软、淡红润泽、伸缩活动自如的，而且舌面有干湿适中的淡淡的薄苔，口中没有气味。如果宝宝患了病，舌质和舌苔就会相应地发生变化。

舌系带过短要及时手术

舌系带连接在舌和下腭之间。舌系带过短，宝宝的舌头就无法向前伸到唇外，勉强向前伸时舌尖呈M形，会影响哺乳和发音。下门牙长出后，宝宝吸奶时舌系带与牙摩擦，舌系带上会磨出溃疡。应该尽早带宝宝到医院手术治疗。尽早治疗，宝宝的痛觉不敏感，早期手术不需要麻醉，简单易行，手术后就可以哺乳。学习口语的关键年龄是1～2岁，应在宝宝尚未形成某些发音不清的习惯前就手术。否则即使做了手术，某些发音也较难纠正。

宝宝发热时的舌头

宝宝感冒发热，首先表现在舌体缩短，舌面发红，经常伸出口外，舌苔较少，或虽然有舌苔但苔少发干。如果发热较高，舌质绛红，说明宝宝热重伤耗津液，所以他经常会主动要求喝水。如果同时伴有大便干燥，往往口中会有秽浊气味。这种情况经常会发生在一些上呼吸道感染的早期或传染性疾病的初期，妈妈应该引起重视。发热严重的宝宝，还可看到舌头上有粗大的红色芒刺，犹如市场上的杨梅一样，这种“杨梅舌”多见于患猩红热或川崎病的宝宝。

处理对策：①应注意及时为宝宝治疗引起发热的原发疾病，并及时进行物理降温或。②注意多给宝宝饮白开水。③可购买新鲜的芦根或者干品芦根煎水给宝宝服用。

宝宝的舌头像地图

地图舌是指舌体淡白，舌苔有一处或多处剥脱，剥脱的边高突如框，形如地图，每每在吃热粥时会有不适或轻微疼痛。地图舌一般多见于消化功能紊乱，或宝宝患病时间较久，使体内气阴两伤。患有地图舌的宝宝，往往容易哭闹、潮热多汗、面色萎黄无光泽，体弱消瘦，怕冷，手心发热等。

处理对策：①多喂白开水，适量减少喂哺，同时注意忌喂易导致上火的食物。②如果宝宝面色白、脾气较烦躁、汗多、大便干，多为气阴两伤，可用百合、莲子、银耳适量煲汤饮用，将会使地图舌得到改善。

宝宝的舌头光滑无苔

有些经常发热、反复感冒、食欲不好或有慢性腹泻的宝宝，会出现舌质绛红如

妈咪育儿小窍门

正确识别病苔，以免虚惊一场

新生儿的舌质红无苔和哺乳婴儿的乳白色苔属于正常现象，妈妈不要过于紧张，以为是疾病所致。一般来讲，染苔的色泽比较鲜艳而浮浅，而病苔不易退去，可以利用这一点进行区别，千万不要将正常的舌苔误认为病苔而虚惊一场。

鲜肉、舌苔全部脱落、舌面光滑如镜子等特征，医学上称之为镜面舌。出现镜面舌的宝宝，往往还会伴有食欲不振、口干多饮或腹胀如鼓的症状。

处理对策：对于镜面红舌的宝宝千万不要认为是体质弱而大补或增加哺喂次数。应该多喂白开水或新鲜果菜汁，如黄瓜汁、西红柿汁、白萝卜汁等煎煮的菜水。

夏季宝宝舌头生疮时的表现

在炎热的夏季由于气温较高，如果宝宝喝水少或感染病毒、细菌后，会引起口舌生疮。突出的表现是舌质红赤、舌尖发红、舌苔发黄而厚，舌边或舌头表面可见到白色的溃疡面，同时伴有口臭和流口水。同时，大多数宝宝还伴有发热不退、烦躁哭闹、夜晚睡觉不安稳、尿少而黄、大便干结等现象。

处理对策：要更注意宝宝的口腔清洁。每天用生理盐水为宝宝清洁口腔，注意多给宝宝饮白开水。

除此之外，还可到药店去为宝宝购买一些新鲜的芦根或者干品芦根，拿回家中加入适量菊花或淡竹叶煎水代茶服用。如果小舌面上有疱疹或溃疡，可用锡类散涂口腔，或用十六角蒙脱石少许涂在小舌面上的溃疡处，对保护创面起到止痛作用，可帮助小舌面上的溃疡早日愈合。

关注宝宝的夜啼

有的宝宝常常在夜间啼哭不眠，甚至通宵达旦，可一到白天却又很少啼哭。其实这是一种病态，医学上称之为“夜啼”，即民间俗称的“夜哭郎”。“夜啼”多见于半岁以内的宝宝。

宝宝夜啼的主要原因

宝宝夜啼除了生物钟尚未转向成人化之外，还有其他一些因素。

◎宝宝白天受了惊吓，如白天看见异常的事物，听见奇怪或刺耳的声音而心神不宁，以致入夜常常在梦中惊哭、惊啼不寐。

宝宝如果白天受到惊吓，夜晚睡觉就容易被惊醒。

◎宝宝乳食不节，脾胃运化不利，导致乳食积滞，这是夜啼的另一个主要原因。

◎环境的温度与湿度太冷、太热、太闷都会使宝宝不适而哭闹。

◎有一些宝宝半夜一定要喂一次奶，如果不喂就哭闹不止。有的宝宝尿布湿了，如果不及时更换也要哭闹。

◎某些疾病（佝偻病、尿布皮炎等）也可引起夜间啼哭。

纠正夜啼的方法

◎对宝宝生物钟日夜颠倒的现象要逐步纠正，白天不要让宝宝的睡眠次数过多、时间过长，宝宝醒时要充分利用声、光、语言等逗引他，延长清醒时间。

◎晚上则要避免其过度兴奋而不入睡或产生夜惊。

◎卧室内外要安静，温度适宜。

◎如果有疾病应及时治疗。

◎对于受了惊吓或乳食积滞引起的夜啼，还可在中医的指导下，采用简便的推拿方法为宝宝进行治疗并使其痊愈。

妈咪育儿小窍门

宝宝睡眠时间的掌握

新生儿每天20小时；2～5个月的宝宝每天17～18小时；6～12个月的宝宝每天14～15小时；1～3岁的宝宝每天12～13小时；3～7岁的宝宝每天10～12小时；7岁以上的宝宝每天9～10小时。

宝宝智能培育与开发

本月，父母可以开始关注宝宝的情商开发，需要准确理解情商的含义和自己在宝宝情商培育中所发挥的作用。此外，3个月的宝宝能够俯卧抬头45°；两只手能够握在一起，手拿拨浪鼓30秒；宝宝的眼睛跟着红球头部可转动180°；高兴时会笑出声来。所以要根据这些特点选择相应的游戏，锻炼宝宝的这些能力。

注意宝宝情商的早期开发

除了注意宝宝的智商发育，父母还应该关注宝宝情商的发展。较高水平的情商，有助于宝宝创造力的发挥，它是所有学习行为的根本。研究表明，要预测宝宝今后在幼儿园和在学校的表现情况，重要的不是看宝宝积累了多少知识，而是看他在婴儿期的情感及社会性的发展。

情商的几个主要方面

◎**自信心**：自信心是成功的必要条件，也是情商的重要内容。要培养宝宝的自信心，首先要让他知道，不论什么时候有何目标，都要相信通过自己的努力就能够达到。

◎**好奇心**：宝宝的好奇心一般都比较强，他会对身边的许多事物都感兴趣，想弄个明白。父母要鼓励这种好奇心，它是宝宝主动认识世界的表现。

◎**自制力**：培养宝宝善于控制和支配自己行动的能力，抑制自己不当行为的发生。

◎**人际关系**：培养宝宝与别人友好相处的性格，在与其他宝宝相处时态度积极、热情。

◎**情绪**：情商高的宝宝活泼开朗，对人热情、诚恳，经常保持愉快。

◎**同情心**：有同情心的宝宝能与别人在情感上发生共鸣，这是培养爱人、爱物的基础。

情商开发要从婴儿期开始

宝宝的成长包括生理和心理两方面的因素。这一过程源自于母体子宫内，同时也受到周围环境的影响。俗话说：一岁看大，三岁看老。最新的科学研究表明，人生的前三年是大脑细胞最活跃的时期，也是学习新事物的关键时期。出生后，宝宝就像海绵吸水一样贪婪地吸收着周围的信息，所以，宝宝的情商和智商一样需要从婴儿时期就开始开发和培养。

宝宝情商受父母影响最大

宝宝所获得的信息大多来源于父母及家庭环境。父母对宝宝的生长发育过程看得最清楚，并对宝宝的生长发育产生最大的影响。在养育宝宝的过程

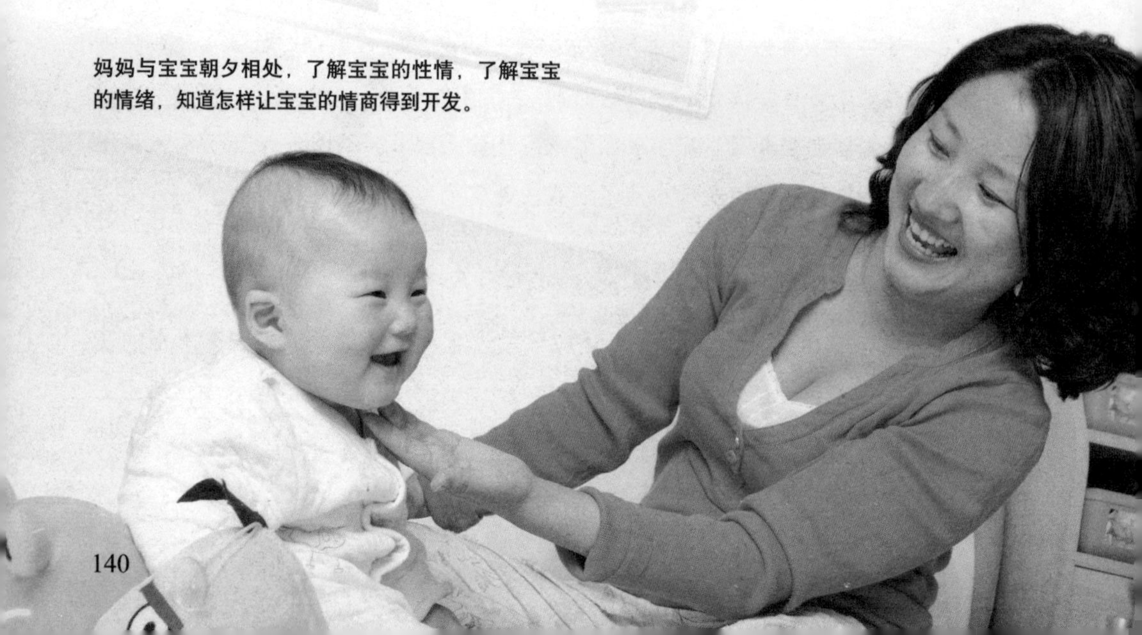

妈妈与宝宝朝夕相处，了解宝宝的性情，了解宝宝的情绪，知道怎样让宝宝的情商得到开发。

中，父母与宝宝朝夕相处，对宝宝的性情十分了解，知道怎样引发宝宝的兴趣，怎样鼓励或迁就他，也知道宝宝何时需要激励或挑战，并能理解他的感受和行为。帮助宝宝在智力、社交和性情方面健康成长的最有效的方法就是赞扬、鼓励和爱护。父母可以从最佳的角度给宝宝建立一个理想的学习环境，这是任何教师和儿童教育专家都做不到的。这样说来，父母是宝宝的第一任老师，肩负着重大的教育责任。

语言能力

训练宝宝听声音辨别方向，从而培养语言能力。在宝宝以后的成长过程中，父母应坚持与宝宝“对话”，积极应答他发出的各种声音。有条件的话，父母可以用普通话和外语交替着与宝宝说话。

找声源

拿一个拨浪鼓，在距离宝宝前方30厘米处摇动，当宝宝注意到鼓响时，对他说：“宝宝，看拨浪鼓在这儿。”让宝宝的眼睛盯着鼓，张开手想抓鼓。休息片刻，在宝宝的后方，让他看不到你的脸，拿这个拨浪鼓摇动，稍停一会儿再问：“拨浪鼓在哪里呢？”再分别将拨浪鼓慢慢移到宝宝能看到的左、右方摇动。注意观察宝宝的眼、耳和手的动作，看宝宝对声源方向的反应。

和宝宝“对话”

3个月的宝宝会咯咯地发笑，高兴的时候还会自发地“啊呀”、“啊呀”地“讲话”，这时妈妈同样“啊呀”、“啊呀”地去应答他，和他“对话”，可使其情绪得以充分地激发。这不仅是对宝宝最初的发音训练，而且也是母子情感交流的好方式。

社交能力

经常请小朋友来和宝宝一起玩，可以培养宝宝合群、开朗活泼的好性格，还可以训练宝宝的社交能力。

出声搭话

在宝宝情绪愉快时，父母可用愉快的口气和表情，或用玩具，让他发出“呢、啊”声，或“咯咯”的笑声，一旦逗引宝宝主动发声，就要富有感情地称赞他，亲热地抚摩他，以示鼓励，并与他你一言、我一语地“对话”，诱导宝宝出声搭话。逗引宝宝发笑的时间不宜太长，否则宝宝会累。

和小朋友一起玩

请一些2~5岁的小朋友来家里玩。小朋友们看见宝宝，会觉得非常惊奇和喜爱；宝宝看见这么多喜欢他的小哥哥、小姐姐，也会高兴得手舞足蹈，并积极地和他们“谈话”。

感知能力

现代研究表明，宝宝在3个月龄时已有分辨形状的能力，为此，早日发掘并强化这方面智能，逐渐通过可见形象物，熟悉抽象的数学概念，初步感知基本图形概念。父母在练习的时候给宝宝看、摸、嗅、尝的东西要有利于宝宝的健康成长。

分辨形状

用不同颜色的电线弯几个直径为20厘米大小的正方形、长方形和三角形，当宝宝“哼、哈”讲话时大人举起来让他看清后说：“这是正方形，这是长方形，这是三角形。”还可让小手拿一拿、摸一摸，多次反复刺激，直至长大一些会说会认了再增加新内容。注意物体的接头处用胶布缠好，以免伤害宝宝皮肤。在宝宝拿时，注意别让角尖扎碰脸部。

感知练习

继续让宝宝多看、多听、多摸、多嗅、多尝。如玩具物品应当轻软、有声、有色，让他能摸的都摸一摸，能摇动的都摇一摇，能发声的都听一听，如钟表声、动物叫声、风声、流水声等；结合生活起居自然地让他听音乐；让他闻闻醋，尝尝酸。锻炼他完整的感知事物的能力。

认知能力

培养宝宝的认知能力，如父母和宝宝玩捉迷藏游戏，这样不仅能让宝宝得到快乐，还能让他提高感官认知能力。帮助宝宝认识家中的第一件物品，经过多次认识后，宝宝以后会渐渐认识更多的东西，学会用手去指，认识自己的玩具，听到声音会用手去拿。

捉迷藏

将宝宝抱在怀里，让他面对着你。然后对宝宝说话、微笑或是扮鬼脸以吸引他的注意。如果宝宝开始注意你了，就用手帕盖住你的头和脸，他会觉得奇怪，怎么妈妈不见了。几秒钟后，移开手帕，对宝宝展开一个大大的笑容，然后说：“妈妈在这儿！”重复进行几次。

这个游戏可以和宝宝玩很久，直到他满周岁。所以，要逐渐地变化，宝宝大些后，让他自己移开布就更好玩了。挡住洋娃娃的脸或在镜子面前玩都是个不错的主意。

如果想用手帕盖住宝宝的脸，手帕的质地应轻而柔软，别吓坏了宝宝或让他感到呼吸困难。别盖住宝宝的头太久，否则他会失去兴趣。

需要注意的是，宝宝接受并了解这个游戏需要一个过程，因此，花样别变得太快。

寻找目标

母亲抱宝宝站在台灯前，用手拧开灯说“灯”，这时宝宝盯住妈妈的脸，不去注意台灯。多次开关之后，宝宝发现一亮一灭，目光向台灯转移，同时又听到“灯”的声音，渐渐形成了条件反射。以后再听到大人说“灯”时，宝宝眼睛看着灯，就找到了目标。认识了第一种物品后，宝宝可以逐渐认识家中的花、门、窗、汽车等物品。不要让宝宝去拿尖锐物品，防止伤到宝宝。

触觉能力

用照镜子的游戏激发宝宝认识物体、寻找物体的意识，还可以让宝宝感受镜子这种玻璃制品的质地，丰富其触觉刺激。准备一些干净的物品让宝宝抓握，有利于手部触觉训练。

妈妈把宝宝抱到镜子前，可以用手指着宝宝说，这是宝宝。

照镜子

妈妈把宝宝抱到镜子前，一边对着镜子中的宝宝微笑，一边用手指着说出宝宝的名字。然后拉着宝宝的小手去摸摸镜子。当宝宝没有兴趣时，不要进行该游戏。

抓握物品

这个月宝宝双手能在胸前互握玩耍，而且要给他更多抓握东西的机会，可以在他看得见的地方悬吊带响玩具，扶着他的手去够取、抓握、拍打。悬吊玩具可以是小气球、吹气娃娃、小动物、小灯笼、彩色手套、袜子等，物品应多样化。每日数次，每次3～5分钟。要注意保持玩具清洁。

动作能力

训练宝宝的手眼协调能力，同时发展宝宝的触觉。对宝宝进行翻身练习，充分发挥他的积极性，娱乐并锻炼身体。训练的时候如果结合语言和听觉训练，效果则更佳。

抓和蹬

在婴儿床的上方，悬挂一个彩色玩具，如花铃棒、塑料小动物等小玩具，距离以宝宝伸出手可以触到为宜。

妈妈轻轻晃动悬挂的玩具，逗引宝宝伸出手去抓，手抓的动作熟练以后，可以试着把玩具移到宝宝脚部，让他用脚蹬一蹬。开始时，妈妈应给宝宝一些帮助和引导，如抬起宝宝的小手去拿玩具，或有意地把玩具塞到宝宝手里，引起他抓拿玩具的兴趣。

经过一段时间后，宝宝自己就能挥舞着小手去抓玩具了，这时妈妈应及时表扬他，激励宝宝抓握玩具的积极性。

翻身练习

让宝宝仰卧在床上。妈妈用手托住宝宝一侧的胳膊和背部，慢慢往另一侧的方向推去，直到将宝宝推成俯卧的姿势。停一会儿后，再帮助宝宝翻回来成仰卧的姿势。妈妈可以一边帮助宝宝翻身，一边说“宝宝翻翻身”、“翻过去，翻回来”等，这有助于宝宝的听觉训练和情绪激发。

另外，妈妈帮助宝宝翻身时，动作要轻。开始练习时，可多给他一些帮助，等到他自己要努力翻身时，只需稍稍助些力就行了，对那些动作发育较快的宝宝，妈妈不必过多地帮忙，可让他自己去练习。将玩具放在宝宝的体侧，宝宝为了抓住玩具会顺势翻过去，宝宝练习翻身时，妈妈和家人要守护在宝宝身旁照顾，以免让宝宝受伤。

适合宝宝的健身操

2～3个月的宝宝要保证有室外活动的时间，在天气好的情况下，可以带着宝宝到室外活动10～30分钟，而且家长要坚持给宝宝做操，除了前面学过的动作外，可以增加2个动作。

◎**伸展运动**。让宝宝仰卧，母亲双手握住宝宝的手腕，把他的两臂放在体侧。拉宝宝的两臂在胸前呈前平举，掌心相对；然后使宝宝两臂向两侧斜上举；再拉宝宝两臂在胸前呈平举，掌心相对；最后还原。以上动作可重复两遍。

◎**两腿上举运动**。让宝宝仰卧，母亲拇指放在下面，其他四指在上，握住宝宝的小腿，使他的两腿伸直。把宝宝两腿上举，与腹部成90°，然后还原，连续做两遍。要保证宝宝的安全和舒适。

Part 6

3～4个月宝宝护理

在3～4个月宝宝的世界里，每天都充满了令人兴奋的发现。那些看似普普通通的事物，对宝宝来说却是他拥有世界的开始。这个月的宝宝已经在尝试着“社交”了。这个阶段，在注意宝宝情感需求的同时，还要帮助他及时开展练习翻身等身体的运动。3～4个月的宝宝，因为发育快，所以食欲很旺盛，常会把乳房吸空。可以开始添加米糊，慢慢地喂给宝宝。保持均衡的营养非常重要。

宝宝身体与能力发育特点

3～4个月的宝宝生长速度也很快；很多动作较前3个月都熟练了很多，且很多动作呈对称性，扶立时双腿已经能够支撑身体；宝宝高兴时，能发出清脆的笑声；不高兴的时候就会哭闹；已喜欢与人玩耍，对周围的事物产生较大的兴趣，认识妈妈与熟人的面庞。

身体发育特点

3～4个月的宝宝虽然较前3个月生长速度有所减慢，但仍需要大量的能量和营养素，如果此阶段满足不了宝宝生长发育的营养需求，容易引起宝宝营养不良或营养缺乏症。4～6个月的宝宝每周平均增加体重100～200克，每月体重增加450～500克。

4个月大的宝宝能自己由仰卧转向侧卧。

身高

身高增长速度开始比前3个月缓慢。男女宝宝的身高分别为：男宝宝为59.7～69.3厘米；女宝宝为58.5～67.7厘米。

体重

体重增重速度也开始比前3个月缓慢。男女宝宝的体重分别为：男宝宝为6.8～9千克；女宝宝为5.3～8.3千克。

头围

头围增加速度比胸围缓慢。男女宝宝的头围分别为：男宝宝为39.6～44.4厘米；女宝宝为38.5～43.3厘米。

胸围

胸围的实际尺寸已开始超出头围的实际尺寸。男女宝宝的胸围分别为：男宝宝为38.3～46.3厘米；女宝宝为37.3～44.9厘米。

牙齿

极个别的宝宝在4个月时就已经开始长出第一颗乳牙了。宝宝从4个月开始长牙，会流许多口水，父母可以准备一些纱布或是小毛巾备用。

前囟

4个月的宝宝前囟通常还没有闭合，但后囟和骨缝已经闭合。

能力发育特点

出生3～4个月的宝宝对周围的各种物品都非常感兴趣，宝宝会主动用手拍打，努力够取眼前的玩具。宝宝总是咿咿呀呀地自言自语，高兴时“咯咯”直笑。这时候他已经会向妈妈伸手要抱抱了。

视觉发育状况

4～6个月的宝宝视网膜已有很好的发育，能由近看远，再由远看近，可以看到4～7米远的距离，4个月时开始建立立体感。

这一时期的宝宝会以视线寻找声音来源，或追踪移动的物体，如妈妈在房间内走动，宝宝的眼睛也会跟着转动；此时宝宝已经能够转动身体，会伸手去捉眼睛看到的东西，如在宝宝床上方挂着的小吊饰、小玩具等。这个时候宝宝的视力约为0.1。3～4个月的宝宝已经能表现出对不同颜色的喜好。

听觉发育状况

3～4个月的宝宝对强弱不同的声音能作出不同的反应，他的听力此时已和成人差不多了。

在听音乐方面，宝宝不仅能听出音乐的节拍，而且能听出音乐的曲调。此时，宝宝还能分辨出父母发出的声音，如听见妈妈的说话声就高兴起来，并开始发出一些声音，好像是对妈妈的回答。

嗅觉发育状况

当宝宝3～4个月时，一般可以区别好的气味和坏的气味。

心理发育状况

◎情绪：3～4个月的宝宝听到妈妈或熟悉的人说话时可能就会高兴，不仅仅是微笑，有时还会大声笑。

◎记忆：3～4个月的宝宝已经能够识别经常玩的玩具，能区别亲人和陌生人。

合理的喂养方式让宝宝更健康

3～4个月的宝宝食入量差别比较大，但仍应坚持母乳喂养。人工喂养的宝宝一般每餐150毫升就能吃饱了，而有的生长发育快的宝宝，每餐吃200毫升奶才基本能吃饱，此时的宝宝喂养除了吃奶以外，要逐渐增加半流质的食，为以后吃固体食物做准备。宝宝随月龄增长，胃里分泌的消化酶增多，可以食用一些淀粉类半流质食物，先从1～2匙开始，以后逐渐增加，宝宝不爱吃就不要强行喂食，以防引起宝宝逆反情绪。

添加辅食的正确方法

给宝宝添加辅食要注意方法。3～4个月的宝宝肠胃功能还未完善，要选择适合他的食物来制作辅食；不要一下子就让宝宝吃各种不同的辅食；辅食的添加要遵照从少到多，从细到粗的原则。不要立刻用辅食代替配方奶。总之，增加辅食要循序渐进。

添加的辅食必须与月龄相适应

过早添加辅食，宝宝会因消化功能不成熟而出现呕吐和腹泻，消化功能发生紊乱等现象；而过晚添加辅食会造成宝宝营养不良，甚至宝宝会因此拒吃非乳类的流质食品。

添加辅食应从一种到多种

要按照宝宝的营养需求和消化能力逐渐增加食物的种类。刚开始时，只能给宝宝吃一种与月龄相宜的辅食，待尝试了3～4天或1周后，如果宝宝的消化情况良好、排便正常，再让他尝试另一种比较安全的辅食添加法。而且这样做还有一个好处，如果宝宝对某一种食物过敏，在尝试的几天里就能观察出来。

添加辅食应从稀到稠

宝宝在开始添加辅食时，都还没有长出牙齿，因此妈妈只能给宝宝喂流质食品，逐渐再添加半流质食品，最后发展到固体食物。如果一开始就添加半固体或固体的食物，宝宝肯定会难以消化，导致腹泻。应该根据宝宝消化道的发育情况及牙齿的生长情况逐渐过渡，即从菜汤、果汁、米汤过渡到米糊、菜泥、果泥、肉泥，然后再过渡到软饭、小块的菜、水果及肉。这样，宝宝才能吸收好，不会发生消化不良。

添加的辅食应从细小到粗大

宝宝食物的颗粒要细小，口感要嫩滑，因此菜泥、果泥、蒸蛋羹、鸡肉泥、猪肝泥等“泥”状食品是最合适的。这不仅锻炼了宝宝的吞咽功能，为以后逐步过渡到固体食物打下基础，还让宝宝熟悉了各种食物的天然味道，养成不偏食、不挑食的好习惯。而且，“泥”中含有膳食纤维、木质素、果胶等，能促进肠道蠕动，容易被消化。另外，在宝宝快要长牙或正在长牙时，妈妈可把食物的颗粒逐渐做得粗大，这样有利于促进宝宝牙齿的生长，并锻炼宝宝们的咀嚼能力。

添加辅食应从少量到多量

每次给宝宝添加新的辅食时，一天只能喂一次，而且量不要大。如添加蛋黄时先给宝宝喂1/4个，三四天后宝宝没有什么不良反应，而且在两餐之间无饥饿感、排便正常、睡眠安稳，再增加到半个蛋黄，以后逐渐增至整个蛋黄。

如遇宝宝不适要停止喂食辅食

宝宝吃了新添的辅食后，妈妈要密切观察宝宝的消化情况，如果出现腹泻，或便里有较多黏液，就要立即暂停添加该辅食，等宝宝恢复正常后再重新少量添加。宝宝在刚开始添加辅食时，大便可能会有些改变，如便色变深，呈暗褐色，或便里有尚未消化的残菜，这些一般属于正常情况。

吃流质或泥状辅食的时间不宜过长

通常宝宝在开始添加辅食时，都还没有长出牙齿，因此流质或泥状辅食非常适合他们消化吸收。但不能长时间给宝宝吃这样的辅食，因为这样会使宝宝错过发展咀嚼能力的关键期，可能导致宝宝在咀嚼食物方面产生障碍。

不可很快让辅食替代乳类

有的妈妈为了让宝宝吃上丰富的食品，在宝宝6个月以内便减少母乳或其他乳类的摄入，这种做法很不可取。因为宝宝在这个月龄，食品还是应该以母乳或配方奶粉为主，其他食品只能作为一种补充辅食。

4个月大的宝宝可以添加各种粥糊以及烂一些的面条。

辅食要鲜嫩、卫生、口味好

妈妈在给宝宝制作食物时，不要只注重营养，而忽视了口味，这样不仅会影响宝宝的味觉发育，为日后挑食埋下隐患，还可能会使宝宝对辅食产生厌恶，从而影响营养的摄取。辅食应该以天然清淡为原则，制作的原料一定要鲜嫩，可稍添加一点儿糖，但不可添加味素和人工色素等，以免增加宝宝肾脏的负担。

培养宝宝进食中的愉快心理

妈妈们都很重视宝宝从辅食中摄取的营养量，却往往忽视培养宝宝进食的愉快心理。妈妈在给宝宝喂辅食时，首先要为宝宝营造一个快乐和谐的进食环境，最好选在宝宝心情愉快和清醒的时候喂食。宝宝表示不愿吃时，千万不可强迫宝宝进食，因为这会使宝宝产生厌倦感，给日后的生活带来负面影响。

1～12个月宝宝辅食的添加顺序

1～3个月：添加鲜果汁、青菜水、鱼肝油滴剂。

4～6个月：添加米糊、烂粥、蛋黄、鱼泥、豆腐、动物血、菜泥、水果泥。

7～9个月：添加烂面、烤馒头片、饼干、鱼、蛋、肝泥、肉末等。

10～12个月：添加稠粥、软饭、面条、馒头、面包、碎菜、碎肉、纤维素等。

给宝宝添加辅食的禁忌

3～4个月起，宝宝口中的唾液淀粉酶以及胰脏淀粉酶分泌急速增加，正是添加辅食的好时机。但是对第一次当妈妈的人来说，要帮宝宝添加乳类以外的食物可不是一件容易的事，若不小心，就会把宝宝的肠胃搞坏，或是引起宝宝过敏或消化不良等状况。添加辅食需要注意一些要点。

不要用成人奶粉喂养宝宝

因为宝宝的肾功能及免疫系统在2岁左右才发育完全，若长期饮用成人奶粉，会影响宝宝体内的电解质平衡，埋下高血压疾病的隐患。

食物要新鲜干净

宝宝肠胃不适及腹泻，一般是食用不清洁或者不新鲜食物引起的，需注意给予宝宝新鲜干净的食物。

需注意糖分的控制

不要让宝宝从婴儿时期就习惯过重的口味。医学资料显示，近年来有宝宝患糖尿病比例上升的趋势，原因之一是现在的父母多习惯以市售含糖饮料来喂宝宝，导致体内大量吸收糖分。其实白开水才是最适合人体的饮料。

口味要以清淡为主

盐分过多会给宝宝的身体造成过大的负担，并会让他养成不良的饮食习惯，因此不建议给1岁以下的宝宝辅食中加盐。

不要添加容易引起过敏的食物

一些易引起过敏的食物，如芒果、茄子、海鲜等，最好不要给月龄较小的宝宝吃，因为这些食物在宝宝身上发生过敏的比例较高，最好在宝宝抵抗力较强时再给予添加。

宝宝辅食的制作方法

妈妈亲手自制的餐点，如粥、苹果泥、香蕉泥等是对宝宝爱的体现，当然，也可以参考市售的婴儿副食品，但要仔细阅读罐上说明，是适合多大月龄宝宝食用，同时要注意保存期限。进食的时间最好是在两餐之间，每一次只喂宝宝一种食物，并观察2～3天，若排便正常，无不良反应，才可以继续喂该类食物。

◎**鲜果汁**：将新鲜水果洗净，去皮、核、用榨汁机榨取果汁，或用刀切碎水果，放入清洁纱布中用力拧挤，使果汁流入碗（杯）中，再加入适量白糖，就做成了鲜果汁。

◎**果泥**：挑选果肉多、纤维少的水果，如香蕉、木瓜、苹果等，洗净去皮后，用汤匙挖出果肉并压成泥状即可。

◎**菜水和菜泥**：将蔬菜（如菠菜、小白菜、菜花、莴苣叶）等洗净，切碎后加适量盐和水煮15分钟至沸，清液即菜水，可直接给宝宝喂食，蔬菜以刀背剁碾，再用牙签挑出粗纤维，即成菜泥。

◎**豆腐蛋羹**：取1/4～1/2个生鸡蛋蛋黄放入小碗，加南豆腐一勺、肉汤一勺、盐少许，混合成均匀糊状，用小火蒸至凝固，食前可滴香油。

◎**猪肝泥**：猪肝50克，洗净剖开，去掉筋膜、脂肪，放在菜板上用刀轻轻剁成泥状，将肝泥放入碗内，加入适量香油、酱油、盐调匀，用小火蒸20～30分钟即成。

◎**菜粥**：将青菜（菠菜、油菜、小白菜的叶）洗净切碎备用。将大米淘洗干净，放入锅内，加清水用旺火煮开，转微火熬至黏稠（若大米事先用水泡1小时左右，可缩短熬粥时间）。在停火前加入少许清汤及碎菜，再煮10分钟左右即成。

◎**香蕉粥**：香蕉1/6根、牛奶1大匙。把香蕉洗干净后剥去皮，用勺子背把香蕉研成糊状，然后放入锅内加牛奶混合后上火煮，边煮边搅拌均匀即可。

妈咪育儿小窍门

配方奶与钙粉不能同时服用

人工喂养的宝宝到了3个月后就可以开始加喂一些钙片或钙粉，以防治小儿缺钙。要注意的是，钙粉和配方奶不能同时服用，因为钙粉会使配方奶结块，影响两者的吸收。

◎**营养面条**：将面条煮烂，慢慢加入搅拌好的生鸡蛋，开锅后再加入用植物油炒熟的菜末（小白菜、油菜、胡萝卜、西红柿等，西红柿要先剥掉皮）。也可以将鸡蛋换成肉末、鱼泥、豆腐等。

◎**橘子乳糕**：取2～3瓣橘子，去皮核研碎，再给锅中放入牛奶200毫升，加2小勺玉米面混合后用微火边煮边搅拌，呈糊状时加少许蜜蜂，倒入小碗放凉呈胶冻状，食时上蒸锅稍蒸即可。

◎**蛋黄奶**：将鸡蛋煮老去壳，按需要量经细筛研入牛奶中，蛋黄富含铁、磷等，适用于4～5个月的宝宝补铁。

◎**水果藕粉**：藕粉或淀粉1/2大匙、水1/2杯、切碎的水果1大匙。把藕粉和水放入锅内均匀混合后用微火熬，注意不要粘锅，边熬边搅拌直到透明为止，然后再加入切碎的水果。

◎**红枣泥**：红枣100克、白糖20克。将红枣洗净，放入锅内，加入清水煮15～20分钟，至烂熟。去掉红枣皮、核，加入白糖，调匀即可。

◎**水果面包粥**：面包1/3个，苹果汁、切碎的桃、橘子、草莓等各1小匙。把面包切成均匀的小碎块，与苹果汁一起放入锅内煮软后，再把切碎的桃、橘子和草莓混合物一起放入锅内，再煮片刻即可。

◎**多吃含钙和维生素D丰富的食物**：含钙丰富的食物有奶及奶制品、红小豆、芝麻酱、小白菜、海带、虾皮、鱼虾；含维生素D丰富的食物有动物肝脏、鸡蛋黄、鱼、绿叶蔬菜。

为宝宝增加蛋白质的摄入

专家认为，宝宝的语言能力较其他方面更能反映其智力水平，蛋白质是脑细胞的主要成分之一，占脑干重量的30%～35%，在促进语言中枢发育方面起着极其重要的作用。如果孕妇蛋白质摄入不足，不仅使胎儿脑发育发生重大障碍，还会影响到乳汁蛋白质含量及氨基酸组成，导致乳汁减少；婴幼儿蛋白质摄入不足，更会直接影响到脑神经细胞发育。因此，孕妇及婴幼儿要摄食足够的优质蛋白质食物。

蛋白质是宝宝必不可少的营养物质，所以家长要给宝宝吃富含蛋白质的辅食。

宝宝蛋白质的需要量

一般宝宝摄取的蛋白质占总能量的10%或15%。0～6个月的宝宝摄取能量是每千克体重108千卡，而蛋白质的摄取量则是每千克体重2.2克；6～12个月的宝宝摄取的能量是每千克体重94千卡，而蛋白质则是每千克体重2克。

当心宝宝蛋白质摄取不足

蛋白质对身体各个器官组织的形成是相当重要的，因为人体的肌肉、骨骼、皮肤，甚至负责生化反应的酶、激素及决定遗传基因的DNA，都必须以蛋白质作为原料，而蛋白质又是由小单位的氨基酸所组成的，参与合成蛋白质的氨基酸之中，有8～9种是人体无法自行制造，而必须由食物中获得的。所以，当宝宝出现体重不足、生长缓慢，甚至出现脸、手、下肢水肿等症状时，父母就应留意是否是由宝宝蛋白质摄取不足所引起的。

没有必要添加蛋白质粉

由于“蛋白粉”的出现，爱子心切的爸爸妈妈大多都很想问一个问题：宝宝是否需要特别补充蛋白质？大家都知道摄取蛋白质很重要，可是一味追求高蛋白质，又会加重宝宝身体的负担。其实，宝宝在平时的正常膳食中就可以获取蛋白质，4个月以上的宝宝可以多吃一点儿鱼泥、肉泥和保证足量的配方奶就足够保证蛋白质的摄取量了。

吃得好不等于营养好

父母在喂养宝宝时应该认清“吃得好就是营养好”的误区，除了要让宝宝吃鱼、肉、奶、蛋之外，米饭、粗粮、蔬菜、水果对于宝宝的健康也是很重要的，因为这些食物中含有大量的碳水化合物、膳食纤维等。而拿碳水化合物来说，它是身体的燃料，为大脑的工作提供动力，对疾病的防范起到重要作用，营养专家也认为，宝宝每天摄入的能量，50%～60%都来自碳水化合物。纤维也是人体必需的，虽然纤维不提供能量，但有利于通便，能让宝宝养成良好的排便习惯。所以，要让宝宝营养好，不是光吃些含有高蛋白质的食物，而是要膳食平衡、不挑食，一日三餐荤素搭配。

不要一味追求高蛋白质

宝宝的胃肠道很柔嫩，消化器官没有完全成熟，消化能力是有限的。所以，如果蛋白质的摄取过量的话，容易产生副作用，如蛋白质中的氨基酸代谢时，会增加含氮废物的形成，加重宝宝肾脏排泄的负担等。而且长期吸收精细的蛋白质食物，会让宝宝的消化功能得不到训练和发挥，根据“用进废退”的规律，消化功能反而不容易得到很好的发育机会。如果有这些消化功能减缓、肾脏负担大的状况出现，反而影响了宝宝的健康，所以爸爸妈妈要特别注意，千万不要一味追求高蛋白质，以免给宝宝身体带来太多负荷。

乳制品是蛋白质的主要来源

蛋白质的摄取其实很大部分可以从乳制品中获得，不同年龄的宝宝对乳制品的需求是不同的：0～1岁的宝宝以乳制品作为主食，可以通过每天700～800毫升母乳或配方奶，取得足够的蛋白质。1岁以后可由乳制品与其他食物一起补充蛋白质，如每天400～500毫升乳制品+鱼肉类100克＋豆制品类50～100克+蔬菜水果类各50～100克＋谷类100克，可以取得足够的蛋白质。

何时才可添加非奶类来源的蛋白质

在1～3个月通常不建议添加副食品，而是以奶类为主要营养来源；4～6个月可添加水果类、蔬菜类及五谷类的水状辅食。

而非奶类蛋白质来源则最好在宝宝6个月后再添加。因为考虑宝宝的消化系统、肾功能以及食物可能引起的过敏反应，不建议过早添加非奶类蛋白质食物如蛋、豆、鱼、肉、肝类；而一些较易引起过敏的食物，如虾、蟹、贝类海鲜、鲜奶、蛋白等食物，则建议至宝宝1岁后再添加。

合理摄入脂肪

婴儿期是一生中生长发育最快的时期。婴儿期脂肪的摄入量和脂肪酸构成对宝宝的生长发育至关重要。一些父母由于担心宝宝肥胖，盲目地给宝宝吃脱脂奶或脱脂奶粉，或者减少宝宝膳食中的植物油。

其实，这种做法实际上会严重影响宝宝正常的生长发育，尤其是脑神经的发育，对宝宝一生都可能造成不利的影响。婴幼儿对脂肪的需求量相对较高，其膳食中脂肪供给能量占总能量的百分比明显高于学龄儿童及成人，所以，为了宝宝的健康成长，父母应该在婴儿期给宝宝适量食用含优质脂肪的食品。

父母要掌握更多宝宝膳食的科学搭配。

脂肪的作用

◎脂肪是宝宝身体的重要组成成分。新生宝宝体内脂肪含量约11%，4个月龄的宝宝体内脂肪含量增加到26%，12个月龄时宝宝的体脂稍有下降，约为23.9%。有文献报道，6个月龄宝宝增加的3千克体重中，脂肪占41.6%。

◎脂肪是脑和神经组织的重要成分。

◎脂肪为宝宝迅速生长发育的能源。婴儿期对能量的需要比成人多2～3倍，摄入能量的15%～23%用于机体的生长发育。

宝宝对脂肪的需要

每100毫升母乳含蛋白质1.2克、乳糖7克、脂肪4.5克，共产生67千焦的能量，其中脂肪供能为50%～60%。专家推荐婴儿期前6个月的宝宝脂肪供能比为45%，后6个月的宝宝为30%～40%较好。

母乳脂肪含量和脂肪酸组成与婴儿期快速生长相适应

母乳中脂肪含量及脂肪酸组成是宝宝脂肪需要的金标准。母乳中含有4%～4.5%的脂肪，其中98%是甘油三酯。

母乳中中链及中长链饱和脂肪酸、长链饱和脂肪酸、单不饱和脂肪酸、多不饱和脂肪酸的构成百分比分别为12.8%、29.6%、38.1%和19.5%。这种构成完全符合婴儿期对脂肪酸的特定需要。

配方奶粉中脂肪酸的食物来源

母乳及配方奶粉中的奶油以饱和脂肪酸为主，脂肪酸组成与母乳脂肪酸组成大相径庭，缺乏亚油酸和亚麻酸，更缺乏ARA和DHA，因此，必须根据母乳的脂肪酸构成进行配制，以适应和满足宝宝对脂肪酸的特定需要。中链及中长链脂肪酸（辛酸、癸酸、月桂酸、豆蔻酸等）可源于椰子油；长链饱和脂肪酸（棕榈酸、硬脂酸）可源于棕榈油和棕榈精油；长链单不饱和脂肪酸（棕榈油酸、油酸）可源于棕榈油、棕榈精油及葵花子油；亚油酸可源于大豆油、玉米油和葵花子油，亚麻酸可源于大豆油；ARA和DHA可来源于藻油。

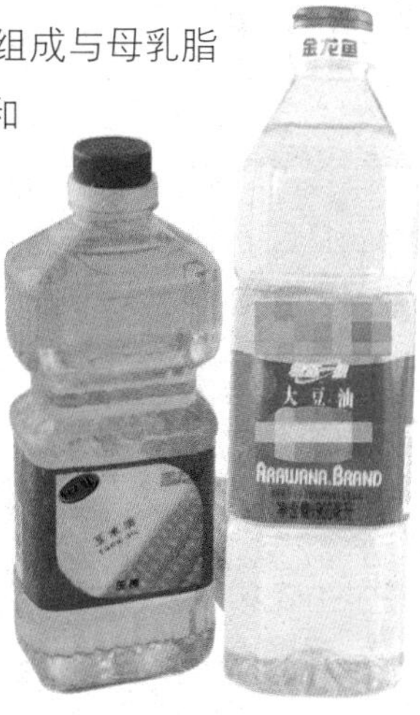

宝宝的日常护理

宝宝3～4个月大时，准备上班的母亲仍要坚持母乳喂养；可以变换一下房间里的布置，加强宝宝的感官训练，包括音乐、舞蹈、儿歌、交流等。同时，还要帮助宝宝学习翻身和主动够取、抓住玩具，培养宝宝独立玩耍的能力，但要防止宝宝吞入异物。并注意增强宝宝的抵抗力。

3～4个月宝宝的睡眠

3～4个月宝宝的平均睡眠时间是每天16～18小时，白天时会睡3次，每次2～3小时。这是一个过渡阶段，宝宝马上就要在白天有规律地睡2次了。若他在白天只睡2次，那么他在晚上就会有更长的睡眠了。这个年龄大部分宝宝会将一天中大部分的睡眠时间放在晚上，白天他们醒着的时间会更长。

培养好的睡眠习惯

宝宝现在已经会做一些事情让自己平静下来并入睡了。父母应帮助他形成一种规律的睡眠习惯，以提高其睡眠质量。对于4个月大的宝宝来说，好的睡眠习惯是十分重要的，所以要尽量保证每天的日间小睡和夜晚就寝的时间和方式都相同。

睡眠的好坏影响宝宝健康

3～4个月的宝宝大多数能一夜睡到天亮，睡眠好坏不仅影响宝宝健康和智力发育，也牵动父母和全家的精力和情绪。首先要严格实行入睡、起床的时间，加强生理节奏周期的培养；卧床时应避免饥饿，上床时或夜间不宜饮水过多，以免扰乱睡眠；宝宝最好单独睡小床，研究证明单独睡比和母亲同床睡能睡得更好；要使宝宝学会自己入睡，避免睡前养成要哄或含奶头的习惯，夜间醒来也要求这样，不然就哭闹；睡前1～2小时避免剧烈活动或玩得太兴奋；白天睡眠时间不宜过多。

给宝宝选择一个合适的枕头

在一个正确的时机，为宝宝选择一款合适的枕头，对于宝宝顺畅呼吸、维持头部的血液循环以及协调神经，帮助头颈和脊柱的健康发育都有至关重要的作用。从4个月开始，父母就应该给宝宝使用枕头睡觉了。

给宝宝选择枕头的误区

◎简单地以“可爱”作为选择宝宝枕头的标准。

◎认为宝宝枕头就是比成人枕头小的枕头。

◎不了解宝宝开始使用枕头的合适时机，过早或过晚。

◎一个枕头伴随宝宝从小到大。

给宝宝选择枕头的方法

◎刚出生的婴幼儿平躺睡觉时，背和后脑勺在同一水平面，颈、背部肌肉自然松弛，而且婴幼儿头偏大，几乎与肩同宽，侧卧时也很自然，因此，3个月以内的宝宝无须使用枕头。如果使用过早，反而容易影响宝宝头颈的发育。

◎宝宝出生3个月后开始学习抬头，脊柱颈段出现向前的生理弯曲，这时应开始使用高度在1～2厘米的枕头；当宝宝长到7～8个月大时，肩部开始增宽，应使用高度在3～4厘米、长度与宝宝肩宽相同的枕头。

◎在给宝宝挑选枕头时，应选择荞麦皮、灯芯草、蒲绒等材料填充，透气、吸湿性好，软硬适中的枕芯。如果枕头过软，容易导致宝宝窒息，而过硬又不适合宝宝颅骨柔软的特点，容易导致宝宝头颅变形。枕套应以纯棉布的为最佳。

◎宝宝头部出汗较多，睡觉时汗液和口水也会浸湿枕头。而这些汗液和灰尘混合易使致病微生物黏附在枕头表面，导致宝宝头皮感染。因此，宝宝的枕头要经常在太阳底下晾晒，定期更换，枕套也要经常换洗，保持干爽。

宝宝的寝具包括被单、枕套等，在使用前最好先清洗、日晒后再给宝宝用。

为宝宝买一个睡袋

很多母亲担心宝宝睡眠时把被子蹬开而受凉，常常把宝宝包得很紧，但这样做很不利于宝宝的发育，而宝宝睡袋可以很好地解决这个问题，它既可以给宝宝提供一个舒适、宽松的生活环境，保暖性能又好，不会被宝宝蹬开，解除了家长的后顾之忧，而且简便易做，因此，我们提倡给宝宝用睡袋睡眠。

抱被式的小睡袋

宝宝可以只穿全棉内衣，外加小薄袄。如果开窗或是抱宝宝外出，可以将宝宝放进抱被式小睡袋。因为它后面有一个宽宽的短带设计，可将手腕伸进去，很方便着力，抱宝宝也特别顺手。小睡袋的上部设计，展开是一个平软的小枕，拉起拉链，就是外出时挡风的帽子。小睡袋可以在颈部稍微收口，不用担心宝宝转头时，颈部进风受凉。

◎**价格**：一般在30～60元。

◎**特点**：可当抱被，而且比起里三层外三层的毛衣和棉袄，显得更舒服、更宽松，尤其是换尿布或洗澡时，非常方便。

◎**适合年龄**：特别适合新生期到3～4个月的宝宝使用。

铺满小床的大睡袋

在童床里垫好棉褥子，然后再把大睡袋放上去。宝宝晚上睡觉时只穿全棉内衣，放入小睡袋，然后再放进大睡袋，这样就好比宝宝垫了三层褥子，盖了两层被子。即使在很冷的冬天，也顶多只需要在大睡袋上再添一条毛毯保暖。

◎**价格**：一般在60～150元。知名品牌的宝宝用品专卖店也多有出售，多与床围、枕头等配套出售，质地优良、做工精细的价格会在几百至上千元。

◎**特点**：适合铺满整张童床，为宝宝营造宽松、温暖的睡眠空间。可单独用，也可配合其他睡袋使用。

◎**适合年龄**：1～3岁的宝宝都适用。

背心式的睡袋

前面一条长拉链，穿上后从胸口往下拉到腿部，换尿布很方便。每晚洗好澡，把活泼乱动的宝宝放进去，像一只可爱的虫宝宝。背心式样的睡袋既可保暖，又不限制宝宝双手的活动，给大人和宝宝都带来方便。

◎**价格**：多为百元以上或数百元。

妈咪育儿小窍门

要注意睡袋的清洁

半岁之内的宝宝经常会溢奶，小睡袋因此容易弄脏，此时应勤换洗，不要一擦了之，以防细菌滋生。

◎**特点**：宝宝的手臂可以自由活动。

◎**适合年龄**：6个月～2岁。

妈妈自制“毛衣睡袋”

妈妈的旧羊毛衫，把袖子一剪，套在宝宝身上，就是一个“毛衣睡袋”。因为“毛衣睡袋”有收缩性，又暖和，宝宝在秋天或冬天室温比较高的时候，很适合用。需要注意的是，最好选用低领套头毛衫。

去哪里买睡袋

大睡袋和抱被式小睡袋比较常见，一般大商场都可买到，价格也比较实惠。背心式样的睡袋，在品牌宝宝用品专卖店更为多见。另外，购物网站的宝宝用品目录，可供选择的睡袋也有很多，但大睡袋的体积较大，邮寄麻烦，费用也较高，不建议网购。

选择婴儿推车要谨慎

婴儿推车是带宝宝进行户外活动的必备用具。父母在逛街购物的时候都可以将宝宝放在婴儿推车里。既然是户外用品，安全使用当然是最重要的。因此要为宝宝选择一款安全可靠的婴儿推车，在使用时父母也不能马虎。

选购婴儿推车的注意事项

要将说明书读懂、读透，保证婴儿推车的正确安装，留意安全警示语及适用的年龄范围。否则，在使用中有可能给宝宝带来安全隐患。因此，在购买婴儿推车时，不必一味追求高档，价格并不是衡量产品质量的唯一标准。如果遇到价格很便宜，但外观却与真品相差无几的婴儿推车，往往存在质量问题与安全隐患。某些婴儿推车所用的塑料是再生料，强度差，耐用性也较差，内在品质相距甚远。另外，尽量挑选功能单一的婴儿推车，最好“专车专用”，如推车要与学步车最好不要功能合一的那种。功能单一的婴儿推车不仅结构设计科学，而且也合理。相比之下，功能多的产品，设计时难免顾此失彼。

使用婴儿推车时要注意安全

◎使用前要进行安全检查，如车内的螺母、螺钉是否松动，躺椅部分是否灵活可用，轮闸是否灵活有效。如果有问题，一定要及时处理。

◎宝宝坐车时一定要系好腰部安全带。

◎新生儿一般不能控制其头部，应避免将靠背竖起使用（应将靠背置于最平躺的位置使用）。

◎宝宝在车内乘坐的时间以每次30分钟至1小时为宜。

◎不要在楼梯、电梯或有高低差异的地方使用婴儿推车。

◎晚上宝宝睡觉时不能放在车里，因为宝宝睡着了一翻身或打滚，就很容易摔下车或受到磕碰等伤害。

◎推车散步时，如果宝宝睡着了，要让宝宝躺下来，以免使腰部的负担过重，受到损伤。

◎宝宝坐在车里，位置比较低，容易呼吸到地面上的灰尘，应该推车到环境优美的地方散步。

宝宝吞食异物的处理要点

这个时期的宝宝，身体活动更加灵活，他们的四肢大动作快速发展，手指的精细动作也有进步，所以经常用双手将面前摆放的各种东西，都“逐个进行检查”，以探个究竟。无论什么东西，手一抓住，就往嘴里放，万一把纽扣、硬币、别针、玻璃球等小物品吞入口中就危险了。这些小物品一旦放进嘴里后，极易掉进气管而出现阻塞，严重者可以致命。吸入气管的异物即使未引起窒息，也很少能自然咳出，有时可进入小支气管而引起一系列肺部慢性病变，损害宝宝健康。因此，父母对宝宝周围的东西一定要严格检查，凡是体积较小的东西，或者吃后有核的果类都应特别注意。

吸入异物后的症状

异物进入气管后，立刻会引起反射性的剧烈咳嗽。剧咳时，宝宝会面红耳赤、涕泪俱下，有时候还会咳得弯腰弓背，透不过气，经过几阵剧烈咳嗽之后，气道内的异物可能像子弹一样被咳出。

如果没有发现有异物排出，父母则需要密切注意宝宝是否有以下三种情况，如果有则需要尽快去医院紧急处理。

◎**呼吸时发出哮鸣声**。如果气管内存有异物，被异物堵住的气道就会变得很狭窄，气体通过时就会发出高音调的哮鸣音，当宝宝张口呼吸时，哮鸣音更加明显。

◎**声门撞击声**。宝宝在呼吸时，气流在气道内冲击异物，使异物在气道内滑动，异物会随着呼吸声而撞击声门发出拍击声，在宝宝咳嗽时，发出的撞击声更加响亮。

◎**异物撞击感**。如果把手放在宝宝的气管上，可以感觉到手掌下有轻微的物体撞击感，这个感觉与宝宝的呼吸声或者撞击声是同步的。

预防吸入异物的要点

◎在早期哺喂时就要养成宝宝良好的进食习惯。哺喂时父母应集中注意力，不要一边哺喂一边看电视、与他人谈笑等。大人也不应在宝宝吃东西时逗引其发笑或哭闹，因为哭、笑、讲话时可将口内的食物、汤水呛入气管。

◎要常注意宝宝是否把纽扣、硬币、玻璃珠、别针、图钉、果核、豆子、瓜子、泡泡糖等小物品含在口里玩耍，0～2岁宝宝最好不给吃硬糖粒或含核干果，更不应将糖果、花生米、药片等丢入宝宝口中逗玩，这些都可能被误入气管而发生窒息。

◎给宝宝喂药时千万不能捏住鼻孔，待宝宝张嘴透气时，突然把药粉或药片灌入口内，这样很容易引起吸入异物的意外事故。

吞食异物后的处理办法

一旦宝宝误吞食异物，家长可用一只手捏住宝宝的腮部，另一只手伸进他的嘴里，将异物掏出来；若发现异物已经吞下，可刺激宝宝咽部，促使他吐出来；若发现宝宝翻白眼，应把宝宝的双脚提起来，脚在上，头朝下，拍他的背部，促其将东西吐出来；若已出现呼吸困难，应紧急去医院耳鼻喉科，请医生尽快将掉入气管内的异物取出来，以免发生意外。

提高宝宝的抗寒能力

冬季是感冒的多发期，很多婴幼儿在这个季节里反复地感冒，日夜较大的温差固然是导致着凉的原因，但也说明了宝宝的抵抗力低下。其实，增强抵抗力并不难，除了在生活中注意饮食合理、睡眠规律，还可以采用有效的锻炼方式，如干布摩擦和冷锻炼等。

干布摩擦锻炼

在冬季现在有一种非常流行的增强抵抗力、减少感冒发生的方法，叫做干布摩擦，即经常用柔软干布或毛巾擦身，这个方法同样适合几个月的宝宝，能增强宝宝皮肤的抵抗力。方法是：每天早晨起床之前用毛巾在宝宝的胸、腹、腰、背、四肢向着心脏的方向转圈摩擦10多次，以增进血液循环和增强皮肤对环境冷热的适应能力。2～3岁以后，宝宝可自行揉擦，毛巾、干布质地要柔软，以免擦伤皮肤。

冷锻炼

冷刺激会促进宝宝的新陈代谢，增强心肺的活动功能，供给身体热量，提高免疫能力和抗病能力。冷锻炼多从秋季开始，但不建议宝宝在冬季进行。

妈咪育儿小窍门

提高宝宝抗寒能力的注意事项

1.从小开始，从温到冷，循序渐进，逐步适应冷锻炼。

2.冷锻炼时，要注意防止穿堂风的直吹。

3.空腹和饭后都不宜马上进行冷锻炼。

4.如果出现嘴唇青紫、全身颤抖的现象，应立即停止，擦干身体，运动到皮肤发热。

5.锻炼过程中如果出现身体不适的症状，可休息几日，等到痊愈后再进行锻炼。

冷锻炼的好处

科学家证明，冷空气中含有较多的氧气，可为机体提供充足的氧气，从而增强机体组织细胞的生命力，供给身体热量；冷水比空气传热量大28～30倍，对身体健康大有帮助，可加速血液循环。不过，任何一种锻炼，都要循序渐进，不可过急，否则就会适得其反。

冷锻炼的方法

◎冷空气浴：在天气暖和的日子里少穿衣服或不穿，去室外接受冷空气的刺激。气温与体温的差别越大，刺激作用越强，对身体影响越明显。

次数：每日1次，每次3分钟，等适应一段时间后再逐渐增加到10～20分钟。

注意：不得在饭前空腹或饭后饱胀时进行，早饭后半小时是恰当的锻炼时间；室外温度不能过低，以18℃～20℃为宜；有着凉迹象，须立刻停止。

◎**冷水擦身**：用冷水洗手、洗脸，以后可用冷水擦上肢和颈部，逐渐达到冷水擦身。

注意：顺序应从手部至臀部，或是从脚至腿部，然后擦胸腹部，最后擦背部；水温从33℃～35℃递减，可每天低1℃，最低水温可降到16℃～18℃。

◎**冷水冲淋**：父母可用低于体温的水让宝宝冲淋，淋后立即擦干全身。

时间及次数：锻炼应在早饭后1个半小时内进行。每日1次。

注意：水温从33℃～35℃递减，减至22℃。室内气温不低于20℃，室外气温不低于22℃；不必冲淋头部。

宝宝疾病的预防与护理

本月需要了解的有关宝宝疾病防治方面的知识还真不少。首先，父母要记得继续给宝宝服用小儿麻痹糖丸并注射三联针。其次，父母可能会遇到宝宝便秘的情况，想给宝宝服用中草药的父母需要注意了，因为，宝宝可是不能随便服用中成药的。此外，宝宝肠套叠的情况比较危险，父母如果不事先了解，可能会手足无措。总之，这个月里父母要辛苦一点儿了。

为宝宝及时接种疫苗

在宝宝满4个月时，应口服第三颗小儿麻痹糖丸，至此即完成了全程的基础免疫，在宝宝体内产生了足够的抗小儿麻痹症的抗体，可维持2～3年，因此，在4岁左右还应再服一次以强化对该疾病的抵抗力。注射百白破三联疫苗的第二针后，因注射剂量增加了，往往会发生一定的反应，如在接种后的当天晚上宝宝会哭闹不安，难以入睡，有时还会发热。注射的局部会红肿、疼痛，还会使宝宝烦躁不安。这种反应一般可持续1～2天而自行恢复，不需处理。但如果宝宝体温升至39.5℃以上，有抽搐、惊厥、持续性惊叫等严重反应，应及时到医院进行诊治。

第三次服用小儿麻痹糖丸

宝宝出生后2个月就开始吃一粒三型混合的小儿麻痹糖丸活疫苗，3个月、4个月时再各服一粒，4岁时还要加强服一次，这样就基本可以预防小儿麻痹症了。如果儿童在连续服用三次时漏掉了一次，以后应补服。第三次服用疫苗晚了几天或提前了几天都无关紧要，因服用了三次，儿童体内就可以产生足够的三个型别的抗体了。

第二次注射三联针

本月要给宝宝注射第二支百白破三联针。打针以前要了解宝宝的身体健康状况，假如宝宝正患伤风感冒或身体不适，暂时不要打针，等疾病痊愈了再进行预防接种，打预防针后3天内不要做剧烈运动，不要洗澡，打针前要尽量安抚他，使其不要有紧张害怕的心理，这样可帮助减轻乃至消除打针后的反应。

给宝宝服用中药要特别小心

一些家长在宝宝生病时，喜欢自行给宝宝服中药，他们认为服中草药比较安全，副作用又小，小毛病用不着上医院。其实，随便服用中草药可能严重危害婴幼儿健康。

服用清热解毒的中草药要谨慎

家庭中给婴幼儿服用的中草药最常见的是清热解毒药。有些家长在宝宝咽喉肿痛，或患扁桃体炎、暑疮热疖等病症时，喜欢买些夏枯草、菊花、栀子、鱼腥草、淡竹叶、芦根、生地等中草药，或六神丸、珍珠丸等中成药给宝宝服用。但这类中草药中含有生物碱、挥发油以及矿物质等复杂的化学成分，肝肾功能发育尚不健全的婴幼儿服用后，很有可能会加重肝肾脏的负担，损害其功能。

中成药如果服用不当会产生副作用

有些中成药宝宝服用后会产生副作用。如六神丸含有蟾酥，服用过量可引起消化、循环系统的功能紊乱，从而发生恶心、呕吐，甚至心律失常、惊厥等不适症状；又如珍珠丸含有朱砂成分，少量服用能解毒、安神、明目、定惊，而超量服用或长期服用，会导致出现齿龈肿胀、咽喉疼痛、唾液增多、恶心呕吐，以及多梦、记忆力减退、不安、失眠等症状。所以家长们千万不能给宝宝滥用中药。

婴幼儿便秘的护理措施

婴幼儿一般每天1～2次大便，便质较软。有的婴幼儿2～3天解一次大便，而且大便质软量多，也属正常。如果宝宝2～3天不解大便，而其他情况良好，则有可能是一般的便秘。但如果出现腹胀、腹痛、呕吐等情况，就不能认为是一般便秘，应及时送医院检查治疗。婴幼儿发生便秘以后，解出的大便又干又硬，干硬的粪便刺激肛门会产生疼痛和不适感，天长日久使宝宝惧怕解大便，而且不敢用力排便。这会导致便秘的症状更加严重，这时，父母就要采取一些措施了。

婴幼儿便秘的两大类型

婴幼儿便秘的原因有很多，可分为两大类：一类属功能性便秘，这一类便秘经过调理可以痊愈；另一类为先天性肠道畸形导致的便秘，这种便秘通过调理是不能痊愈的，必须经外科手术矫治。绝大多数的宝宝便秘都是功能性的。

妈妈应注意观察宝宝大便，以便了解宝宝的饮食是否合理。

导致婴幼儿便秘的主要原因

◎婴幼儿饮食太少，消化后的余渣就少，自然大便也少。

◎奶中糖量不足，造成大便干燥。

◎如果长期饮食不足，则导致营养不良，腹肌和肠肌缺乏力量，不能解出大便，可出现顽固性便秘。

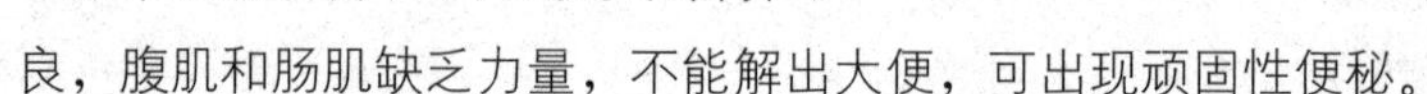

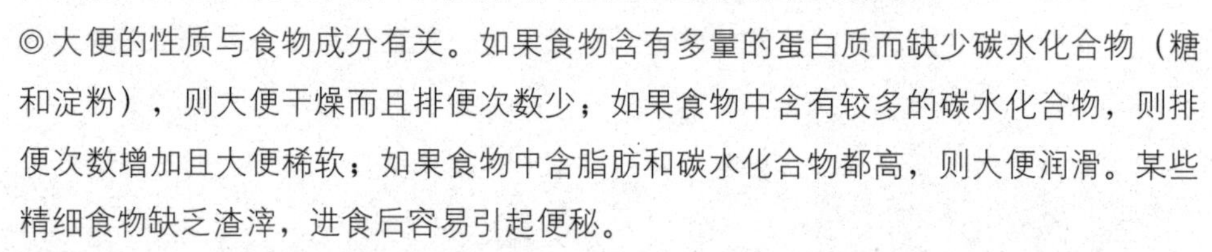

◎大便的性质与食物成分有关。如果食物含有多量的蛋白质而缺少碳水化合物（糖和淀粉），则大便干燥而且排便次数少；如果食物中含有较多的碳水化合物，则排便次数增加且大便稀软；如果食物中含脂肪和碳水化合物都高，则大便润滑。某些精细食物缺乏渣滓，进食后容易引起便秘。

◎有些宝宝生活没有规律，没有按时解大便的习惯，使排便的条件反射难以养成，导致肠管肌肉松弛无力而引起便秘。

◎患有某些疾病如营养不良、佝偻病等，可使肠管功能失调，腹肌软弱或麻痹，也可出现便秘症状。

合理的饮食搭配可预防宝宝便秘

目前由于营养不良导致的便秘已经不多了，主要是由于营养过剩和食物搭配不当导致的便秘。很多父母一味地增加宝宝的营养，让食物中的蛋白质量很高，而蔬菜相对较少。许多高级的儿童食品都是些精细粮食制品，缺少渣滓，宝宝很少吃粗纤维及含渣滓多的食物，容易导致便秘。对婴幼儿来说，合理的食物搭配不仅可以预防便秘的发生，而且对便秘还有良好的治疗作用。建议可以让宝宝吃一些玉米面和米粉做成的辅食。

当宝宝4个月大以后，如果出现便秘则可以喂蔬菜粥、水果泥等辅食，蔬菜中所含的大量纤维素等食物残渣，可以促进肠蠕动，达到通便的目的，这时也可以吃点儿香蕉泥，它能在短期内发挥润肠通便的作用。

养成良好的排便习惯

父母要增强帮助宝宝从小养成良好排便习惯的意识。宝宝若有2天以上不排便，或是有便意但排不出，这就是便秘了。便秘对宝宝的消化功能会造成直接影响，不利于宝宝的生长发育。因此应该从婴儿时期就开始训练宝宝的排便习惯。3个月以上就可以训练宝宝定时排便，每天早上让他排便，即使排不出也要坚持，1个月左右大脑就形成条件反射，宝宝就会有便意了。

妈咪育儿小窍门

吃母乳及人工喂养造成便秘的原因及对策

吃母乳便秘的宝宝很少见，但仍有可能发生。

◎**母乳不足**：如果母亲乳汁分泌不足，宝宝总是处于吃不饱的半饥饿状态，可能2～3天才大便一次。除大便次数少外，还有母乳分泌不足的表现，如吃奶时间长于20分钟、吃后无满足感、体重增长缓慢、睡不踏实，等等。对于此种问题，只要及时补充配方奶粉，宝宝的情况多会马上好转。

◎**母乳蛋白质含量过高**：母亲的饮食情况直接影响着母乳的质量，如果母亲顿顿喝猪蹄汤、鸡汤等富含蛋白质的汤类，乳汁中的蛋白质就会过多，宝宝吃后，大便偏碱性，表现为硬而干，不易排出。因此，妈妈要保证饮食均衡。

喂配方奶的宝宝容易出现便秘。

◎**奶粉不易消化**：奶粉的原料是牛奶，牛奶中含酪蛋白多，钙盐含量也较高，在胃酸的作用下容易结成块，不易消化。

◎**宝宝肠胃不适应**：配方奶粉是以牛奶为原料制作而成的，其中添加了各种营养素，有些宝宝的肠胃不适应某种奶粉，以至于喝了特定品牌的奶粉后就便不出来。这一般与宝宝的肠胃有关。

治疗便秘的几种简便方法

◎**按摩法**：右手四指并拢，在宝宝的脐部按顺时针方向轻轻推揉按摩。这样不仅可以帮助排便，而且有助消化。

◎**肥皂条通便法**：用肥皂削成铅笔粗细、3厘米多长的肥皂条，用水润湿后插入婴儿肛门，可刺激肠壁引起排便。

◎**咸萝卜条通便法**：将萝卜条削成铅笔粗细的条，用盐水浸泡后插入肛门，可以促进排便。

◎**开塞露**：将开塞露注入小儿肛门，可以刺激肠壁引起排便。这种方法尽量少用。

预防宝宝患小儿呼吸道传染病

春季和冬季是小儿呼吸道传染病的高发季节，也是流感、感冒等呼吸道传染病流行的季节。当上呼吸道感染治疗不及时还可引起一系列并发症，包括中耳炎、鼻窦炎、肺炎及脑膜炎等，严重影响宝宝健康。父母要了解宝宝呼吸道疾病的特点，做到及时预防、及时治疗，并避免走入一些误区。

呼吸道传染病的传播途径及表现

病原微生物通过A宝宝的呼吸道侵入，然后随着这个宝宝的呼吸道分泌物向外传播，又侵入另一易感B宝宝的呼吸道，这样B宝宝就得了呼吸道传染病。

不要以为呼吸道传染病就是指感冒、流感，常见的病毒性呼吸道传染病还包括麻疹、流行性腮腺炎、水痘、风疹等；细菌性呼吸道传染病有猩红热、流行性脑脊髓膜炎等。

◎**流行性腮腺炎**：以腮腺急性肿胀、疼痛并伴有发热和全身不适为特征。

◎**风疹**：临床特点为低热、皮疹和耳后、枕部淋巴结肿大，全身症状轻。

◎**水痘**：全身症状较轻微，皮肤黏膜分批出现迅速发展的斑疹、丘疹、疱疹与痂皮。

◎**流脑**：主要表现为突发高热、剧烈头痛、频繁呕吐、皮肤黏膜淤斑、烦躁，可出现颈项强直、神志障碍及抽搐等。

◎**流感**：一般表现为发病急，有发热、乏力、头痛及全身酸痛等明显的全身症状，咳嗽、流涕等呼吸道症状轻。

◎**肺结核**：是一种慢性传染病，主要表现为发热、盗汗、咳嗽、咳痰、咯血、胸痛、呼吸困难等。

呼吸道传染病的防治

◎**搞好家庭环境卫生**：保持室内和周围

环境清洁，经常开门窗通风或喷洒空气清洁剂，常晒被褥。

◎**良好的卫生习惯**：出入公共场所后，最好先洗手、换衣物后再去接触宝宝。

◎**平衡膳食**：多喝牛奶、肉类、蛋、水果、蔬菜等，这样可以增强身体的抵抗力，仅以碳水化合物喂养的宝宝易患贫血、佝偻病，抵抗力差。

◎**注意宝宝的保暖**：随着气温变化及时增减衣服。尤其季节交替时节，早晚温差也很大，如果骤然减去太多衣物，极易降低人体呼吸道的免疫力，使得病原体极易侵入。也不可穿得太多，这样会压迫宝宝的身体，使其活动受限，影响消化。衣着以脊背无汗为适度。

◎**让宝宝多饮水**：多饮水，有利于排尿和发汗，使体内的毒素和热量尽快排出，帮助宝宝预防发热。

◎**注意宝宝皮肤的清洁**：勤洗勤换衣裤，尤其注意保持宝宝鼻周皮肤的清洁。宝宝呼吸道感染后，常常流鼻涕，时间长了，鼻子周围，尤其是鼻子下面的皮肤会发红，宝宝会感到很疼。可以用温湿的毛巾给宝宝敷一敷，然后涂一些消炎药，如金霉素眼药膏。

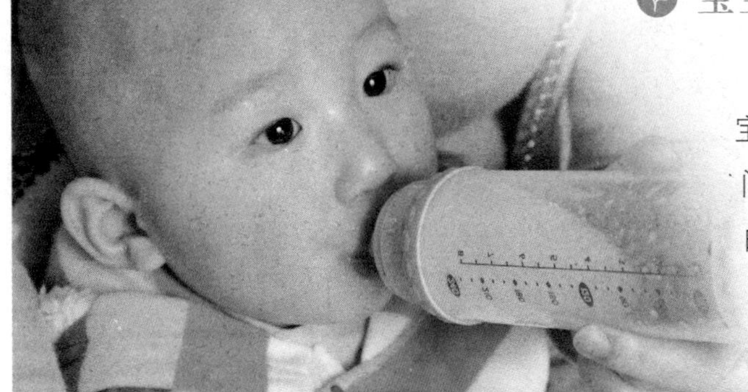

让宝宝多喝水有利于预防宝宝发热。

外出预防呼吸道传染病的方法

◎**远离患者**：远离患有呼吸道疾病的人群，避免受到感染是最直接的方式。外出时，不带宝宝到人群密集、通风不良的影剧院、商场、超市等地方去。

◎**给宝宝制订锻炼计划**：锻炼对提高抵抗力、增强体质很有帮助，增强体质是防病的第一重要因素。上午10点到下午4点是最佳锻炼时间，在这段时间做一些户外活动，可充分利用日光浴、空气浴，以提高宝宝对周围环境冷热变化的适应力。但注意雾天不要外出，因为浓雾中含有大量有害物质。

◎**休息**：要注意训练宝宝养成良好、有规律的作息习惯。良好的睡眠才能保证宝宝健康的体质，不断提升宝宝抵御疾病入侵的能力。

宝宝肠套叠的处理

宝宝很容易患肠套叠，宝宝肠套叠来势凶猛，诊断时间的早晚也决定了医生不同的治疗方法，越早发现治疗，宝宝的痛苦就越少，危险性也越小。

了解宝宝肠套叠

所谓肠套叠，是指肠管的一部分套入另一部分内，形成肠梗阻。肠套叠分为原发性及继发性两类。宝宝肠套叠几乎全为原发性（肠道本身无疾病的），尤其是10个月以内的宝宝，正处于需要添加辅食的年龄，容易因饮食改变等原因造成肠蠕动不规则，从而导致肠套叠。肠套叠的危险在于，套叠肠管如果压迫时间过长（超过24小时），会使肠管血液循环受阻，可能进一步发生肠坏死，甚至威胁到生命安全。

及时发现肠套叠

◎**阵发性哭吵**：阵发性较有规律的哭闹是肠套叠的重要特点，大多数患儿突然出现大声哭闹，有时伴有面色苍白、额头出冷汗，持续10～20分钟后恢复安静，但隔不久后又哭闹不安。

◎**呕吐**：哭吵开始不久即出现呕吐，吐出物为乳汁或食物残渣等，以后呕吐物中可带有胆汁。如果呕吐出粪臭的液体，则说明肠管阻塞严重。

◎**果酱样血便**：发病后6～12小时，患儿常会排出暗红色果酱样血便，有时为深红色血水，轻者只有少许血丝。

◎**腹部肿块**：在肠套叠的早期，当宝宝停止哭闹时，可以仔细检查他的腹部，会发现腹部有肿块，向肚脐部轻度弯曲。如果用手摸，可以在他的右上腹或右中腹摸到一个有弹性、略可活动的腊肠样肿块。

宝宝不一定会表现出以上所有的症状，但绝大多数患儿都有阵发性哭闹。为了不耽误治疗，家长对阵发性哭闹超过3小时以上的宝宝，尤其是有拉稀、感冒或饮食改变等情况时，应及时到医院就诊。

肠套叠是小儿常见的急症，越早发现治疗，危险性就越小。

肠套叠的就医要点

肠套叠一经发现，必须立即送医，这样会减少宝宝的痛苦，避免危险发生。在送医过程中需注意：

◎立即禁食、禁水，以减轻胃肠内的压力。

◎不能用止痛药，以防掩盖症状，影响诊断。

◎在途中，家长应注意观察病情变化，如呕吐物、大便的次数及量等，使自己在向医生讲述病情的时候做到尽可能详细。

宝宝夜盲症的防治方法

夜盲症的患儿，夜间视力极差，在黑暗中不能看到物体。有两种性质完全不同的眼病，都可出现夜盲症。一种是遗传病所致的视网膜色素变性，传统医学对此无特殊疗法。近年国外通过“基因工程”置换患者有缺陷的基因或染色体，可以治愈此类夜盲症。另一种是营养缺乏（特别是缺维生素A）所致的夜盲症，近年此类夜盲症在青少年中较为常见，学龄前儿童也有上升趋势。

导致夜盲症的原因

由于父母的遗传基因造成的，称为先天性夜盲。遗传造成的视网膜色素变性，杆状细胞发育不良，以致丧失了合成视紫红质的能力，从而产生夜盲症。另外，由于全身病变继发引起的眼部病变，也会产生获得性夜盲。例如，弥漫性脉络膜炎、广泛的脉络膜缺血萎缩等，这种夜盲可随疾病的痊愈而好转。另外，由于营养不良维生素A缺乏引起，此种夜盲者为暂时现象，只要不缺乏维生素A就会好转。所以，在给宝宝的食物中要注意维生素A的含量。

夜盲症的防治方法

◎**预防**：在宝宝的辅食制作中注意维生素A的含量。许多食物中含维生素A很高，如胡萝卜、猪肝等，可适量添加。

◎**治疗**：对夜盲症进行治疗，先要找出病因，如属后天性夜盲，治疗并不十分困难。主要是全面加强营养，及时从食物中补充维生素A，可让宝宝多吃富含维生素A的辅食，如用肝、禽、蛋、乳类和新鲜蔬菜、水果等制作的汤、面、粥等断奶辅食。对病情较重者，应去医院诊治，可加服或注射维生素A。

妈咪育儿小窍门

不要过量摄入维生素A

需提醒父母，维生素A并非吃得越多就对眼睛越好，临床上常遇到维生素A过多症，表现为食欲不振、头疼、视物模糊，更严重者为皮肤泛黄、头发脱落，甚至诱发药源性肝炎。为确保安全，需多补维生素A时，应向医生咨询。

宝宝智能培育与开发

父母要养成与宝宝说话的习惯，用正确规范的语言与其交流，尽量不用“儿语”。有意识地培养宝宝的观察力，让他多看、多听、多摸、多嗅、多尝、多玩。还可以与他一起做培养观察力的游戏。在他接触不同物品的过程中，把物体的各种特点都联系起来，从而锻炼宝宝对事物的感知觉。适当练习从平躺的姿势转为趴的姿势，还可试着背靠着被褥坐，时间不要过长。妈妈可以给宝宝的胳膊、腿多做操，锻炼肌肉，也可以做按摩。他喜欢到处抓东西，给他练习的机会。宝宝学会翻身以后，随时都有掉下床的危险，因此，要在宝宝的活动范围内，加设隔挡物。

社交能力

训练宝宝分辨面部表情，使他对不同表情有不同反应。尽早地让他接触与他年龄相近的小朋友，可促进其发展良好的同伴关系。

串门

爸爸妈妈应经常把宝宝抱到室外，让宝宝观看其他小朋友玩耍，天气寒冷不宜外出时，可抱着宝宝到有小孩儿的邻居家串门儿，或请邻居的小孩儿来家里玩儿。宝宝看其他小朋友玩耍时，父母应不断地和他说话：“看，这是小哥哥（小姐姐），他们在踢球玩（跳皮筋）呢。”注意不要让宝宝玩不符合其年龄的游戏。

语言能力

在发展触觉的同时，也应训练宝宝的语言理解能力、手的抓握能力以及手眼协调能力。可以增加一问一答的时间，父母要耐心，通过自己的引导，让宝宝喜欢上这样的问答。

抓握玩具

将宝宝抱到桌前，桌面上放几种不同玩法的玩具，每次放一种，让宝宝练习抓握玩具，并教他玩法。如宝宝抓住拨浪鼓后，你就告诉他名称——“拨浪鼓”，再抓住宝宝的手把拨浪鼓摇响，边摇边说“咚咚咚”。慢慢地让他学着自己玩。学会后，再教其另一种玩具的玩法。

准备各种质地、色彩的便于抓握的玩具，如摇铃、乒乓球、核桃、金属小圆盒、不倒翁、绒环或线球等。

看画片

给宝宝看一些色彩鲜艳的卡通画片，边看边给宝宝介绍。例如，妈妈抽出一张画有一棵树的画片，然后握住宝宝的小手指，指点着画片模仿宝宝的一问一答："这是什么呀？""大树。""大树下面是什么？""绿叶。"等等。这时，宝宝会高兴地"咯咯"笑起来，自己用小手指在画片上点来点去，嘴里咿咿呀呀的，模仿刚才妈妈教的动作，这时妈妈一定要对宝宝的"说话"作出反应，表扬他，称赞他，和他一起说。

视觉能力

锻炼宝宝的小肌肉，同时可以训练宝宝的手眼协调能力和语言动作协调能力。为了不让宝宝老是处于他的低视野，有时候不妨把宝宝的视线提高，让他换不同的角度来看这个世界。换个高度来看平常熟悉的环境，可以提高宝宝的好奇心，促进心智的成长。同时还能让宝宝学会视觉搜寻。

"飞呀飞"

让宝宝背靠在妈妈怀里，妈妈双手分别抓住宝宝的两只小手，教他把两个食指尖对拢又水平分开，嘴里一边说"飞呀飞"，如此反复数次。还可以分别对其余四指对拢又分开玩此游戏。注意动作要轻缓。

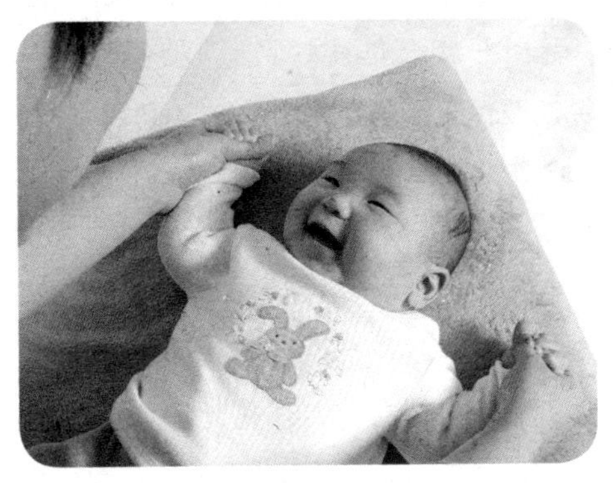

妈妈和宝宝玩"飞呀飞"的游戏，可以锻炼宝宝的视觉能力。

托得高

妈妈的双手托起宝宝，将他轻轻地举上举下，转圈圈，让他从这些新的角度来观察周围的世界。边把宝宝举向空中，边唱一些儿歌或者说话。动作要轻柔，同时抱紧宝宝，让他有安全感，手一定要抓牢他。

听觉能力

注意培养宝宝的语言及倾听能力。父母可通过听音找物或找人的游戏，发展宝宝的视听和适应能力。在此基础上，多给宝宝倾听周围的声音，如给宝宝听能发出悦耳声音的玩具（如小铃铛及八音盒等），甚至听昆虫和鸟类的啼鸣声、各种交通工具的声音等，当周围发出音响时，观察宝宝的反应。

欢乐的铃声

把铃铛等能发出声音的玩具或物品缝到五彩绳或橡皮套上，让宝宝仰躺在铺着柔软毯子的婴儿床上，把缝好玩具的五彩绳或橡皮套套在宝宝的手腕及脚踝上，当宝宝“手舞足蹈”的时候，就能听到音乐了。也可将这些发出声响的东西缝到宝宝的小袜子或小衣服袖子上。要仔细地把小玩具缝牢，避免被宝宝咬下误吞。注意玩具不要过于坚硬或有尖锐的边角。

听音找物

父母敲响玩具（铃、鼓），宝宝注意倾听，然后走到房子的一角敲，用语言跟宝宝说：“这是什么声音？”、“听听声音，在哪里！”这时注意宝宝的视线，是否朝着有声音的地方注视，若其未注视，重复敲，直到他注视为止。

动作能力

训练宝宝俯卧后用手撑起，这样他可以看得更高更远，使宝宝的视觉开阔。这种姿势不仅可以练习颈肌，还可以练习上肢和腰背的肌群使之强健，为以后行走和爬行做好准备。

用手撑起

让宝宝趴在床上或铺有草席或地毯的地上，在宝宝头侧用不倒翁或有声音的玩具逗引。宝宝先用肘撑起，大人把玩具从地上拿起来，逗引宝宝抬起上身。宝宝会把胳臂伸直，胸脯完全离开床铺，上身与床铺成90° 角。有时宝宝的一个胳臂用手撑，另一个胳臂用肘撑，身体不平衡歪向肘撑的一侧，从肘撑的一侧翻滚成仰卧。此时并不是有意地做180° 翻身，是无意的因重心不稳而偶然翻过去的，这种过大的翻动如同跌倒一样会使宝宝感到不安。所以如果宝宝只用一只手去支撑身体时，大人可以帮助他将另一只手也撑起来，使身体重心平衡，才能巩固俯卧双手支撑的练习，使宝宝感到安稳和愉快。

拉坐

宝宝在仰卧位时，父母握住宝宝的手，将其拉坐起来，注意让宝宝自己用力，父母仅用很小的力，以后逐渐减力，或仅握住父母的手指拉坐起来，宝宝的头能伸直，不向前倾。每日训练数次。拉起时动作不要太快，以免拉伤宝宝韧带。

Part 7

4~5个月宝宝护理

与上个月相比，宝宝身体各部位的运动能力进一步加强，力气增大了，对自己周围的事物也越来越感兴趣，且活动范围也可变得更大一些。无论是在家里还是在外面，宝宝总是东瞧瞧、西看看。他非常喜欢自己的玩具，总想去抓。宝宝还能区别熟悉的人和陌生人了。随着宝宝的长大，睡眠时间也会逐渐减少，爱动的宝宝睡得更少一些。父母可以增加一些智能方面的训练项目，如通过听音乐、念儿歌来给宝宝“打发时间”。

宝宝身体与能力发育特点

4～5个月大的宝宝更加强壮，更加活泼。趴着时，宝宝可以用双臂撑起上身，伸长脖子看周围的世界发生了什么。

坐着时，宝宝用手支撑着床面，头和身体还有些前倾；躺着时，宝宝喜欢抓住自己的小脚丫，然后把它放进嘴里。他能够比较熟练地从仰卧位翻到俯卧位，成人扶其腋下能站直，宝宝手的抓握动作进一步发展，能伸手取物，抓握悬挂的玩具，两手可各持一个玩具，能判断声源，在一定距离和他说话，他能很快找到说话的人，望镜中人笑。能长时间拉长声发喉音，发单调音节“妈”、“爸”。可以认识妈妈，拿着东西往嘴里放。

身体发育特点

到4～5个月时，宝宝已逐渐“成熟”起来，已显露出活泼、可爱的体态。身高、体重等的增长速率也渐渐较出生后前3个月缓慢下来。4～5个月宝宝的体重为出生时的2倍，身高可增加近2厘米，开始长出下中切牙。

身高

身高较上个月平均增长1.7～1.8厘米。男女宝宝的身高分别为：男宝宝平均66.3厘米（61.6～71厘米）；女宝宝平均64.8厘米（60.4～69.2厘米）。

体重

体重较上个月平均增长0.4千克。男女宝宝的体重分别为：男宝宝平均7.8千克（6.1～9.5千克）；女宝宝平均7.2千克（5.6～8.8千克）。

头围

头围较上个月平均增长0.6～0.8厘米。男女宝宝的头围分别为：男宝宝平均42.8厘米（40.4～45.2厘米）；女宝宝平均41.8厘米（39.4～44.2厘米）。

胸围

胸围较上个月平均增长0.7～0.8厘米。男女宝宝的胸围分别为：
男宝宝平均43厘米（39.2～46.8厘米）；女宝宝平均41.9厘米（38.1～45.7厘米）。

前囟

前囟仍未闭合。

牙齿

极少数宝宝开始出乳牙。

皮下脂肪厚度

正常宝宝的腹部脂肪厚度在1厘米以上。

体形

体形丰满，匀称，健壮。头部在全身所占比例缓慢下降；下部量和上部量的比例缓慢增加。

能力发育特点

4～5个月大的宝宝在感知觉的发育上已经日趋成熟。他会用表情表达自己内心的想法，能区别亲人的声音，能识别熟人和陌生人，对陌生人做出躲避的姿态。如果对他做鬼脸，他就会哭；逗他、跟他讲话，他不仅会高兴得笑出声来，还会等待着下一个动作。这个时期，宝宝揣度对方的想法、动作的思维发达起来了。发育早的宝宝已开始认人。

视觉发育状况

4～5个月大的宝宝的视觉又有了进一步的发展，他的眼睛能随着活动的玩具移动，玩具掉到地上，宝宝会用目光追随掉落的玩具。这时候的宝宝看见东西就想去抓，眼手动作比较协调。他还可以注意到远距离的物体，如街上的车和行人等。

听觉发育状况

4～5个月大的宝宝听觉更加灵敏，他对许多声音都能作出反应。宝宝能够很熟练地分辨出亲人的声音，根据声音能很快地找到爸爸妈妈。他喜欢听节奏性强的歌，虽然听不懂歌词的意思，但他喜欢听歌曲的声音和节奏。对悦耳的声音和嘈杂的刺激也能作出不同反应。

感觉发育状况

嗅觉和味觉，宝宝一出生就具备了，并且新生儿的嗅觉和味觉是相当灵敏的，也可以说这是他的本能，而真正地开始成熟，是在4～5个月大的时候。

心理发育状况

4～5个月大的宝宝已经能够随自己的需要是否得到满足而产生和表现出喜、怒、哀、乐等各种情绪。例如，当宝宝正在喝奶的时候，突然不给他喝了，他就会用哭来表示生气和不满的情绪。宝宝记忆力逐渐增强，他知道去寻找掉到地上的玩具，不过，当新的玩具出现在他眼前时，他会很快忘掉刚才正在玩的玩具。

动作发育状况

4～5个月大的宝宝靠着能坐稳，会直立跳跃，手眼逐渐协调，伸手抓物从不准确到准确，能摇、敲、拍玩具。

合理的喂养方式让宝宝更健康

营养的合理与否是宝宝今后德、智、体全面发展的关键所在。所谓合理喂养就是保持营养素摄入的平衡，满足宝宝机体生长发育的需要。宝宝长到5个月大以后，开始对乳汁以外的食物感兴趣了，即使5个月以前完全采用母乳喂养的宝宝，到了这个时候也会开始想吃母乳以外的食物了。父母可给宝宝添加菜泥、水果泥和粥类食品。在具体喂养时，应根据宝宝的特点，进行适当调整。判断喂养是否得当的客观指标为：宝宝吃奶后不哭闹，睡眠好，大便消化，体重增长达标。

合理安排宝宝的饮食

4～5个月大的宝宝可添加的辅食应以粗颗粒食物为宜。因为此时的宝宝已经准备长牙，偶尔有宝宝已经长出了一两颗乳牙，可以通过咀嚼食物来训练宝宝的咀嚼能力，同时，这一时期已进入离乳的初期，每天可给宝宝吃一些鱼泥、菜泥、肉泥、猪肝泥等食物，可补充铁和动物蛋白，也可给宝宝吃粥、烂面条等补充能量。如果现在宝宝对吃辅食很感兴趣，可以酌情减少一次奶量。

一日饮食安排列举

早晨6点：母乳（或配方奶）
上午9点：蛋黄泥
中午12点：母乳（或配方奶）
下午3点：水果泥，果汁
下午5点：粥（加碎菜、鱼泥或肝泥、肉末）
晚上8点：母乳（或配方奶）
晚上11点：母乳（或配方奶）
夜间停喂。

5个月大的宝宝可以喂食适量泥状食物。

给宝宝喝粥

4～5个月大的宝宝，乳牙开始萌出，可以逐步添加宝宝粥了。刚开始可慢慢喂他一点儿较稠的粥，等他能接受3～4勺粥时，就可以把豆腐、蛋黄、菜泥、鱼泥等喂给他吃，但要注意量和种类上的由少到多。宝宝粥的比例为：大米：荤菜：蔬菜：豆制品＝50克：20克：35克：25克，另加植物油5～10克。

常见的宝宝营养粥

◎ **肉糜粥**：将猪瘦肉洗净，用刀剁碎或放入绞肉机内绞2次，加点儿料酒去腥炒熟，放入已煮稠的粥内，再加一点儿盐即可食用。

◎ **鱼粥**：洗净去内脏的鱼如青鱼、草鱼、鳗鱼等，整条蒸熟去骨，将鱼肉研碎拌入粥中，加适量食盐、葱、少许料酒，即成鱼粥。

◎ **蛋花粥**：将1个熟鸡蛋碾碎后加入已煮好的粥中煮开即可。

◎ **猪肝泥粥**：洗净的猪肝用刀横剖，再取出切面处泥状物，加少许盐放入粥中煮透。

上述各种粥内最后均应加入菜泥和豆制品煮熟再吃。

夜啼宝宝的喂养方法

夜啼是指宝宝白天如常，一旦入夜则啼哭不安，主要见于1岁以内的宝宝。要求从怀孕期间注意调理，以免宝宝受母体积热或寒凉的影响。孕妇怀孕期及哺乳期内要注意忌口。

进行母乳喂养的妈妈要忌口

少食辛辣或寒凉食物，多食新鲜蔬菜、水果，宜食清淡易消化又富有营养的食品。

脾胃虚寒型夜啼的食疗方法

宝宝脾胃虚寒的特点是每至夜间啼哭，伴有面色苍白、四肢欠温、腹部发凉，睡觉时喜欢伏卧，吃得少，大便稀薄。治疗时要以温中散寒为主。如在乳汁中或牛乳中滴几滴白豆蔻汁或生姜汁等。

◎ **葱姜红糖饮**：葱根2根（切断），生姜2片，红糖15克，水煎开3分钟，热饮频服。

◎ **骨头生姜煲**：鸡骨头、猪骨头各250克，生姜50克，入醋少许，加水炖煮1小时，取汁食用。

◎ **饴糖糯米粥**：粳米或糯米常法煮粥，将熟时入饴糖适量，并可入葱丝、姜丝少许，频服。

◎ **韭菜饮**：韭菜汁、姜汁各等份，开水冲服。

受惊夜啼的食疗方法

此类在夜啼中最多见，特点是夜啼而伴有面赤唇红、烦躁不安、睡中易惊、尿黄便干等。治疗时应注意清心安神。可采用以下食疗方调理。

◎**红豆水**：红小豆煮水代茶饮。

◎**莲子饮**：莲子心3～5克或莲子30～60克，煎水加冰糖代茶饮。

◎**蝉衣竹叶煎**：蝉衣7个，竹叶1把，冰糖适量，水煎代茶饮。

◎**龙眼芡实粥**：龙眼肉10克，芡实10克，粳米100克，共煮成粥，取汁频服。

◎**冰糖百合饮**：将鲜百合20克洗净，加冰糖适量，以小火煮汁，到百合熟烂为止，取汤汁代茶饮。

◎**小麦粥**：浮小麦30克，粳米60克，大枣5枚，同煮为粥，频服。

宝宝不爱喝奶粉怎么办

父母有一天发现宝宝不爱喝奶粉了，喝的量很小，便着急得四处求医，以为宝宝生病了。其实，父母应该先了解一下宝宝不吃奶粉的原因，然后才能拿出有针对性的解决方案。

饮食过量导致厌奶

厌食奶粉并不是突然发生的，宝宝在厌食奶粉前都是一个食欲旺盛、爱喝奶粉的宝宝，正是母亲长期给予过量的奶粉，造成宝宝肝脏和肾脏的负担过重，长期超负荷消化、吸收、排泄过多的奶粉，总有一天胃肠道会因疲劳而罢工，宝宝就表现出厌食奶粉。实际上，厌食奶粉不是一种病，而是宝宝本身为了防止肥胖而采取的自我保护反应，也可以说是对父母发出的警告。了解了上述原因，即使宝宝厌食奶粉，父母也不要太着急，不要怕宝宝不吃奶粉会饿坏，更不能拼命硬灌。应谅解宝宝，让宝宝体内的脏器得以充分的休息，恢复功能。

宝宝厌奶期

到4～5个月，宝宝逐渐长大，一方面，他可能添加了辅食，比较喜欢新口味的食品，而对奶粉暂时失去了兴趣，因为这时宝宝的体内乳糖酶开始减少，舌头的味觉也开始产生变化，胃口开始改变；另一方面，他的听觉视觉有了突破性的进展，使得他对外界更感兴趣，往往一有风吹草动就会转移注意力，心思不完全放在吃奶上了。

改变喂养方式

父母应该改变一下喂养方法，把奶粉冲稀些或换用其他品牌的奶粉，只要宝宝平均一天能喝下100～200毫升的奶粉，父母就不用担心会饿坏了宝宝，因为宝宝体内有充分的储备，经过8～10天的调整，宝宝就有可能慢慢恢复到从前喝奶粉的量了，等宝宝恢复了，父母再也不能让宝宝多吃了。

妈咪育儿小窍门

让宝宝喝奶粉的小窍门

1.睡觉迷迷糊糊时吃，或吃着母乳突然换成奶瓶，被认出后赶快换回来。

2.用米汤冲奶粉，据说比较香，宝宝可能爱喝。

3.洗完澡宝宝口干时多给他喝奶粉。

4.分散宝宝的注意力。

充分利用不喝的奶粉

可以把宝宝不喝的奶粉利用起来，加入辅食里，既避免浪费，又可以补充奶的摄入量，两全其美，食谱如下。

◎**牛奶甘薯粥**：剩奶粉煮开，放入已经煮好的甘薯块，等甘薯化开后，加入调好的玉米面糊再煮一会儿就行了。

◎**黄瓜盅蒸蛋**：切2段黄瓜，中间的籽用勺子挖掉，但不要挖到底，留一点儿当底就成了黄瓜盅。鸡蛋黄打散，加入喝剩的奶粉，搅匀倒入黄瓜盅里。注意不要太满了，因为黄瓜在蒸的过程中会出水。放入锅里蒸10～15分钟就行了。因为黄瓜本身出水，所以蒸出的蛋特别嫩。

◎**青豆布丁**：把一片白面包去边，撕碎，放入一些宝宝喝剩的奶粉，用勺子搅搅就成面包泥了。把煮好的青豆泥（南瓜泥、甘薯泥、胡萝卜泥均可）放进去，拌匀。然后把混合好的面包青豆泥放入小碗中上锅蒸10分钟就行了。青豆有股甜甜的味道，吃起来很清香。

宝宝的日常护理

4～5个月时少数宝宝可能开始长乳牙了。当父母看到宝宝的第一颗乳牙的时候，一定会非常惊喜。乳牙对宝宝来说非常重要，所以要好好保护。父母还要留心宝宝蹬被子的现象，可别以为这是宝宝淘气，可能是他哪里不舒服，给爸爸妈妈的提示。此外，随着宝宝活动范围的扩大，有一些安全问题值得父母注意。

保护宝宝的乳牙

宝宝的乳牙一般会在出生后的4至10个月里开始陆续萌出，在2岁至2岁半左右出齐20颗乳牙。乳牙可谓是身兼数职：可咀嚼食物，吸收营养；帮助宝宝学说话；促进整个面部颌骨的正常发育以及配合丰富的表情；为恒牙的生长打下基础，等等。因此，保护乳牙的工作不容忽视，要从日常生活中的点滴做起。

保护乳牙从孕期开始

◎**母亲在怀孕初期的身体健康很重要。**胎儿的“胚牙”发育早在妈妈的怀孕初期就开始了。如果这个期间，孕妇感染了风疹、中毒、内分泌失调等疾病，就可能间接造成胎儿的牙齿发育不全甚至牙齿畸形。

◎**在孕期用药要慎重。**很多药物都会对胎儿的口腔和牙齿发育造成影响。例如，安定、可的松一类药物有可能引起胎儿唇裂；而四环素一类药物则会影响宝宝今后的牙齿着色且不够坚固。

◎**孕妇应远离香烟。**如果孕妇自己经常抽烟或者被动吸入二手烟，宝宝发生面颌及口腔发育畸形的概率会比较高。

◎**保证孕妇的全面营养和钙磷等矿物质的供给。**怀孕3～6个月，是胎儿牙齿发育的重要阶段。孕妇要吸收全面的营养和钙、磷等矿物质，尤其要防止缺钙，可以适当多晒太阳，多喝牛奶、多吃虾皮等含钙丰富的食物。从孕中期开始，还可以适量口服钙剂作为补充。

◎**及早治疗孕妇的龋齿。**因为，龋齿多为细菌引起，如果孕妇是个龋齿患者，那么在以后给宝宝喂食的时候，难免会发生细菌感染。这样，小宝宝也就比较容易患上龋齿了。

母乳喂养有利于保护乳牙

母乳喂养有利于宝宝的颌骨及口腔牙齿的正常发育。因为一般宝宝出生，其下颌骨相对处于稍稍后缩的状态，而在母乳喂养时，宝宝会反复做吮吸动作，可以使下颌调整到正常状态。

必须人工喂养时，妈妈也应尽量选择模仿母乳喂养状态的仿真奶嘴，并采取正确姿势。在喂养时，要注意奶瓶的倾斜角度，使宝宝吮吸时下颌做前伸运动，就如吮吸母乳一般。

出牙前的保护措施

◎出牙前，宝宝会因牙床不适而变得喜欢咬奶头或啃手指，妈妈一定要留心查看宝宝口腔，保护好宝宝的口腔黏膜，不洁的手指或任何一点的口腔外伤都可能会引起口腔的局部感染。不要让宝宝乱咬东西而伤了口腔。

◎注意口腔清洁，漱口最有效。这个阶段的宝宝，虽然还是主要以母乳或配方奶粉喂养，但也应该开始重视口腔清洁了。妈妈可以在喂完奶或其他辅食后，给宝宝加喂几口白开水。这种漱口方式简单而有效，基本可以清除口腔里的乳渣或辅食残渣。

◎身体健康是保证宝宝牙齿发育的基础。不少急慢性疾病都可能会影响宝宝的面颌部及口腔的正常发育。如麻疹、水痘等，会损害牙体组织的发育，从而影响将来牙齿的形态；而胃肠炎、消化不良等疾病，则会严重破坏宝宝的营养状况，妨碍上下颌骨的正常发育，甚至造成牙齿畸形。所以，出牙前要预防各种急慢性疾病。

注意出牙时的饮食

及时正确地添加辅食，是宝宝的牙齿和口腔健康发育的保障。需注意的是，辅食添加要按照由软到硬、由细到粗的原则，符合宝宝牙齿生长规律，逐步让宝宝学会咀嚼和吞咽。

4个月以上的宝宝就应该开始添加辅食了。辅食不仅为宝宝乳牙生长提供了必要的营养，而且磨牙饼干、苹果条等食品还能有效地锻炼宝宝乳牙的咀嚼能力，有助于牙齿的健康发育。出牙期间要给宝宝适量增加能补充钙、磷等矿物质及多种维生素的食物。钙和磷等矿物质是组成牙骨质的主要成分，而牙釉质和骨质的形成又需要大量的B族维生素和维生素C，牙龈的健康也离不开维生素A和维生素C的供给。长期缺乏维生素A或维生素C，牙齿就会长得小而稀疏甚至参差不齐。因此，及时为宝宝提供充足的钙、磷等矿物质和各种维生素对乳牙发育极为重要。

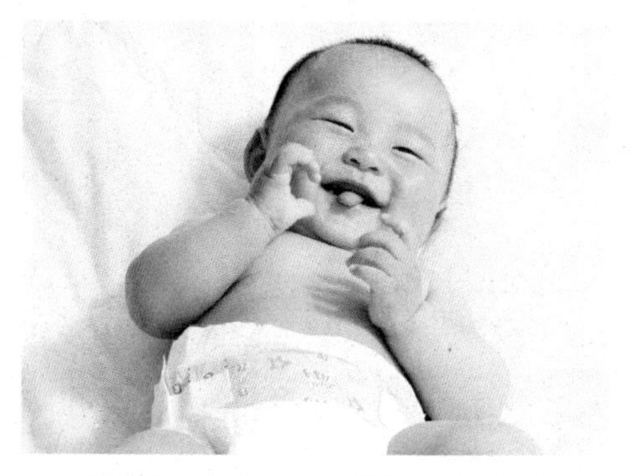

出牙前可以给宝宝一些特制磨牙饼干让宝宝咀嚼，有助于宝宝牙齿的发育。

尽早护理宝宝第一颗乳牙

新萌出的乳牙最容易患龋齿，应该尽早开始护理。这是因为新萌乳牙表面的钙质发育不完善，硬度也比较低，而此时宝宝的食物又仍以甜食为主，这就给龋齿细菌的生长繁殖提供了有利的条件。所以，妈妈尤其要重视新萌乳牙的清洁护理工作，保护好宝宝的第一颗牙！

出牙后控制含糖食物的摄入

尽量少给宝宝喝一些糖分高的饮料或果汁，即使是喝自制果汁也应适量，还是建议给宝宝多喝白开水。在睡前最好不要给宝宝吃东西或喝奶，尤其不要让宝宝喝着奶或糖水入睡。如果宝宝有睡前喝奶的习惯，可以让他喝奶后喝一些水漱口。

多喝母乳有利于乳牙的生长

实验证明，乳牙即使长时间浸泡在母乳里也不易被蛀坏。而且，母乳还可以抑制牙齿上细菌的繁殖，有效防止龋齿的产生。另外，母乳中也富含了宝宝生长发育所需的钙，而且这种乳钙也更容易被宝宝消化与吸收！

妈咪育儿小窍门

帮助宝宝做适当的牙床锻炼

在宝宝出牙的开始，建议妈妈买一些磨牙饼或硅胶材质的牙胶，让宝宝咀嚼啃咬，这样既可以锻炼宝宝的颌部肌肉和牙床，也可以促使牙齿尽快长出且排列整齐。

训练咀嚼能力

在日常生活中，妈妈应多为宝宝提供坚硬耐磨的食物（如新鲜水果、馒头干等）来帮助宝宝练习咀嚼，充分锻炼口腔肌肉的功能。咀嚼时间越长，分泌的唾液也就越多，而这些多分泌出来的唾液就会把牙齿清洗干净。而且宝宝多锻炼咀嚼动作，还可以有效提高牙齿的坚固性。

清洁口腔和牙齿

除了帮宝宝养成在进食后漱口的习惯外，建议妈妈可以用干净的纱布包裹自己的食指，蘸些许淡盐水或白开水，轻轻擦拭乳牙及牙床上的附着物，清洗宝宝口腔，这种口腔护理的方法简单有效，可以持续到宝宝乳牙全部萌出为止。

定期做牙科检查

宝宝的乳牙是恒牙生长的基础。而很多宝宝的乳牙疾病在早期症状并不明显，如龋齿、牙齿错位等，而到后期发现时则已经错过了最佳的预防和治疗时机。所以，保护牙齿要防患于未然，建议在宝宝出牙后就可以定期做牙科检查，做好预防和早治工作。

宝宝为什么会蹬被子

许多爸爸妈妈为宝宝蹬被子而发愁。为了预防宝宝因蹬被子而着凉，父母往往会夜间多次起身检查，常常为自己及时地查出宝宝蹬被子的“险情”而暗自庆幸。可是，尽管百般关照，还是有疏忽的时候，蹬被子的恶果依然不时出现——宝宝感冒或腹痛、腹泻。其实，要想解决宝宝蹬被子的问题，就必须找出宝宝蹬被子的原因，并采取相应的改进措施，仅凭每夜起来检查的毅力是远远不够的。

另外，一般的宝宝在睡觉时都不会很老实，他们会经常动，这也可能导致宝宝盖不好被子。除家长要时时注意外，还可以为宝宝选择一个睡袋来解决这个问题，但一定要注意，睡袋的大小、薄厚必须合适。

被子太厚重

因为总担心宝宝受凉，所以给宝宝盖的被子大多都比较厚重。其实，除新生儿或3个月以内的婴幼儿的大脑内的体温调节中枢不健全，环境温度低时需要保暖外，绝大多数宝宝正处于生长发育的旺盛期，基础代谢率高，比较怕热；加上神经调节功能不成熟，很容易出汗，因此宝宝的被子总体上要盖得比成人少一些。如果宝宝盖得太厚，感觉不舒服，睡觉就不安稳，最终以蹬掉被子后才能安稳入睡；而且，被子过厚、过沉还会影响宝宝的呼吸，为了换来呼吸通畅，宝宝会使劲儿把被子蹬掉，结果宝宝夜里长时间完全盖不到被子，就容易受凉。因此，给宝宝盖得太厚反而适得其反容易让宝宝蹬被子受凉；少盖一些，宝宝会把被子裹得好好的，蹬被子现象也就自然消失了。

睡觉时感觉不舒服

宝宝睡觉时感觉不舒服也会蹬被子。不舒服的常见因素有：穿过多衣服睡觉、环境中有光刺激、环境太嘈杂、睡前吃得过饱，等等。这样，宝宝会频繁地转动身体，加上其神经调节功能不稳定、情绪不稳或出汗，结果将被子蹬掉了。所以，除少盖一些让宝宝舒服外，还要注意睡觉时别让宝宝穿太多衣服，一层贴身、棉质、少扣、宽松的衣服是比较理想的。此外，宝宝睡觉时还应避免环境中的光刺激，要营造安静的睡觉环境，睡前别让宝宝吃得过饱，尤其是别吃含高糖的食物等。总之，尽量稳定宝宝的神经调节功能，使宝宝少出汗，从而避免蹬被子。

患有佝偻病或贫血等疾病

佝偻病或贫血是宝宝生长发育过程中的常见疾病。当宝宝患有佝偻病或贫血时，神经调节功能就不稳定，容易出汗、烦躁和睡眠不安，这些情况下，宝宝均容易蹬被子。对于这样的宝宝，要在医生指导下进行治疗。

要重视宝宝的安全问题

到4～5个月时，宝宝的脖子渐渐硬了，骨骼也进一步发育完善，开始会翻身、抬头，会认人、会笑，乳牙也开始长出来。这时，家人要特别注意以下一些安全问题。

防止触摸危险物品

随时以宝宝的高度，检查宝宝活动范围内是否有危险物品，如尖锐物、热水、药品、易燃烧物、未覆盖的插座和电线等。宝宝的好奇心越来越强，肢体动作开始向外探索，所以冲牛奶、准备食品时，热水、筷子、勺子、桌布等要远离宝宝，以免他好奇乱摸时被伤到。

婴儿床一定要有栏杆，以免宝宝从床上摔下发生意外。

防止摔伤

婴儿床栏杆的高度或栏杆间的距离务必适当，以防宝宝摔下，或头被栏杆卡住。会翻身的宝宝睡觉及游戏时，一定要有安全护栏，以免他在睡梦中或睡醒时、游戏时摔倒而受伤。

防止异物吞入

宝宝现在喜欢把手里的东西往嘴里送，因此大人务必手疾眼快，将所有宝宝可能塞入嘴里造成危险的物品都拿走，如不经意掉落的花生米、瓜子、纽扣、硬币、水果籽、玩具零件或塑料袋等。长牙时的宝宝特别喜欢啃咬，因此所有给宝宝的玩具、物品，都必须留意是否有易脱落的小零件，免得宝宝因吞食而出现意外。

洗澡时的安全

为宝宝洗澡时，应先放冷水，再加热水，以防其因迫不及待要洗澡，冷不防伸出手、脚到水里而被烫伤。宝宝在水中总是喜欢动来动去，所以最好在浴盆内放入毛巾或防滑垫，防止宝宝滑倒。

宝宝疾病的预防与护理

4~5个月应给宝宝注射第三针百白破三联针，这样就完成了三联针的第一次免疫注射过程，以后还要进行两次免疫。此后，宝宝就获得了对百日咳、白喉和破伤风这三种疾病的免疫力。父母在长时间地照顾宝宝后难免会感到很累，可不能因此找宝宝发脾气，要知道，猛烈摇晃宝宝会导致他脑震荡，后果很严重。这个月，父母还需了解一些关于宝宝眼睛和口腔疾病的知识，需弄清痢疾与一般腹泻的区别，以防出现情况的时候耽误看病。

预防宝宝脑震荡

宝宝脑震荡会导致失明、发育缓慢和大脑永久性损害。每年，数以千计的儿童受到脑部伤害，或猛烈震荡而致死。5岁以下的儿童最易因脑震荡而受伤，2～4个月的宝宝危险性更大。宝宝脑震荡在1974年首次被列为病症，该病症可以致命，大约每4名受震荡的宝宝就有1名死亡。那些幸存者则可能因脑部或眼部出血而失明，或脑部受损，包括弱智、麻痹、发音困难和学习能力低下。宝宝脑震荡尤为令人惋惜，因为大多是因无知而造成的。研究结果显示，37%的父母或宝宝看护人不知道摇荡宝宝是危险的。父母应该对此情况提高警惕。

切勿摇晃宝宝

宝宝脑震荡不仅是由于碰了头部才会引起，而且有很多还是由于人们的一些习惯性动作，在无意中造成的。比如，有的家长为了让宝宝快点儿入睡，就用力摇晃摇篮、推拉婴儿车；为了让宝宝高兴，把宝宝抛得高高的；有时带宝宝外出，让宝宝躺在过于颠簸的车里等。这些一般不太引人注意的习惯做法，会使宝宝头部受到一定程度的震动，严重者可引起脑损伤，留有永久性的后遗症。宝宝经受不了这些被大人看做是很轻微的震动，因为宝宝在最初几个月里，各部位的器官都很纤弱柔嫩。尤其是头部，相对大而重，颈部肌肉软弱无力，遇有震动，自身反射性保护功能差，很容易造成脑损伤。

照料宝宝时要控制烦躁情绪

照料宝宝不是一件容易的事。大部分宝宝脑震荡都是在婴孩啼哭时发生。当看护宝宝的人情绪激动，猛烈摇晃宝宝，希望用这种不当的方法制止宝宝啼哭时，就

妈咪育儿小窍门

男性看护人尤其要控制情绪

根据调查，脑震荡婴儿的看护人中，有60%是宝宝的父亲或婴儿母亲的男性朋友，他们通常都是20来岁的年轻人。显然，防范措施必须包括通过产前讲座、诊所、学校、工作单位和文娱场所提供的信息而达到教育男性的目的。

形成了恶性循环。父母及保姆应更好地了解宝宝的行为，并控制自己的情绪，可大大降低脑震荡的发生概率。因为造成宝宝脑震荡的主要原因是失去自制力，如果看护宝宝者觉得自己“无法控制情绪”，则应避免碰宝宝。在确定宝宝没有危险后，离开房间一会儿，冷静下来，想一想宝宝啼哭的可能原因，是否生病、饥饿、尿湿裤子、长牙、受伤或受惊。尝试采用安抚方法，如轻拍、搂抱、说话或唱歌。如果父母知道什么安抚方法对宝宝最有效，应当告诉照顾宝宝的人。如果宝宝发出不寻常的哭叫声或过分啼哭，则应与儿科医生联络。

沙眼的防治

沙眼是儿童常见的慢性传染性眼病。沙眼的病原体具有与病毒不同的分子生物学特征，称为沙眼衣原体。儿童多见，常见为双眼急性或亚急性发病。沙眼主要通过接触传染，所以父母要注意宝宝的清洁卫生，不要让他接触病源，一旦发现宝宝已经感染，要及时治疗。

沙眼的症状及危害

患儿有流泪、怕光、异物感、眼分泌物多而黏稠。结膜充血，表面有许多隆起的乳头状增生颗粒和滤泡。1～2个月后变为慢性期，睑结膜变厚，乳头和滤泡逐渐被瘢痕组织代替。在急性期、亚急性期及没有完全形成瘢痕之前，沙眼有很强的传染性。随着病情的进展，角膜可出现新生血管，像垂帘状长入角膜，称之为沙眼角膜血管翳。沙眼的严重危害在其并发症和后遗症，久治不愈的重症沙眼可引起睑内翻倒睫、实质性结膜干燥症、角膜溃疡、慢性泪囊炎等，并常引起视力障碍。

沙眼的传播及防治

沙眼主要通过接触传染。凡是被沙眼衣原体污染了的手、毛巾、手帕、脸盆、水及其他公用物品都可以传播沙眼。沙眼的预防，重要的是培养宝宝从小养成爱清洁、讲卫生的习惯。坚持一人一巾一帕，使用的手帕、毛巾要干净。父母应勤洗手，尽可能采用流水洗手、洗脸，不用脏手、衣服或不干净的手帕去擦拭宝宝眼睛等。

妈咪育儿小窍门

防治流泪眼、沙眼的小绝招

◎取猪肝50克、胡萝卜150克，均切碎加1碗水，少加些油、盐煮烂，1次吃完，1日3次，连用一星期。忌韭菜、洋葱、大蒜、辣椒。

◎用干桑叶50克，加1碗水烧开，每日洗眼3～5次，连用1星期。

沙眼的治疗方法

可用0.1%利福平滴眼液或0.3%氧氟沙星滴眼液点眼，每日4～8次，每次1～2滴。晚间临睡前可涂金霉素或氧氟沙星、环丙沙星眼膏。重症者首先应咨询医生，在医生指导下口服螺旋霉素、多西环素可收到较好的效果。对沙眼并发症和后遗症应施行相应的药物治疗或手术治疗。

防治宝宝口腔炎症

在各种婴幼儿口腔疾病中，口腔炎症是比较常见的，包括鹅口疮、口腔溃疡、流行性腮腺炎、疱疹性口炎，等等。患口腔炎症的宝宝会因疼痛而哭闹、拒绝饮食，使父母非常担心。

为了减少宝宝患病的概率，父母要注意宝宝的饮食应营养均衡，不能偏食，还要注意奶瓶等餐具的卫生。

鹅口疮

鹅口疮即口腔发生白色念珠菌感染，好发于刚出生1年内的宝宝身上。口腔内的念珠菌数通常都很少，但是念珠菌与其他菌种间的平衡，可能会因为使用抗生素或患有一般疾病而受到破坏。口腔疼痛使宝宝拒绝饮食，舌头和口腔内壁可能会出现乳黄色或白色的斑点。医生检查宝宝的病情，可能会从口腔内刮取检体以便进行分析，也可能会在宝宝的口腔内使用抗真菌软胶或口滴剂。为了防止宝宝反复发生感染，父母在消毒奶瓶和奶嘴时，应特别小心。如果是母乳喂养，那么医生可能会使用可以涂在乳房上的抗真菌软膏。

当发现宝宝口腔内有白色的斑块时，家长往往会误以为是奶垢，然而用纱布又无法擦拭干净，其实这是鹅口疮的症状。

疱疹性口炎

这种罕见的疾病，会使口腔出现疼痛的溃疡。它最初是由于单纯疱疹病毒

妈咪育儿小窍门

宝宝口腔炎症的护理要点

宝宝免疫力低下、皮肤黏膜的屏障功能也差，常因感染、外伤或其他因素的影响，引起口腔黏膜糜烂、损伤而致病。所以，一旦宝宝患上口腔炎症，就说明父母需要增强他的抵抗力了。

感染所致，但此病毒也会引发唇疱疹。疱疹性口炎好发于冬春季节，6个月至2岁的婴幼儿较容易患这种病。这是因为宝宝出生后，身体内有来自母体的抗体存在，起到了保护宝宝的作用，而这种来自母体的抗体一般在6个月左右消失，2岁前，宝宝体内还未能充分产生新的抗单纯疱疹病毒的抗体，所以宝宝没有抵抗力，感染病毒后就很容易发病。

口角炎

夏季，一些宝宝的口角部位很容易发生乳白色糜烂和裂口的症状，医学上把它称为口角炎。

造成口角炎的主要原因，可能是由于宝宝体内缺少一种核黄素（即维生素B_2）的营养物质。经常患口角炎的宝宝应多吃新鲜蔬菜、水果以及由肉类、蛋类制成的食品。同时可遵医嘱口服核黄素片。

口疮

防治口疮，首先应注意口腔清洁，勤漱口、多饮水、多吃新鲜水果及蔬菜，得了发热性疾病，一定要注意口腔护理，保持大便通畅。家长要注意奶瓶、奶嘴及餐具的清洁消毒工作。

宝宝感冒的防治方法

80%～90%的感冒是由病毒引起的，能引起感冒的病毒有200多种；10%～20%的感冒是由细菌所引起的。1岁以内的宝宝由于免疫系统尚未发育成熟，所以更容易患感冒。冬季是宝宝感冒高发的季节，父母要注意照顾好宝宝的衣食住行等方面。

感冒的症状

感冒的典型症状包括：流鼻涕、鼻子堵塞、咳嗽、嗓子疼、疲倦、没有食欲、发热。

1岁以内的宝宝感冒，常常会出现发热（体温超过38℃）、咳嗽、眼睛发红、嗓子疼、流鼻涕。另外，感冒的宝宝常常会出现食欲下降。6个月内的宝宝，由于还不会在鼻子完全堵塞的情况下进行呼吸，所以常常会出现吃奶时呼吸困难。

感冒的持续时间

一般情况下，感冒持续7～10天，小宝宝有时可持续2周左右。咳嗽往往是最晚消失的症状，它往往会持续几周。

感冒的治疗

◎带宝宝去医院，医生常会给宝宝进行一些检查，这样才能知道感冒的原因。

◎如果是病毒性感冒，并没有特效药，主要就是要照顾好宝宝，减轻症状，一般过7～10天后就好了。

◎如果是细菌引起的，医生往往会给宝宝开一些抗生素，一定要按时按剂量吃药。有的妈妈为了让宝宝病早点儿好，常会自行增加药物剂量，这可万万不行，否则会事与愿违。

◎如果宝宝发热，应当按照医生的嘱托服用退烧药，体温低于38.5℃，不用服用退烧药。不要乱吃感冒药。1岁以内的宝宝，乱吃感冒药往往弊大于利。

◎如果鼻子堵塞已经造成了宝宝吃奶困难，你就需要请医生开一点儿盐水滴鼻液，在吃奶前15分钟给宝宝滴鼻，过一会儿，就可用吸鼻器将鼻腔中的盐水和黏液吸出。滴鼻水可以稀释黏稠的鼻涕，使之更容易清洁。如果未经医生允许，千万不要给宝宝用收缩血管或其他的药物滴鼻剂。

妈咪育儿小窍门

宝宝何时需要去看医生

3个月内的宝宝，一出现感冒的症状，就要立即带他去看医生。较大的宝宝，一旦出现以下情况之一，要立即带他去医院：感冒持续5天以上；体温超过39℃；宝宝出现耳朵疼痛；呼吸困难；持续的咳嗽；流黄绿色、黏稠的鼻涕。

感冒后的护理

◎**充分休息**。良好的休息是至关重要的，尽量让宝宝多睡一会儿，适当减少户外活动。

◎**照顾好宝宝的饮食**。让宝宝多喝一点儿水，充足的水分能使鼻腔的分泌物稀薄，容易清洁。让宝宝多吃一些含维生素C丰富的水果和果汁。尽量少吃奶制品，它会增加黏液的分泌。对于食欲下降的宝宝，妈妈应准备一些易消化、色香味俱佳的食品。

◎**让宝宝睡得更舒服**。如果宝宝鼻子堵了，可以在宝宝的褥子底下垫上一两块毛巾，头部稍稍抬高能缓解鼻塞。

◎**帮宝宝擤鼻涕**。可以在宝宝的外鼻孔中抹上一点儿凡士林油，往往能减轻鼻子的堵塞；如果鼻涕黏稠，可以试着用吸鼻器或将医用棉球捻成小棒状，粘出鼻子里的鼻涕；如果鼻子堵塞已经造成了吃奶困难，可以在吃奶前15分钟用盐水滴鼻液滴鼻，过一会儿，用吸鼻器将鼻腔中的盐水和黏液吸出，宝宝的鼻子就会通畅了。

◎**保持空气湿润**。可以用加湿器增加宝宝居室的湿度，尤其是夜晚能帮助宝宝更顺畅地呼吸。但别忘了每天用白醋和水清洁加湿器，避免灰尘和病菌的聚集。

做蒸气浴可缓解鼻塞

带上宝宝到浴室，打开热水或淋浴，关上门，让宝宝在充满蒸汽的房子里待上15分钟，宝宝的鼻塞会大大好转。浴后别忘了立即为宝宝换上干爽的衣服。如果让宝宝在稍热的水中玩上一会儿，也能减轻鼻塞的症状和降低体温。如果宝宝除了鼻塞之外，没有任何症状，则需要带宝宝去医院的耳鼻喉科进行鼻腔检查。

宝宝痢疾的防治措施

近年来宝宝痢疾有增多趋势，这是因为宝宝饮食趋于多样化，有的宝宝辅食增加过早、品种增加过多。例如，刚刚满月不久的宝宝，家长就开始给其喂西瓜水、苹果泥等，还有的家长过早地给宝宝进食鱼虾、肉松等。这些食品在保存和喂饭过程中，很容易被病菌污染，因而增加了感染机会。父母要重视宝宝痢疾的防治，注意饮食卫生，不要过早给宝宝添加容易污染的水果等食物，发现腹泻患儿要做大便常规检查，一旦确诊，就要选用有效的抗生素治疗，并进行隔离。

宝宝痢疾的特点

◎**发病季节已不局限于夏秋季节**：几乎全年都可以见到痢疾，甚至冬天宝宝痢疾也不少见，因为近几年来水果、鱼虾等食品一年四季都可以吃到，在冬天吃西瓜而感染痢疾的宝宝已屡见不鲜。

◎**宝宝痢疾容易与普通的腹泻混淆**：年龄越小，其临床症状就越不典型。开始多为水样便，常常伴有呕吐，以后才出现大便次数增多，但大便量减少、变黏，出现黏液便等，反复发病的患儿还会出现脱肛的现象，如果不做大便化验很容易漏诊或误诊。因此，家长就诊前最好留一点儿大便，在2个小时内拿到医院检查。

◎**容易演变为慢性痢疾**：一般菌痢病程如果超过2个月即可诊为慢性痢疾。慢性痢疾因为长期腹泻，必然影响食物营养的消化与吸收，导致宝宝生长发育障碍。

◎**容易出现水、电解质紊乱和中毒症状**：宝宝肠壁较成人薄，但血管丰富，一旦肠道感染，更易导致脱水和毒素的吸收，发生高热、惊厥、神志障碍，甚至是中毒性痢疾而危及生命。所以，对于宝宝痢疾要早治，千万不可掉以轻心。

◎**宝宝服药困难，常常不能坚持足够的疗程**：许多对成人疗效不错的药物都不适合宝宝使用。静脉输液又因其带来的恐惧和疼痛而常遭到患儿和家长的拒绝，加上价格较贵，也不利于推广使用。

痢疾的症状

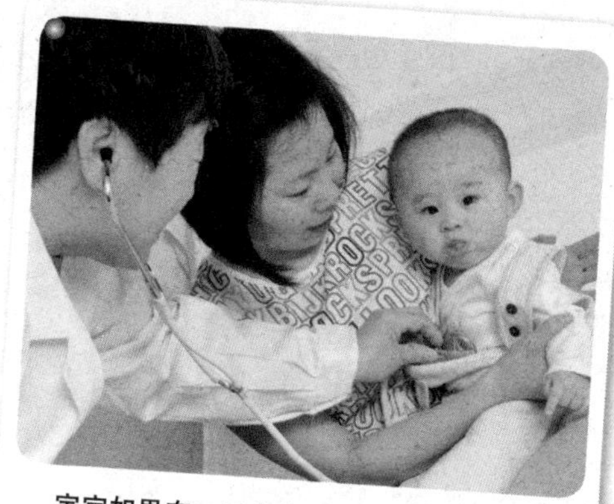

宝宝如果在一天内出现4次以上的腹泻，妈妈应立即带其到医院就诊。

宝宝患菌痢时，随体温升高，可出现精神委靡、嗜睡和烦躁，甚至惊厥，排便前常因腹痛而哭闹不安。痢疾症状常不典型，表现为肠功能紊乱，排便时用力或面部涨红。

宝宝痢疾症状常不典型，主要是因为消化系统特点和机体反应性差两方面造成的。

◎**消化系统特点**：消化系统发育不成熟，胃酸和消化酶分泌较少，消化酶的活性较低。对食物的耐受力差，不能适应食物质和量的较大变化；因生长发育快，所需营养物质相对较多，消化道负担较重，经常处于紧张状态。因此易于发生消化功能紊乱。

◎**机体反应性差**：胃内酸度低（乳汁尤其是牛乳，使酸度更为降低），而且宝宝胃排空较快，对进入胃内的细菌杀灭能力减弱；血液中免疫球蛋白和胃肠道分泌型IgA水平均较低；正常肠道菌群对入侵的致病微生物有拮抗作用，新生儿出生后尚未建立正常肠道菌群。

痢疾的治疗方法

宝宝痢疾有一定的顽固性，个别病例药物效果不明显，而痢疾对人体体能损伤较大，一天排便的次数较多，很容易造成失水和体液失去平衡，宝宝精神疲惫。所以及时、恰当地滴注液体，保证体液平衡是必要的，这需要临床医师配液，根据病情在液体中掺入抗菌或抗病毒的药物。在家中每天奶具高温沸煮消毒，延长吃奶时间，多喝白开水（少加点儿盐），避免腹部受凉（但不能穿太多），药店卖的“必奇”效果很好，适合宝宝。但如果每天排便4次以上且有脱水现象就该立即到医院就诊。

妈咪育儿小窍门

治疗宝宝痢疾的偏方

用一小片生大蒜，剥去表皮，洗净，然后放入碗里用筷子或其他适合的东西捣碎，再倒入适量的温开水，父母要亲口尝一尝，仔细调试。调试好后用汤匙给宝宝喂两口大蒜液就行了。操作时，需要先用肥皂将自己的手和有关用具洗干净。

宝宝智能培育与开发

4～5个月大的宝宝能够抓住近处玩具，并能对人及物发声。他见食物时会兴奋。根据这些特点，父母应该开始培养宝宝自己坐着玩的本领。

这时的宝宝已经喜欢听音乐了，父母可以播放一些合适的音乐给宝宝听，或者亲自念儿歌，这样，不仅能启发他模仿说话，还能增强他的听力。无论进行怎样的训练，父母都要记住及时表扬、鼓励宝宝，虽然他不一定能听懂你说的话，但他能够从你的语气、表情当中感受到你的鼓励，从而增加他的学习兴趣。

语言能力

用重复的音节来训练宝宝的发音与口型，多给他一些模仿发音的机会。呼唤宝宝，让他知道自己的名字，还要经常给他念简单的儿歌，配合有趣的动作，增强他的语言能力。

模仿发音

妈妈与宝宝面对面，用愉快的口气与表情发出“Wu——Wu”、“Ma——Ma”、“Ba——Ba”等重复音节，逗引宝宝注视你的口型，每发一个重复音节应停顿一下，以给宝宝模仿的机会。接着手拿个球，问他“球在哪儿”时，把球递到宝宝手里，让他亲自摸一摸，玩一玩，告诉他：“这是球——球。”边说，边触摸、注视、指认，每日数次。发音与口型要准确。

叫名回头

宝宝早就能听到声音回头去看，但是能否理解自己的名字，此时可以进一步观察。

带宝宝去街心公园或有其他小孩的地方，父母可先说其他小朋友的名字，看看宝宝有无反应，然后再说宝宝的名字，看他是否回头。当宝宝听到自己的名字回头向你笑笑时，要将他抱起来亲吻，并说“你真棒”、“真聪明”，以示表扬。切记要用固定的名字称呼宝宝，否则会使宝宝无所适从，延迟叫名回头的时间。

给宝宝念儿歌

4～5个月大的宝宝特别喜欢节奏明快的儿歌，虽然他还不懂儿歌或歌词的意思，但他喜欢儿歌有韵律的声音和欢快的节奏，更喜欢你给他念儿歌时亲切而又丰富的表情、口型和动作。适合这个月龄念的儿歌应短小、朗朗上口，并做一种固定的动作。

父母每天至少要给宝宝念1～2首儿歌，每首儿歌至少要念3～4次。应当根据宝宝的日常活动并配以固定的丰富的表情和动作，使宝宝做到耳、眼、手、足、脑并用，更有效地学习和记忆。

交际能力

训练宝宝分辨面部表情、听音找物或找人，发展它的视、听反应，提高适应能力。通过举高游戏，提高宝宝语言与动作协调能力，培养宝宝和爸爸的交流，增强他对父亲的信任感。

表情反应

继续玩照镜子的游戏，和妈妈同时照镜子，看镜子里母子的五官和表情逗引宝宝发出笑声，并让宝宝和你一起做惊讶、害怕、生气和高兴等游戏。注意时间不宜过长，不宜让宝宝过于兴奋。

举高

宝宝最喜欢让爸爸“举高”，然后再“放低”。家长一面举一面说，以后每当大人说“举高”时，宝宝会将身体向上做相应的准备。在做举起和放下的动作时，要将宝宝扶稳，千万不要做抛起和接住的动作，以免失手让宝宝受惊或受伤。

视觉能力

此时宝宝的视力已明显增强，可以看到远处的物体，及时训练可提高宝宝认识物体和寻找物体的能力，同时训练其手眼协调能力。

看远处的物体

母亲要更多地指着周围环境中的各种物品介绍给宝宝听，不管宝宝是否能听懂，都要多次重复，让宝宝反复感知。

这时，除了指认室内的家具、玩具、食物、日用品和室外的花草树木、交通工具、建筑物等以外，还可以指认远处的行人、车辆、天上的白云、风筝、初升的月亮和落日，等等。但注意不可在恶劣的天气情况下外出，也不宜让宝宝感到疲劳。

自己玩

用被子将宝宝“围”起来，或者把宝宝放在带围栏的小床上。在宝宝面前放上会发声的橡皮玩具、可以抱的布娃娃或其他小动物玩具，让宝宝自己玩玩具，或母亲走过去，帮他将玩具弄出声响来，再把玩具放到不同的地方，逗引宝宝变换体位，抓握玩具。注意玩具上绝不能有易掉落的活动金属物、小纽扣等。要让宝宝呈躺卧状，但也不要长时间保持这种姿势，避免脊柱弯曲。同时注意让宝宝拿东西时，学会把大拇指和其他四指分开。

听觉能力

增加声音的种类，进一步发展宝宝的听觉，特别是要给宝宝听音乐。

4～5个月大的宝宝对音乐能表现出特殊的爱好并能配合音乐节奏摆动四肢，也就是说，他已具备初步的音乐记忆力，并对音乐有了初步的感受能力。所以，从这个月开始，就要有目的、有步骤地让宝宝欣赏音乐。

寻物游戏

家长用色彩鲜艳和带响的玩具逗引宝宝，一会儿给他看，一会儿藏起来或捏响玩具，使宝宝听后寻找，如此反复练习。玩具不要藏在有可能碰伤宝宝的地方。也可和其他熟悉的人一起玩藏起来的游戏。

让宝宝听音乐

◎让宝宝反复听某一乐曲，增强宝宝的音乐记忆力。

◎给宝宝听模仿动物的叫声和大自然中某些声响的音乐。父母也可用画有单个物体的彩色图片或实物配合，引起他的兴趣和舒畅的情绪，做到声、物、情融为一体。

动作能力

训练直立能力，为走打下基础。为了宝宝的健康，要坚持给宝宝锻炼身体。做操和室外晒太阳，这都是很好的锻炼方法。这个月除了坚持以前学过的几套动作外，还可以增加两个动作。

直立

两手扶着宝宝腋下，让他站在你的大腿上，保持直立的姿势，并扶着宝宝双腿跳动，每日反复练习几次，促进平衡感知觉的协调发展。注意直立时间不宜过长，以免累着宝宝。

宝宝体操

◎**两腿轮流屈伸运动**：宝宝仰卧，两腿伸直，母亲用两手轻轻握住宝宝脚腕，推左腿屈至腹部，然后还原，再推右腿屈至腹部，然后下放还原，连续做2遍。

◎下肢放松运动：宝宝仰卧两腿伸直，母亲用两手轻轻握住宝宝脚腕，轻抬腿成45°，然后还原，连续做2遍。

妈咪育儿小窍门

防止训练过度

不要过早地让宝宝学爬、坐、走，不要让宝宝头部过度地后倾，背部过度弯曲。因为新生儿的脊柱完全是直的，几个月后便形成3个弯曲：3～4个月抬头时出现颈部脊柱的前凸，6～7个月会坐时胸部的脊柱出现后凹，12～18个月开始学走路时腰部的脊柱出现前凹。如不注意很有可能造成畸形，如头后倾、背部过度弯曲，走路呈挺胸状等不良的姿势。

Part 8

5~6个月宝宝护理

半年来，宝宝的身体变化特别大，他从刚出生时的“小老头”变成现在白白胖胖的小宝宝，让父母看在眼里、喜在心头。宝宝现在与父母的感情日益深厚，他的情绪会被父母的行踪左右着，当爸爸妈妈在身边时宝宝会很快乐，而父母离开时他就变得很烦躁。5～6个月的宝宝对所有的东西都有强烈的好奇心，希望自己都去试一试，宝宝的贪心常惹得旁人开怀大笑。

宝宝身体与能力发育特点

俗话说“七坐八爬九发牙”，充分说明宝宝成长发育的特点，不过每个宝宝身心发育速度都不同，一些家长一看见别人家的宝宝会走路了，就担心自家宝宝输在起跑线上。

到底什么范围内的成长速度是正常的呢？父母又应该如何注意宝宝不是“大鸡晚啼”，而是真正的发育迟缓？到5～6个月大时，约90%的宝宝都已经可以自由地转动头颈，看看他喜爱的人或者玩具。此时宝宝可以用手前撑，且学会了坐一小会儿，当然有时候宝宝动作太大，或突然想伸手拿玩具，父母可能会被宝宝侧倒或后翻的惊险动作吓一跳。宝宝5～6个月大时，有的家长会发现家里的小顽皮会像毛毛虫。另外，有些比较好动的宝宝除了蠕动前行外，还能够连翻带滚地让自己的身体向目标前进。如果是比较文静的宝宝，也可能要到7～8个月才尝试着爬行。

身体发育特点

宝宝的身体发育比上个月又有了很大进步。现在把宝宝放在床上，他会在床上滚来滚去。宝宝很喜欢被爸爸妈妈扶着站起来，如果这时你扶着宝宝的腋下，他可以站得非常稳，并且喜欢在扶立时跳跃。当你用枕头围住宝宝时，他可以用手撑着枕头，身体前倾，努力端坐着不倒。5～6个月的宝宝翻身自如，会对周围的玩具、物品很好奇，如果玩具、物品在离他不远处，他会伸手去拿，并塞入自己口中。

身高

身高较上个月平均增长2.2～2.3厘米。男女宝宝的身高分别为：男宝宝平均68.6厘米（62.7～73．8厘米）；女宝宝平均67.0厘米（62.0～72.0厘米）。

体重

体重较上个月平均增长0.6千克。男女宝宝的体重分别为：男宝宝平均8.4千克（6.5～10.3千克）；女宝宝平均7.8千克（6.0～9.6千克）。

头围

头围较上个月平均增长1.0～1.1厘米。男女宝宝的头围分别为：男宝宝平均43.9厘米（41.3～46.5厘米）；女宝宝平均42.8厘米（40.4～45.2厘米）。

胸围

胸围较上个月平均增长0.9～1.0厘米。男女婴儿的胸围分别为：男宝宝平均43.9厘米（39.7～48.1厘米）；女宝宝平均42.9厘米（38.9～46.9厘米）。

牙齿

6个月大的宝宝有的可能长了2颗牙齿，有的还没长牙齿，要多给宝宝一些稍硬的固体食物，如面包干、饼干等练练咀嚼能力，磨磨牙床，促进牙齿生长。由于出牙的刺激，唾液分泌增多，流口水的现象会继续并有可能加重，有些宝宝会出现咬奶头的现象。

骨骼

6个月大的宝宝，钙的需要量越来越大，缺钙会引起宝宝夜间睡眠不稳、多汗、枕秃，较严重的还会出现方颅、肋骨外翻。应让宝宝每天都有户外活动的时间，同时继续服用钙片和维生素A、维生素D滴丸。

能力发育特点

宝宝到5~6个月大时，会模仿父母的表情了，对他做鬼脸，宝宝也会学相同的动作，父母常常被宝宝逗得乐不可支。宝宝已经能区分不同玩具的功能和声音，他会追逐喜欢的玩具发出的声响，当不喜欢的玩具放在身边时则会表现得无动于衷。当一个玩具从宝宝面前消失时，他会寻找它数秒钟。当一种声音或一个动作重复出现时，他会期望这种声音或动作再次发生。他逐渐记住做过的事，而且在不经提醒的情况下可以重复相同的步骤。

视觉发育状况

宝宝5~6个月大的时候，视觉可以调焦距了，他们的视力越好，就越能准确地区分周围人的不同。他们已经能从几米远处认出爸爸妈妈了。此时他也能判断出谁是让他害怕的陌生人，在这个时候，父母会吃惊地发现，他们的宝宝居然会突然怕生起来。5~6个月的宝宝格外喜欢的游戏是捉迷藏，通过这个游戏他可以一再确定一个令人安慰的事实：即便有时看不到自己认为很重要的东西，但它们仍继续存在。

听觉发育状况

随着月龄的增长，5~6个月大的宝宝的声定位能力已发育到较高的水平，如果在他的背后轻轻呼唤他的名字，他会立刻把头转向声源。有时不用呼唤而是用强音，如竹板、锣等敲出的声音，也可观察宝宝是否去转头寻找声源。如果宝宝不转头去寻找，也没有什么反应，可能是听力有问题。

5~6个月大的宝宝可以根据击打玩具发出的声响去寻找声源。

语言发育状况

6个月大的宝宝的语言能力比以前更加灵敏了，能分辨不同的语言表达的意思，并学着发声。宝宝可以运用诸如“ee”、“ay”、“ey”等元音和“m”、“n”、“b”、“sh”、“f”、“d”等辅音发出更多的语言符号。他已学会改变音量、音调、语速，并可运用语音来表达高兴、舒服、愉快、不高兴和不舒服等情绪。

情感发育状况

一般来说，宝宝大约6个月之后，会开始出现比较明显的对人“喜爱”与“厌恶”的表现，所以从6个月后，妈妈可能会觉得宝宝变得比较黏人，而当陌生亲友来访时，有的宝宝可能会哇哇大哭。其实家长只要给予宝宝足够的安全感，让他知道你一直在附近，就不用担心宝宝怕陌生人了。如果是比较怕生的宝宝，建议陌生亲友不要马上抱他，让他减少恐惧感，多逗宝宝一会儿情况就会比较好一些。而且，宝宝最好平时不单只有妈妈照顾，如常找爷爷奶奶或其他亲属帮忙带宝宝，或者父母多带宝宝到邻居家走走或到公园散步，也能让宝宝养成不怕生的习惯。

心理发育状况

如果宝宝一直到6个月，对别人甚至父母都没有产生亲密、喜爱的感情，就要注意是否有自闭症等问题。一般而言，宝宝从5～6个月开始，就会试着模仿大人的声音与动作，模仿力比较强的宝宝可能8个月时就会跟着大人拍手、挥手，或是做出某些简单的动作。当然，有些时候，如果宝宝不想学做什么动作，大人就不要刻意勉强，等宝宝发育到了一定阶段，自然而然就能够做很多事了。不要认为宝宝很小什么都不懂，其实家长的爱意、情绪，都会感染宝宝！

合理的喂养方式让宝宝更健康

宝宝现在已经可以安稳地睡一整夜觉，并对餐桌上的食物表现出明显的兴趣，他喜欢自己用手抓着饭菜吃。因此，家长给宝宝准备的辅食要注意按时添加，这是过渡到普通饮食的基础步骤，但仍然不能忽视奶的适量摄入。这个时期的宝宝身体长得很快，要注意给他补充钙，以免由于缺钙形成肋外翻及鸡胸等症，而奶中就含有丰富的钙，如果宝宝每天能够摄入足够的奶，就不必特意补钙，也不必担心缺钙了。大多数妈妈在宝宝6个月大时已经上班，或者母乳已不能满足宝宝的需要，婴儿配方奶粉不失为最好的选择。从6个月开始，父母可以采取辅食添加与配方奶粉搭配的方法给宝宝断奶。

宝宝断奶的过渡方法

随着医学知识的普及，年轻妈妈大都知道了母乳哺育宝宝的好处，但宝宝习惯吃母乳以后，到了该断奶时又有了新问题：不少妈妈不忍心让宝宝受罪，奶断了一次又一次，到宝宝满周岁时仍断不了。事实上，母乳是0～6个月内的宝宝最好的食品，但从6个月开始母乳已达不到宝宝身长所需的营养，此时就该考虑给宝宝断奶了。到1岁以后如果宝宝仍不断奶，宝宝又不喜欢吃辅食，就可能会出现营养不良。所以，应果断、适时断奶。但对一个年幼的宝宝来说，断奶是十分困难的，父母应该在正式断奶之前做好充分的过渡工作，了解断奶的最佳时间和方式，这样可以帮助宝宝顺利断奶。

要及时断奶

首先，随月龄的增加，宝宝对各种营养的需求量逐渐增多，母乳也不能完全满足宝宝的需要了；其次，随着乳牙依次萌出，咀嚼、消化功能的逐渐成熟，宝宝已能适应半流质或半固体食物的饮食，所以合适的断奶时机对宝宝身体发育是有益的；再者，断奶越晚，宝宝的恋乳心理就越强，不愿吃粥、吃饭、吃面食及其他辅食，最终造成消瘦、营养不良、体质差、经常生病等后果，营养不良严重者甚至影响智力发育。所以，从6个月开始父母就可以为宝宝添加半流质或半固体的辅食，为断奶做准备。

改变不正确的断奶方式

有的妈妈认为给宝宝断奶很简单，只要几天不给宝宝吃母乳就可以了。于是使用各种手段，如挑选一个假日回娘家，宝宝由爸爸或者家里的奶奶爷爷带。有的妈妈在乳房上涂黑药膏，甚至抹一些辣椒粉，使宝宝害怕得不敢再吃。这些其实都是极不合适的断奶方法。因为对宝宝来说，由于没有一个适应过程，很难接受其他食物，或者勉强接受了，但宝宝胃口极差，弄不好会出现腹泻，营养不良的情况。另外，这些断奶方法也会影响到宝宝的心理健康，对出生后一直依恋妈妈的宝宝来说，几天的分离，可能让他们产生焦虑情绪。

选择合适的断奶时机

必须选择宝宝身体状况良好时断奶，否则会影响宝宝的健康。因为断奶，改吃奶粉和辅食后，宝宝的消化功能需要有一个适应过程，此时宝宝的抵抗力可能略有下降，因此断奶要考虑宝宝的身体状况，此外，宝宝生病期间更不宜断奶。断奶最好选择气候温度适宜的季节，避免在夏季炎热时断奶，因为夏季天气炎热，宝宝本来就容易发生胃肠功能紊乱，此时断奶更可能加重这种情况，搞不好还会生病。选择春、秋两季较为理想。如果母乳充足，宝宝的体质又不够好，那么迟一些断奶也是可以的，但不宜延长到1岁半以后。

恢复月经不是断奶的理由

产妇在产后恢复月经是一个自然的生理现象。恢复的时间有早有晚，早的可在宝宝满月后即来月经，晚的要到宝宝1岁后才恢复月经。不论月经在什么时候恢复，都不是断奶的理由。一般说来，产后月经的恢复与妈妈是否坚持母乳喂养有一定关系。哺乳时期越长，宝宝吸吮乳头的次数越多，越有利于血浆内催乳激素水平的增高，这对抑制月经恢复能起一定的作用。如果较早停止哺母乳，血浆内催乳激素的水平降低，抑制月经的作用减退，月经也就很快恢复了。月经恢复时，一般乳汁分泌量减少，乳汁中所含蛋白质及脂肪的质量也稍有变化，一般蛋白质的含量偏高些，脂肪的含量偏低些。这种乳汁有时可引起宝宝消化不良症状，但这是暂时的现象，待经期过后，就会恢复正常。因此，无论是处在经期或经期后，都无须停止喂哺，还应坚持一段时间的母乳喂养。

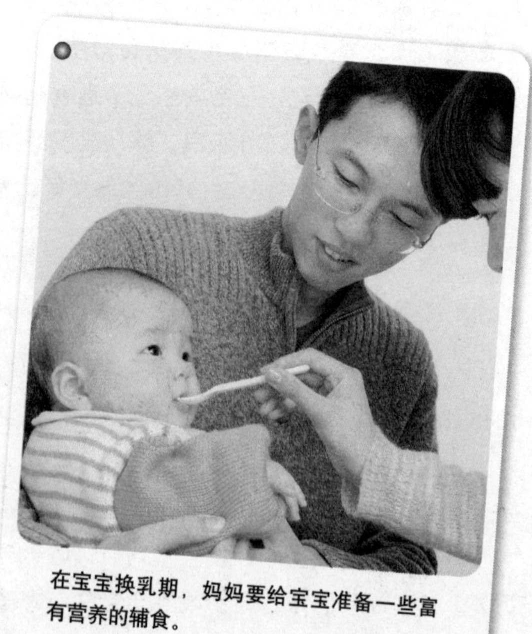
在宝宝换乳期，妈妈要给宝宝准备一些富有营养的辅食。

换乳期食品的营养搭配

换乳期是指宝宝由液体食物（单纯母乳）喂养为主向固体食物喂养为主过渡的生长发育时期。在换乳期内乳类（母乳+配方奶）仍是供应能量的主要来源，泥糊状食品是必须添加的食物，是基本的过渡载体。换乳期长达8～9个月，从4～6个月起至15～18个月，甚至到2岁才完全断掉母乳，开始向其他配方奶或者从吃泥糊状食品到成人固体食物的过渡期。换乳并不是换掉一切乳品和乳制品。泥糊状食品是宝宝这一阶段的主要食品，可逐步替代三顿喂奶成为宝宝的正餐食品。

妈咪育儿小窍门

断奶时要加强宝宝的心理安慰

母乳通常是最能够带给宝宝安慰和安全感的。所以，在宝宝渐渐远离母乳的这个时期，父母需要用更多其他形式的爱来弥补他。可以尝试多带宝宝出门，到小区里散步，去公园里的游乐场，去拜访朋友或者去购物。做能够分散宝宝注意力或者逗他开心的事。如果是在家里，可以给宝宝按摩、唱儿歌或者跳舞。

刚开始断奶的宝宝会有些急躁、不适应等正常反应，这时，妈妈要给他更多的爱抚，除了亲自喂他吃饭菜，还要多陪他玩，让他感到虽然吃不到母乳了，但妈妈还是在他身边关心照顾他、保护他。

换乳食品的选择

宝宝刚进入换乳期时，消化功能较弱、消化酶活性较低，咀嚼能力还不够完善，还需锻炼，因此，宝宝需要从学吃泥糊状食品开始。

换乳食品或泥糊状食品可分为两大类：成品泥糊状食品和家庭制作的泥糊状食品。

◎**成品泥糊状食品**：它是宝宝理想食品，并符合营养学原则：营养齐全，比例恰当；口感好，易消化，适于换乳期宝宝食用；不含激素、糖精、色素、防腐剂；不含盐和调味剂，不会加重宝宝肾脏负担，也不会造成宝宝“口重”的不良饮食习惯，减少成人慢性病（高血压、心脑血管病）的发生概率。

◎**家庭制作泥糊状食品**：它也是不可缺少的宝宝食品。如菜水、果汁、菜泥、果泥、肉泥（鱼泥、肝泥等）、菜末、肉末、碎菜、碎肉、米汤、稀粥、米糊、粥、烂面、稠粥、面条等。这些食品需科学精心地为宝宝制作。传统的“以粥断奶”的做法从营养学角度来说是不够科学合理的。因为在食物选择上既要考虑营养投入又要考虑营养结构，以上两类食品合理搭配，互为补充，是最佳选择。

宝宝一日饮食安排

5～6个月大的宝宝的主食可以是母乳或者婴幼儿配方奶粉；餐次及用量为每隔4小时喂1次；给宝宝添加的辅助食物，可以是水果汁、菜汤、烂米粥、面片汤等；每日最好是1～2次，上午9～10点和下午2～5点。

一日饮食安排列举

早晨6点半：母乳或婴幼儿配方奶180毫升；上午9点：蒸鸡蛋（取蛋黄）1个；中午12点：稀粥或面条小半碗，熟菜泥或鱼肉占粥量的1/3；下午4点：母乳或婴幼儿配方奶180毫升；晚上7点：少量副食，婴幼儿配方奶150毫升；晚上11点：母乳或婴幼儿配方奶180毫升。

宝宝辅食的制作方法

辅食的材料以新鲜为主。水果宜选择橘子、橙子、苹果、香蕉、木瓜等皮壳较容易处理、农药污染及病原感染机会少者。蛋、鱼、肉、肝等要煮熟，以避免发生感染及引起宝宝的过敏反应。蔬菜类如胡萝卜、菠菜、西红柿、空心菜、豌豆、小白菜，都是不错的选择。

制作辅食之前，要洗净原料、餐具及手，严格注意卫生问题。宝宝的牙齿及吞咽能力未发育完全，制作时要将食物处理成汤汁、泥糊状或细碎状，宝宝才容易消化；初期给予宝宝辅食时，食物浓度不宜太浓，如蔬菜汁、新鲜果汁，最好加水稀释；辅食尽量采用自然食物，且最好不要加调料，如香料、味精、食盐等；在原料的烹煮方面，尽量不要太油腻；烹调后的辅食不宜在室温内放置过久，以免食物腐坏；制作辅食要注意食物温度，不宜放置在微波炉中加高温，以免破坏食物中的营养。

● 鹌鹑蛋奶

原料：鹌鹑蛋2个，婴幼儿配方奶200毫升，白糖适量。

制作：鹌鹑蛋去壳，加入煮沸的婴幼儿配方奶中，煮至蛋刚熟时，离火，加入适量白糖调味即可。

特点：补钙，健脑。

● 草莓麦片粥

原料：麦片50克，草莓适量。

制作：将500毫升水烧沸，放入麦片煮2～3分钟；将草莓绞烂，然后放入麦片，在锅内边煮边混合，煮片刻即可。

特点：加草莓糊使粥色泽鲜亮，增加宝宝进食兴趣。

● 烂面条糊

原料：细面条50克，黄油7.5克，盐适量。

制法：将水烧开，加少许盐，下入面条煮熟；将面条沥去水分，装入搅拌机中，搅烂，盛入盘内加入黄油即可喂食。

特点：此面条糊软烂、味美，含有丰富的蛋白质、脂肪、碳水化合物，还含有一定量的钙、磷、铁、锌等矿物质及多种维生素，是宝宝较佳的一种辅食。制作中，可以加入番茄酱、香油等，以增加面条糊的味道。

● 鲜茄肝扒

原料：猪肝100克，紫薯250克，番茄2个，面粉50克，水淀粉少许，盐适量，花生油500克（约耗50克）。

制作：猪肝用盐腌10分钟，用水冲后，切成碎粒。紫薯连皮洗干净，整个放在水中煮软，捞起剥皮，压成泥状，加入肝粒、面粉，搅拌成糊状，用手捏成厚块，放进油锅中煎至两面呈金黄色，为肝扒。番茄切成块，放入油锅中略炒，将水淀粉汁淋在肝扒上即可。

特点：肝扒外脆、里鲜嫩，味道极香。宝宝出生6个月后易发生贫血，此菜肴含铁、维生素丰富，尤以肝含铁多，可帮助构成红细胞中的血红蛋白。适合6～12个月的宝宝和学龄前儿童食用。

要注意宝宝的饮食禁忌

父母在养育宝宝的过程中，要了解一些宝宝饮食方面的禁区，否则会给宝宝的身体带来不必要的伤害。因为有些在成人看来很有营养的东西，却并不一定适合半岁的宝宝食用，还有一些不科学的喂养习惯也要引起父母们的注意。

宝宝不宜多喝果汁

宝宝半岁以内不要多喝果汁。果汁的维生素与矿物质含量较多，口感好，因此乐于被宝宝接受，但最大的缺陷在于没有对宝宝发育起关键作用的蛋白质和脂肪。如果喝很多果汁，果汁强占胃的空间，导致母乳或者婴幼儿配方奶摄入减少，而母乳或配方奶才是宝宝获取正常发育所需养分的主渠道，所以饮果汁可破坏宝宝体内营养平衡。宝宝月龄越小，此种影响越大。专家建议，不足6个月的宝宝最好不要饮果汁，6个月以上的宝宝也要限制饮用量，以每天不超过100毫升为妥。

宝宝不宜喝豆奶

成年人经常食用大豆制品有益，能使体内的胆固醇降低，保持体内激素的平衡，预防或减少乳腺癌或前列腺癌的发生。

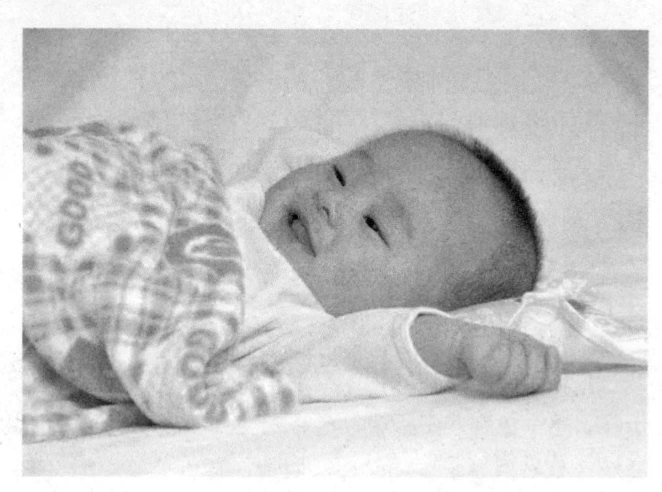

但是，宝宝食用大豆却不会有如此益处，这是因为宝宝对大豆中高含量的抗病植物雌激素的反应与成年人相比完全不同。宝宝摄入体内的植物雌激素只有5%能与雌激素受体结合，使其他未能吸收的植物雌激素在体内积聚，这样就有可能对每天大量饮用豆奶的宝宝将来的性发育造成危害。专家指出，喝豆奶的宝宝患乳腺癌的概率是喝牛奶或母乳喂养的宝宝的2～3倍。

不要用嘴喂宝宝辅食

用嘴喂宝宝吃饭，或者把咀嚼好的食物放在宝宝嘴里都是一种不洁的习惯。这种方式很容易传播疾病，而且食物里的营养会被嚼的人吸收了，宝宝吃到的只是一些残渣而已。另外，咀嚼也是宝宝应该锻炼的一项能力，宝宝的辅食里之所以要有一些稍硬点儿的食物，就是为了让他通过咀嚼锻炼口腔的协调能力，为以后学习说话做好准备。

宝宝的日常护理

6个月后，宝宝从母体获得的免疫功能的保护消失，所以特别容易生病。为了预防感冒，可以给宝宝穿少一点儿，并坚持日光浴和空气浴，为避免太阳的直射，可以给宝宝戴一顶帽子。6个月大的宝宝一昼夜需睡15～16小时，一般白天要睡3次，每次1.5～2小时，夜间睡10小时左右。父母应经常带宝宝到外面去散步，让他看看树木、花儿、小动物，和其他宝宝玩，这可以增进他的智力发育。

练习用勺子给宝宝喂食物

宝宝愿意或不愿意吃勺里的食物是一种行为习惯，是在不知不觉中逐渐形成的。宝宝天生对各种饮食有兴趣，他们会按照家庭的饮食习惯，被动地接受各种食物，并在成长过程中受生理、心理、种族、家庭和社会经济等因素的影响，逐步形成自己的饮食习惯。

从婴儿时期培养宝宝用勺吃饭

宝宝是否肯吃用勺喂的食物是一种逐步养成的饮食习惯。大多数宝宝在婴儿阶段就已经习惯家长用勺喂食，因为这一阶段的宝宝喜欢用嘴、舌头来尝试各种物体，包括触及嘴角的勺，因此，宝宝比较容易适应新的食物及新的喂养方式，这一年龄期是培养宝宝饮食习惯的关键时期。

培养宝宝用勺喂食习惯的注意事项

应尽早用勺喂食，母乳喂养在母乳不足时即可用小勺喂奶；人工喂养在补充水果汁时也用小勺喂食；若需补充钙粉，也应用小勺喂；添加米粉等半固体辅助食品时，应调成糊状用勺喂，不提倡把米粉调稀后与配方奶一起用奶瓶喂，这样不仅不利于养成用勺喂食的习惯，也不利于配方奶中矿物质的吸收。

让宝宝喜欢用勺喂食的方法

让宝宝对小勺发生兴趣，并愿意接受，可使用外形可爱，不易破碎的小勺；在第一次改用勺喂食时，可以先喂宝宝平时就喜欢吃的食物。

正确处理宝宝吮吸手指的习惯

几乎所有的宝宝都有过吮吸自己手指的经历。稍大一些后，还会撕咬自己的指甲。吮吸手指或啃咬指甲是宝宝常见的行为。一般情况下，随着年龄增长，宝宝到2～3岁后，这种行为会逐渐减少。然而，有些宝宝过了3岁，这种行为却并未减少。

他们一有机会还啃咬自己的手指，这时父母需要了解宝宝吸吮手指的原因，并采取正确的方式帮宝宝戒掉这个习惯。

要重视宝宝吸吮手指的现象

宝宝经常地吮吸手指或啃咬指甲，不单只是偶尔形成的不良习惯，对有些宝宝来说，则可能是一种病态行为。有关心理学家认为，宝宝到了一定年龄后，仍然固执地吮吸手指或咬指甲，这可能是心理障碍的症候。这一行为往往是宝宝内心紧张、不安、焦虑、烦躁、抑郁、忧虑、压力、孤独等一些消极情绪的表现。如果父母对宝宝的这一行为不予重视，忽略了宝宝的这些心理状态，宝宝未来心理的健康发展可能受到影响，其手指和牙齿的发育也会受到不良影响。因此，父母对宝宝的这一行为应予以重视，对已形成这一习惯的宝宝，应给以矫治。

发现宝宝常常咬手指时，应分析造成这一行为的原因，然后再有针对性地进行矫治。

宝宝吸吮手指的原因

◎**宝宝的生理需要得不到满足。**当宝宝饥饿而得不到满足时；或者，当宝宝的身体某一部位不舒服时，吮吸手指似乎可以缓解身体的不适感。

◎**宝宝的心理需要得不到满足。**因为宝宝对周围环境的认识能力有限，他们对父母有强烈的依恋感，需要得到他们的关心照顾和爱抚，从而获得心理上的安全感。如果他们对安全感的需要得不到满足，就会通过啃咬手指来缓解内心的紧张和不安。

◎**父母的养育方法不良。**有些家长认为宝宝爱吃尽管去吃，对宝宝的行为不予纠正。也有的父母看见宝宝吃手指就大呼小叫，本来宝宝最初吃手指是无意识的，家长的态度反而引起了他对这一行为的注意。还有的父母在哺乳期时，宝宝一哭就塞给乳头，或者把橡皮奶嘴塞在宝宝口中。这使得宝宝把吮吸动作当做解除烦恼的手段，稍大以后，当宝宝遇到烦恼时则会习惯性地吮吸手指。

正确矫治宝宝吸吮手指的习惯

◎**查清原因，对症治疗。**当发现宝宝常常啃咬手指时，不要急于制止，应分析造成这一行为的原因，然后有针对性地矫治。如果是宝宝生理或心理需要得不到满足造成的，就应在阻止宝宝的同时，多关心、照顾宝宝。如果是父母的养育方法不对造成的，就应改善养育方法。

◎**注意矫治方法，切忌强制粗暴。**在矫治过程中，有些父母缺乏耐心，态度粗暴，讥讽嘲笑宝宝，甚至打骂、恐吓宝宝；还有些父母用纱布把宝宝的手包上，以此来阻止这一行为。这些不良的矫治方法，往往加重了宝宝的心理负担，效果会适得其反。当看到宝宝啃咬手指时，父母应尽量用其他活动吸引宝宝的注意力，让宝宝在不知不觉中终止这一行为。

宝宝口水多的原因

宝宝流口水有个过程。新生儿时期的宝宝是不会流口水的，因为他们的唾液腺不发达，分泌的唾液较少，宝宝嘴里没有多余的唾液流出；加上此时宝宝的主食是奶或流质食品，对唾液腺的刺激不大。宝宝长牙期是口水流得最频繁的时期，乳牙萌出时，乳牙顶出牙龈向外长，会引起牙龈组织轻度肿胀不适，刺激牙龈上的神经，唾液腺反射性地分泌增加。一般宝宝到一岁半时就会停止流口水，而部分宝宝要到两岁时才会停止流口水，因为两岁左右因为肌肉运动功能的成熟，逐渐有效地控制吞咽动作，嘴边也不再湿嗒嗒了。

父母不必过分担心

宝宝6个月左右，由于出牙的刺激，唾液分泌增加，而宝宝又不能及时咽下，就会出现流口水的现象，这是一种正常现象。由于唾液偏酸性，里面含有消化酶和其他物质，因口腔内有黏膜保护，不致侵犯到深层。

但当口水外流到皮肤时，则易腐蚀皮肤最外的角质层，导致皮肤发炎，引发湿疹等宝宝皮肤病。这时要注意给宝宝戴围嘴，并经常洗换，保持干燥。不要用硬毛巾给宝宝擦嘴、擦脸，而要用柔软干净的小毛巾或餐巾纸来擦。

宝宝流口水时的护理

◎要随时为宝宝擦去口水，擦时不可用力，轻轻将口水拭干即可，以免损伤宝宝局部皮肤。

妈咪育儿小窍门

宝宝流口水引起湿疹的处理

宝宝口水太多，又没有适时清理，口水便会沿着嘴角蔓延到下巴、脖子、前胸，造成湿疹和种种过敏反应。父母应先带着宝宝给医生诊断，视个别症状开出适合的类固醇药膏。

年幼的宝宝喜欢东舔西舔，翻坐不停，为免发生误食药膏的意外，白天父母可先为他擦掉嘴角、身上的口水，然后晚上趁他睡着的时候，在患处擦上薄薄的一层药膏和凡士林，作为肌肤的防护膜，加速其痊愈。

◎常用温水洗宝宝口水流到的地方，然后涂上油脂，以保护下巴和颈部的皮肤。最好给宝宝围上围嘴，以防止口水弄脏衣服。

◎给宝宝擦口水的手帕，要求质地柔软，以棉布质地为宜，要经常洗烫。

◎如果宝宝口水流得特别严重，就要去医院检查，看看宝宝口腔内有无异常病症、吞咽功能是否正常，等等。

◎宝宝如果趴着睡觉，枕头要勤洗勤晒，以免里面滋生细菌。

正确看待宝宝对物品的依赖心理

在婴幼儿时期，宝宝就会通过各种感官来满足探索的需求或安抚情绪。例如，为满足口腔吸吮欲望，就有了吸奶嘴、吸手指等动作出现；为满足触觉舒适的感觉，就出现了抚摩棉被角，或是借覆盖熟悉柔软的毛巾、毛毯、棉质纱布、玩偶、枕头等方式。父母对宝宝的恋物情结要有正确的认识。只要情绪、行为等方面发育正常，宝宝对物品的依恋就不是异常的。一般说来，多数宝宝只是在特定的时候才需要依恋物，如必须抱着枕头或玩偶、手捻被面才可入睡，等等。对于这种情形，妈妈一般无须干涉，更不应生硬地制止甚至强行夺走宝宝的依恋物。妈妈需要做的就是保证宝宝依恋物的卫生。

宝宝对物品的依赖是自然过程

从发育的观点来看，宝宝对物品依赖的现象是自然的过程。当宝宝因为想睡觉、肚子饿、尿片湿、兴奋、不顺意的愤怒情绪等情形出现时，父母可能会随手拿些替代物来安抚宝宝的情绪，这些经常被随手拿来使用的物品有：奶嘴、纱布、柔软的毛巾、被子、枕头、娃娃等，只要不过度使用或不当使用，随着宝宝年龄的增长，人际关系的拓展与生活作息正常化，多数宝宝是不会对这些替代慰藉物产生依恋情形的，长大后自然对婴幼儿期所依附的人及物品不再强烈需求。

父母要注意自己的育儿方式

宝宝的恋物依赖习惯可能与父母的育儿方法有关。人类的成长是一连串由依赖到独立的发展过程，从依赖母亲的子宫孕育胚胎，成熟了就独立脱离母体出生了。而婴儿期依赖喝奶吸收营养以维持生命成长，到成熟了就自然会跟母乳或奶粉告别。父母在育儿的过程中，或许不会把一些依恋的物品看做是有害的东西，但是宝宝对它的癖好一形成，可能会发展成宝宝对某些特定物品产生强烈的依赖感，因而影响独立健康人格的形成，父母千万不可忽视这个问题，要具体分析，采取相应的对策。

恋物可能是由于安全感的缺失

“恋物”本身不会对宝宝的成长有消极影响，而“恋物”的源头——安全感的缺失才是父母必须时刻关注的。当宝宝突然对一件物品产生了特别的兴趣，甚至须臾不可分离，这个时候父母一方面要把对宝宝“恋物”的烦恼转化为生活的乐趣，并以此为亲近了解宝宝习性的契机，让宝宝与家庭成员之间建立稳定的依恋关系；另一方面，重新审视自己和宝宝的关系，寻找安全感缺失的原因，问题自然迎刃而解了。

宝宝的“恋物”情结很可能是因为她没有安全感的原因，所以父母要让宝宝感觉到自己的爱。

★ 妈咪育儿小窍门

不要刻意纠正宝宝的恋物习惯

如果宝宝的恋物习惯一直戒不掉，父母可能会很担心。其实不用刻意禁止已经养成的习惯，因为戒不戒掉这些习惯对于多数宝宝的日常生活完全没有影响，有的只是外观上的不好看。如果这些习惯是宝宝的自信心来源，或许等到时间到了，宝宝自然会不喜欢，因为对宝宝来说，这些东西是他所能掌控的。如果宝宝一直戒不掉这些习惯，或许该回溯原因，是不是在婴儿期得不到应有的满足，或者是父母没有给他足够的安全感，再来想想该如何戒除这些恋物习惯。

宝宝疾病的预防与护理

预防接种能使人体产生抵抗某种疾病的抗体，是预防宝宝传染病的有效方法。所以父母再忙也别忘了带宝宝去预防接种。这个年龄段宝宝应该接种乙型肝炎疫苗。

宝宝为什么经常发热

6个月以后，宝宝时常会出现发热现象，这可能与宝宝抵抗力下降有关。如果你感觉到宝宝的头部发烫，应给他测量体温。可选择腋下体温计、肛门体温计，或宝宝专用体温计。一般来说，宝宝的体温超过37.5℃，怀疑发热；超过38℃应认为发热了。发热实际上反映了身体的状况，宝宝发热的程度与病情的轻重并不一定成正比。除了服药打针，父母还应向医生请教护理方法。

6个月的宝宝抵抗力较弱

新生儿期，宝宝的抗病能力是比较强的，这是因为新生儿从母体中获得了比较多的免疫球蛋白，这些免疫球蛋白可以抵抗常见细菌和病毒的侵袭。6个月以内的宝宝一般较少发生感冒，也较少发生其他感染性疾病。宝宝6个月以后，其体内从母体获得的免疫球蛋白逐渐减少，并开始产生自己的免疫球蛋白，6个月至2岁的宝宝产生免疫球蛋白的能力也比较低，因此抗病能力也比较差。从免疫能力的形成来看，6个月至3岁以内是宝宝抗病能力最低的时期，容易患感冒等感染性或传染性疾病。所以，父母要针对宝宝生长时期的不同特点，适时参加计划免疫，合理安排宝宝的饮食，多晒太阳，适当补充维生素A和维生素D，这样才能够促进宝宝免疫系统成熟，减少宝宝患病概率，使宝宝健康成长。

宝宝发热的对策

如果体温在37.5℃～38.5℃、精神状态良好，应每小时测量体温1次，做好记录，密切观察；如果精神委靡、体温不高，应及时去医院诊治；如果体温超过38.5℃，应立即找儿科医生诊治。当宝宝发热时，有的家长会给宝宝捂太多太厚的被褥，以便发汗、退烧。其实，这样做不仅不容易退烧，而且还会因出汗过多，出现脱水现象，危及生命。

预防宝宝贫血

贫血是宝宝常见的疾病。它不但影响宝宝的生长发育，而且还是一些感染性疾病的诱因。贫血是指外周血液中血红蛋白的浓度低于患者同年龄组、性别和地区的正常标准。6个月之后，由母体得来的造血物质基本用尽，若补充不及时，就易发生贫血。必须分析贫血的原因，是饮食原因还是疾病造成的，尽早纠正贫血。在家时，注意观察宝宝面色、口唇、皮肤黏膜是否苍白，如果是，应考虑到贫血，并到医院进一步检查。

宝宝血红蛋白(HB)正常值

2周的新生儿每升血中所含血红蛋白平均为150克；3个月为111克；6个月为123克；7个月到1岁为118克。

缺铁性贫血

宝宝发生缺铁性贫血多半是饮食不当引起的。

女性在怀孕后期，胎儿会从母体内得到足够的铁，储存在肝脏，以应付出生后0～6个月内的使用。如果4个月后宝宝不及时添加辅食，身体内的铁用完后，从奶粉或母乳中摄取的铁不能维持正常需要时，就会出现缺铁性贫血。一旦经医生诊断为缺铁性贫血后，在积极治疗的同时，要注意改善宝宝饮食结构，及时添加含铁量丰富的辅食，如蛋黄、鱼、肝泥、肉末、动物血、绿色蔬菜等。一般来说，动物性食物中铁的吸收利用率要比植物性食物高一些。

宝宝贫血的治疗方法

轻度贫血（血红蛋白为90～110克/升）可不必用药，而采取改进饮食营养来纠正。

◎**膳食疗法**。膳食安排要根据宝宝营养的需要和季节蔬菜供应情况，适当地搭配各种新鲜绿色蔬菜、水果、肝类、蛋类，鱼虾、鸡、猪、牛、羊的肉和血，再加豆类食物．尽量做到每日不重样。烹调时，注意色、香、味。就餐以前再给宝宝介绍一下菜肴的特点和营养，以使宝宝喜欢吃。

◎**药物疗法**。在医师指导下进行。根据贫血的原因和贫血程度选择药物，如果为大细胞性贫血，应以维生素B_{12}、叶酸、维生素C为主；如果为小细胞性贫血，则以铁剂及蛋白质为主。铁剂宜在两餐之间服用，避免与茶水或大量牛奶同服，以免影响铁的吸收。

妈咪育儿小窍门

及时发现宝宝贫血

当宝宝出现烦躁不安、精神不振、注意力不集中、不爱活动、反应迟缓、食欲减退以及异食癖等现象时，应及时找儿科医生检查。如果宝宝的口唇、口腔黏膜、甲床、手掌、足底变苍白，更应引起重视，尽快去医院诊治。

宝宝智能培育与开发

从宝宝出生的第一天起，他就想学习一切知识。他的感官发育使他急切地渴望见到新画面，听到新声音，闻到新气味，尝到新滋味，摸到新东西。

父母要记住，最重要的事就是不管多小的宝宝都能学习，只不过要根据他的实际情况，变换一下教他的方式而已。父母不应给宝宝布置一些超出宝宝能力范围的任务，那只会使宝宝受挫，丧失自信，还很可能对你不满。可以引导宝宝多方面发展，但绝不要强迫宝宝。总之，不要浪费宝宝出生后的前6个月的学习时间，这段时间的早教意义重大。

语言能力

发声是学习说话的基础，宝宝一出生就经常和他咿咿呀呀“说话”，可以吸引宝宝有意识地模仿，并激励他主动发声。在和宝宝游戏时要满腔热情，以此感染宝宝。为了增加游戏的趣味性，还可以配合一些动作来吸引宝宝的注意。

模仿发音

家长经常发出各种简单辅音，如“ba—ba”爸爸，“ma—ma”妈妈，“da—da”打打，“na—na”拿拿，“wa—wa”娃娃，“pai—pai”拍拍等，让宝宝模仿发音。还要记录宝宝能发的辅音数目，鼓励宝宝多发音。

称呼与人对号

听到说“妈妈”时眼看妈妈，说“爸爸”时眼看爸爸，当爸爸回家时妈妈说“爸爸回来了”，宝宝马上朝门的方向转头，看爸爸。宝宝在爸爸怀中听说“妈妈”时马上朝妈妈看，而且要妈妈抱。

听声拿玩具

父母给宝宝准备各种玩具，每次拿出一件时就对宝宝说出玩具的名称。训练宝宝能够在听到“娃娃”时拿出娃娃，听到“大象”时拿出大象。形象玩具在此时能促进听力的发展。

听儿歌做动作

父母抱宝宝坐在膝上，拉住小手边念边摇“拉大锯，扯大锯，外婆家，唱大戏。妈妈去，爸爸去，小宝宝，也要去！”到最后一个字时将手一松，让宝宝身体向后倾斜。每次都一样，以后凡是到“也要去”时宝宝会自己将身体按节拍向后倾倒。

咿咿呀呀学语言

◎在宝宝清醒的时候，将宝宝抱在怀里，对着他的脸“咿——”、“呀——”“哦——”地说话。

◎当宝宝偶尔因为“吧嗒吧嗒”小嘴或者吐泡泡发出声音的时候，立刻微笑地看着他的小脸，热烈地模仿宝宝的声音，积极给予回应。

◎当宝宝开始“咿咿呀呀”“说话”的时候，跟他一起“说”，并且每隔几天增加一两个不同的音，放慢速度，以长音对着宝宝发出这些音，以便他模仿。

社交能力

宝宝5～6个月时会和大人一起玩游戏，当大人的脸藏在纸后，叫宝宝的名字，引起注意后，将纸拿开并说，“喵—喵”，宝宝会高兴地发出笑声，如此反复做两次，以后在叫他的名字时，宝宝就会转向呼唤的方向笑起来。给宝宝手中放一块饼干，他会自己放在嘴里吃。当妈妈给宝宝洗脸或擦鼻涕时，如果宝宝不愿意，他会将妈妈的手推开。宝宝惧怕陌生人抱或与生人眼神接触时，这是与妈妈建立相依恋感情的表现。6个月时开始训练宝宝认妈妈爸爸、认自己、认五官、认身体，了解实物与镜影的区别。在游戏中让宝宝开心，增进他与父母的感情，发展感知能力。

5～6个月的宝宝对镜子中的自己充满了好奇。

照镜子

抱宝宝在穿衣镜面前，让他追随、拍打镜中人影，用手指着他的脸反复叫他的名字，再指着他的五官（指镜中的五官）以及头发、小手、小脚，让他认识、熟悉后再用他的手指点他身体的各个部位，还可问“妈妈在哪里？”让他朝妈妈看或抓镜中的妈妈，用他的手指着妈妈说“妈妈在这里！”逐渐地宝宝就会朝着妈妈看或抓镜中的妈妈。

需要注意的是，不要让宝宝的头撞到镜子上。

玩捉迷藏

妈妈在床上盘腿而坐，让宝宝面对面坐在腿上，一手扶着宝宝的臀部，一手托着他的腋下保持平衡。爸爸在妈妈背后，让宝宝一只手抓着爸爸的手指，另一只手抓住妈妈的胳膊，爸爸先拉一下被宝宝抓住的手，当宝宝朝这边看时，爸爸却从妈妈背后另一边突然伸出头来亲热地叫宝宝的名字，当宝宝转过头找到爸爸时会“咯咯”地笑起来。家长躲起来的时间不要过长，否则宝宝会失去信心，不愿再玩。

通过游戏培养与宝宝的情感

下面的游戏不仅可以训练宝宝手与上肢肌肉动作，提高用过去积累的知识解决新问题的能力，还可以有助于增近母子父子之间的感情，让宝宝在游戏中体会到父母的爱。

传递积木

宝宝坐在床上，妈妈给他一块积木，等他拿住后，再向另一只手递另一块积木，看宝宝是否将原来的一块积木传递到另一只手后，来拿这一块积木。如果宝宝将手中的积木扔掉再拿新积木，就要教宝宝先换手再拿新的。积木要保持清洁，坚持经常擦洗。

传递积木的游戏，可以锻炼宝宝的动手能力，增近母子感情。

坐“飞船”

在宝宝心情愉快时，爸爸与宝宝面对面，扶宝宝腋下站立，然后把宝宝往上举过自己的头顶，反复几次。也可把宝宝从爸爸身体的左侧向右上方举，再从右侧往左上方举，反复几次，边举边说："宝宝坐飞船，飞船开喽！"注意不能将宝宝抛过头顶再接住，这样会增加宝宝患脑震荡的概率。

记忆能力

帮助宝宝开动小脑筋，锻炼他的记忆力和判断力。训练宝宝从躲避转变为接受更多记忆，因此要容许宝宝自己去观察探索。妈妈要谅解宝宝保护自己的意识，同时也要逐渐让他接受新事物。

寻找玩具

让宝宝看着把玩具小狗放在桌上，用手绢盖上，妈妈问："小狗狗呢？"宝宝可能懂得被手绢盖着，用手扯开。如果不懂，妈妈可帮他把手靠近手绢，让他拉开见到小狗。要多次训练，逐渐学会，一问便扯开手绢。以后当宝宝面用碗把小玩具扣上，再问，看他是否知道是在碗下面。而后揭开，再反复训练。玩具要经常更换，在用碗扣时要用带把手的喝水碗（杯），宝宝不断地揭碗，还能促进宝宝手指小肌肉的锻炼，增强手指的力量。

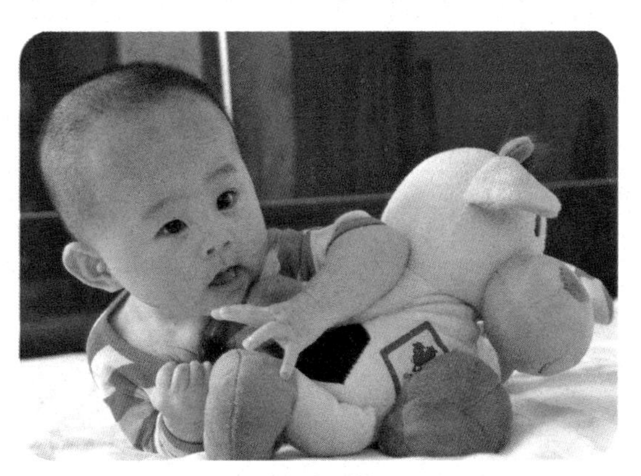

这一时期的宝宝已经可以拿起玩具了。

听觉能力

进一步训练宝宝的听觉能力。训练他对各种物品发出的声音的辨别能力。父母可以用简单的方法测试宝宝的听力水平。

逗宝宝乐的听力测试

在宝宝的床栏杆上，在其手可碰到的地方，吊一些漂亮、会发声的玩具。妈妈可拉着他的手去触拉玩具，让他体会拉拉线，玩具会动，还会"叮咚叮咚"响的情趣。如此反复多次，宝宝就会自己去触拉玩具。

测听力的方法

让宝宝坐在妈妈的腿上，和墙壁的距离不应少于120厘米，并让爸爸站在宝宝一侧与其耳朵齐高、但宝宝看不见的位置。爸爸应站在离他45厘米以外的地方。利用下列的顺序在宝宝耳朵高度处发出声音：

(1)利用你的声音发出低频率及高频率的声音。

(2)摇动会发出声响的玩具。

(3)以汤匙敲打杯子。

(4)搓揉卫生纸。

(5)摇动摇铃。

如果宝宝对声音没有反应，等两秒钟后再试，试过3次之后，如果还没有反应则继续做下一项测试。注意敲打玩具时不要过于用力，以免吓到宝宝。

感觉能力

到5~6个月，感觉能力的发展十分迅速，宝宝通过各种感觉来认识事物。父母这时可以利用自然现象让宝宝熟悉大自然的变化。让宝宝感觉并熟悉雨和雪的声音。

观雨

下雨时，可抱着宝宝在窗前或阳台上，引导宝宝观看下雨的情景，听下雨的声音时反复说："滴答滴答，下小雨了。"若下大雨，则说："吧嗒吧嗒，下大雨啦，哗哗哗哗。"或者唱关于下雨的儿歌给宝宝听，加深宝宝对下雨的印象。注意不要让宝宝淋到雨。

观雪

冬天白雪飘飘的时候，父母可带宝宝外出欣赏美丽的雪景，让宝宝看一看漫天飞舞的雪花，摸一摸堆积在一起的雪团，让宝宝领略一下这银白色苍茫大地的气派。当欣赏雪景的时候，父母可用语言与宝宝交流："下雪了，雪花飘下来了，房顶上变白了，地上也变成白色的了，真漂亮。"要注意，观雪景的时间不可过长，小心冻到宝宝。

认知能力

5~6个月大的宝宝能记得不在一起的熟人，如爷爷、奶奶及有来往的亲朋。所以妈妈如果在宝宝6个月后要上班就应及早安排，早请保姆来或早些让宝宝接触亲属，慢慢与宝宝接触，待熟悉之后才能在母亲上班后照料宝宝。宝宝也害怕去陌生的地方，接触陌生事物，要由父母陪同，逐渐熟悉新的环境和新事物。有些宝宝害怕大的形象玩具，妈妈陪他一起玩，熟悉之后才渐渐消除恐惧。

拿开玩具

5~6个月大的宝宝觉察正在玩的玩具被别人拿走，一般会以哭表示反抗。4个月之前宝宝从不觉察消失了什么。5个月后，能听到或追随失落之物转头寻找。6个月才真正觉察别人拿走自己的东西，而且反抗强烈，这是认识上的进步。

听声指物

所指物品的种类范围扩大，可以从宝宝的玩具到家里的装饰物、电器、厨房用具等。每次指对了或拿对了都要给宝宝充分的肯定和表扬，增强他学习的兴趣。

动作能力

5~6个月大的宝宝其成长程序将从俯卧、仰卧转为坐。坐同睡有差别，坐着看

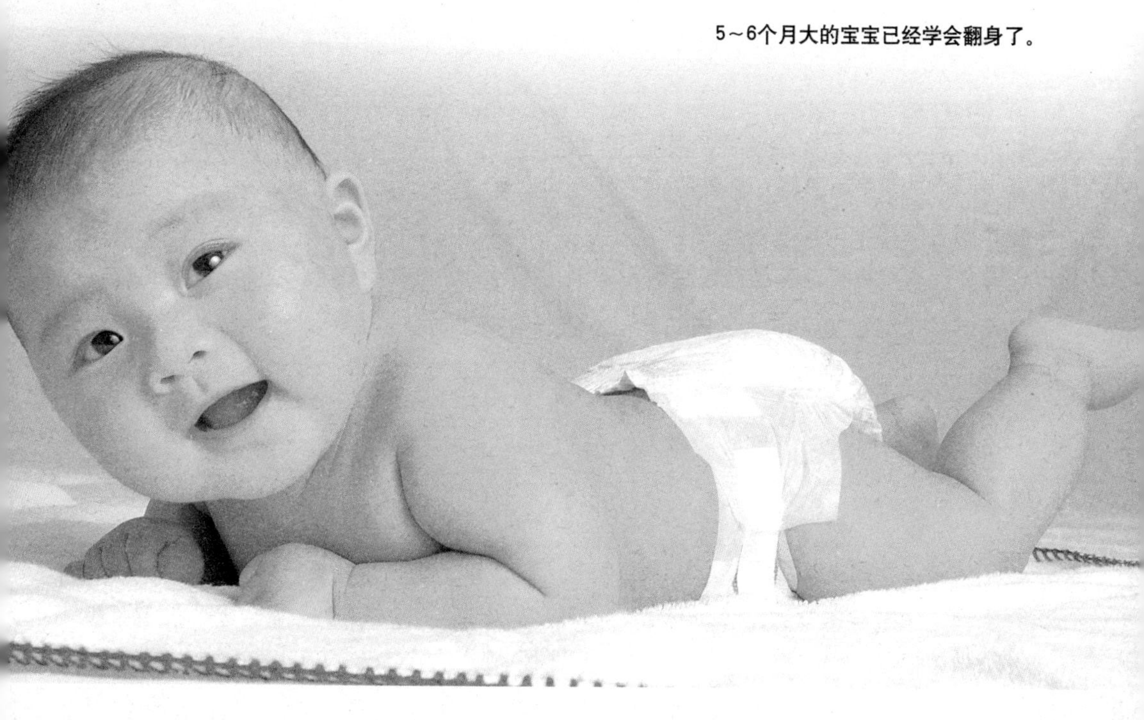

5~6个月大的宝宝已经学会翻身了。

各种事物更清楚，坐着玩更得心应手，坐着伸手取物也较容易。6个月大的宝宝有些可能会坐着咿呀说话，有些会平稳地坐着玩。

翻身

学习由仰卧翻至侧卧，然后再翻至俯卧。可将玩具放在宝宝的体侧伸手够不着处，宝宝为够取玩具先侧翻，伸手使劲儿也够不着时，全身再使劲儿就会变成俯卧。这种动作要经常练习，基本上到第7个月才能翻滚。经常翻滚有助于肌肉关节和左右脑的统合能力的发展。注意应在宝宝周围做好保护措施。

扩大交往范围

这个时期的宝宝喜欢接近熟悉的人，能分出家里人和陌生人，要经常抱宝宝到邻居家去串门或抱他到街上去散步，让他多接触人，为宝宝提供与人交往的环境。尤其要多和小朋友玩。

伸双臂求抱

要利用各种形式引起宝宝求抱的愿望，如抱他上街、找妈妈、拿玩具等。抱宝宝前，需向宝宝伸出双臂，说“抱抱好不好?”鼓励他将双臂伸向你，让他练习做求抱的动作，做对了再将宝宝抱起。

适宜宝宝的体操

◎用双手扶着宝宝腋下，让其练习跳跃动作。

◎在靠坐的基础上让宝宝练习独坐。家长可先给予一定的支撑，以后逐渐撤去支撑或首先让宝宝靠坐，待坐得较稳后，逐渐离开靠背，有时要到7个月才能逐渐坐稳。

◎用玩具逗引帮助宝宝练习匍匐爬行，家长可把手放在宝宝的脚底，帮助他向前匍匐爬行，以后逐渐用手或毛巾提起腹部，使身体重量落在手和膝上，以便向前匍匐爬行。

◎继续每日做宝宝操，主要练习扶站、匍匐爬行、准备走的站立，但时间不超过1分钟。

◎学习由仰卧翻至侧卧，然后再翻至俯卧。

◎继续让宝宝练习够取小的物体，物体要从大逐渐到小，从近逐渐到远，让宝宝练习从满手抓到拇指食指捏取。

Part 9

6~12个月宝宝护理

随着宝宝的成长，父母会发现在不知不觉中，宝宝已经会“说话”，会“走路”了。当然，宝宝只是时不时地蹦出几个简单的词和扶着爸爸妈妈的手走几步，但对于父母来说这都是欣喜的发现。经过半年的精心养育，宝宝已经不再是当初那个整天睡觉的“小懒虫”，而成了积极向上的“学习标兵”，对于父母的一言一行都有强烈的学习欲望。顺利度过这半年，宝宝就可以安心地进入下一个成长阶段了。

宝宝身体与能力发育特点

在这几个月中，宝宝的身体发育有了很大的进步。他从勉强会坐，在父母的帮助下爬行，到能够站立，迅速地爬行。宝宝到12个月大的时候已经能自己站稳并走几步了。宝宝开始有了初步的自我意识，喜欢被表扬，能够指出身体的一些部位，用几个动作表示自己的意图，还能够说一些简单的单词。

身体发育特点

大多数宝宝这时已能自己扶着东西站立，发育快的宝宝甚至能独立站一会儿。能从俯卧位扶着床栏坐起，能牵着妈妈的一只手很好地走，并能扶着推车向前或转弯走。坐得很稳，能主动地由坐位改为俯卧位，或俯卧位改为坐位。

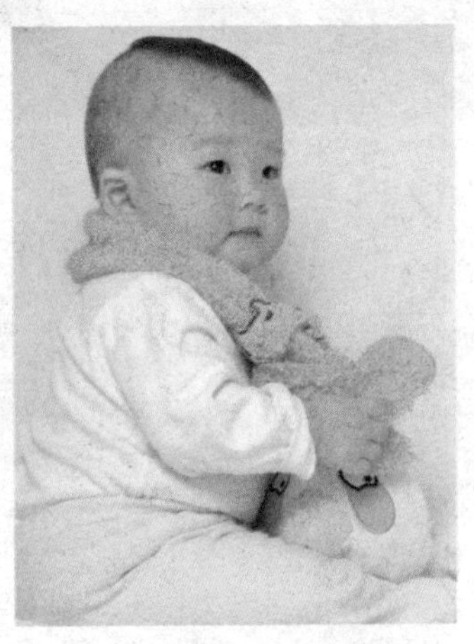

这一阶段的宝宝可以坐得很稳，并能把玩各种玩具。

将玩具扔掉后，自己能拾起来，能顺利抓起桌面上的物体，抓起一块，放下一块。手的动作灵活性明显提高，会使用拇指和食指捏起小的东西，能玩弄各种玩具，能推开较轻的门、拉开抽屉，或把杯子里的水倒出来。能试着拿笔并在纸上乱涂，有的宝宝还会搭积木。

身高

这个时期，男宝宝身高为71.9～81.5厘米；女宝宝身高为70.3～80.0厘米。

体重

这段时期，宝宝的体重增长明显，到12个月时体重接近7个月时的一倍。男宝宝体重为8.4～11.4千克；女宝宝体重为7.9～10.6千克。

头围

这几个月的宝宝，其头部发育仍处于快速时期，头围平均每月增加约0.5厘米。男宝宝头围为44～47.1厘米；女宝宝头围为43.7～46.2厘米。

胸围

宝宝到1岁时，其胸围与头围已接近。
男宝宝胸围为42.5～48.6厘米；女宝宝胸围为41.4～47.6厘米。

前囟门

这段时期的宝宝，前囟门逐渐变小，到12个月时有的宝宝前囟门已经闭合。

头发

有的宝宝出生时头发还较黑，现在可能反而逐渐变黄了；出生时较黑的头发会逐渐变黄，如果程度不是很重，属于正常现象，但最好还是到医院检查一下，看看是否存在潜在问题（如是否有微量元素缺乏，是否有内分泌疾病存在等）。如果头发黄得厉害，则一定要到医院检查。

牙齿

宝宝一般已长牙4～8颗，但也有少数宝宝到现在才开始长出牙齿。

能力发育特点

这段时期是宝宝智能发育的关键时期，其行为模式也出现飞跃式的发展，同时也是婴儿期的最后几个月，宝宝独立性进一步加强，宝宝能仔细观察大人无意间做出的一些动作，头能直接转向声源，能听懂3～4个字组成的一句话，也是语言及动作条件反射形成的快速期。这时期的宝宝懂得选择玩具，逐步建立了时间、空间、因果关系的观念，如看见妈妈倒水入盆就等待洗澡，喜欢反复扔东西、拾东西等。

视觉发育状况

已具有空间关系感，视觉记忆提高，而后能发现隐藏物品，并堆积2～3个物体。能仔细观察大人无意间做出的一些动作。

听觉发育状况

宝宝一般7个月大时，叫他的名字就会有反应，10个月大的时候，能将头直接转向声音的发出方向。12个月大时能听懂几个字，包括对家庭成员的称呼，逐渐可以根据声音来调节、控制自己的行动。1岁时，在判断声音来源方向上，近乎能达到成人的水平。

语言发育状况

这个阶段的宝宝可正确模仿音调的变化，并开始发出单词。并且能很好地说出一些难懂的话，对简单的问题能用眼睛看、用手指的方法做出回答，如问他“小猫在哪里”，宝宝能用眼睛看着或用手指着猫。12个月时能听懂并掌握10～20个词语。这时虽然宝宝说话较少，但能用简单词语表达自己的愿望和要求，并开始用语言与人交流。已能模仿和说出一些词语，一定的“音”开始有一定的具体意义，这是此阶段宝宝语言发音的特点。宝宝常常用一个单词表达自己的意思，如“外外”，根据情况，可能是表达“我要出去”或“妈妈出去了”；“饭饭”可能是指“我要吃东西或吃饭”。为了加快宝宝语言发育，可结合具体事物训练宝宝发音。在正确的教育下12个月的宝宝可以说出“爸爸、妈妈、阿姨、帽帽、拿、抱”等5～10个简单的词语。

12个月内的宝宝一般能说10个简单的词语了。

知觉发育状况

◎“知觉恒常”指当知觉条件（如距离，形状、明度等）在一定的范围内发生变化时，知觉的印象仍能保持相对稳定。例如，一只小鸟，它飞来飞去，在我们的眼里，小鸟的大小、位置变来变去，但我们知道不管它在我们眼中呈的像如何千变万化，它始终是那只鸟。有了知觉恒常，人们才会对外界事物有比较稳定的认识。一般认为宝宝在半岁后具有知觉恒常性，如可以追着看一个滚动的物体，而且还能把它看成是同一个物体。知觉恒常性的出现，使宝宝能更好地认识事物的一些稳定的特征。

◎“客体永存”指的是当物体从人的视线中消失时，我们知道这个物体并不是不存在了，而只是我们看不见了。一般认为，在宝宝8～12个月时，由于动作（特别是手的动作和行走）的发展和言语的产生，客体永存性也开始出现。例如，在这以前，你和宝宝“藏猫猫”的时候，妈妈一躲开，他看不见了，也就不找了，以为世界上不存在“你”这个人了。可是在1周岁左右时，妈妈再和宝宝做游戏时，妈妈叫宝宝一声，然后再躲起来，宝宝就会用眼睛到处找。

心理发育状况

◎**自我意识**：能把自己的动作和动作的对象区分开来，把主观意识和客观事物区分开来。认识到自己与事物的联系。

◎**记忆力**：开始有了明显的记忆力，能认识自己的玩具、衣物，还能指出自己身上的器官，如头、眼、鼻、口等。宝宝保持记忆力只有几天，其记忆力与后天培养和宝宝是否有很大的兴趣有关。

◎**个性**：已有特征性个性，有的宝宝表现得活泼、有的沉静、有的灵活、有的呆板。但这种个性并不是固定不变。

◎**思维**：这个时期宝宝的思维发育程度较低，主要是具体形象思维，叫做前语言思维，表现为有目的地用动作来解决问题，如可找到藏在某地方的物体。

◎**好奇心**：这个时期宝宝的好奇心逐渐增强，喜欢到处触摸，到处看。这对宝宝开阔眼界，增长知识，探索周围世界有很大帮助。然而这也会给宝宝带来不安全的一面。在这个时期父母应照管好宝宝，将房间的布置重新调整，以便宝宝更好地活动，把危险品放到宝宝够不到的地方。

◎**情绪**：宝宝仍有分离焦虑情绪，应逐渐锻炼宝宝的独立生活能力，尽量让宝宝独自玩耍，不要像以前那样与父母形影不离，父母在一旁观察，使宝宝在突然想起父母时能随时看到。

妈咪育儿小窍门

认识宝宝的体态语言

宝宝在学会说话以前，有着丰富多彩的体态语， 体态语包括面部表情和体态动作。大致归纳为以下几种。

(1)张开双臂表示欢迎，转头避开表示拒绝。

(2)拍手微笑表示高兴，摇头哭喊表示厌烦。

(3)用手指指点表示要求或示意。

(4)发出声音表示意愿。

在宝宝1岁之内，有成千上万的信息是通过他的体态语来向父母传递的，而且每个宝宝传递的方法也各有不同，父母应细心观察，深入了解。只有你真正懂得了宝宝的心理需要，才能做到亲子间的心灵交往和沟通。

合理的喂养方式让宝宝更健康

在这几个月中，如果宝宝身体健康的话，就应该断掉母乳。断奶后，每天喝1～2次配方奶。宝宝可能发生大便干燥，可在饮食上增加蔬菜、水果等有润肠作用的辅食。辅食要少放各种调味剂。随着宝宝的活动量增强，对食物的需求量也增多了。父母一定要注意保证宝宝均衡地摄入营养。只有均衡的营养才能使宝宝各方面发育均衡。如果在辅食中不增加足够的鸡蛋、鱼肉、牛肉等，就会造成宝宝身体内的动物蛋白缺乏。但是动物蛋白的摄入量要根据宝宝的饭量而定。这个时期，宝宝的饮食要精心安排，因为这也许会影响到宝宝一生的饮食习惯，要合理搭配宝宝辅食，不能让宝宝养成偏食、厌食的坏习惯。另外，这时可以让宝宝练习用水杯喝水，为他准备一只专用的环保水杯较好。此时的宝宝能吃各种饼干、蛋糕、薄饼等。品尝点心也是宝宝的生活乐趣之一，但给宝宝吃点心最好要定时。

宝宝断奶的正确方法

经过了一段时间的过渡准备，现在父母可以给宝宝断奶了。在正式断奶期间，父母要掌握正确的方式。特别是父亲，不要以为断奶只是宝宝和妈妈之间的事。其实，在这个过程中，爸爸也起着关键的作用。

断奶方式因人而异

断奶的时间和方式取决于很多因素，每个妈妈和宝宝对断奶的感受各不相同，选择的方式也因人而异。

◎**快速断奶**：如果妈妈已经做好了充分的准备，妈妈和宝宝也都可以适应，断奶的时机便已成熟，妈妈可以很快给宝宝断掉母乳。特别是加上客观因素，如果妈妈一定要出差一段时间，那么很可能几天就完全断奶了。如果妈妈上班后不再希望宝宝吸奶，那么白天的奶也很快就会断掉。

◎**逐渐断奶**：如果宝宝对母乳依赖很强，快速断奶可能会让宝宝不适，或者妈妈非常重视哺乳，又天天和宝宝在一起，突然断奶可能有失落感，妈妈可以采取逐渐断奶的方法。从每天喂母乳6次，先减少到每天5次，等妈妈和宝宝都适应后，再逐渐减少，直到完全断掉母乳。

循序渐进的断奶方法

妈妈要理解断奶是一个循序渐进的过程，断奶的准备其实从添加辅食就开始了，不但要让宝宝生理上适应，心理上也要适应。

◎**哺乳次数递减**。等到宝宝6到8个月时，每天可以先减去一次母乳，以辅食替代。以后继续减少母乳次数，至 1 岁左右就可以断母乳了。

◎**食物过渡**。宝宝月龄在5个月左右时，家长应该适当给宝宝喂一些蛋黄、菜泥等易消化的辅食；添加辅食的几个月里，慢慢让宝宝从吃流质转变到吃固体的混合饮食。

◎**饮食方式改变**。不仅食物改变了，吃的方式也改变了，从吮吸乳汁转为自己用牙咬切、咀嚼后才吞咽下去。通过吮吸妈妈乳头进食转为用杯、碗喝，用小勺送入口中，从妈妈一个人喂食转为爸爸、奶奶等人都可喂食。

◎**从白天开始断奶**。白天有很多吸引宝宝的事情，所以，他不会特别在意妈妈，但当早晨和晚间时，宝宝会对妈妈非常依恋，需要从吃奶中获得慰藉，因此不易断开，在断掉白天那顿奶后再慢慢停止夜间喂奶，直至过渡到完全断奶。

为了宝宝的健康，在断乳时要保证断乳食品的营养均衡。

断奶小建议

◎如果宝宝是跟妈妈睡一张床，那么在决定断奶的时候应该让宝宝睡宝宝自己的床，或者跟家里的其他人一起睡。但是如果宝宝特别抗拒这种改变，他可能反而要求更多次地吃奶，以保持与妈妈的亲近感。

◎只在宝宝主动要求吃奶的时候才喂他。这个方法可以帮助他更顺利地接受辅食。

◎改变一些生活常规。可以尝试回家后先带宝宝出去玩一会儿，而不要急着喂他。如果在家里就有固定的喂奶地方，妈妈应尽量避免和宝宝一起待着。

◎争取家里其他人的帮助。如果宝宝的习惯是早晨醒来就要吃奶，那妈妈可以试着在宝宝醒之前起床，然后让爸爸来帮宝宝穿衣服和做其他起床后的事情。

◎在宝宝想起来要吃奶之前先给他一些替代物或者是能分散他注意力的东西，给他吃点儿辅食或者带他去他很喜欢的地方玩。

◎缩短喂奶的时间或者看看他是否接受拖延喂奶的时间。

断掉临睡前和夜里的喂奶

大多数的宝宝都有半夜里吃奶和晚上睡觉前吃奶的习惯。宝宝白天活动量很大，不喂奶还比较容易。最难断掉的，恐怕就是临睡前和半夜里的喂奶了，可以先断掉夜里的奶，再断临睡前的奶。这时候需要爸爸或家人的积极配合，宝宝睡觉时，可以改由爸爸或家人哄宝宝睡觉，妈妈避开一会儿。宝宝见不到妈妈，刚开始或许要哭闹一番，但是没有了回应，稍微哄一哄也就睡着了。断奶刚开始会折腾几天，直到宝宝闹的程度一次比一次轻，直到有一天，宝宝睡觉前没怎么闹就乖乖躺下睡了，半夜里也不醒了，断奶初期便顺利完成过渡。

爸爸的作用不容忽视

断奶前，要有意识地减少妈妈与宝宝相处的时间，增加爸爸照料宝宝的时间，给宝宝一个心理上的适应过程。刚断奶的一段时间里，宝宝会对妈妈比较黏，这个时候，爸爸可以多陪宝宝玩一玩。刚开始宝宝可能会闹情绪，逐渐习以为常也就好了。让宝宝明白爸爸一样会照顾他，而妈妈也一定会回来的。对爸爸的信任，会使宝宝减少对妈妈的依赖。

培养宝宝良好的行为习惯

断奶前后，妈妈因为心理上的内疚，容易对宝宝纵容，要抱就抱，要啥给啥，不管宝宝的要求是否合理。但要知道越纵容，宝宝的脾气越大。在断奶前后，妈妈适当多抱一抱宝宝，多给他一些爱抚是必要的，但是对于宝宝的无理要求，不要轻易迁就，不能因为断奶而养成了宝宝的坏习惯。

妈咪育儿小窍门

避免形成不良的饮食习惯

断奶期间宝宝不良的饮食习惯是断奶方式不当造成的，可不是宝宝的过错。断奶期依然要让宝宝学习用杯子喝水和饮果汁，学习自己用小勺吃东西，这能锻炼宝宝独立生活能力。

预防断奶综合征

在宝宝断奶后缺乏正确的喂养，就会使宝宝的身体产生不良反应，如宝宝体内蛋白质缺乏，兴奋性增加，容易哭闹，哭声不响亮，细弱无力，有时还会伴随腹泻等症状。

这些问题都是由于父母给宝宝断奶不当引起的不良反应，医学上称为断奶综合征。宝宝如果被突然断奶而改喂粥及其他辅食时，心理上和精神上的不适应要比消化道的不适应更为严重。其中，蛋白质摄入不足和精神上的不安，会使宝宝消瘦，抵抗力下降，易患发热、感冒、腹泻等病。预防断奶综合征的关键在于合理喂养和断奶后注意补充足够的蛋白质。

宝宝断奶后的喂养方法

断奶与辅食添加要平行进行。辅食不是因为断奶才开始吃，而是在断奶前已经吃得很好了，所以断奶前后辅食添加并没有明显变化，断奶也不应该影响宝宝正常的辅食。有的父母会以为断奶后宝宝的饮食有了很大的变化，从而使用一些不正确的喂养方法。所以，宝宝断奶后的喂养也是很有讲究的。

断奶后的饮食安排

和平时一样，白天除了给宝宝喝奶外，还可以给宝宝喝少量1：1的稀释鲜果汁和白开水。如果是在1岁以前断奶，应当喝婴儿配方奶粉，1岁以后的宝宝喝母乳的量逐渐减少，要逐渐增加喝牛奶的量，但每天的总量基本不变（1～2岁宝宝应当每日600毫升左右）。1岁的宝宝全天的饮食安排：一日五餐，早、中、晚三顿正餐，两顿点心，强调平衡膳食和粗细、米面、荤素搭配，以碎、软、烂为原则。

吃营养丰富和容易消化的食物

宝宝咀嚼能力和消化能力都很弱，吃粗糙的食品不易消化，易导致腹泻。所以，要给宝宝吃一些软、烂的食品。一般来讲，主食可吃软饭、烂面条、米粥、小馄饨等，副食可吃肉末、碎菜及蛋羹等。值得一提的是，牛奶是宝宝断奶后每天的必需食物，因为它不仅易消化，而且还有着极为丰富的营养，能提供给宝宝身体发育所需要的各种营养素。刚断奶的宝宝在味觉上还不能适应刺激性的食品，其消化道对刺激性强的食物也很难适应，所以避免给其吃刺激性食物。

配方奶和奶制品

配方奶和奶制品是宝宝食物的首选，因为这些产品可以补充宝宝生长必不可少的钙。宝宝每天应该至少喝约600毫升的配方奶或等量的奶制品。

富含淀粉的食物

宝宝最初吃的面粉是不含面筋且没有甜味的。其他富含淀粉的食物，如土豆、面团都可以给宝宝吃，这样可以丰富一下宝宝的食谱。

蔬菜和水果

在蔬菜与水果中有许多营养成分，也有一些膳食纤维和维生素。

建议选择新鲜的蔬菜水果而尽量避免罐头或腌制蔬菜，要选择糖分和盐分含量不是太高的种类。宝宝长到10个月，可以在晚上让他吃一点儿蔬菜，如让他喝带点儿面团的浓浓的蔬菜汤。中午宝宝如果吃了水果，晚上可让他吃一些奶制品。

断奶后宝宝的饮食应该注意合理搭配。

鱼、畜肉和鸡蛋

鱼、畜肉和鸡蛋的营养价值很高，它们含有丰富的蛋白质、脂类和微量元素。但要避免过多地摄入蛋白质和脂类。每星期要让宝宝吃一两次鱼。每星期可以用鸡蛋来代替一次肉制品。

其他食品

要注意让宝宝尽量少接触甜食，如巧克力、果酱、蜂蜜、甜的饮品，这样宝宝长大以后不容易养成吃甜食的习惯。建议让宝宝饮用含少量矿物质的水。

妈咪育儿小窍门

断奶后饮食中的误区

◎**只吃饭少吃菜或只吃菜少吃饭**：给宝宝添加辅食，有的父母只注重主食，烂饭、面条、各种米粥、面点变着花样给宝宝吃，但鱼肉、蔬菜、豆制品吃得少，或是相反。这都违反了膳食平衡的原则，不利于宝宝的健康发育。

◎**用汤泡饭**：有的父母觉得汤水的营养丰富，还能使饭变软一点儿，因此总给宝宝吃汤泡饭。这显然是个误区，首先汤里的营养只有5%～10%，更多的营养还是在肉里。而且长期用汤泡饭，还会造成胃的负担，可能害得宝宝从小得胃病。

◎**断奶后饮食正常，但仍在吃奶糕**：奶糕是从母乳到稀饭的过渡食品，而且营养成分和稀饭没什么区别，都是碳水化合物。如果断奶后，宝宝可以吃稀粥、稀饭了，就不需要再吃奶糕了。长期给宝宝吃奶糕，不利于宝宝牙齿的发育和咀嚼能力的培养。

宝宝的饮食禁忌

随着宝宝断奶的进行，父母会给他增加各种取代母乳的食品，但给宝宝的食品是非常有讲究的，许多父母看来很平常的、很有营养的食品，其实对宝宝并不适合。父母需要了解这些食物，以免对宝宝的身体造成伤害。

宝宝不宜多食炼乳

宝宝要尽量少食或不食炼乳。一些父母把炼乳作为有营养价值的代乳品来喂养宝宝，其实这种做法很不科学。由于炼乳太甜，必须加5～8倍左右的水来稀释，以使糖的浓度下降，而这些蛋白质和脂肪的浓度却大打折扣，以炼乳为主食喂养宝宝，势必造成宝宝体重不增，面色苍白，平时容易生病，还会患多种脂溶性维生素缺乏症。

1周岁内宝宝不宜食蜂蜜

人们把蜂蜜当做滋补品，有时又当做治病的良药，因为蜂蜜含有丰富的维生素C、维生素B_6、维生素B_{12}、维生素K、果糖、葡萄糖、多种有机酸和微量元素等，有些父母常给周岁以内的宝宝作滋补品或用来治疗便秘，其实这种做法是不科学的。

因为土壤和灰尘中含有肉毒杆菌，蜜蜂在采集花粉酿蜜的过程中，常常会把带有肉毒杆菌的花粉带回蜂箱。由于1周岁内的宝宝肠道微生物生态平衡不够稳定，抗病力差，如果食入带有肉毒杆菌的蜂蜜，肉毒杆菌产生的肉毒素可使宝宝中毒，先出现便秘，接着出现迟缓性麻痹、哭声微弱、吮乳无力、呼吸困难等症状。而成人抗病力强，可抑制肉毒杆菌的繁殖，不会出现中毒。所以，1周岁内的宝宝应避免食用蜂蜜。

宝宝不宜喝成人饮料

◎**兴奋剂饮料**。如咖啡、可乐等，其中含有咖啡因，对宝宝的中枢神经系统有兴奋作用，影响脑的发育。

◎**酒精饮料**。酒精刺激宝宝胃黏膜、肠黏膜乳头，可造成损伤，影响正常的消化过程。酒精对肝细胞有损害作用，严重时可有转氨酶增高。

不宜给宝宝喝成人饮料。

◎**茶**。茶虽然含有维生素、微量元素等对人体有益的物质，但宝宝对所含茶碱较为敏感，可使宝宝兴奋、心跳加快、尿多、睡眠不安等。茶叶中所含鞣酸与食物中蛋白质结合，影响消化和吸收。饮茶后铁元素的吸收下降2～3倍，可致贫血。如以色列人有让宝宝喝茶的习惯，其中32.6%的宝宝有贫血症，而不喝茶的宝宝患贫血症的只占3.5%。

◎**汽水**。汽水内含小苏打，中和胃酸，不利于消化。胃酸减少，易患胃肠道感染。而且汽水含磷酸盐，会影响铁的吸收，也是导致贫血的原因。

宝宝的日常护理

对许多宝宝来说，这半年是生命历程中一个比较重要的阶段，一些重要的事情将在这几个月发生，如乳汁将从他们的主食变为辅食甚至零食。变化总是伴随着适应，许多宝宝将会出现或多或少的不适应症状。在这个月，父母们在享受宝宝带来的种种愉悦的同时，帮助宝宝适应各种变化是最重要的工作。

断奶综合征的护理

饮食的改变从某个角度来说是宝宝长大的最重要的标志，饮食从流质到半流质最后过渡到正常的固体饮食，一方面是宝宝身体成长的需要，另一方面是宝宝咀嚼能力、消化能力、吸收能力发展的重要表现。传统的断奶方式比较讲究效率，在短时间之内达到某种效果，但事实上，这种做法虽然可以取得表面收效，但并没有实质效果，宝宝往往需要独自承担断奶造成的不适应，这样身心都可能会受到伤害。

断奶综合征的症状

◎**消瘦，体重减轻**。强行断奶的宝宝，由于还没有适应母乳之外的食物，断奶之后对新食物兴趣不够，吃饭时经常会拒吃，引起脾胃功能紊乱，导致食欲差，每天摄入的营养不能满足身体正常的需求，通常会出现消瘦、面色发黄、体重减轻的症状。

◎**抵抗力差，易生病**。断奶之前没有做好充分的准备，没有给予宝宝丰富的辅食添加，很多宝宝会因此养成挑食的习惯，如只喝牛奶、米粥，食物种类单调，饮食以碳水化合物为主，缺乏蛋白质、矿物质，从而影响生长发育。这样的宝宝一般抵抗力较弱，爱生病，容易因为缺钙而发生佝偻病。

◎**爱哭、没有安全感。**母乳喂养对宝宝来说，除了满足身体发育的正常需求之外，还满足了他们正常的情感体验。如果事先没有足够的铺垫，粗暴断奶，宝宝会因为没有安全感而产生焦虑感，妈妈一走开就紧张焦虑，到处寻找。这种情况会造成情绪低落，害怕与别人交往，怕见陌生人。

断奶综合征的护理

◎**坚持很重要。**当宝宝出现不适应症时，不要因为哭闹就拖延断奶的时间。父母在坚持的同时还需要对宝宝进行情绪上的安抚，多抱抱他，跟他说话，游戏，陪在他的身边。

◎**循序渐进，辅食逐渐多样化。**不要急着增加新的辅食，尤其是在宝宝身体不舒服的时候，千万不要强迫他进食新食物。可以通过改变食物的做法来增进宝宝的食欲，使他产生对食物的兴趣，不愿意吃的时候就拿开，但中间不要喂其他食物；每次的量不要多，保持少食多餐。等宝宝完全适应新食物和饮食习惯后，再增加新的食物或者减少哺乳次数。

◎**尝试用餐具喂宝宝。**让宝宝习惯用餐具进食，可把母乳或果汁放入小杯中用小勺喂宝宝，让他们知道除了妈妈的乳汁之外还有很多好吃的。当宝宝习惯于用勺、杯、碗、盘等器皿进食后，他们会逐渐淡忘从前在妈妈怀里的进食方法。

◎**选择合适的时间。**断奶时间不要选择在炎热的夏天，因为这个季节，天气普遍较热，气温高容易影响宝宝胃口，这个时候断奶容易发生肠道紊乱，从而导致消化不良、腹泻。而春秋季节可以说是断奶的最佳期。

◎**症状严重请医生帮助。**如果宝宝出现比较严重的症状，如身体发育迟滞、情绪焦虑等，在这样的情况下，要请求医生的帮助。

宝宝出牙时常见的问题

一般宝宝在出生后4～10个月左右开始萌出乳牙，在正常情况下，宝宝出牙时也会有一些不舒服的状况，比如口水特别多、萌牙血肿等，这些症状在正确的护理下会消除或者缓解。

出牙期的症状

◎**口水增多。**出牙时的宝宝有一个比较明显的特征，就是口水比较多，主要是因为他们的神经系统发育和吞咽反射差，控制唾液在口腔内流量的功能弱造成的，通常随年龄增大和牙齿萌出，流口水将逐渐消失。

◎**萌牙血肿**。牙龈上出现肿包，大小不等，肿包的表面呈现出蓝紫色，肿块一般出现在即将出牙的地方。

◎**发热、腹泻**。有些宝宝在长牙时还会有发热、腹泻的症状，大多数宝宝症状不会太严重，一般精神都比较好，食欲旺盛。

◎**烦躁**。出牙时的不舒服会让宝宝表现得烦躁不安，他们看起来比平时更爱哭，情绪不好。不过如果看到什么有趣的事情，通常会安静下来。

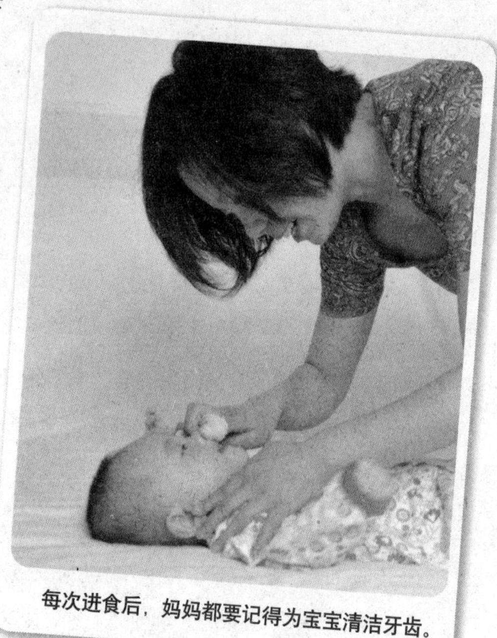
每次进食后，妈妈都要记得为宝宝清洁牙齿。

出牙期的护理

◎**保持口腔清洁**。每次进食过后，喝几口白开水或者用湿毛巾或者湿纱布缠绕在手指上轻轻擦拭宝宝的牙齿；不要让宝宝含着奶嘴一边吸一边睡觉。平时少给宝宝喝含糖饮料，尽量喝白开水。

◎**进行牙床锻炼**。可以让宝宝做些牙齿操以缓解宝宝流口水、牙肉痒的症状，可以使用磨牙饼或者牙齿训练器，让宝宝放在口中咀嚼，以锻炼宝宝的颌骨和牙床，促进牙齿萌出。

◎**加强营养**。营养不足会导致出牙推迟或牙质差。宝宝出牙期间，要注意为宝宝添加维生素D及钙、磷等微量元素。最简单的做法是经常抱宝宝去户外晒太阳。

妈咪育儿小窍门

宝宝乳牙的出牙时间

正门牙：6～12个月

侧门牙：9～16个月

犬　齿：16～23个月

第一臼齿：13～19个月

第二臼齿：23～33个月

培养宝宝自己吃饭

宝宝从出生开始多数在父母的精心护理下，吃饭、穿衣都需要父母的帮助。随着宝宝的成长，父母可以培养他独立吃饭的能力了。其实，离开母乳的喂养，宝宝对于面前的小勺子、小饭碗是很感兴趣的，父母要善于引导。

让宝宝吃手抓食物

宝宝在6～7个月的时候，就想自己用手抓起食物来吃。这时父母千万不要觉得烦，可把宝宝的双手清洗干净，放手让宝宝用手抓着吃。先让宝宝抓面包片、磨牙饼干；再把水果块、煮熟的蔬菜等放在他面前，让他抓着吃。刚开始时，一次少给宝宝一点儿，防止他把所有的东西一下子全塞到嘴里。

把勺子交给宝宝

给宝宝喂饭最头痛的问题莫过于他总是要抢勺子。大多数妈妈这时会失去耐心，甚至对宝宝大吼大叫，宝宝学习吃饭的热情就这样被扼杀了。其实父母应该多一点儿耐心，多一点儿容忍，要照顾到宝宝的实际能力，可以用较重的不易掀翻的盘子，或者底部带吸盘的碗，当宝宝吃累了，用勺子在盘子里乱扒拉时，把盘子拿开即可。在宝宝成功时，给予热烈的鼓励。

父母的心态很重要

在宝宝吃饭的问题上，父母的心态很重要。宝宝的胃口几乎随时会发生改变，所以当你精心制作了他上一顿喜欢吃的东西，端到他面前时，他也许一口也不想吃。其实，宝宝并不是存心捣蛋，只是他真的不想吃，可能他不喜欢这种吃法，而不是这样东西，所以换一种制作方法试试或许有效果。

不要总是强迫宝宝多吃

不必担心宝宝会饿着，如果他饿了，自己会要求吃东西。如果总是强迫宝宝吃饭，会破坏他的胃口，使他厌食。父母应心平气和地对待宝宝的吃饭问题，不要因为宝宝吃得多表扬他，也不要因为他吃得少显得失望。如果宝宝一时不想吃，过了

妈咪育儿小窍门

宝宝能自己吃饭，不要再喂他

宝宝能独立地自己吃了，有时他反而想要妈妈喂。这时，如果你觉得他反正会自己吃了，再喂一喂没有关系，那就很可能前功尽弃。如果他坚持让妈妈喂，妈妈可以简单地喂他几口，然后漫不经心地表示他已经吃饱了。这样，宝宝如果想吃的话，就得自己吃。

吃饭时间可以先把饭菜撤下去，等宝宝饿了，再热热给他吃。这样几次过后，宝宝就建立了一种新认识：不好好吃饭就意味着挨饿，自然就会按时吃饭了。

让宝宝养成良好的卫生习惯

要让宝宝不生病，就应讲卫生，增强体质，做到预防为主。宝宝生不生病，与饮食和卫生习惯的培养有很大关系，因此，爸爸妈妈和宝宝都应注意培养良好的卫生习惯。

饭前要洗手

吃饭前应该让宝宝安静地休息一会儿再吃，如果饭前活动量太大，会影响食欲、食量。同时让宝宝养成饭前洗手的好习惯，不用脏手、未洗干净的手拿东西吃。尽量让宝宝自己拿勺吃。另外，不要嚼东西喂宝宝吃，这很不卫生，很容易把疾病传染给宝宝；吃饭时不要惹宝宝哭，以免影响消化。

妈咪育儿小窍门

吃饭要定时定量

宝宝从小就应养成按时吃饭的习惯，每次食量也要合适，不要忽多忽少。有的父母看宝宝一哭就随便给他东西吃，让他一边哭一边吃，或者一边玩一边吃。还有宝宝常吃零食，也非常不好，等到吃饭时间就不再好好吃饭，长此下去，会养成吃零食的习惯，也会导致消化不良，影响宝宝的健康。

每天都要洗脸、洗手，经常洗澡

宝宝整天什么都摸，手和脸很容易弄脏，所以每天早晚和吃饭时都应清洗脸及双手。宝宝的指甲也应经常修剪，指甲长了容易藏脏东西，并随食物吃进肚子，从而引起疾病。

还要从小养成宝宝爱洗澡的习惯。洗澡是锻炼身体的办法，一方面能洗掉泥土，保持皮肤清洁；另一方面温水能刺激皮肤，增强抵抗力，不易得皮肤病。夏天常洗澡，预防生痱子、痱毒。洗澡时不要让水流进耳朵里，洗完后可用些爽身粉。

培养大小便的卫生习惯

要尽可能早一些培养宝宝在一定时间内大便和定时小便的习惯。如果大小便习惯培养好了，对宝宝健康发育很有益处。

其他方面的清洁卫生

平时要注意教育宝宝不要吃手指头，不要把不洁的东西放入口中玩耍，也不要玩生殖器，以免形成不良的习惯。

帮助宝宝学走路

当宝宝已经学会扶着栏杆站立，并表现出往前移动的愿望时，这表示从现在开始，宝宝要开始学步了，但从扶走到独自走还有一个相当长的过程。在这个过程中，了解宝宝学步期的关键问题，无疑会对宝宝的学步起到辅助作用。

了解宝宝动作发展状况

宝宝走的动作发展分为以下5个阶段。

◎ **第一阶段为10～11个月：** 此阶段是宝宝开始学习行走的第一阶段，当宝宝扶站已经很稳了，甚至还能单独站一会儿了，这时就可以开始练习走路了。

◎ **第二阶段为12个月：** 蹲是此阶段重要的发展过程，父母应注重宝宝站—蹲—站连贯动作的训练，这样可以增进宝宝腿部的肌力，并可以训练身体的协调度。

◎ **第三阶段为12个月以上：** 此时宝宝扶着东西能够行走，接下来必须让宝宝学习放开手也能走两至三步，此阶段需要加强宝宝平衡的训练。

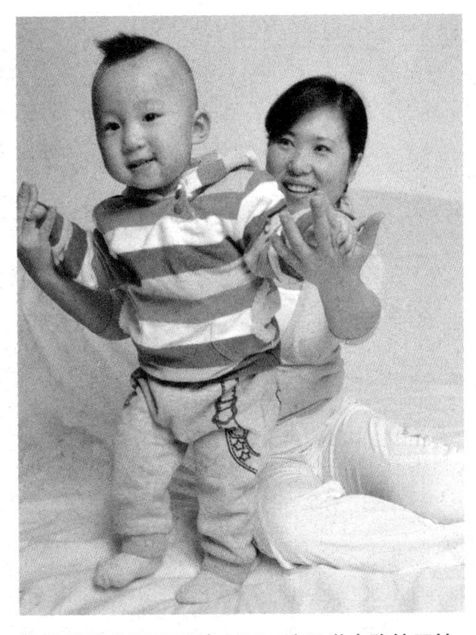

宝宝借助东西可以站立了，这是学走路的开始。

◎ **第四阶段为13个月左右：** 此时父母除了继续训练腿部的肌力及身体与眼睛的协调度之外，也要着重训练宝宝对不同地面的适应能力。

◎ **第五阶段为13～15个月：** 宝宝已经能行走良好，对四周事物的探索逐渐增强，父母应该在此时满足他的好奇心。

6～12个月的宝宝处于学步的前两个阶段，不过这些阶段也要因人而异，父母要针对宝宝自身动作发育的特点进行训练。

宝宝学习走路的辅助方式

◎**第一阶段**：父母可利用学步车，让宝宝忘记走路的恐惧感，帮宝宝学习行走。

◎**第二阶段**：训练宝宝学习蹲—站的方式，如父母将玩具丢在地上，让宝宝自己捡起来。

◎**第三阶段**：父母可以各自站在两头，让宝宝慢慢从爸爸的这一头走到妈妈的那一头，宝宝会很乐意这样游戏。

◎**第四阶段**：让宝宝练习爬楼梯，如家中没有楼梯可利用家中的小椅子，让宝宝一下一上地练习。

◎**第五阶段**：可利用木板放置成一边高、一边低的斜坡，但倾斜度不要太大，让宝宝从高处走向低处，或由低处走向高处，此时父母须在一旁牵扶，以防止宝宝跌下来摔伤。

依以上5个阶段走路动作发展的不同而给予不同的辅助方式。

学步辅助工具

学步车是最常用的学步辅助工具，使用学步车时应注意以下几个问题。

◎最好等宝宝7个月大以后，能够支撑颈部并平稳坐立时再使用。

◎学步车的高度须适合宝宝的身高，不宜过高或过低。

◎每次使用的时间不宜过长，以不超过20分钟为原则。

◎使用学步车应在大人们的视线范围内。

另外，楼梯、小板凳等，也可以当做宝宝的学步辅助工具。

学步时的安全措施

正在学步的宝宝所碰到的危险比前面几项动作接触的危险来得更多了，在环境安全上，父母可要费更多的心思。

◎**阳台**。宝宝一旦学会行走，“到处乱走”是必然的情形，那时父母就应该特别留意宝宝是否走到阳台上，走到没有围栏或栏杆高在85厘米以下，栏杆间隔过大超过10厘米以上，这些都存在危险隐患。

◎**家具**。家具的摆设应尽量避免妨碍宝宝学习行走，父母应将所有具危险性的物品放置高处或移走，并且须留意所有家具中尖锐的角，以防宝宝去碰撞。

◎**门窗**。宝宝容易在开关门中发生夹伤，父母可使用门防夹软垫来避免危险；至于窗户方面，一定不能让宝宝走到窗边玩窗帘绳，以防发生被绳子缠绕而造成窒息的危险。

妈咪育儿小窍门

了解宝宝动作发展情况

整个婴儿期宝宝的动作发展是否正常，关系着生理健康及日后的认知能力发展，如果宝宝动作发展受阻，不但会影响日后的学习，也会形成心理的障碍，所以父母应时时注意宝宝每个阶段的动作发展情形。另外，宝宝每个动作的发展都代表着一层意义，如果能在最佳时机给予适当辅助，这将对宝宝的动作发展起到事半功倍的效果。

宝宝的冬季护理要点

冬季天气寒冷，婴幼儿活动明显比夏天要少，从而出汗和皮脂分泌也都没有夏季旺盛。所以，清洁工作也不用做得太频繁。

冬天的皮肤护理

对于宝宝来说，每天洗1～2次脸就够了，但要注意水温不要过高。宝宝在3个月大之前身体内部还带有妈妈体内的激素，所以皮脂分泌比较旺盛，而过了3个月以后，体内的激素水平下降，皮脂和油脂分泌都会下降。这时过度清洁会把起保护作用的皮脂都洗掉，宝宝反而可能会出现皮肤干、裂、红、痒等症状。

另外，给宝宝选择面部或身体的清洁用品首先要选择功能比较简单的产品，除了清洁之外的功能越少越好，尤其不要选择有杀菌等功能的，免得刺激宝宝幼嫩的皮肤，引起过敏。

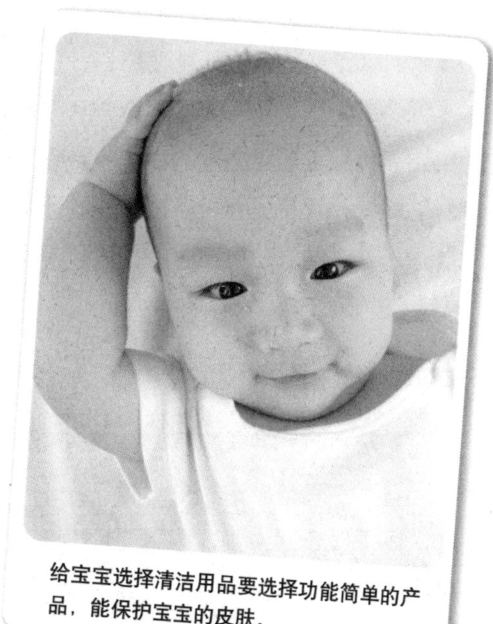

给宝宝选择清洁用品要选择功能简单的产品，能保护宝宝的皮肤。

不适宜宝宝在冬季进补的食物

从营养学的角度来看，凡是营养丰富、能够补充人体内营养素不足的物品都可称为补品。对正在生长发育的宝宝来说，最迫切需要的是蛋白质、多种维生素和矿物质。银耳、桂圆中的主要成分是碳水化合物，而蛋白质只占5%，矿物质的量也少得可怜，所以不适合宝宝食补。燕窝中蛋白质可达50%，但目前在含燕窝的补品中，燕窝的含量很少，况且燕窝中的蛋白质所包含的氨基酸成分也不全面。人参的主要成分是糖分，当然其中的人参甙具有强心的作用。其他对成人来说具有滋补作用的补品，如鹿茸、阿胶等，对宝宝并不适合。

有助于抗寒的营养素

冬天来了，给宝宝穿上了厚厚的棉衣，为何他还会冷得发抖？其实，对寒冷的耐受力差原因很多，以下两种微量元素的缺乏也是其中之一。

◎**碘**：碘是合成甲状腺素的重要原料。甲状腺素能够促进身体中的蛋白质、碳水化合物、脂肪转化成能量，从而产生体热、抵御寒冷。如果体内长期缺碘，合成甲状腺素的原料不足，身体的御寒能力也会因此降低。碘主要由含碘食盐和食物供给。所以，如果要增强宝宝抵抗寒冷的能力，除了保证食物中有充足的能量以外，还应多吃些含碘丰富的食品，如海带、海蜇、虾皮及海鱼等。

◎**铁**：铁是参与造血的重要原料，血液中的红细胞担负着机体中氧的运输和代谢的重任。要把蛋白质、碳水化合物和脂肪变成热量，就需要充足的氧气来“燃烧”它们，如果宝宝的食物中缺铁，就容易患缺铁性贫血，而缺少运输氧的“工具”，最终的结果是产热不够，宝宝就容易感到寒冷。所以，冬天让宝宝多吃富含铁的食品，如动物肝脏、牛肉、鱼、蛋、黑木耳、红枣、乳类、豆制品等，能提高宝宝对寒冷的抵抗力。

冬天如何预防宝宝长冻疮

冬季预防宝宝长冻疮，应该注意以下几点。

◎当宝宝要去户外时，一定要注意宝宝保暖是否得当，如衣服是否防寒，特别是经常暴露的部位，可适当地涂抹护肤霜以保护皮肤。

◎寒冷的时候不要让宝宝在户外玩耍的时间过长，也不要玩久坐不动的游戏。要经常按摩手、脚、面部、耳朵，年龄越小体质越弱的宝宝越要加以注意。

◎衣服要宽松，最好是蓬松的棉服或羽绒服，穿全棉的鞋但一定不要太小，否则将

> 妈咪育儿小窍门
>
> **感冒咳嗽不要乱用止咳药**
>
> 3岁以下的宝宝，咳嗽反射能力较差，痰液不容易排出，不宜服用药力较强的止咳药。另外，同样一种止咳药，宝宝和成人用量相差很大，父母应选择儿童专用药。

会影响脚部的血液循环而易发生冻疮，袜子要吸汗并及时更换，以免因潮湿冻伤脚。

冬季宝宝保暖要从脚部开始

冬天气温很低，宝宝的脚部保暖工作尤其需要重视，人的双脚离心脏较远，血液供应少，如果受凉，微血管会痉挛，进一步使血液循环量减少。宝宝脚的表面脂肪很少，保温能力很差。冬季双脚站在地面上，会散发大量的体温，使脚的温度降低，从而加剧微血管痉挛，供血受阻又进一步降低双脚的温度。这样不仅导致冻疮，而且影响内脏。另外，一旦脚部受寒后可以反射性地引起上呼吸道黏膜微血管收缩、纤毛运动减慢，身体抵抗力削弱，于是潜伏在鼻咽部位和新侵入的病原微生物就乘机大量繁殖，使宝宝易患伤风感冒，发生气管炎等疾病。

宝宝疾病的预防与护理

按时完成计划免疫，预防急性传染病的发生。增强宝宝体质，避免交叉感染，减低感染性疾病的发生率。定期为宝宝做健康检查和体格测量，进行生长发育监测，以便及早发现问题，预防佝偻病、营养不良、肥胖症、贫血等疾病的发生，并及时予以矫正。

宝宝玫瑰疹的防治方法

宝宝玫瑰疹为婴儿期常见的一种急性发热病。其发病特点是突然高热3～5天，全身症状轻微，体温下降，同时，全身出现皮疹，并在短时期内迅速消退。宝宝玫瑰疹可能是由病毒引起的，可通过唾液飞沫而传播，但不如麻疹传染力强。以冬春季节发病较多。大多数为6个月至2岁的宝宝。患过此病后，一般不再患第二次。

玫瑰疹的症状

宝宝玫瑰疹从接触感染到症状出现，大约需10日。其临床症状为起病急，宝宝突然高热39℃～41℃，伴有烦躁、嗜睡、咳嗽、流涕、眼发红、咽部充血、恶心、呕吐、腹泻等症状。少数患病的宝宝，在高热时可出现惊厥，但惊厥后神志清醒，精神和食欲仍正常，从外表看来毫无病容，这是和其他发热性疾病的不同之处。发热第2～3日，患病的宝宝枕部、耳后、颈部淋巴结轻度肿大，但无压痛。高热持续

3～5天后很快下降，退热后或体温开始下降时出现皮疹。皮疹为淡红色斑疹或斑丘疹，最先出现在躯干和颈部，以腰臀部较多，面部及四肢较少，会在1天内出齐。皮疹多在1～2日消失，而且不会留色素沉着，因此无疤痕脱屑。

玫瑰疹的护理

宝宝玫瑰疹愈后良好，皮疹退去后能顺利康复，有并发症的患儿宜卧床休息，要多喝水、吃容易消化的食物和水果等。高热可用冷毛巾敷前额或服退热片。个别患儿可能会并发呼吸道继发感染、中耳炎、脑病，此时必须送医院进行治疗，多数能完全康复。极个别患儿会留有癫痫、轻度瘫痪、精神障碍等后遗症。

淋巴结肿大

淋巴系统是身体的自然防卫组织，可以抵抗感染和毒素的侵入，浅表的淋巴结群存在于颈部、腋窝、腹股沟、膝盖后面以及耳朵前后。宝宝淋巴结肿大，最常见的原因是感染。

肿大的部位

肿大的部位取决于感染的位置。喉和耳朵感染可能会引起颈部淋巴结肿大；头部感染会使耳朵后面的淋巴结肿大；手或手臂感染会使腋窝下淋巴结肿大；脚和腿部感染会引起腹股沟淋巴结肿大。宝宝最常见的是颈部淋巴结肿大，很容易注意到，应带宝宝让医生检查后才能放心。

淋巴结肿大的病因

对大多数人来说，咽喉痛、感冒、牙齿发炎（脓肿）、耳朵感染或昆虫叮咬都是引起淋巴结肿大的原因。不过如果淋巴结肿大出现在颈部前面正中间或是正好在锁骨上方，父母就必须考虑感染之外的原因了，如肿瘤、囊肿或甲状腺功能紊乱等症。大多数父母一看到宝宝颈部淋巴结肿大，首先想到的是肿瘤，这是自然反应，肿瘤的确也是引起宝宝淋巴结肿大的一个原因，不过感染还是比较多见的原因。进行血和尿的化验、X射线检查、皮试以及活体切片检查等，都可以证实医生的诊断。

宝宝癫痫症的治疗方法

癫痫是阵发性、暂时性的脑功能失调，既与遗传有密切关系，也与脑部疾患、代谢紊乱及中毒有关。癫痫是一种很严重的婴儿疾病，会伴有痉挛、抽搐等症状，父母需要通过医生确诊，并给宝宝进行正规的治疗。

癫痫的种类

◎**阵挛性发作**。最为常见的特点是突然意识丧失，全身性强直，可有呼吸暂停、青紫、咬破舌头、口吐白沫、尿便失禁等。发作后入睡，经数小时后神志清醒。

◎**小发作型**。为短暂意识丧失，语言暂时中断，活动停止于某一体位，不跌倒，两眼凝视，持续2～10秒钟，不超过30秒。在3～10岁间发作频繁，青春期会减少，智力尚属正常。

◎**运动型发作**。起病较早，常伴有器质性脑病变且智力落后。

◎**婴儿痉挛症**。多在3～7个月发病，2岁后少见，发作时短暂意识丧失，头及躯干前屈，发作往往频繁，影响发育，智力明显落后。此外还有局限性发作等。

癫痫的治疗方法

癫痫病一旦确诊后，必须选用有效抗癫痫药，坚持长期规则治疗，同时积极治疗原发病，对频繁发作而控制不住的部分性发作癫痫，必要时可考虑用外科手术进行治疗。父母要合理安排患儿的生活，尽量减少患儿精神负担及不良的心理影响，防止因癫痫发作而造成意外。

妈咪育儿小窍门

宝宝癫痫症治疗的注意事项

癫痫不是“不治之症”，可以算是难治之症，如果坚持施以正确的治疗，约有一半患儿可完全治愈，37%可减少一半以上的发作。所以对癫痫患儿必须坚持服用药物，不能随意停药，药物的用量也应在医生指导下进行。

治疗期间应注意药物的毒性作用，长期服用抗癫痫药应定期检查肝功能、血常规等，应避免过度紧张、精神刺激及激烈运动，不要在高处或水边玩耍，以免突然发作发生意外。

预防宝宝猝死症

近年来，宝宝猝死现象屡有发生。数据显示，猝死者多数为体重较轻的宝宝，而且男宝宝占六成。死者的妈妈较多是产次略高、未婚、有抽烟习惯的年轻女性。除了生理上的因素外，外部环境与“宝宝猝死症”也有关系，甚至连天气变化也会有影响，宝宝猝死事件通常多发生在冬天。对于造成宝宝猝死的原因，父母应该在生活中加以注意。

睡姿要正确

很多调查显示，俯睡的宝宝发生猝死的概率较大，所以有许多国家的医生都建议宝宝应该仰睡，而评估结果显示，宝宝由俯睡改变习惯为仰睡，那么发生猝死的概率便会大大减少。侧睡也是一种选择，但不如仰睡安全。出生一个月以上的宝宝应尽量仰睡。

父母应禁烟

专家认为，母亲的吸烟量与宝宝猝死的概率成正比。如果父亲也是吸烟者，危险性自然还要相对提高。

温度要适当

环境温度过高、宝宝穿得过多，也会有猝死的危险。一般来说，一个月（或以上）的宝宝所需的衣服、被褥、热量与父母相当为宜。

妈咪育儿小窍门

对患儿的护理方法

患病期间要让宝宝卧床休息，室内要有新鲜的空气，饮食以软食或半流食为主，如稀粥、面条、馄饨等，避免咀嚼，多喝白开水，多用盐水漱口，保持口腔清洁。

腮部疼痛时局部可用冷敷或热敷，发热可遵医嘱口服维C银翘片和维生素等，遇到高热（体温超过39℃以上）等情况，应及时送医院治疗。

寝具要合理

避免给宝宝使用过厚或过软的床垫和被单。宝宝的脚部应尽量紧贴床尾边缘，这样宝宝即使移动，也不致会把头钻进被窝，导致过热的危险。

应重视宝宝的不适症状

如果发现宝宝有任何身体不适，应尽快找医生诊治。不要以为只是小病就可以漫不经心或者乱服成药，否则，对小生命将构成严重威胁。

婴幼儿结膜炎的护理

随着年龄的增长，宝宝活动能力增强，活动范围也在扩大，特别是在春夏两季，宝宝外出后容易出现红眼睛、眼睛痒的症状，这种情况表明宝宝很有可能是得了一种叫做卡他性结膜炎或泡性角结膜炎。

卡他性结膜炎是一种过敏性眼病，主要是由于灰尘、花粉、阳光等刺激婴幼儿眼睛，引起过敏反应所导致。

结膜炎的症状

◎**红眼睛、眼睛痒**。宝宝眼睛看起来肿而且红，还伴随有流眼泪的症状；因为痒，宝宝会不停地用小手揉眼睛。

◎**眼屎多、眼睛疼痛**。宝宝的眼屎明显比平时增多，为透明黏稠的分泌物。眼睛疼痛，比较严重的情况下还会影响视力。

结膜炎的护理

◎**找出原因，切断过敏原**：仔细查找原因，一旦知道宝宝因为什么过敏，就应该马上避免再接触，停止过敏物的刺激。

◎**准备专用毛巾**：宝宝要使用专用的毛巾、手帕，每次使用过后要用开水煮5～10分钟。

◎**眼部冷敷**：用凉毛巾或冷水袋做眼部冷敷，要注意的是要冷敷，热敷会使局部温度升高，血管扩张，致使分泌物增多，症状加重。

◎**滴眼药水**：为宝宝滴眼药水时，要让宝宝仰卧，脸向上，这样才能保证眼药水在结膜内停留一会儿；另外眼结膜的穹隆间隙很小，眼药水停留比较困难，再加上眼皮不停地眨动，眼药水只能停留很短时间，所以一定要按照医生叮嘱的次数滴眼药水，不要擅自减少，这样才能发挥眼药水的作用；涂药膏也一样，为了避免影响宝宝看东西，一般眼药膏在睡前涂。

宝宝夜惊的预防及护理方法

有的宝宝睡觉时经常受惊，两只小手乱抓，如果大人的手握住他的小手，他就会安静，如果没握住，就好像很害怕地大声哭起来，表现出非常恐惧的样子，这种现象在医学上称为“夜惊症”。

轻度的夜惊可以在父母的护理下逐渐消失，主要是给宝宝营造舒适、安静的睡眠环境，使宝宝养成良好的睡眠习惯。

如果宝宝的夜惊现象比较严重，可以到医院寻求医生的帮助。

轻度夜惊无须治疗

按医学上的看法，宝宝夜惊发作时不宜将他唤醒，父母们的各种唤醒行为反而会使夜惊症加重和延长。父母应该冷静，不再过度惊动宝宝，一会儿宝宝就会再度入睡了。

夜惊症一般无须刻意治疗，随着年龄的增长，待宝宝神经生理发育成熟后，或排除了主要的心理因素，夜惊就会逐渐消失了。当宝宝出现夜惊症状时，如果宝宝白天没有异常，最好是继续观察几天。若每天都出现夜惊的症状并持续3周以上，家长就应带宝宝到儿科进行咨询，并根据医生诊断的原因，看是否需要用药（夜惊症严重的宝宝便需要药物的帮助，依靠药物打乱宝宝原有的睡眠周期，干扰病情发作）或采用心理疗法。

轻度夜惊预防方法

虽然夜惊的诱因很大程度上是生理发育的因素，但父母还是能够科学地帮助宝宝尽量避免出现夜惊症。

◎睡眠质量的好坏直接影响着宝宝身体和大脑的发育。良好的作息习惯和睡眠卫生（包括睡觉时不要开着灯、室内空气流通、睡姿正确、睡前不要吃过多的东西等），能够促进大脑正常发育并得到充分的休息。

◎帮助宝宝放松。排除了生理和身体上的因素，父母们就要尽量避免那些可能引发夜惊症的事情发生，从客观上解除宝宝心理的压力。同时，以讲故事、做游戏的方式，对宝宝进行有针对性的心理疏导，让他解除焦虑、放松身心，培养他坚强的意志和开朗的性格。在上床后，父母可亲切地陪宝宝说说话，或共同听一段轻松的音乐，也往往能让宝宝心情愉快地入睡，这是避免夜惊的好方法。

◎白天适度增加宝宝的运动量，不仅可以增强体质，还能促进脑神经递质的平衡。而且宝宝白天的活动多了、累了，晚上也容易睡得沉，提高睡眠质量。

宝宝缺钙容易导致夜惊

婴幼儿期是缺钙性疾病发病的高峰期，当宝宝体内先天钙存储不足、饮食中钙摄入不够、维生素D摄入不足引起钙的吸收、利用不良，或肠道疾病等均可引起缺钙。

缺钙的早期表现为夜惊、枕秃、易激惹、喂养困难等，应及时看医生，做进一步检查，并及时补充钙和维生素D。多晒太阳也是科学方法之一。

妈咪育儿小窍门

避免夜惊的常用方法

父母可连续5个晚上，注意宝宝夜惊发生的时间，然后在发作前10～15分钟唤醒宝宝，使其保持清醒4～5分钟后再让宝宝熟睡。

宝宝智能培育与开发

到了这一时期，宝宝的听力和视力都已相当发达，对所听到的节奏欢快的音乐很感兴趣，并能够随着节奏手舞足蹈。所以，这一时期要尽可能多地播放他所喜欢的音乐，也可以在妈妈的指导帮助下，跟着收音机和电视做宝宝体操。这个时期最好为宝宝准备一些玩具乐器，让宝宝自己弄出响声。语言方面要鼓励宝宝多说话，宝宝这时候说话虽然还不清楚，说的也只是些简单的单词或短语，但他会有强烈的想要用语言沟通的欲望。妈妈要注意观察宝宝想要说什么，如果说不清楚，要及时予以更正。有条件的父母在这个时期教宝宝学习第二语言，如英语等，这是极好的时机。还要逐渐让宝宝与生人接触，克服怕生现象并开始训练宝宝走路。

语言能力

这个阶段主要训练宝宝开口说话、对语言的理解能力。父母应从“爸爸”、“妈妈”这样的称呼开始，加强宝宝对语言的反应。通过简单的命令训练，使他把语言和动作联系起来。培养宝宝对故事书的兴趣，多给他讲故事、念儿歌，并且要重复地讲，加强他的记忆。

模仿发音

练习模仿发音，开始教他使用有意义的单词，叫“爸爸”、“妈妈”之类的称呼。也可以训练他说一些简单的动词，如走、坐、站等。在引导他模仿发音后，要诱导宝宝主动地发出单字的辅音。观察宝宝是否见爸爸叫“爸爸”或看见妈妈叫“妈妈”。几天后再扩大范围，包括人称、物品名称，人的五官及简单的动词等，让宝宝在主动会叫“爸爸”、“妈妈”之外，还能说其他几个词，模仿大人说话的最后一个音。

这一阶段妈妈要主动引导宝宝模仿大人的声音。

把语言和动作联系起来

继续训练宝宝理解语言的能力，在指宝宝熟悉的物品时，妈妈可以边说边问："宝宝要不要饼干？"或"宝宝要不要小熊？"等让他用手推开或皱眉表示不喜欢；伸手、点头表示喜欢。当宝宝要求要一种东西时，要教他伸手，来表示要，然后再拿给他所要的物品。并教他点头以表示"谢谢"。在与宝宝玩游戏时，多给他唱小歌谣，多给他说一些简单句，培养训练宝宝理解简单句的能力。

服从命令

训练宝宝能够执行的简单指令，如"小姐姐到咱家玩，我们笑笑欢迎"等，他做对了，大人要鼓掌、喝彩、夸奖，使他为自己的正确理解而高兴，尝到成功的喜悦。

给宝宝讲"坐下"、"不要吃"、"给我"、"让我看看你的新鞋"等，宝宝会用动作来服从大人的要求。

念儿歌，讲故事，看图书

宝宝喜欢有韵律的声音和欢快的节奏，念儿歌、读故事时要有亲切而又丰富的面部表情、口型和动作，尽管他还不太懂儿歌、故事中表达的意思。给宝宝念的儿歌应短小、朗朗上口。每晚睡前给宝宝读一个简短的故事，最好一字不差，以便加深他的印象和记忆。

图书画面要清楚，色彩要鲜艳，图像要大，人物对话要简短生动，并多次重复出现，便于宝宝模仿。每天坚持讲故事、看图书，并采取有问有答的方式讲述图书中的故事，耳濡目染，宝宝就会对图书越来越感兴趣，对宝宝学习语言很有帮助。喜欢读书，对他的一生有重要意义。

听口令

在学走路和做准备时，要喊口令"一、二、三"让宝宝听熟，对学习数数和认数都有帮助。准备踢球时听口令，做宝宝体操，翻书页也在慢慢按口令动作，口令可以扩展到四肢，让宝宝听熟了数的顺序，为以后学数数做准备。

认知能力

在这几个月中，宝宝对于外界的认知能力越来越强，他的兴趣也更加广泛。父母可以适时地开发他的认知能力，不但能认识自己的身体、自己的玩具、大自然中的小动物，还可以通过漂亮的图片认识事物。对于大小、色彩这种抽象一点儿的概念也应该逐渐有了正确的认识。

认识身体部位

让宝宝看着娃娃或他人，家长可用游戏的方法教他认识自己身体的各部位。如让宝宝用手指着娃娃的眼睛，大人说：“这是眼睛，宝宝的眼睛呢?”帮他指自己的眼睛，逐渐会自己独立指眼睛，依此类推，教他学会指五官、手、脚、头等。

感知训练

对宝宝进行抚摩和亲吻，如配合儿歌或音乐的拍子，握着宝宝的手，教他拍手，按音乐节奏，模仿小鸟飞，做出各种姿势；还可以让他闻闻香皂、牙膏，尝尝糖和盐，培养嗅味感知能力。

寻找盖着的玩具

用手绢盖住宝宝正在玩的积木，看他能否揭开手绢将积木取出。也可用塑料杯、盒子或一张纸，当他玩得高兴时将玩具盖住，看他能否将玩具找出。如果不会或者要哭，就将玩具露一点儿出来，让他自己取出。

看图识物

给宝宝看各种物品及识图卡片、识字卡，卡片最好是单一的图，图像要清晰，色彩要鲜艳，主要教宝宝指认动物、人物、物品等。

第一次可用一个水果名配上同样一张水果图，使宝宝理解图是代表物。认识几张图之后，可用一张图配上一个识字卡，使宝宝进一步理解字可以代表图和物。由于一般识字卡上的字是一幅幅图像，所以多数宝宝能先认汉字，后认数字。初教时每次只认一图或一物，继续复习3～4天，待宝宝在会说图名时能从几张图中找出相应的图，记住了再开始教第二幅。学习的速度因人而异，不要和别的同龄宝宝攀比。认汉字先从宝宝最喜欢的图入手，不必考虑笔画多少。认字与写字不同，认字是图形印象，只要宝宝高兴，笔画再多也能认。待宝宝认识4～5张图片后，让他从一大堆图片中找出他熟悉的那几张。一旦找出来，父母就要大加赞赏和鼓励。在图卡中加入1～2张字卡，宝宝也能找出。指认身体部位3～5处，通过镜子游戏、娃娃游戏，与大人面对面地学习，宝宝可以认识脸上器官、手、脚、肚子等部位。

接近陌生人

妈妈抱起宝宝，让他看或听到陌生人。过一会儿，陌生人可给宝宝一个小玩具，同他玩一会儿让宝宝渐渐接近，同他笑笑，当宝宝报以微笑时才向陌生人伸手。陌生人接抱时母亲仍在近旁，使宝宝有安全感。宝宝可以随时再向母亲伸手，这才放心接近陌生人。哪怕陌生人一次只接抱1秒钟，有过几次这种体验，宝宝就敢于接近陌生人和接近新事物了。

练习对“1”的认识

当大人问宝宝“你几岁了”时，妈妈要教宝宝竖起食指表示自己1岁。几次之后，宝宝会竖起食指表示1。如“你要几块饼干？”宝宝也会竖起食指，表示要1块，妈妈也只给他一块，让他巩固对“1”的认识。

大和小的识别

将大和小的饼干各一块放桌上，告诉宝宝，“这是大的”，“这是小的”。用口令让他拿大和小，拿对了就让他吃，拿错了就不让他吃。宝宝很快就能学会大和小，再用玩具和日常用品让宝宝复习，以巩固大和小的概念。以往宝宝习惯一词一物，大小能适用于许多物品，需要不断练习。

模仿堆积木

买一大盒塑料积木，妈妈示范堆积木给宝宝看，边做边说："大的在下，小的在上。"并堆起两块做个样子，放在一边，让宝宝也拿同样大小两块积木照样子堆积木。玩后将积木放回盒内。

让宝宝模仿大人的方法，将小积木放在大积木的上面。

学认颜色

教宝宝先认红色，如瓶盖，告诉他这是红的，下次再问"红色"，他毫不犹豫地指出瓶盖。再告诉宝宝球也是红的，宝宝会睁大眼睛表示怀疑，这时可再取2～3个红色玩具放在一起，肯定地说"红色"。颜色是较抽象的概念，要给时间让宝宝慢慢理解，学会第一种颜色常需3～4个月。颜色要慢慢认，千万别着急，千万不要同时介绍两种颜色，否则宝宝更易混淆。

行为能力

除了学习走路外，这个阶段的宝宝越来越喜欢模仿大人的行为和动作。父母平时要多注意宝宝的行为，多给他鼓励，刻意地培养宝宝的模仿能力。给宝宝听音乐，他会随着音乐摆动身体，这是他具有乐感的表现，也是动作协调能力的一种锻炼。还应该让宝宝多和年龄大一些的小朋友接触，从他们身上宝宝也会学到很多东西。

学会使用勺子

在喂饭时，大人用一只勺子，让宝宝拿另一只勺子，让他把勺子插入碗中。此时，宝宝分不清勺子的凹面和凸面，往往盛不上食物，但是让他拿勺子使他对自己吃饭产生积极性，有利于学习自己吃饭。之后，用一个玩具勺子在玩具碗内学习盛起小球、枣、药丸蜡壳等。有了这种练习，宝宝渐渐懂得用勺子的凹面将枣或小球盛入，放到另一个小碗内，这时妈妈要及时表扬宝宝"真能干"，为以后自己吃饭打好基础。

模仿大人的动作

大人要经常在宝宝面前做事，并注意观察宝宝是否注视大人行动，开始时应给予诱导，如“宝宝看爸爸拿什么呢?”或“妈妈戴帽子上街了!”等。宝宝在注视大人动作的基础上开始用成套动作来表演。

父母要先设计好全套动作配合每句话，每次动作都要一样，包括拍手、摇头、身体扭动、踏脚或特殊手势示范动作。宝宝很快就学会而且能单独表演。学习时每做对一种动作父母都要表扬和鼓励宝宝。

配合穿衣

不给宝宝穿衣服时要告诉他“伸手”、“举头”、“抬腿”等，让他用动作配合穿衣、穿裤。如果他还未听懂就要用手去帮助。经常表扬他的合作，以后他就会主动伸臂入袖，伸腿穿裤。

有洞的纸箱

用一个边长1尺左右（正方形、长方形均可）的包装纸箱，上面开一个大约10厘米×10厘米的洞。在右下角另剪一个边长为5厘米与底和高都贯通的等边三棱角出口。让宝宝从大洞投入一个小球，叫他摇动纸箱使小球从边角出口处漏出。告诉宝宝从大洞里看看，哪一头亮就向哪边摇，让他学会解决问题的办法。宝宝起初会乱摇，后来他学会不必摇，让箱子斜着放，小球自然会滚出来。

随声舞动

经常给宝宝听一些节奏明快的音乐或给他念押韵的儿歌，让他随声点头、拍手，也可用手扶着他的两只胳膊，左右摇身，多次重复后，他能随音乐的节奏做出简单的动作。

学会交朋友

从小父母就要有意识地让宝宝多和小朋友一起玩，这是宝宝学习语言、学习社交、培养谦让、懂得分享最好的课堂。父母和养育者千万不能忽视。由祖父母带大、包办代替、限制过多，或在狭小环境中成长、很少接触众多小朋友的宝宝，日后常常存在着严重的感觉统合失调，导致运动不协调，生活自理能力、语言、交往、学习能力都比较差。

Part 10

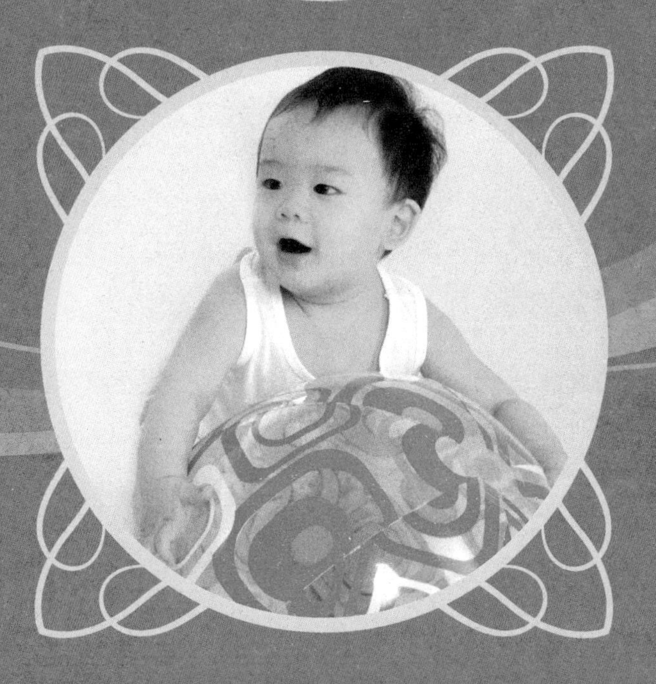

1~2岁宝宝护理

1~2岁宝宝的主要特征是在自立和依赖之间摇摆不定。所以这个时期父母主要的任务就是：一边要允许宝宝在某些方面依赖父母以使宝宝幼小的心灵得以安慰，另一边又要鼓励宝宝向自立的方向发展。逐渐让宝宝认识到有些事情可以依赖父母，而有些事情则需要自己独立完成。

宝宝身体与能力发育特点

1岁多的宝宝在身体发育的各个方面都有了很大的进展，如能用声音表示自己的喜怒情绪，有自己较强的自主意识，开始走路渐稳，平衡能力越来越强等。

身体发育特点

宝宝身高的增长速度在出生后第1年是最快的，生后第2年就明显减慢了。在出生后第2年中，即当宝宝1岁以后，身高约增加10厘米。

身高

男宝宝为79～89厘米，女宝宝为78～88厘米，12个月时要增加10厘米左右。

体重

男宝宝为10.73～12.64千克，女宝宝为10.11～11.92千克。

坐高

男宝宝为49.79～54.02厘米，女宝宝为48.82～53.06厘米。

头围

男宝宝为47.09～48.44厘米，女宝宝为46.01～47.39厘米。

胸围

男宝宝为47.42～49.06厘米，女宝宝为46.34～48.39厘米。

宝宝在19～21个月时萌出16颗小牙，并且萌出第二乳磨牙。

前囟

在第18个月时闭合。

人的大脑是由140亿个左右的脑细胞组成的信息储存库。大脑神经细胞的繁殖，在胎儿形成后的两个半月到4个半月内是一次高峰，出生后的第3个月出现第二个增值高峰，宝宝细胞生长很快，每分钟细胞都在生成，而且95%的细胞在两岁之前生成。所以宝宝的脑细胞在1岁多的时候已经接近成人的数量了。

骨骼

骨骼的主要化学成分是水、矿物质和有机物。矿物质主要是钙盐，能增强骨骼的硬度；有机物主要是蛋白质，它们能增强骨骼的韧性。这时期，宝宝的骨骼中有机物和矿物质各占一半，相较于成人而言更加柔软而富于弹性。所以在宝宝的成长中父母要注意宝宝的坐、立、行等姿势的正确性。

能力发育特点

这个年龄正是宝宝高级认识活动的萌芽期，他们的认识能力会发生质的变化，整个心理发展也会出现转折。

语言发育状况

宝宝的词汇量迅速增加，由掌握几十个词，发展到掌握300多个词，对词义的理解，也可以脱离情景，能准确地把词与物体或动作联系起来。这时宝宝已可以用简单句表达自己的意思，如“妈妈上班啦”，但是每个句子都很短小，大部分在5个字以内，且大多数发音不太标准。另外，有的宝宝开始使用少量的复合句，复合句大多简单、短小，且不用连接词。

动作发育状况

这个时期的宝宝可以平稳地走路，初步学会双脚原地纵跳的动作；能看懂简单的画片，开始喜欢画画；能区分物品的多与少、大与小；能摸索空间方位；能认识生活中常见的几种自然现象；眼、脑和脚的协调性更好。在会走以前，宝宝主要学习支配自己的双手，到了这个时期，宝宝已能独立行走，就要注意培养宝宝自由支配自己的双腿和变换双脚的运动，使眼、脑、脚及全身动作协调起来，可扶宝宝经常做上下楼梯的运动，节假日最好带宝宝出游，让他在大自然中尽情活动。

心理发育状况

1～2岁是宝宝表象出现的时期。表象是指人头脑中所保持的客观事物的形象。1岁多的宝宝会在头脑中回忆起妈妈，看到与妈妈相关联的东西也会想起妈妈，因此1岁多的宝宝爱哭，可能因为宝宝的表象和记忆力提高了，父母不能以此来指责宝宝的任性。相反，对于1岁的宝宝，父母可以利用数字化媒体进行有效的教育，让他们更好地接触、认识周围的事物和人。

这个时期的宝宝很喜欢爬楼梯，因此父母要时时注意宝宝的安全。

合理的喂养方式让宝宝更健康

处于幼儿期的宝宝体格发育速度放慢，但脑的发育加快，因此宝宝的饮食中应注意优质蛋白质的供给。此时宝宝的牙已逐渐出齐，咀嚼消化能力有所提高，但仍不完善，不能与成人同进食物，所以宝宝的食物宜细、软、烂、碎。另外，此时宝宝接触到更多事物，开始喜欢各种饮料和小食品，甚至是超过了日常辅食的量，所以，父母要注意控制宝宝的零食。

宝宝的膳食安排宜多样化

1岁多的宝宝生长发育所需的营养仍是必不可少的。膳食的安排尽量做到花色品种多样化，荤素搭配，粗细粮交替。各种食物如鱼、肉、蛋、蔬菜、水果等要均衡搭配，合理规划。一般情况下，宝宝每日需要总能量90～100千卡／千克体重，蛋白质2～3克/千克体重，脂肪3.5克／千克体重，糖12克/千克体重，三者之比为1：1.2：4，其中优质蛋白质应占总蛋白质12%～13%，最好每日仍给宝宝补充1～2杯牛奶，每日3次正餐外加1～2顿点心。

选择营养丰富易消化的食物

要使宝宝保持足够的营养，家长除注意营养配伍外，还应注意合理制备和烹调。首先要保持食物新鲜，其次要注意碎、细、软、烂，以适应宝宝较弱的咀嚼和消化能力。少食油炸质硬的食物，避免吃豆粒、花生、瓜子，以防呛入宝宝气管而引起窒息。烹调应注意色香味，口味以清淡为好，不宜吃酸、辣、麻等刺激性食物。宜多给宝宝提供饺子、馄饨、馒头、包子之类口味好、易消化的带馅食物。

饮食习惯与口味的改变

1岁生日以后，大家可能会注意到学步的宝宝食欲明显下降，突然对吃的食物挑剔，刚刚吃一点儿就将头扭向一边，或者到了吃饭的时间拒绝到餐桌旁。这时候父母可以采取一些措施，比如在每次吃饭时，准备一些有营养的食物，让宝宝自行选择，食物尽可能变换口味并保持营养。如果宝宝拒绝吃任何食物，父母可以暂时收起这些食品，在饥饿时让他吃。然而，在他拒绝吃饭以后，绝不允许他吃零食，因为这将点燃他对只能供给能量食物（能量高但维生素和矿物质较少的食物）的兴

宝宝生病不宜食用过多甜食

宝宝生病，不少父母常给宝宝吃糕点之类的甜食。其实，这样做很不利于患儿的康复。宝宝患病之后，消化道分泌液减少，胃肠运动缓慢，消化功能失常，往往食欲下降。倘若让宝宝吃甜食过多，可使体内大量的维生素消耗掉，人体缺乏了某些维生素以后，口腔内唾液、胃肠消化液就会减少，这样势必食欲更差。尤其是饭前吃甜食，会引起血糖升高，更会使患儿失去饥饿感，到吃饭时更不愿吃东西。

趣，从而失去对营养食品的兴趣。这样坚持一段时间，宝宝的饮食营养会失去平衡。

平衡宝宝膳食的方法

不少家庭在宝宝膳食安排上存在着早餐简单，能量不足；晚餐丰盛，营养过剩；食物单调，食谱面窄；主食精细，忽视粗粮；零食度日，主食偏少等问题。下面就对这一情况简单地介绍几种纠正方法。

主食间的搭配

主食之间应该粗细兼备，混合食用，提高主食的营养价值。有些人终年吃大米，也有些人终年只吃面粉，这样的吃法都不好。最好的是既吃米又吃面，还要吃些粗杂粮，以获得全面营养。比如，米、面蛋白质中缺乏赖氨酸、色氨酸，将几种粮食混合食用，就能使生理效能较低的蛋白质在氨基酸上取长补短。这种吃法在营养学上叫“蛋白质互补”。比如，大豆富含赖氨酸，在谷类粮食中补充适量大豆，可大大缩小谷类赖氨酸的不足，提高粮食蛋白质的营养价值。各种豆类、荞麦、莜麦、高粱、小麦和薯类等都是蛋白质互补的好原料。

宝宝的饮食搭配要合理，以保证营养的供给。

主副食间的搭配

五谷杂粮能提高人体所需的大部分蛋白质，但质量不太好，而肉、蛋奶副食品含有优质蛋白质，可弥补主食的缺陷。包子、饺子、馄饨等是蛋白质互补的理想吃法，在生活水平提高的基础上应提倡这种吃法。

适合宝宝的烹饪方式

食物真正的营养价值，既取决于食物原料的营养成分，又取决于加工过程中营养成分的保存率。因此，烹饪加工的方法是否科学、合理，将直接影响食品的质量。那么适合宝宝的合理烹饪方法应当是怎样的呢？

◎**蒸**：能保持食品的原汁原味，并最大限度地保留食品中所含的营养成分。由于蒸具将食物与水分开，即使水沸，也不致触及食物，使食物的营养价值全部保持于食物内，不易遭受破坏。而且，比起炒、炸等烹饪方法，蒸出来的饭菜所含的油脂要少得多，迎合时下追求健康的饮食要求。

◎**炖**：一般情况是一次加好汤和料。优点是可以保持原汁原味，制作的菜肴美观别致，制作的食物味道清香、淡雅，软而酥烂、清爽可口。

◎**瓤**：如在黄瓜塞肉、葫芦瓤肉、瓤冬瓜盅等。此法制作细腻，外形漂亮，制成的菜肴美观别致，荤素相配，口味鲜美。

◎**熘**：这种烹调法是下较多食油用旺火把食物炒熟，炒的时间要短，以保持食物鲜嫩。食物要先用淀粉拌匀再下油锅炒，炒熟取出，淋上勾芡汁拌匀即成。如熘肉片、熘鱼片等。肉片应切得薄，否则熘不熟。

◎**烧**：红烧、汤烧，菜肴味鲜微咸，色泽发红。

◎**汆**：是烹制汤菜或者是连汤带菜的一种烹饪方法。

宝宝宜食的健脑食品

健脑食物应适合于宝宝的消化吸收。要根据宝宝的年龄、消化吸收能力来选配健脑食物。比如，1岁以内的宝宝适合于食母乳，而不适合于食硬壳类食物。而1岁多的宝宝可以增加硬壳类食物的食用，但是要适量。因为只有能够消化吸收，才能使大脑得到营养。否则，不但达不到健脑的目的，反而易损伤宝宝的消化功能。

常食核桃可健脑

核桃又名胡桃，相传原产于中亚细亚，汉代时传入中国，是一种硬果类食物。核桃肉（仁）可以生食、做菜或做糕点之辅料，也可作为补品食用。核桃的营养成分也很好。每百克干核桃仁含蛋白质15.4克；脂肪63克，主要为不饱和脂肪酸；碳水化合物10.7克，能量高达671千卡。矿物质钙、磷、铁也很丰富，每100克各含108毫克、329毫克和3.2毫克，可作为膳食中钙、铁的补充。核桃虽不是经常食用的食物，但如果每天早晚能吃几个，对正在生长发育中的宝宝的大脑神经和周围神经系统的发育都有好处。祖国医学很早就把核桃作为补肾健脑的食疗佳品了。

食用葱蒜能补脑

大葱和大蒜中含有前列腺素A，大蒜中还含有“蒜胺”，对大脑的作用比维生素B_1强许多倍。平时适量给宝宝提供些葱蒜会使脑细胞更为活跃，保持大脑的清晰和灵敏。

富含已烯雌酚胆碱食物改善智力

实验证明已烯雌酚胆碱的含量与人的记忆力有密切的关系。其实鸡蛋黄中富含卵磷脂，当它被酶分解后，能够产生出大量的已烯雌酚胆碱，并且迅速进入血液而到达脑部。处于快速发育中的1岁多宝宝应该多吃鸡蛋等可以产生大量已烯雌酚胆碱的食物。

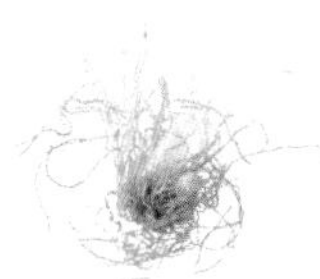

补充多不饱和脂肪酸

多不饱和脂肪酸在稳定细胞膜功能、调控基因表达、维持细胞因子和脂蛋白平衡、抗心血管疾病、促进生长发育等方面起着重要作用，是宝宝成长发育的必备营养物质，但是在人体内不能自动合成，只能通过食物补给，如大豆和杏仁等。大豆含有的丰富优质蛋白和不饱和脂肪酸是脑细胞生长和修补的基本成分；大豆中含的1.64%卵磷脂是构成神经组织和脑代谢的重要物质；大豆中的硫胺素、核黄素、钙、铁也较多，对健脑有重要作用。

妈咪育儿小窍门

令宝宝入睡的秘诀

每晚到了一定时间，开始帮助宝宝做好睡前准备，如洗澡、更衣、讲睡前故事、哼一首歌或为宝宝播放一些轻音乐，让宝宝一边欣赏，一边进入梦乡。

睡前用温水洗澡，有助于宝宝尽快入睡。　**睡前不要激惹宝宝，以免情绪激动。**　**宝宝香香甜甜入睡了。**　**睡前不要玩过于激烈的游戏。**

有益于健脑的碱性食物

人体的体液呈弱碱性，有利于身体对营养物质的吸收和利用。如果宝宝体内缺少碱性物质，会影响激素的分泌和神经活动，导致宝宝智商偏低。作为预防措施，可以改善宝宝的饮食结构，多食一些碱性食物可以提高智力。一般来说，绿色蔬菜、坚果、水果、低脂牛奶、各种菌菇、海带等都属于碱性食物。富含维生素C的食品也对提高智商有利。用含有维生素C较高的橘子汁连续18个月供给受试的宝宝饮用，他们的智商比不食用者平均上升3.6个值。

宝宝的日常护理

在幼儿时期，宝宝对外界的事物充满好奇心，很多事情都想要尝试。这时候的家长应该适当地在日常生活中引导宝宝自己动手护理的能力，培养良好的生活习惯，同时还要给宝宝营造安全、温馨的生活环境。

帮宝宝培养良好的生活习惯

家长要注意培养宝宝良好的生活习惯，如饮食、睡眠、游戏等都应有固定的时间。生活有规律的宝宝，会更健康、更快乐，不爱生病，也不爱哭闹缠人。这样，家长能够节省很多的精力和时间去做其他的工作和家务。

训练宝宝自己用勺子吃饭

宝宝满1岁之后，大人就可以训练他自己用勺子吃饭了。用勺子吃饭对宝宝来说是一项重要的技能，同时也是解决宝宝吃饭难的一个办法。在这里，我们为父母推荐一种训练的方法：

◎**第一步**：在教宝宝如何使用勺子之前，先拿几把勺子给宝宝玩。宝宝可能会拿着勺子相互敲打、丢到地上，也可能会放到嘴里。

◎**第二步**：在勺子里放一小块香蕉，送到宝宝的嘴里。再让宝宝手里拿把勺子，勺子里也放一小块香蕉，指导宝宝把勺子喂到自己口中。

◎**第三步**：用别的食物做这个游戏，逐渐地引导，宝宝就会将勺子放进饭碗里自己吃饭了。

让宝宝学会用杯子喝水

应该锻炼1岁多的宝宝独立喝水，具体的步骤建议如下。

◎先给宝宝准备1个不易摔碎的塑料杯或搪瓷杯。带吸嘴且有两个手柄的杯子不但易于抓握，还能满足宝宝半吸半喝的饮水方式。应选择吸嘴倾斜的杯子，这样水才能缓缓流出，以免呛着宝宝。

◎开始练习时，在杯子里放少量的水，让宝宝两手端着杯子，妈妈帮助他往嘴里送，要注意让宝宝一口一口慢慢地喝，喝完再添水。千万不能一次给宝宝杯子里放过多的水，以免宝宝呛着。当宝宝拿杯子较稳时，妈妈可逐渐放手让宝宝端着杯子自己往嘴里送，这时杯子里的水也该渐渐增多了。

◎宝宝练习用杯子喝水时，妈妈要用赞许的语言给予鼓励，比如："宝宝会自己端杯子喝水了，真能干！"这样能增强宝宝的自信心。妈妈不要因为怕水洒在地上或怕弄脏了衣服等而让宝宝停止用杯子喝水，这样会挫伤宝宝的积极性。

培养宝宝大小便的意识

大约在1岁到1岁半之间，宝宝对排便逐渐有了较明确的意识，尽管他们这时不能确切地表达出来，然而细心的妈妈可以发现，宝宝此时会在做事情时突然停下来，或面部表情发生瞬息的变化。因此，1～2岁是宝宝接受大小便训练的最好时期，此时他们对大便的先兆和排泄也有了更鲜明的意识。他们可能玩着玩着会突然停下来，过后显出不太舒服的样子，也可能用某种表情或某种声音向父母表示尿布脏了，仿佛在期待有人前来替他们清扫一番。不过，真要在粪便排出之前及时发生

> 妈咪育儿小窍门
>
> **浴后摩背**
>
> 浴后让宝宝趴在铺于软垫上的毛巾上面，家长可以跪在他身旁，两手并排轻放于宝宝的后颈部，慢慢地左右移动，往下一直按摩到臀部，然后用同法再按摩上来到后颈部。有的宝宝受按摩时安然入睡，有的则精力充沛兴奋得手舞足蹈。此法对宝宝的触觉智能最有益。

信号，把大便拉在厕所里，则有待于宝宝对肠运动的先兆产生充分的意识。而要实现这一点，不仅需要父母适时的鼓励，而且还需要一个过程。

教会宝宝使用便盆

训练大小便，首先要让宝宝对便盆产生印象。在开始的一周里，要让他觉得这是一件新奇的玩具，可让他穿着衣服去坐坐。要让他觉得便盆像板凳一样，并对它产生好感。如果宝宝不愿坐着玩了，那就应马上让他起来，不能让他觉得坐便盆像在坐牢，而要使他自觉自愿、高高兴兴地去进行。如果第一周还坐得勉勉强强，那就再试一周。

当宝宝对便盆有兴趣以后，就可以开始训练让他知道便盆与大小便的关系。这时可以让宝宝认识的大宝宝做范例，也可以告诉他，父母是怎样大小便的，对他要耐心解释。当宝宝接受了大小便与便盆之间的联系后，父母可以找个最有可能大小便的时候，把他领到便盆前，建议他坐上去试一试。如果宝宝不肯，也不要勉强。只要有一次成功了，那以后就好办了。

养成早晚漱口的习惯

为了保护好宝宝的乳牙，从1岁多起就应开始训练宝宝早晚漱口，并逐渐培养宝宝养成这个良好的习惯。

训练时先为宝宝准备好水杯，并预备好漱口所用的温白开水（夏天可以用凉白开水）。

为什么不用自来水呢？这是因为宝宝在开始时不可能马上学会漱口的动作，往往漱不好就会把水咽下去，所以刚开始最好用温（凉）白开水。初学时，家长为宝宝做示范，把一口水含在嘴里做漱口动作，而后吐出，反复几次，宝宝很快就会学会。这里要提醒家长不要让宝宝仰着头漱口，这样很容易造成呛咳，甚至发生意外。在训练过程中，家长要不断地督促宝宝，每日早晚坚持不断，这样坚持下来宝宝就会养成早晚漱口的好习惯。

随着宝宝年龄的增长，妈妈可以教宝宝学习刷牙。

培养宝宝清洁卫生的习惯

宝宝的很多习惯是从很小的时候就养成的，不要因为宝宝还小就忽视了宝宝好习惯的培养。

尤其是卫生习惯，这是对宝宝的身体健康和未来生活都有较大影响的，应该引起宝宝家长的重视。

清洁卫生的内容

◎对1～2岁的宝宝来说，盥洗是很重要的。它包括早晚洗手脸、饭前便后洗手、睡前洗脚、洗屁股等。父母要定期给宝宝洗澡，保持全身皮肤清洁。即使在冬季也应坚持洗澡。宝宝要有单独的盥洗用具，香皂应选择碱性低的。水温要冷热适度，否则宝宝会因害怕而拒绝洗澡。

◎指甲缝是细菌容易寄存之处，宝宝由于某些生理和心理的因素，常常将手指放在口中吸吮，极易传染病菌。因此，父母一定要给宝宝勤剪指甲，保持指甲清洁，不积泥垢。同时，要纠正宝宝吃手指、挖鼻孔和抠耳朵的坏毛病，防止病从口入。

◎1～2岁的宝宝在每次吃东西以后，家长要让他喝一些白开水，以清洁口腔。到 2 岁左右，家长要培养宝宝饭后自觉漱口的习惯。

◎家长要保证宝宝的衣服整洁，身边应随时备有干净的手帕，用手帕擦手擦脸和擤鼻涕。

培养清洁卫生的方法

培养宝宝讲卫生、爱清洁的习惯和能力，既有利于健康，也是文明美德教育的一个方面。应教宝宝每天早晚洗手、脸、刷牙，晚上洗会阴和肛门，饭前便后洗手，饭后擦嘴，手脏了后要主动去洗，定期洗澡、洗头、理发、剪指甲，每日随身带干净手帕，咳嗽和打喷嚏时用手帕掩住口鼻，用手帕擦鼻涕，注意环境的整洁，不随地丢果皮、纸屑，不随地吐痰，东西用完后放回原处并排列整齐。1 岁以后，鼓励宝宝主动参加盥洗，洗前卷袖口，洗时不溅水，洗后擦干手。

父母一定要注意，培养宝宝这些习惯时，不要急于求成，更不要训斥宝宝。

培养清洁卫生教育的技巧

在培养宝宝讲卫生习惯的同时，训练宝宝掌握与盥洗有关的用语，如“牙刷、牙杯、毛巾、水冷、漱口”等，教时要耐心，边讲解，边示范，并给予必要的帮助。须知，宝宝的卫生习惯不是一天两天就能培养起来的，大人应经常督促、提醒。为了使宝宝引起兴趣，并能更好地掌握盥洗方法，家长可将盥洗过程编成儿歌，如洗手歌、洗脸歌、刷牙歌等教唱给宝宝。父母要持之以恒，经常不断地重复、巩固，宝宝耳濡目染就更容易养成良好的卫生习惯。

注意保护宝宝的视力

眼睛是心灵的窗户，从小父母就应该注意保护宝宝的视力，不要因为自己的粗心而导致宝宝很小就戴上眼镜。这样不仅会打击宝宝学习新鲜事物的积极性，而且容易导致宝宝自卑。

眼睛异常的种类

眼睛异常分为视力异常（如近视、远视）和位置异常（如单眼或双眼斜视）。

检查视力异常的要点

宝宝视力检查的目的，是为了及时发现可能的视力问题和造成眼睛发育不良的眼疾。早期治疗，有助于宝宝视力在6岁之前的黄金阶段能顺利矫正，否则过了6～7岁以后再治疗，可能会事倍功半。宝宝可能出现的主要视力问题有“屈光不正”和弱视等，如下是视力不佳的征兆。

◎靠得很近才能看清东西。

◎习惯性眯着眼睛看东西。

◎看东西时全收下巴，由正方往上看。

视力检查的方法

为了早期发现宝宝眼睛异常，要会检查宝宝的视力。家长可自己做一些简单的试验，如分别遮住宝宝的一眼，让他看眼前0.5～1米处的1个画片。如两眼分别看时都能讲述画片的内容，说明两眼视力相似，无明显的视力下降；当用某一只眼看画片时，常说错画片内容，或此时宝宝变得很烦躁，急于打开被遮盖的眼，可能未遮盖眼视力下降。此种试验需反复做几次，并应注意所用画片的内容应是宝宝所熟悉的。

妈咪育儿小窍门

不要剪眼睫毛

一根眼睫毛的寿命不过3个月左右，因此，给宝宝剪睫毛，并不会使睫毛长得更加长。另外，眼睫毛有保护眼睛的作用，剪眼睫毛容易引起各种疾病。

注重视力异常的预防

◎**避免在灯光下睡觉**。灯光会影响宝宝的眼睛健康。因为宝宝还处于发育阶段，视力发育还不完善，强光会刺激宝宝的眼球，影响宝宝视力的正常发育。另外，如果卧室灯光太强，可能会使宝宝躁动不安、情绪不宁，以致难以入睡，同时也会改变宝宝适应昼明夜暗的生物钟的规律，使他们分不清黑夜和白天，不能很好地睡眠。

宝宝睡觉的时候要关掉灯，让宝宝安静入睡，这是保护宝宝视力的方法之一。

◎注意预防眼内异物。宝宝的瞬目反射尚不健全，应该特别注意预防眼内异物。刮风天外出，应该在宝宝的脸上蒙上纱巾；扫床时将宝宝抱开，以免灰尘或扫帚、凉席上的小毛刺进入眼内。

宝宝的很多时间都在睡觉，眼内有异物时难以发现，如果继发感染，有可能造成严重后果。所以，父母一定要注意掌握预防措施。

宝宝疾病的预防与护理

尽管家长在尽自己最大的努力去照顾宝宝，但仍无法预料一些疾病的发生，尤其是现在的环境污染越来越严重，我们所生活的周围环境有很多的细菌，大人有时都难以抵制，更何况是宝宝，以下介绍一些1岁多宝宝常见疾病的防治方法。

防治宝宝寄生虫病的方法

寄生虫病是严重危害宝宝健康的常见病，95%的宝宝都有不同程度的肠道寄生虫病如蛲虫等，患有寄生虫病的宝宝大多有如下表现。

◎宝宝常喊肚子痛，尤以脐周部位为多，揉按后可缓解。

◎宝宝夜间睡眠易惊醒、磨牙和流口水。

◎在宝宝面部、颈部皮肤上常有淡白色近似圆形或椭圆形的斑片，上面有细小灰白色鳞屑，即俗称“虫斑”。

◎无明显原因，宝宝的皮肤常反复出现“风疙瘩”。

◎宝宝有偏食表现，并好吃一些稀奇古怪的东西如泥土、纸张、布头等。

◎宝宝吃得多且容易饥饿，总胖不起来。

防治蛲虫

具体的预防措施如下。

◎宝宝睡觉时要穿满裆裤，避免患儿夜里因瘙痒而不自觉地搔抓肛周，把虫卵抓到手里。

◎每天早晨起床，先用热水和肥皂给宝宝洗屁股，尤其是肛门褶皱的地方更要洗。

◎要教育宝宝养成良好的卫生习惯，饭前便后要洗手，剪短指甲，剪过指甲后，要用流动水和肥皂把手彻底清洗干净；改掉不良的卫生习惯，如吃手指头，用手抓食，坐在地上玩玩具等；宝宝要单睡一条被子和褥单，经常清洗和曝晒衣物、被褥等。

◎每晚给宝宝洗净屁股后，在肛门及周围涂上蛲虫软膏，这样可杀死肛门外的雌虫和虫卵，防止自身感染。

防治蛔虫

宝宝常在地上爬玩，有的习惯将手指放入口中，容易导致虫卵传入口中。虫卵进入易感者的消化道后发育成蛔虫而发病，所以预防蛔虫病要把握好病菌入口这一关。要对宝宝定期检查，发现大便蛔虫卵阳性者，须服药治疗。

宝宝和家长都要养成良好的卫生习惯，饭前便后要洗手，不喝生水，不吃不清洁的食物，搞好家庭饮食卫生，凉菜加工前应认真清洗干净。教育、帮助宝宝改进个人卫生，勤剪指甲、勤洗手、不随地大便。

防止宝宝发生意外伤害

在日常生活的看护中，由于各种原因，不能做到面面俱到，有可能使宝宝遇到某些意外伤害。作为家长，应该多掌握一些意外伤害的防止和处理方法，及时地消除意外伤害造成的危害。

防止扎伤

剪刀、水果刀、针等锐器物品要放到宝宝拿不到的地方；客厅不要放玻璃茶几和玻璃水杯，防止玻璃破碎后扎伤宝宝。宝宝吃饭时，要给宝宝使用不易碎的、无锋利尖头的儿童餐具。

防止烧（烫）伤

把火柴、打火机等收起来，热水瓶、热汤、热饭要放在宝宝无法触及的高处。给宝宝洗澡时，正确的程序应该是先放凉水，然后再对热水，防止宝宝被烫伤。

防止吞异物窒息

硬币、笔帽、玻璃球、纽扣等许多小物品最好装在一个宝宝打不开的袋子里藏起来，防止他们误吞异物引起窒息。

宝宝的手边不要有容易造成窒息或危险的东西。在给 3 岁以下的宝宝买玩具时，也最好不要买那些细小的可被宝宝放到嘴里，或是带有细小零部件的玩具，不要买带尖头或有锋利边缘的玩具。

防止摔伤、跌伤

地板上最好铺上泡沫塑料垫，防止宝宝从床上掉下来摔伤；家具宜选择边角圆滑的，或者给家具的尖角加上护套，防止宝宝摔倒时撞伤；楼房阳台上不要堆放杂物，防止宝宝从杂物上攀爬引发坠楼危险。

在地板上铺一些泡沫塑料垫，可以防止宝宝摔伤。

防止电击伤

宝宝手指或金属棍能伸进去的电源插孔，都要用塑料胶带封起来，电源插座要尽可能安装在比较隐蔽、宝宝摸不到的地方；微波炉、电暖气、电风扇等电器也尽量放在不会引起宝宝特别注意或不容易被宝宝接触到的地方。

宝宝暑热症的护理

暑热症发生于夏季最炎热的7、8月间。宝宝在暑天长期发热，伴有食欲不振、烦躁、口渴、多饮、多尿、少汗或无汗、易哭、皮肤或脸色苍白、身体消瘦、尿色清澄、心率快等一系列症状被称为暑热症。

暑热症的发生与宝宝体质因素关系密切。

暑热症的成因

暑热症是炎夏酷暑的季节宝宝常会发生的一种长期发热疾病，也被称为夏季热。是由于婴幼儿神经系统发育不完善，体温调节功能差，加之发汗功能不健全，以致排汗不畅，散热慢，难以适应夏季的酷热环境，造成发热持久不退的现象。宝宝得了夏季热，发热持续不退，天气越热，体温越高，一般发热持续两个月，伴有口渴、多饮、食欲减退和出汗不多等状况，这也助长了体温增高，如果不治疗，直到秋凉后才会痊愈。

注意营养

这里推荐几款针对宝宝暑热症的食疗调养粥。

● 荷叶冬瓜粥

原料：新鲜的荷叶两张，冬瓜250克，粳米30克，白糖适量。

制法：荷叶洗净后煎汤500毫升左右，滤后取汁备用。冬瓜去皮，切成小块状，加入荷叶汁及粳米，煮成稀粥，加白糖，早、晚服用。

● 蚕茧山豆粥

用料：蚕茧10只，红枣10只，山药30克，糯米30克，白糖适量。

制法：先将蚕茧煎汤500毫升，滤液去渣，再将红枣去核，与山药、糯米一起加入煮成稀粥，加白糖适量，早晚各服一次。

● 益气清暑粥

用料：西洋参1克，北沙参、石斛各5克，知母2克，粳米30克，白糖适量。

制法：先将北沙参、石斛、知母用布包加水煎30分钟，去渣留汁备用。再将西洋参研成粉末，与粳米加入药汁中煮成粥，加白糖调味，早晚服用。

预防为主

◎宝宝居室应常开窗，透阳光，通空气，保健康。

温凉浸手

在浴缸中放两个小脸盆，一个装温水，一个装凉水，让宝宝把双手先浸入温水，告诉他“这是温的！”5秒之后，让他双手浸入凉水，告诉他：“这是凉的”，如此交替浸手几次，慢慢让宝宝感觉出暖和凉的差别，这个活动会提升宝宝的触觉智能。

◎加强锻炼，增强体质，夏日多饮水，适时添减衣服，多进行户外活动，吸收新鲜空气，适应外界环境。

◎多病体弱的宝宝，不宜盛夏时节断乳，如果需断乳，应注意喂养，加强营养。

◎酷暑期间，尽可能移居阴凉通风之处，尤其是前一年曾患本病的宝宝。

◎春夏季节，宝宝长期发热，在排除其他疾患时，应注意考虑本病，要早诊断、早治疗，忌滥用抗生素，以免产生不良影响，耽误病情。

宝宝智能培育与开发

每个宝宝能通过父母的遗传，获得他日后可能达到最高发展的潜在智能，然而一般人所发展的智力往往与其最高潜在能力有很大的差距，这依赖于环境是否能给予充分的智力刺激。下面提供一些增进宝宝智力简易而可行的方法。

智能开发

父母除了将宝宝的衣食住行打点好外，还应该多抽出时间陪宝宝游戏，千万不要将它视为可有可无的事情，游戏是宝宝学习的最佳方式。聪明的父母会把与宝宝的游戏当成自己的工作，而且尽可能参与到和宝宝的互动活动中，以便观察和随时辅导，尽量让宝宝的游戏起于快乐终于智慧。

双语游戏

1岁多的宝宝可以进行双语练习，父母可以让宝宝分别用中文和英文说出同一件东西。在做双语练习的时候，父母要选择宝宝最熟悉的物品，尽量通过游戏的方式吸引宝宝的兴趣，不要太死板，时间控制在5～10分钟。

判别是非

父母可拿一些表示日常行为的图片，让宝宝判断图中的行为是否正确。这样有助于在游戏过程中帮宝宝分辨是非，正确地评估人的行为，同时培养宝宝的观察能力。家长要注意，宝宝在判断错误的时候，不要马上否定，而要鼓励和引导。

扑克牌游戏

◎培养宝宝按图形的特征进行分类的能力。

◎培养宝宝的观察力和分析能力。

具体操作：扑克牌找“朋友”。家长抽出一张牌，然后宝宝按该牌的花形或颜色及单、双数从自己的扑克牌中找出它的“朋友”并举起来，也可以让宝宝们互相比赛，比比谁最快。要求宝宝自己操作，尽量选出与别人的不同，并要求操作迅速正确。

建议家长可在家里和宝宝们多玩此类游戏，以发展其分类的能力及观察兴趣。

搭积木

准备12块积木，2～3厘米大小，放在宝宝面前，当宝宝能用4块积木搭起且能竖立就算合格。

情商开发

目前，很多宝宝都是独生子女，在合作等方面比较薄弱，父母应该鼓励宝宝和其他小朋友多交往，尽量创造一个良好环境。

1岁多的宝宝已经有他们自己的社交。当宝宝哭泣时，其他宝宝会有反应，当看到别人哭泣，宝宝也会有所反应，这就是最初的交流。在和别人的互动游戏中宝宝会逐渐了解规则和解决问题的方法等，而户外游戏更能帮助宝宝认识世界、热爱世界。

给洋娃娃喂饭

洋娃娃是宝宝的玩具，有时候也是宝宝的伙伴，尤其是当宝宝还小，不能较长时间在外玩游戏时。可以启发宝宝照顾洋娃娃吃饭，一步一步地，要有耐心，这样可以让宝宝感受到家长平时照顾自己的辛苦，并且自己会越来越乖地吃饭。

坐飞机

◎**方法**：让宝宝骑在爸爸的肩上，抓住宝宝的双手说："飞机马上就要起飞，请乘客做好。"爸爸慢慢地站起来，在地上转几圈，然后对宝宝说："飞机到站了，请乘客下机。"让宝宝下来。

◎**目的**：让宝宝体验合作运动的快乐。

让宝宝与爸爸玩坐飞机的游戏，可以让宝宝体会合作的快乐。

做馒头

◎**方法**：将宝宝的手洗干净，然后端出干面粉，干面粉加上水，把它用力揉，教导宝宝这就叫和面。面和好了就成了一个面团，任由宝宝将面团搓成各种形状，并告诉宝宝里面放馅就成了各种馒头。比如放肉馅，就成了非常好吃的肉馒头。随后，将馒头蒸熟，宝宝看到自己的劳动成果，会很高兴，也会逐渐地认识到劳动的重要性。

◎**目的**：锻炼手指动作，培养宝宝热爱劳动的优秀品德。

体能锻炼

多样化的体能训练，不仅有助于宝宝体能素质的提高，还有利于激发宝宝对运动的兴趣。在体能训练活动中，宝宝是训练的主人，家长只是宝宝活动的服务者、观察者、引导者和帮助者。

学做快乐的小动物

宝宝体能及动作协调能力较差，可以让他模仿鸭子走、兔子跳、鸟儿飞、猴子爬等各种动物的活动。

宝宝非常喜欢小动物，模仿起来兴趣很高，既锻炼了四肢的协调性、灵敏性及柔韧性，又间接地增加了宝宝的运动量。

前进后退

将近两岁的宝宝在能稳稳地行走时，可以先教会宝宝倒着行走，在不跌跤的情况下，由家长发口令："前进"、"后退"，宝宝听口令向前走或向后退着行走。

为增加趣味性，家长可以和宝宝一同来做动作，也可与宝宝轮流发口令，看谁的反应快、行进的速度快。这样可以增加宝宝的运动量，以及提高协调四肢的能力。

汽车比赛

家长准备两辆小汽车，家长和宝宝各拿一个，由家长发出口令："预备——开始！"一起将汽车推出去，看谁的汽车跑得快，如此反复几次。也可以设立三局两胜或者五局三胜等比赛模式，让宝宝学习竞赛活动，慢慢培养宝宝积极进取的心态。

妈咪育儿小窍门

重视幼儿的好奇心

幼儿阶段是萌生和形成好奇心的时期，宝宝会有一种本能的"探究反射"，发展这种心理因素，对宝宝开阔眼界、丰富思想、开掘智力潜能大有好处。父母要努力地激发宝宝的这种好奇心，而不是扼杀它。

跳起来击球

妈妈可以用绳拴住一个橡皮小球，然后悬挂在宝宝的头顶上方，教宝宝双脚跳起来用手去击球。刚开始的时候妈妈可以先用双手扶在宝宝的腋下，帮助宝宝跳起来并平稳落地，球的悬挂高度可以根据宝宝的跳跃能力来进行调整，刚开始的时候可以低些，当宝宝能跳起击中后，再逐渐增高。这个游戏可以训练宝宝的跳跃能力和全身协调能力。

顶气球游戏

事先准备一只气球，让宝宝把气球抛向空中，当气球落下来的时候，家长教宝宝用左右手分别向上击球，也可以让宝宝用头去顶球，总之要想办法不让气球落地。

家长还可以和宝宝比赛看谁玩的时间长，多者为胜，当然一定要注意宝宝的安全，更不能让宝宝累着。这个游戏不仅可以训练宝宝的体能，还能训练手眼协调能力。

2～3岁宝宝护理

2～3岁的宝宝每天都有一个新的变化。今天宝宝有可能还不能清楚地叫出家中各个成员的称呼，可能明天就可以将每一位长辈对号入座。在照顾这个时期的宝宝时，每天都会有惊喜。但是家长不要将宝宝所有的行为都当成是学习新事物，而要正确区分宝宝行为的对与错，将某些不良习惯消除在婴幼儿时期。

宝宝身体与能力发育特点

2岁多的宝宝是幼儿期中最重要的时期，智力和情感的成长速度非常惊人。在2岁多宝宝的身上同时有着什么事都要自己干的强烈欲望和缠着妈妈撒娇的情感需求。因此，父母要注意宝宝这一时期的特殊行为和心理动态。

身体发育特点

2岁多的宝宝活动增加，肌肉逐步发育，婴儿时期的脂肪逐渐减少。腿和胳膊逐渐加长，脚不再扭向一边，而是走路时朝前了。脸变得比以前更有棱角，下巴也显露了出来。3岁时，他们的外貌已经很少保留有宝宝的痕迹。

身高

男孩为90.1～91.9厘米，女孩为88.45～90.69厘米。

体重

男孩为12.55～13.87千克，女孩为12.1～13.41千克。

头围

男孩为47.7～49.31厘米，女孩为47.44～48.25厘米。

胸围

男孩为49.15～50.80厘米，女孩为48.65～49.67厘米。

牙齿

通常为18～20颗乳牙。

骨骼

在宝宝生长发育的同时，骨骼也在不断地发育。骨骼最初以软骨的形式出现，软骨必须经过钙化才能成为坚硬的骨骼。在骨骼钙化过程中，需要以钙、磷为原料，还需要维生素D（为鱼肝油里的主要成分之一），以促进钙、磷的吸收和利用。宝宝机体如果缺少维生素D，就会患“宝宝缺钙”（即宝宝维生素D缺乏性佝偻病），从而影响骨骼的正常生长发育。因此，在宝宝生长发育时期，应让宝宝多晒太阳，多给宝宝吃些富含维生素D及钙的食物，以防发生“宝宝缺钙”。

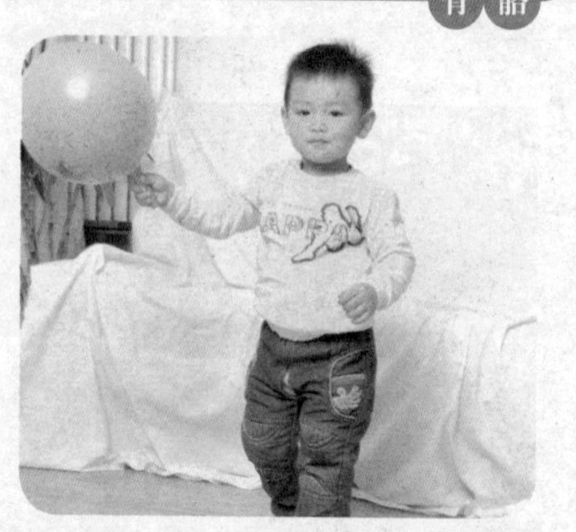

2岁的宝宝，腿已比较有力，可以自己行走了。

能力发育特点

2岁多的宝宝在智能方面与之前有很大的区别，认知和性格方面在慢慢地形成自己的特点。这一时期的宝宝情绪不是很稳定，开始形成自己的独有个性。

认知发育状况

这时候的宝宝能用思维解决一些问题——在头脑中完成尝试，而不必亲自实践。他的记忆力和智力也有所发展，开始理解简单的时间概念，如“吃完饭后再开始玩耍”。这时宝宝也开始理解物体之间的关系。例如，在你让他玩形状分类玩具和益智拼图玩具时，他可以匹配相似的形状。在数物体时，他也能够理解数字的含义。

宝宝的因果关系等逻辑理解力有进步，对上发条的玩具和开关灯的设备更感兴趣。你也会注意到宝宝玩的游戏更加复杂。最明显的是他可以把两种不同的游戏串联在一起，得到一个合乎逻辑的结果。小女孩可能首先把洋娃娃放在床上，然后将它盖起来，而不是随机地丢一个再拿一个，或者她假装一个接一个地喂几个洋娃娃。

动作发育状况

运动功能得到了提升：跑得较稳，动作协调，姿势正确。能从一级台阶跳下来，会单脚试跳1～2步，能跳远。不用人扶会独自走平衡木。能拿铅笔，但不是握成拳状；会临摹画垂直线和水平线。扔大皮球达1米左右；能叠8块积木。

妈咪育儿小窍门

饮料的营养价值不高

汽水中除含糖外，几乎不含其他营养素；而雪糕或冰激凌中所含蛋白质与瘦肉相比，相差甚多，甚至不如牛奶高，而其中脂肪含量却极多。如果嗜食这类食品，显然对正处生长发育时期的宝宝十分不利。

心理发育状况

这阶段的宝宝尤其是在接近3岁的时候，在思考问题时可以将更长的事件串联在一起，得出更精细的想象结果。可以安排自己的大部分日常生活，包括早上起床、洗澡和晚上上床睡觉。假如一定要简单勾画本阶段宝宝的主要智力限制的话，就是他的感觉，即他觉得在他的世界中发生的所有事情都或多或少有他的参与。因为有这种想法，他很难正确地理解诸如死亡、离婚和疾病的概念，没有感到自己扮演了什么角色。因此，如果这阶段父母离婚或家庭成员生病，他会感到自己有责任。与2岁左右的宝宝讲道理一般非常困难，毕竟他们观察世界的方式非常简单，他仍然不能分辨幻觉与真实，除非自己主动参与虚构的游戏。

合理的喂养方式让宝宝更健康

2岁宝宝的进餐方式应该是一日三餐，外加1～2次点心。他可以进食与其他家庭成员相似的食物，随着语言与社交技能的进步，如果有机会让他与其他人一起进餐，在进餐时间他会积极参与。幸运的是，这个年龄段的宝宝的进餐已经变得相对比较“文明”。

为宝宝增加营养需注意

目前，家庭中出现了给宝宝“滥补”营养的势头，今天让宝宝补铁，明天让宝宝补钙，后天又改成补锌了，这样对宝宝是不利的。各种食物中所含的微量元素种类和数量不完全相同，只要宝宝平时的膳食结构做到粗细粮结合、荤素搭配、不偏食不挑食，就能基本满足其对各种营养素的需求，不需要药物补充。

不宜多食用巧克力

巧克力是一种高热量食品，但其中蛋白质含量偏低，脂肪含量偏高，营养成分的比例不符合宝宝生长发育的需要。宝宝在饭前过量吃巧克力会产生饱腹感，因而影响食欲，但饭后很快又感到肚子饿，这使正常的生活规律和进餐习惯被打乱，影响宝宝的身体健康。巧克力含脂肪多，不含能刺激胃肠正常蠕动的纤维素，因而影响胃肠道的消化吸收功能。再者，巧克力中含有使神经系统兴奋的物质，会使宝宝不易入睡和哭闹不安。

牛奶与巧克力不宜同食

稍大一点儿的宝宝可以稍吃适量的巧克力，但是牛奶与巧克力不宜同食，有的家长为给宝宝增加营养，常常在牛奶中放些溶化的巧克力或吃奶后再给宝宝巧克力吃，这是不科学的，因为牛奶中的钙与巧克力中的草酸结合以后，可形成草酸钙，草酸钙不溶于水，如果长期食用，容易使宝宝的头发干燥而没有光泽，还经常腹泻，并出现缺钙和发育缓慢的现象。

注意不同蔬菜的营养

蔬菜有绿色、黄色或橙色、白色之分。虽然，蔬菜的颜色与营养含量之间有直接关系，如绿色蔬菜的营养优于黄色蔬菜，黄色蔬菜的营养优于红色蔬菜及其他浅色蔬菜，但并不是某一种蔬菜的营养就一定高于其他蔬菜。像胡萝卜，是维生素A的最佳来源，其中碳水化合物、胡萝卜素及钠、钙、锰等微量元素的营养含量均高于某些绿色蔬菜，如菜花等；而菜花中的蛋白质、核黄素、维生素C及钾、锌、磷、硒等微量元素的营养含量，又高于胡萝卜等黄橙色蔬菜；像红柿子椒，其中维生素C的含量是绿柿子椒的2倍，还特别富含β－胡萝卜素、维生素B_6、维生素E和叶酸及可增强人体免疫力的抗氧化剂；像萝卜和芹菜，虽然都富含调节血压和保护神经的钾，但萝卜所含的叶酸、维生素C、维生素E却比芹菜多1倍，还含有能抗癌的芥子油。

试着给宝宝做一些营养粥

2岁多的宝宝尽管在消化吸收方面的功能较之以前有了很大的提升，但是和成人仍然有着很大的距离，这时候妈妈可以试着做一些营养粥。

鹌鹑粥

原料：大米30克，鹌鹑1只。

制法：将鹌鹑去皮洗净，切成大块，为防止有碎骨，可用经过消毒的煲汤袋盛装。将大米洗净，用水浸泡约2小时。将浸泡过的大米、水和鹌鹑一起煲，烧开后，改用中火煲约45分钟，然后熄火焖5分钟即可。

用法：每天可吃2～3次，每次1小碗。

特点：黏稠，鲜香。鹌鹑肉营养价值高，有“动物人参”的美称，它含有丰富的蛋白质、脂肪、矿物质及维生素成分，所含的能量比鸡肉高出数倍，具有健脾开胃的作用。注意制作时，千万不要让鹌鹑骨渣掺入粥内。

蛋黄酸奶粥

原料：大米40克，鸡蛋1个，肉汤150克，酸奶100克。

制法：将鸡蛋煮熟后取出蛋黄并捣碎。将大米洗净放入锅内加水置火上煮粥，煮至七成熟时，将捣碎的蛋黄和肉汤倒入锅内用小火煮，并不时地搅动，呈稀糊状时便可取出冷却。食用时将酸奶倒入锅中搅匀。

用法：每天可吃2～3次，每次1小碗。

特点：酸奶有助于肠胃的消化，配合鸡蛋、肉汤，使宝宝更易吸收到蛋白质等营养物质。

姜葱粥

原料：大米50克，生姜1块，葱白和葱根2段，米醋10克。

制法：先将大米洗净放入水中浸泡1小时，生姜切片备用。将大米放入锅内与

妈咪育儿小窍门

宝宝父母分床睡的好处

父母与宝宝分床睡觉可以避免挤压宝宝。如果父母与宝宝同床睡觉，就要加倍小心不要挤压宝宝。有资料指出，宝宝与父母同一间房睡比较安全，这样可以随时发现宝宝的任何异样或危险动作。

生姜片煮至半熟，放入葱白和葱根。待粥快熟时，加米醋半匙，稍煮即可。

用法：每天2～3次，每次1小碗。要趁热食用，食后盖被静卧，出微汗为佳。

特点：祛风散寒，适用于宝宝伤风感冒、受寒呕吐、胃口不好。

不要让宝宝多吃冷饮

冷饮是宝宝们喜爱的食品，特别是在夏天。时值盛暑，吃些冷饮使人暑热顿消，心舒气爽，对于防暑降温大有裨益。然而，无限量地吃冰棍、冰激凌或冰冻饮料对宝宝健康不利。

冷饮并不解渴

家长大都有这样的体会：宝宝热天吃过冷饮后，当时爽快无比。但几分钟以后，又会口渴，又嚷着要吃冷饮。再吃，比原来还渴。其实冷饮并不解渴。

宝宝和成年人一样，当人体的血浆渗透压提高时，虽然体内并不缺水，但也会感到口渴，直至将体内渗透压调节到正常水平为止。宝宝喜欢的冷饮中含有较多糖分，同时还含有脂肪等物质，其渗透压要远远高于人体，因此，食用冷饮当时虽觉凉爽，并临时掩盖了口渴感觉，但几分钟过后，胃肠道温度复升，便会感到口渴，而且会越吃越渴。所以，解除宝宝口渴的最好办法是给他们饮用凉开水，而不是无限制地吃冷饮。

贪食冷饮会引起胃肠不适

宝宝食用冷饮后，胃肠道局部温度骤降，会使胃肠道黏膜小血管收缩，局部血流减少。久而久之，宝宝消化液的分泌就会减弱，进而就会影响胃肠道对食物的消化吸收。不明原因的经常腹痛是许多宝宝夏天易得的病，这大多与过量食用冷饮有关。另外，夏天宝宝的胃酸分泌减少，消化道免疫功能有所下降，而此时的气候条件又恰恰适合细菌的生长繁殖，因此，夏季是宝宝消化道疾病的高发季节。

贪食冷饮会引起营养不良

冷饮或饮料中虽然也含有一些营养物质，但其中常常以糖（碳水化合物）为主，而人体所需要的蛋白质、矿物质和各种维生素含量都极少。不仅如此，其中添加的人工色素、香精及防腐剂也会对宝宝身体健康造成影响。国内外观察都发现，以饮料代替饮水的宝宝可能表现为食欲不振、爱发脾气、多动和身高体重比例失调等。

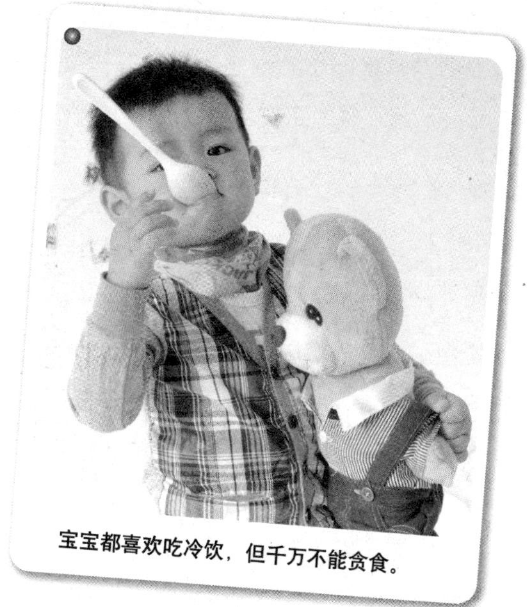

宝宝都喜欢吃冷饮，但千万不能贪食。

贪食冷饮容易引起肥胖

通过上面的分析知道，冷饮中含糖较多，同时，雪糕及冰激凌中脂肪含量也很高。贪食冷饮对于那些身体瘦弱、食欲不强的宝宝而言，会影响他们的正餐，从而导致身高、体重比例失调。但对于本来食欲就旺盛的宝宝而言，并不会影响他们正餐的食量，等于在正餐之外，又增加了许多糖、脂肪和能量的摄入，久而久之，会导致超重和肥胖。

宝宝进食禁忌

在人的生命过程中婴幼儿时期的营养往往决定了人一生的发展，包括智力发育、生存能力以及寿命长短。所以宝宝的科学喂养尤为重要，希望家长们走出喂养误区，使我们的下一代健康成长。

饮食无度

对宝宝过分迁就，要吃什么就给什么，要吃多少就给多少。有的家长总认为宝宝没吃饱，像填鸭似的往宝宝嘴里塞，认为只要吃下去就有营养，结果引起“积食”及“肥胖”。严格来讲，饮食应根据每个宝宝生长发育的需要来供给，每餐进食量要相对固定，品种要丰富，营养要均衡。

饮食无时

宝宝什么时候要吃，就什么时候喂，没有固定的进食规律，而且每天餐次太多，餐与餐之间间隙不合适，饥饱不均，容易造成宝宝消化功能紊乱，生长发育需要的营养素得不到满足。应该让宝宝从小就养成良好的饮食习惯，进食要定时定量，一日三餐为正餐，早餐后两小时和午睡后可适当加餐，加餐要定量。

偏食

偏食即合口味的就吃得多，不合口味的就一点儿不吃。

现代医学研究表明，人体发育是需要各种营养素的，缺哪一种都不行。缺蛋白质会影响生长发育、引起贫血、抵抗力下降；缺脂肪会皮肤粗糙，易患眼干燥症和佝偻病；缺碳水化合物会出现血糖降低，影响其他营养素的消化吸收和利用；至于维生素和矿物质乃至水的缺乏都会对身体有危害。

为预防宝宝挑食、偏食，每餐食物的品种要多样，同时也要注意保护宝宝的食欲，不要让宝宝对爱吃的东西一次吃得太多。对于偏食的宝宝切不可强迫，要找出原因，设法改正。特别要提醒家长不要当着宝宝的面讲自己不爱吃的东西。

食物太咸

首先，宝宝的肾脏发育尚未成熟，还无法排出血中过多的钠，因而很容易受到食盐过多的损害，发生肾盂肾炎。其次，还可能引起高血压及心脏肌肉衰弱等疾病。再者，宝宝饭菜过咸，宝宝可能会饭后大量饮水，冲淡了胃酸的浓度，进而影响消化。因此宝宝的食物不能太咸。

妈妈在给宝宝做辅食时不应放入过多的盐。

吃过多零食

过多吃零食破坏了正常的饮食。宝宝经常吃零食胃肠道要随时分泌消化液，加重了胃肠的负担，使胃得不到休息，容易引起消化不良症。

睡觉前吃东西

如果宝宝睡觉前吃东西，吃下去的东西来不及消化，储存在胃里，使胃液增多，消化器官在夜间本来应该休息，结果被迫继续工作，这样不仅影响宝宝睡眠质量，而且摄入过多的食物不能消耗，容易形成“小胖墩儿”。因此宝宝睡前一小时之内不宜吃东西。

给宝宝吃口香糖

2岁左右的宝宝对零食是非常钟爱的，口香糖更是他们非常感兴趣的一种零食。有些父母认为小小的口香糖并不会对宝宝造成大的影响，于是就放松了对它的警惕。其实，口香糖是不宜让宝宝吃的。因为口香糖很容易被宝宝误食吞咽，一旦被误吞入气管中很容易引起生命危险。并且口香糖没有任何营养，甜味很足，宝宝吃多了还会引起肥胖症，更重要的是吃口香糖的过程中宝宝还会吞下过多的空气而引起腹胀。因此，为了避免意外，最好不要给宝宝吃口香糖，另外，如果宝宝误食了口香糖，要尽量吃些粗纤维类食物，刺激肠蠕动，让口香糖随大便排出体外。

宝宝的日常护理

2岁宝宝身体发育的侧重点与婴儿时期有很大的不同，家长对宝宝的日常呵护的注意点也应该不同，比如保护乳牙，从宝宝很小的时候就应该培养其良好的生活习惯，让宝宝拥有一副完美的牙齿。

预防宝宝龋齿

龋齿是人类最普遍的牙齿问题之一。由于幼儿时期的一些日常习惯，在一定程度上会对宝宝牙齿的发育有影响，所以对龋齿的预防，从宝宝幼儿时期做起是十分重要的。龋齿发生的原因是多方面的，预防也要从多方面着手。

合理的营养

2～3岁的宝宝应该注意合理的营养。尤其是多吃含有磷、钙、维生素类的食物。例如，黄豆和豆类制品、肉骨头汤、小虾干、海带、蛋黄、牛奶、鱼肝油和含有大量维生素与矿物质的新鲜蔬菜及水果等，这些食物对牙齿的发育、钙化都有很大的好处。另外，宝宝饮食中适当地选择一些粗糙的、富有纤维素的食物，有助于牙面得到较好的摩擦，促进牙面清洁，从而构成抗龋齿的良好条件。

应用氟化物

氟可预防龋齿，在科学上已有证明。不论是牙齿表面局部涂布氟化物，还是在饮水中加氟，均有显著的防龋效果。在饮食上，如果能选择一些含氟的食品，如茶叶、白菜、青葱等，也可以产生一定的作用。中国人普遍有饮茶的习惯，茶内的氟素与牙齿表面有较长时间的接触，并使人体获得一定量的氟素，这等于在牙齿表面局部涂布氟化物和在饮水中加氟一样起到抗龋齿效果。但是在给宝宝应用氟防龋的过程中，要防止氟过多，因为过量的氟反而会妨碍牙齿的发育，有时还会引起氟中毒现象。

为宝宝选择合适的生活用品

如今，大多数宝宝的生活用品、饮食起居都是由父母一手操办的，而很多父母在选购宝宝日常用品的过程中总是会把自己的审美要求和个人喜好强加在宝宝身上，反而影响宝宝的健康，这些都是父母需要注意的问题。

宝宝穿松紧带裤的危害

很多父母都喜欢用松紧带为宝宝做裤子，但一定要注意下面几个问题，否则会影响宝宝的健康。

◎松紧带是橡胶制品，属于化学物品，而宝宝的皮肤很娇嫩，使用松紧带后可能会出现接触性过敏、皮肤发痒、荨麻疹、过敏性皮炎等全身过敏反应。

◎如果松紧带过紧，还会压迫肠道，发生消化功能异常，出现腹胀、食欲下降、食量减少等症状，并造成营养不良，影响宝宝生长发育。

◎如果松紧带过松，裤子系不住，常会滑脱，就容易使宝宝脐部着凉，无论是冬天还是夏天都可能导致腹泻。

宝宝用具小心铅中毒

铅污染对宝宝的危害往往是潜在的，在产生中枢神经系统损害之前，往往缺乏明显和典型的表现而容易被忽视。更为严重的是，铅对中枢神经系统的毒性作用是不可逆的。宝宝血铅水平超过1毫克/升时，就会对智能发育产生不可逆转的损害。铅还是国际公认的致癌物质。

日常生活中对餐饮用具除应注意清洁卫生消毒外，还应避免使用过于亮丽的彩釉陶瓷和水晶制品，尤其不宜用来长期储存果汁类或酸性饮料，以免“铅毒”暗藏杀机，损伤身体。

此外，宝宝使用的奶瓶、水杯等也不宜用水晶制品及表面图案艳丽夺目的陶瓷器，日常饮食中也宜多添加一些大蒜、鸡蛋、牛奶、水果和绿豆汤、萝卜汁等，对减除铅污染的毒害有一定好处。

宝宝慎穿气垫鞋

许多父母给宝宝配备了气垫鞋。但专家表示：不是所有的宝宝都适合穿气垫鞋，尤其是刚刚能跑稳的2岁多的宝宝，脚尚在发育之中，穿薄底的鞋有利于脚部充分接触地面，令足弓和脚部肌肉长得更好。而穿厚底鞋或者有气垫的运动鞋，会使宝宝足部发育不良。并且有研究证实，气垫的高度也是影响人体健康的一个不容忽视的因素。鞋底的高度与人体健康息息相关。如果鞋底过高，可能会引发一系列的足病，如脚拇趾外翻、平足症等。另外，鞋底的高度还对脊柱产生间接影响，随着高度的增加，腰椎和颈椎的受力越来越集中，形成慢性损伤，最终导致腰痛和颈椎病的发生。

适当让宝宝自己选择衣服

科学家们认为2岁多的宝宝已开始对自己有了一些了解，有了“自我意识”，这时应该开始有意识地培养宝宝的独立性，逐渐给宝宝一些自主权。例如，宝宝的衣物虽然是父母买的，但可由宝宝自由穿用，这样做能使宝宝感受到父母对自己的尊重。大人尊重宝宝的权利不仅可使宝宝增强自豪感、责任感，而且自信心也会提高。另外，让宝宝决定自己今天穿什么，还能培养宝宝生活自理能力，同时父母还可多给宝宝讲解一些穿衣服的常识，帮助宝宝获得更多有用的生活常识。

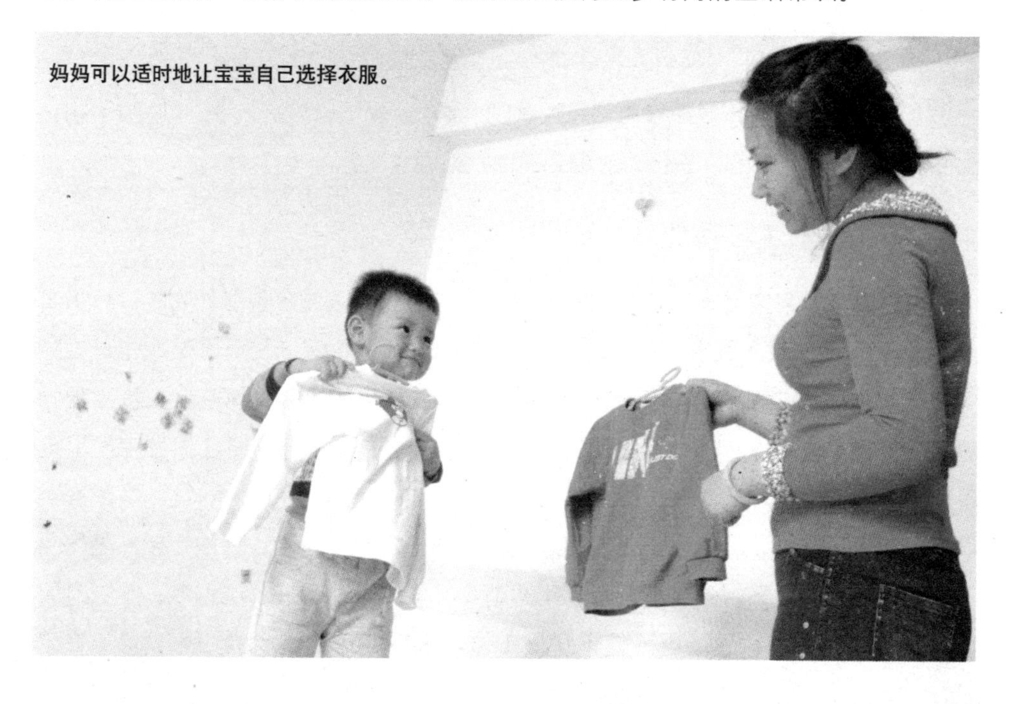

妈妈可以适时地让宝宝自己选择衣服。

宝宝发热时不可裹得太严实

当宝宝发热时有的家长将宝宝裹得太严实，生怕宝宝再受风。殊不知，这样做不仅影响了散热降温，而且还会诱发宝宝高热惊厥。正确的做法应该是在没有冷风直吹的情况下，脱去过多的衣服或松开衣服以利于散热。或者采取沐浴的方式帮助宝宝降温。

宝宝发热时不宜给宝宝过多衣服或裹得太严实，松开衣服反而有利于散热。

妈咪育儿小窍门

饭后不宜立即给宝宝洗澡

洗澡会促使四肢皮肤血管扩张血液汇集身体表面，使胃肠血流量减少，消化液分泌减少，降低消化功能；若经常饭后洗澡，会引起胃肠疾病，给宝宝的健康带来危害。饭后1～3个小时洗澡比较适宜。

宝宝夜间磨牙不容小视

磨牙在宝宝婴幼儿时期较为常见。夜晚入睡之后，牙齿咬得“咯吱咯吱”响，搅得爸爸妈妈心神不安。为什么宝宝会发生夜间磨牙呢？

磨牙发生的主要因素

◎**寄生虫因素**。宝宝肚子里如果长有蛔虫，它在小肠内吸收各种营养物质，分泌毒素，上下乱窜，刺激肠管，使其蠕动加快，引起消化不良、肚脐周围隐痛，这样会使宝宝在睡眠中神经兴奋性不稳定而引起磨牙。而有蛲虫病的宝宝，每当睡觉后蛲虫常爬到肛门口产卵，引起肛门瘙痒，宝宝睡不安宁也可能会发生夜间磨牙现象。

◎**饮食因素**。有挑食、偏食不良习惯的宝宝易缺乏钙和维生素；有的宝宝常是早餐不愿吃，晚餐吃太多，这种现象极易引起消化功能紊乱。因晚餐吃得多，睡觉时胃肠内仍积存有食物，胃肠道不得不加班工作，来完成消化吸收的任务。胃部在工作，也会引起面部的咀嚼肌肉自发性地收缩，牙齿便来回磨动。

◎**心理因素**。家庭不和、父母离异会使宝宝心灵受到创伤；吓唬宝宝也极易造成焦虑、压抑、烦躁不安、过度紧张等不良情绪，这些状况可能导致夜间发生磨牙现象。

◎**磨牙的危害**。如果宝宝偶尔发生一两次夜间磨牙，不会影响健康。但要是天天晚上牙齿磨动，则危害不小。首先是直接损伤牙齿。经常夜间磨牙，会使牙齿过早磨损，外面牙釉质被磨掉，露出牙髓后，引起牙本质过敏，遇到冷、热、酸、甜等刺激即发生疼痛；另外，牙周组织受到损害，易引起夜间磨牙，面部肌肉特别是咀嚼肌肉不停地收缩，时间一久，咀嚼肌纤维增粗，脸形变方，影响宝宝的面容。

如果牙体组织磨损严重，牙齿高度下降，面部肌肉过度疲劳，会发生颌关节紊乱综合征，在说话、歌唱或吃饭时，下颌关节及局部肌肉酸痛，甚至张口困难。张口时下颌关节会发出“嗞嗞”响的杂音，有的甚至发生下颌关节脱位。此外，还会引起头面痛、失眠、记忆力减退等症状。

防治有术

对于夜间磨牙，可针对原因进行防治。有蛔虫或蛲虫病，应及时驱虫。饮食上应合理调配膳食，粗细粮、荤素菜搭配，防止宝宝营养不良，还要教育宝宝不偏食、不挑食，晚餐不要过饱，以免引起胃肠不适。患有佝偻病的宝宝应用维生素D及钙剂治疗，同时让宝宝进行适量日光浴。

家长应给宝宝创造一个舒适和谐、充满欢乐的家庭环境，消除各种不良的心理性因素，并配合心理治疗。

要注意安定宝宝睡前的情绪，降低或消除神经系统的兴奋性，减少或防止夜间磨牙的发生。

为宝宝创造一个充满欢乐的家庭环境，可以减少或防止宝宝夜间磨牙的现象。

宝宝疾病的预防与护理

2岁的宝宝比以前更容易出现各种意外。如鼻出血，眼、鼻等进入异物，虽然不是很严重的疾病，但是家长如果手忙脚乱而不能正确地处理，可能会给宝宝造成较大的伤害。

以下是几种常见疾病的处理方法，供家长参考。

宝宝鼻出血的处理措施

鼻子出血在儿童中比较常见，一年四季都可能发生，尤其是秋冬干燥的季节。家长如果发现宝宝鼻腔出血，不要惊慌，因为，宝宝鼻出血与成人有些不同，出血部位以鼻腔前部为多。

鼻出血的原因

◎**外伤**。宝宝跌倒撞伤鼻部出血；挖鼻引起鼻前庭糜烂、中隔前部黏膜糜烂渗血为多。

◎**鼻腔异物**。宝宝把玩物、纸团、果皮、瓜子等塞入鼻腔继发感染，引起黏膜糜烂出血。

◎**发热**。尤其是上呼吸道感染发热，鼻黏膜干燥、微血管破裂出血。

◎**鼻腔炎症**。分泌物积聚在鼻腔、鼻前庭，引起痒、干痛等不适，因宝宝不会擤鼻涕，为了消除不适经常用手挖鼻所致。

◎**血液病**。以白血病、血小板减少、血友病、再生障碍性贫血为多见。

◎**风湿热**。风湿热也会引发鼻出血。

应急措施

应马上让宝宝坐下或者躺下，然后用手绢或餐巾纸擦掉流淌的鼻血。鼻腔出血最简单的止血方法是“指压法”，即用拇指和食指压住宝宝鼻翼两侧及上面软组织处，一般几分钟后，轻轻松开手指，鼻血大多可以止住。如有麻黄碱或肾上腺素等药物，可以滴在棉球上，塞进鼻腔，再用手指压住，止血效果会更好。

如果仅仅用干棉球或纸团塞进鼻腔，因为不能有效地压住出血点，所以看上去好像血已经止住了，实际上血却被宝宝吞到胃里去了。倘若用指压法仍然不能把血止住，就要马上送宝宝去医院治疗。

防治流鼻血

对于容易发生流鼻血的宝宝，如果是鼻腔黏膜比较干燥，或气候比较干燥，可以滴一些液状石蜡，或在鼻腔内涂一些软膏，以起到湿润和保护鼻黏膜的作用，这样也能有效地减少出鼻血的机会。

异物的处理技巧

宝宝在玩的时候，由于环境或者突发的情况，有可能发生异物进入眼、耳、鼻，这时候家长不要慌张，更不要搓揉异物进入的部位，下面介绍几种应急措施，但如果还是不能清除的话，应该送宝宝到医院。

异物入眼

如果异物进入宝宝眼睛，家长可在宝宝上下眼皮里面的睑结膜上仔细寻找，必要时应把上眼皮轻轻拉起或翻开，发现异物后再用消毒的棉签轻轻擦去，或用干净的手帕擦去，要注意不要带进脏东西，以免造成感染。

异物入耳

如果是昆虫飞进或爬进宝宝的耳朵，只要利用昆虫的向光性，将宝宝的耳朵对着灯光处，或者用手电筒照射，昆虫就会向有亮光的地方爬出来。也可以往耳朵里滴几滴油，以隔绝空气，使昆虫窒息死亡，然后再用镊子把它取出来。假如是豆类等光滑的异物，可用一根棉签蘸取一点儿糨糊，然后慢慢伸进耳道与异物相接触，等糨糊与异物粘住后，再轻轻取出来。

异物入鼻

异物进入宝宝鼻腔后，家长可以采用以下两种办法。

◎让宝宝用手指压住或堵住另一侧鼻腔，然后使劲儿擤鼻涕。

◎用口吹气。让宝宝用手将两只耳朵捂住，家长用手指压住没有异物的一侧鼻翼，使这里不漏气，然后用嘴巴对准宝宝的口腔轻轻吹气，利用气流也可以将鼻腔中的异物冲出来。

给宝宝正确地测量血压

随着生活水平的提高和保健意识的增强，许多家庭都备有水银血压计或是弹簧血压计，但因为实际生活中测量血压受到许多因素的影响，所以家长懂得一些医学常识并掌握正确的测量方法将是十分必要的。

妈咪育儿小窍门

宝宝饭后不宜立即吃水果

水果中富含单糖类物质，它们通常被小肠吸收，但饭后它们却不易立即进入小肠而滞留于胃中；因为食物进入胃内，须经过1～2小时的消化过程，才能缓慢排出，饭后立即吃进的水果会被食物阻滞在胃内，如果停留时间过长，单糖就会发酵而引起宝宝腹胀、腹泻或胃酸过多、便秘等症状。

因此，宝宝饭后不宜立即吃水果。

测量前应让宝宝精神放松并保持适宜的室温

肌肉运动甚至体位改变都会对血压产生影响，因此测试前最好先让宝宝静坐休息一刻钟，并应尽可能使测试的手臂保持放松。由于环境温度常会对血压造成影响，所以室内保持适宜的温度是必要的。

气袖带的调节

注意气袖带的宽度，根据实际情况的不同而采用。一般主张应比受检人上臂的直径大于20%为宜。过窄时，测得的血压比实际高，反之则比实际低。与一般成人10～20厘米不同的是，小于4岁的宝宝为5厘米。并且测试时气袖带不宜裹得太紧或太松，太紧时由于增加对动脉的压力而使测得的血压值比实际血压低；太松时，抽气后袖带膨胀成圆形而使其与上臂的接触面减少，从而使测得的血压值比实际血压高。

听诊器的正确放置

鉴于两上臂的肌肉张力和动脉弹性不同，血压可有差异，所以测量时应以相同手臂的血压作为参考和比较。测量时受检的上臂应与心脏处于同一水平，否则，位置过高测出的血压值将低于实际的血压，反之则高于实际的血压。听诊器应置于肱动脉搏跳动的明显处，舒张压确定以声音消失为标准。而放气的快慢以每秒下降2～3毫米汞柱为宜。

宝宝发热时治疗护理的误区

发热是宝宝幼儿时期常见的症状，但是当宝宝发热时，家长往往特别紧张，为了使宝宝尽快退热，有时采用一些不当方法，反而影响了治疗效果。

误用高浓度酒精或冷水擦浴降温

人们通常认为选用酒精或冷水擦浴可以起到迅速退热的作用，实际上，这种方法往往会事与愿违，因为当宝宝发热时，皮肤的血管扩张，体温与冷水的温差较大，会引起宝宝的血管强烈收缩，引起宝宝畏寒、浑身发抖等不适症状，甚至加重宝宝的缺氧，出现低氧血症。有的家长用酒精的浓度过高，如用95%的浓度，这样不但不能起到退热作用，而且有可能造成宝宝皮肤脱水，加重病情。正确的方法是，给宝宝使用35%～45%的酒精或温水进行擦浴，主要是在大血管分布的地方，如前额、颈部、腋窝、腹股沟及大腿根部，这样能达到降温的效果。

不正确使用退热药

当宝宝发热时，有的家长不正确使用退热药，从而造成宝宝不必要的伤害。有许多家长一看到宝宝发热就用退热药物快速退温，殊不知，降温过快并不表示病情的好转，若是应用不当，还可能引起宝宝大汗淋漓，出现虚脱反应。正确的做法是，当宝宝体温低于38.5℃时，可以不用退热药，最好是多喝开水，同时密切注意病情变化，或者应用物理降温方法；若是体温超过38.5℃时，可以服用退热药，目前常用的退热药有对乙酰氨基酚、泰诺林，但是最好在儿科医生指导下使用。

乱用消炎药物

由于宝宝发热是常见的症状，多见于急性上呼吸道感染性疾病，有一些医生和家长一见宝宝发热就盲目地给宝宝服用消炎药物。其实，引起宝宝发热的病因有很多，在病原菌不明时最好不要滥用消炎药物。因为“是药三分毒”，若是滥用消炎药物可引起宝宝肝肾功能的损害，增加病原菌对药物的耐药性，不利于身体康复。宝宝发热最好在医生的指导下，根据病情对症下药，才能起到药到病除的效果。

盲目相信输液

还有一些病人在发热时，小病大治，有一些小病就统统输液，有不少家长认为输液的降温效果好，可以补充水分，但是这种治疗方法也有不少不良反应及交叉感染。其实，对于有发热的宝宝，最好是根据病情选择用药的方式，首先要让宝宝保证充分的休息，多喝开水，吃些易消化的食物，同时配合药物的治疗，如果出现体温持续不退，饮食欠佳时，可以使用静脉输液。

将大人的药给宝宝吃

还有的家长为图方便，常上药店自购药物给宝宝吃，但是宝宝的病情变化快，对药物的耐受性差，加上宝宝的肝脏解毒功能不足，肾脏发育不完善，易受药物的影响，会造成脏器的损害。曾有这样的例子：因为妈妈感冒了，家长为防止宝宝感染，就将自己服的药物感冒通给宝宝服，以期望起到防病治病的作用，可是宝宝服药后却出现了血尿。因此，为了宝宝的健康，家长们不要随便地使用药物，以免造成宝宝不必要的伤害。

防治宝宝发生弱视的方法

弱视是指眼球没有明显的器质性病变，矫正视力小于0.8者。弱视越早发现越好，要在宝宝发育的关键期定期给宝宝做检查，注意视力的保健。

弱视的危害

弱视若发生在视觉发育敏感期则是可治愈性疾病。宝宝弱视如果不及早地发现和治疗，都将会导致单眼或双眼视力低下，严重影响双眼视功能，导致融合消失，成为立体盲。

如何及早发现宝宝弱视

所有宝宝都应在3岁左右详细检查视力，这是发现弱视的最佳方法。一般来讲，如果宝宝有看人、物时一眼注视，另一眼偏斜；看人时歪头等情况，都应到医院进行眼部检查。

很多家长认为，弱视应等稍大些再治疗，这是十分错误的。因为弱视的治疗与年龄有密切关系，年龄越小，治疗效果越好。一些研究表明：2岁以内为关键期，6～8岁以前为敏感期，超过12岁后治疗效果极差，16岁后再治疗，几乎无望。

弱视常用的治疗方法

弱视治疗的关键是准确验光。宝宝还需散瞳验光，佩戴合适的眼镜，在此基础上进行治疗。

◎**传统遮盖法+精细目力家庭作业**：遮盖视力好的眼睛，强迫弱视眼（视力差的眼）看东西，同时做精细目力家庭作业，如用弱视插板进行训练，刺激视神经系统的发育，使弱视眼视力提高。本法简单易行，适用于斜视性弱视和屈光参差性弱视，效果可靠。

> 妈咪育儿小窍门
>
> **视力恢复正常后不能立即停止治疗**
>
> 宝宝弱视经治疗后，视力恢复至正常，多数家长认为不必再进行治疗，这是错误的。使弱视眼视力恢复正常，仅是治疗的第一步，以后还要训练双眼单视、融合、立体视功能。

◎**视刺激疗法（即CAM刺激仪）**：利用反差强、空间频率不同的条栅，作为刺激源刺激弱视眼来提高视力。此法简便易行，每次治疗时间短、见效快，尤其适用于屈光不正性弱视，其他还有压抑疗法、后像疗法等。

宝宝智能培育与开发

2岁时候的宝宝应该是活泼好动的，而且对周围的事物开始了自己的探索。这时候家长不要厌烦宝宝的嬉闹。宝宝正是在与其他小朋友和家长讲话、游戏中不断地发展智力和情商。家长不要认为不让自己操心的就是“乖宝宝”，其实家长这样的要求反而扼杀了宝宝天真活泼的天性。

激发宝宝的想象

想象这种心理活动在2岁左右开始萌芽，这时期的想象活动只是把宝宝在生活中所见到的，感知过的形象再造出来，想象的内容很贫乏，有意性很差，属于再造想象，是一种低级的想象活动。这和幼儿时期的生活、知识经验缺乏，语言水平比较低有一定的关系。如2岁左右的宝宝可以利用日常生活经验开展想象，表现在模仿妈妈喂饭的动作，自己抱着娃娃去喂饭；可以模仿医生给病人打针；可以把椅子想象成汽车，自己假装成司机。2岁多的宝宝的想象力是无法教会的，但可以被激发，特别是父母在和宝宝的游戏中。

捏橡皮泥

可以给宝宝一罐橡皮泥，让宝宝的小手主动地去忙碌，让宝宝的思维自由地去畅想，让宝宝的小手越来越灵活。手是意识的伟大培养者，是智慧的创造者。如果让宝宝的小手更加灵活，触觉更加敏感，宝宝就会更聪明、更富有创造性，思维也更加开阔。心灵手巧说的就是这个道理。

宝宝刚开始玩橡皮泥的时候，只会简单地搓个圆或者粗细不等的长条，可能在大人眼里，是挺差劲儿、平淡得不得了。而在宝宝眼里却是别有一番风景。不光小手得到了锻炼，更重要的是宝宝的想象力得到了延伸，自信得到了提升，享受到了成功的快乐。2~3岁的宝宝自我意识开始增强，什么事情都要说：“宝宝自己会，宝宝自己来！”因为橡皮泥的还原性，爸爸妈妈尽可以放手让宝宝自由地发挥、大胆地创造。必要时给宝宝提供一些如羽毛等辅助性材料，让宝宝自己动脑筋：圆圆的泥块四周装上羽毛就是小鸡。宝宝在获得成功的同时，会更积极地去创造，从而培养他的发散性思维。

目的：让宝宝变得更加心灵手巧，培养发散思维能力。

注意：要让宝宝高兴做这项游戏，而不要强迫。

仿真游戏

◎父母给宝宝讲故事时，一定表演出人

物的角色，扮成不同人物的声音。如果宝宝喜欢，也让宝宝演一个角色。

◎也可以给宝宝几个手指木偶，可以在商场购买，也可以在常见的牛皮纸袋上面画上脸谱做成，这些都可以拓展宝宝的想象力。

◎做成一个“化妆”箱，在里面可以装上旧鞋子、衬衣、裙子、外衣、帽子或围巾等，再给宝宝一些便宜的珠宝饰品。训练宝宝将珠宝饰品装到“化妆”箱里。

◎给宝宝购置易引起想象的玩具，如洋娃娃，无论男孩还是女孩都喜欢娃娃，很容易把娃娃融入到自己的想象世界里面。其他有利于想象的玩具还有填塞动物玩具、打扫房间工具、园艺工具和木工工具等。

◎**扮成动物玩耍**。你可以四肢着地，在地板上走动，发出你会发出的动物叫声。宝宝也会学着你的样子。

◎**扮演打电话**。如果给宝宝买了玩具电话，你可以拿起你的电话，与宝宝扮成打电话的样子。

智力开发

2岁多的宝宝对周围的生活已经开始有了自己的理解，所以父母一定要对宝宝进行积极的引导。游戏是一种有效引导形式，这种形式宝宝比较容易接受，不会产生逆反心理。另外父母在日常生活中也应注意宝宝思想品质的培养。

打电话游戏

◎向宝宝介绍电话机。

◎教宝宝怎样拨号、听声、问话、答话。

◎与宝宝一起模拟打电话。

◎父母带上手机去另一间房间，让宝宝试着打电话和接电话。熟练后可给爷爷、奶奶或外公、外婆打电话，让宝宝体验一下。

意义：打电话是日常生活中与人交流获取信息的方式之一。除了教会宝宝使用电话外，文明用语的传授也是十分重要的，会通过电话与人交流是教养的重要一环。

注意：这个游戏可根据宝宝的年龄、能力分成几个阶段进行。先在父母的对打电话中，让宝宝参与，讲几句话。之后模拟着玩，再正式打，巩固提高宝宝的技能技巧。如果接受力强的话，可以教他给爷爷奶奶、亲戚以及小朋友打电话。等年龄大时，继而学习在紧急情况下如何打父母的电话、向110报警等。

洗衣服游戏

◎**准备**：脏衣服、洗衣机、洗衣粉、晾晒衣物的工具等。

◎**方法**：

(1)寻找脏衣服。

(2)分开深色和浅色的衣服，以免染花。

(3)数数衣服有几件，说说衣物的名称。

(4)倒洗衣粉，接电源，开水龙头，启动。

(5)仔细听洗衣和脱水的不同声音。

(6)取出洗干净的衣服，找合适的衣架来晾晒。

意义：在游戏过程中，宝宝可对洗衣服有初步的感觉。通过游戏，可培养宝宝对家务的兴趣，为以后勤劳独立打下基础。同时增进父母与宝宝的沟通。

注意：在游戏时可停下来重复，尽量让宝宝自己动手。

玩洗衣服游戏有助于开发宝宝智力。

妈咪育儿小窍门

要包容宝宝游戏的性别差异

多数父母都希望自己宝宝的成长不要一成不变。男孩就一定要玩卡车吗？女孩就一定要玩洋娃娃吗？有些专家相信男孩和女孩间的某些差异是无法去除的。有些则认为虽然存有差异，父母亲还是可以用一些办法来包容那些差异。

可以提供宝宝多种不同的玩具。在玩具方面，让宝宝有不同的选择，既可让女孩玩卡车和汽车，也可让男孩玩洋娃娃或填充动物，提供各种玩具。不过，如果你的宝宝还是偏好性别明显的玩具的话，也别惊讶。别过度保护女宝宝，让女孩获得与男孩一样的经验，遭受挫折时就鼓励她们，必要时多激励她们一些。

逛超市游戏

◎**准备**：去超市购物时，带上你的宝宝。记住：重点是和宝宝做游戏！

◎**方法**：

(1)先让宝宝观察超市货架上的各种食物以及其他物品。随着他的注意力，你不断地告诉那些物品叫什么，引导他多看不同种类的食品，如蔬菜水果类、糕点面包类、肉类、饮料类、糖果类、炒货类、调味类等。问他：“那是什么食物？”看他能够知道多少种不同食物的名称，看他能否从食物标签图形中辨认出食物来。袋装食物，

他很容易透过塑料袋辨别，罐头或放在盒子里的就难了，如果他能办到就要夸奖！

(2)告诉宝宝今天的购买额度是多少，让宝宝自行选择有用的物品，不用给他太多限制。

意义：让宝宝熟悉买卖东西的过程，慢慢学会观察周围人的言行举止，知道在公共场所不能大声喧哗、买东西要排队等社会文明常识，同时培养节约、科学的消费观念。

小游戏锻炼宝宝的体能

通过一些体育活动，锻炼宝宝全身功能，使肌肉系统紧张度增加，肌纤维增粗，耐力和活动力增强；让呼吸加快加深，增加肺活量，促进呼吸肌肉发达；使血液循环加速，心脏收缩力加强，改善心血管功能；也让神经系统反应灵活、迅速并且使身体新陈代谢活跃，改善消化功能。

宝宝的任何身体活动都是肌肉在神经系统指导下运动，从而牵动骨骼来实现的。

因此，多做这类小游戏可以使宝宝身体各个部分得到锻炼，提高全身功能的整体素质。

开飞机

让宝宝模拟一架小飞机，两臂侧平举当做飞机的翅膀，然后开始小跑，时而直身跑，时而弯腰像飞机一样下降俯冲。

跑的速度因年龄而异，不要太快，以免摔倒。这项运动既锻炼宝宝的身体平衡能力，又锻炼了协调性，增加了肺活量。

踩石头过河

用粉笔在地上画两条线当“河”，再画一些圆圈当“石头”，家长和宝宝一前一后踩着“石头”过河，谁掉进“河”里谁就输了。当宝宝玩得已经很熟练后，可去掉一些“石头”增加难度。这样可以锻炼宝宝身体的平衡性，增强跨步的肌力。

Part 12

3~4岁宝宝护理

3~4岁的宝宝求知欲旺盛，对什么东西都感兴趣。不仅身体发育在宝宝的蹦蹦跳跳中不断完善，而且记忆力、思考能力和想象能力也都发展得很快。这个时期的宝宝爱问“为什么”。遇到这种情况，家长切不可觉得厌烦或者不予理睬，应该尽可能地予以科学的回答。

宝宝身体与能力发育特点

3岁是宝宝婴幼儿时期最重要的一个年龄段。3岁的宝宝活泼、灵巧、讲话流利，能和其他的小朋友相互配合，协调能力有很大提高，智力和情感的增长速度也非常惊人。

身体发育特点

3岁的宝宝基本上能动作协调地跑步；可做向上纵跳、立定跳远的动作；并且这时候的宝宝还处于生长发育的旺盛期。

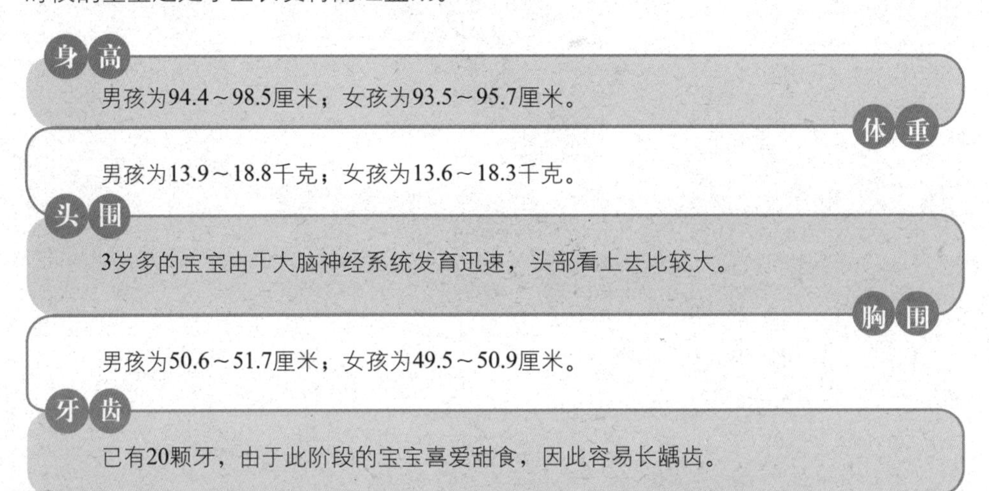

身高

男孩为94.4～98.5厘米；女孩为93.5～95.7厘米。

体重

男孩为13.9～18.8千克；女孩为13.6～18.3千克。

头围

3岁多的宝宝由于大脑神经系统发育迅速，头部看上去比较大。

胸围

男孩为50.6～51.7厘米；女孩为49.5～50.9厘米。

牙齿

已有20颗牙，由于此阶段的宝宝喜爱甜食，因此容易长龋齿。

能力发育特点

3岁多的宝宝社会情感迅速发展，道德感、理智感和审美感都逐渐发展起来了。并且，宝宝调节情绪的认知策略开始出现，并随着年龄的增长逐渐加强。他们开始掩饰自己的情绪，掌握了一些简单的情绪表达规则，知道表现出适当的情绪可以得到大人相应的反应。他们还会使用富有表达性的身体动作来辨别情绪，对情绪的外部原因和结果的理解进一步提高，知道发生什么样的事件能让大人或同伴高兴或是不高兴。

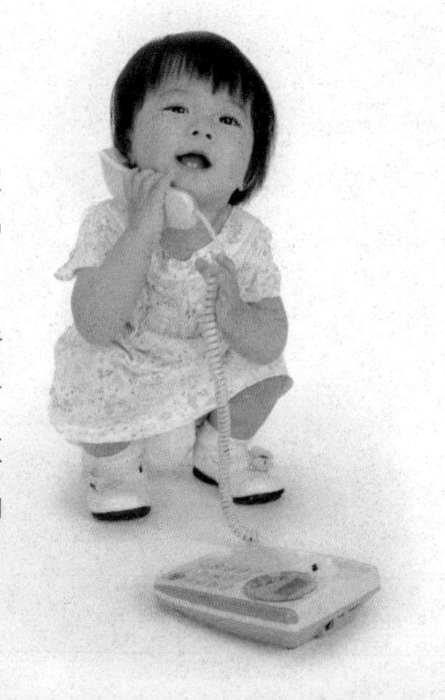

道德感

3岁以后的宝宝已经可以通过成人的言语评价、表情变化来判断事物的好坏、行为的对错了，而宝宝的道德感正是在各种实践活动中，在成人的评价和语言强化下发展起来的。宝宝了解了游戏规则，遵守游戏规则，成人夸奖了他，他得到了肯定，体验到了满意愉快，又在父母的指导下得到强化。他们逐渐知道哪个行为会引起满意的体验，哪些行为会引起不满意的和不愉快的体验。渐渐地，他们也会以类似的社会行为标准来要求周围的人，这样，宝宝的道德感也逐渐发展起来了。

这个时候父母不妨多教给宝宝一些基本的社会准则，同时要用夸奖来巩固宝宝的利他行为。如宝宝会主动地擦桌子，给奶奶洗苹果，爸爸妈妈要给他多多的鼓励和夸奖，让宝宝体会到自豪感，为自己而骄傲。

审美感

宝宝在成人对周围事物的态度、体验和言语的直接影响下，能直接感知到与自己生活紧密相连的事物。如美好的大自然，和谐的事物，优秀的美术、音乐、文学作品等。让宝宝在欣赏这些事物中，产生一种愉悦的体验。审美感就是从这些事物的鲜艳的颜色、新颖的形状、匀称的位置和图案开始的。

随着宝宝语言和思维的发展以及成人的指导，宝宝对事物的分析和辨别能力增强，宝宝就能从生活中分辨美丑，知道什么图画美，什么音乐好听，什么语言美，什么行为美。这样就产生了对美的事物的舒服而愉悦的情绪体验。这时候，父母要多让宝宝注意使用自己聪明的眼睛、耳朵、鼻子……充分地运用它们来观察我们美丽的世界。尽可能地多带宝宝到博物馆、公园、湖边、草地等处去畅游，去欣赏美丽的事物，这样，宝宝对事物的感觉会更加敏锐，艺术修养也会有较大的提高。

情绪发育特点

3岁多的宝宝在走进社会的过程中由于认识的不足，情绪上会有较大的波动。随着年龄的增长，宝宝的道德感、审美感和调控情绪策略逐渐发展，宝宝控制情绪的能力慢慢加强，易冲动、易外露、易感染这些特征就会逐渐减少，情绪的控制力、稳定性也会随之提高。

易冲动

3～4岁宝宝的内抑制发展差，控制力弱，言语的调节功能不完善，当外界事物和情境刺激宝宝时，情绪就会出现爆发性，常从一端迅速发展到情绪的另一端。因此这个阶段宝宝的情绪易波动，极不稳定。人们常形容这个时期宝宝的脸就像春天的天气那样多变，说哭就哭，说笑就笑。

易外露

这个时期的宝宝还不善于掩饰自己的情绪，他们的情绪变化毫不隐藏地表现出来，而且擅长用自己的身体语言来表达。如不高兴就哭，高兴、舒服就大笑或者是手舞足蹈，愤怒就瞪眼跺脚，有高兴的事就要向亲近的人诉说。

易感染

宝宝的情绪具有情境性，得到新玩具、妈妈离去、新朋友出现……都会使他们的情绪大起大落，情境的变化很容易影响到他们的情绪。很多时候情绪不是由宝宝自身发出来的，而是因周围人的情绪波动而引起的。在幼儿园中往往会出现这样的情况：一个小朋友哭起来了，其他小朋友也莫名其妙地跟着哭起来，整个场面会变得混乱极了。不过随着年龄增长，宝宝们的控制能力加强，这些情绪特征就会逐渐减少，情绪的控制力、稳定性也随之提高。

妈咪育儿小窍门

钙的含量影响牙齿发育

钙的充足与否还会影响牙齿的发育和生长，一副好的牙齿对一个人来说真是一生的好福气，但是牙齿一旦没有长好，其形状是很难再改变的。

合理的喂养方式让宝宝更健康

这个年龄段的宝宝在饮食方面已经有了自己的偏好。如果宝宝的要求不过分，家长可以适当地满足。但是为了保证宝宝全面的营养，父母不可溺爱，要教育宝宝不可挑食、偏食，养成科学营养的饮食习惯。

宝宝每天必需的食物

3岁以后的宝宝开始上幼儿园，在用脑和运动方面的消耗较大，这时候的家长和幼儿园更加不能忽视宝宝的营养。以下是宝宝每天必备的营养饮食。

富含蛋白质的食物

宝宝越小，所需蛋白质的比例就越大。富含优质蛋白质的食物，主要有以下几种，家长可根据经济情况，予以选用。

◎**牛奶**：牛奶是宝宝除母乳以外的最好的富含蛋白质的食物。它不仅含有大量优质的蛋白质，而且脂肪也多，钙也丰富，还含有维生素A和核黄素。这些营养素都很容易被宝宝吸收利用。因此，3岁以后，只要经济条件许可，每天至少要给宝宝喝250毫升牛奶。

◎**禽蛋**：蛋的蛋白质营养价值最高，含有丰富的维生素A和脂肪，还含有较丰富的核黄素，是宝宝婴幼儿时期很好的食物。

◎**瘦肉**：动物的肌肉，除了富含蛋白质外，还含有铁、硫胺素和脂肪。

◎**肝脏**：家禽的肝脏，都含有丰富的蛋白质、维生素A、核黄素、维生素B_{12}和铁。宝宝每周至少应吃家禽肝脏1～2次。

◎**动物血**：动物的血富含蛋白质、铁及其他营养素。动物血价格便宜，如果烹调得法，且宝宝爱吃，则再好不过。

◎**大豆及大豆制品**：豆的蛋白质含量高达38%，比瘦肉高两倍。大豆中的脂肪、铁及B族维生素含量也高。但大豆的蛋白质不易消化，要长时间地小火慢炖，但是，大豆制品，如豆腐、豆浆、豆干等，则较易消化。

供应维生素的食物

◎**深色蔬菜**：胡萝卜、油菜、小白菜、芹菜、菠菜等深色蔬菜，胡萝卜素含量高，而且是宝宝维生素A的主要来源，并含有一定的钙和铁。因此，宝宝吃蔬菜，应以深色蔬菜为主。

◎**浅色蔬菜**：萝卜、花菜、卷心菜、大白菜等浅色蔬菜，也含有一些维生素C和矿物质，但不如深色蔬菜丰富。

◎**水果**：营养成分与浅色蔬菜相近，但枣子、山楂、柑橘、柚子等水果，含维生素C极丰富。经济条件许可时，应安排宝宝吃各种水果。条件有限者，可用蔬菜代替水果。很多家庭以水果取代蔬菜，这是不对的。

提供能量的食物

提供能量的食物主要是谷类、油脂和糖。谷类供给宝宝所需能量的50%～60%，还可提供30%以上的蛋白质，谷类还是维生素B_1、烟酸的主要来源。另外，谷类的维生素和矿物质主要分布在谷胚和麦皮之中，因此，应注意粗细搭配，少吃精米精面。吃糖也不宜太多，而且要注意口腔卫生，以防龋齿。

3岁左右的宝宝在用脑和运动方面的消耗较大，因此，家长应更重视宝宝的营养补充。

调味品

调味品包括盐、酱油、醋、味精，等等。虽营养成分不高，但可促进宝宝食欲。不过不要多食。

注意防止宝宝缺钙

谈到宝宝的生长，家长们普遍认为就是一个身高发育问题。有了这个观念，家长会认为只要宝宝的身高正常就不需要补钙，其实钙在宝宝的身体中有很多的作用。作为宝宝的家长，应该认识到补钙的重要性，以及补钙问题的复杂性。

钙在人体中的重要意义

钙在人体里是用来构造骨骼的，就钙在骨的分布来看，人体的身高与骨骼的长短密不可分，钙的摄取充足与否，直接影响着骨的形态和质量。骨的长度和粗细是按比例发育的。如果摄取的钙只够骨的长度需要，那么骨的粗壮需求就不能满足了，结果就发育成一块细而长的骨头。表现在体型上，则是四肢细长，看似苗条，实则弱不禁风，归为“豆芽菜”行列。实际上生长发育快的宝宝更需要补进充足的钙，才能充分满足骨骼长度和密度的双重需要。一个人从孩提时代骨的密度就很低，这对于他一生的生活会有很多不利影响。

钙还参与大脑的发育，对于性情暴躁易怒的宝宝来说，补充足够的钙能达到镇静安神的作用。长期疲乏无力在补充足量钙后会精神饱满。人的肌肉发达与否、血液的正常与否、消化功能的好坏、免疫力的高低等，无一不与钙有一定的关系。

缺钙的表现

宝宝缺钙，实际上主要是缺乏维生素D，也叫佝偻病。宝宝缺钙通常表现在神经、骨骼和肌肉三方面。轻微缺钙或者缺钙的早期，主要表现出精神神经方面的症状，如烦躁磨人、不听话爱哭闹、脾气怪；睡眠不安宁，不易入睡、

妈咪育儿小窍门

什么是维生素D

维生素D是一种可以由人体自己合成的维生素。人体皮肤中的7——去氢胆固醇，经日光中的紫外线照射后可转变成维生素D_5，谷类食物中的麦角固醇被人体吸收，经紫外线照射后可转变成维生素D_2。

据测定，人的皮肤在日光照射下，每平方厘米3小时可合成维生素D_{18}。为了预防佝偻病，宝宝只需将手和面部露出来。每天在日光下晒20分钟就可合成全天所需的维生素D的剂量。当然，早产儿、双胞胎和患佝偻病的宝宝要适当延长晒太阳的时间。

夜惊、早醒、醒后哭闹；出汗多，与气候无关，即天气不热，穿衣不多，不该出汗时也出汗；因为汗多而头痒，所以宝宝躺着时喜欢摇头磨头，时间久了，后脑勺处的头发被磨光了，形成枕秃。

这些现象或多或少都存在时，才考虑缺钙。如果仅有出汗一条，就不能诊断是缺钙。缺钙对宝宝的危害不仅如此，还会影响智力以及引起免疫力、抵抗力下降，致使宝宝容易感冒、发热、拉肚子。因此，在宝宝生长期预防和治疗佝偻病很重要。

妈咪育儿小窍门

缺钙产生的后遗症

如果宝宝小的时候缺钙而又没有及时地补充，宝宝在成长中就会产生一些问题。比如，过早地衰老，过早地患上骨质疏松症、骨质增生，还易诱发高血压、糖尿病等一些与钙代谢有关联的疾病。

多食用含钙食物

首先，海产品含钙较多，如鱼、虾皮、虾米、海带、紫菜等均含有丰富的钙，极易被人体吸收。

豆制品为上好的补钙食品，如豆浆、豆粉、豆腐、腐竹等价廉物美，烹调简单，食用方便；奶制品现在也普遍被人们接受，如鲜奶、酸奶、奶酪等含钙丰富，是孕妇和宝宝摄取钙的优良食物；另外蔬菜也是钙来源之一，如黄花菜、胡萝卜、小白菜、小油菜，既含有丰富的维生素，又可给人体提供钙，在日常生活中应多食。

鸡蛋在生活中不可缺少，其含钙量也较高。多食含钙食品的同时，应注意多晒太阳，使人体产生维生素D，以促进钙的吸收。

给宝宝正确喝水

水是人类生存的基础，充足、优质的水使生命健康并富有活力。宝宝的健康成长更是和水息息相关。面对各种各样的水和饮料，父母难免会有无所适从的感觉。宝宝的新陈代谢旺盛，水的摄入量比大人高许多，又因其体质较差、免疫力弱，对饮用水的要求标准比成人更高。

自来水

生水烧开后，水的密度和表面张力增大，活性增强，很容易透过细胞膜使细胞得以滋润，所以白开水最解渴，也是专家推荐给宝宝的无可替代的优质饮料。

但宝宝长期饮用也并非十全十美，因为白开水煮沸后，钙镁含量降低，水质变软，水中铝离子含量偏高，铝离子摄入过多，会影响宝宝的骨骼和神经发育。

矿泉水

宝宝的肾脏和其他器官发育不完全，调节功能差，滤过功能不如成人，矿泉水中的多种金属元素容易给宝宝造成肾负担，且在冲调奶粉等食物时易破坏原有微量元素的平衡。

净化水

净化水由于在去除水中杂质的同时也去除了所有矿物质，宝宝长期饮用容易造成微量元素缺乏；同时部分净化水是通过药用炭或净化薄膜除去自来水中杂质的，其工艺中使用了过多的工业材料，会对宝宝肝功能产生不良影响。

各种饮料的正确喝法

尽管在宝宝适合的饮用水里面，白开水的地位是无可取代的。但是喜欢多种多样和五颜六色的宝宝并不完全听从家长的安排，会嚷着要喝各种各样的饮料。市场上花样繁多的饮料让爸爸妈妈眼花缭乱，到底它们对宝宝的身体健康有什么影响？

酸奶

酸奶含有丰富的钙、维生素C和B族维生素及各种宝宝成长所需要的营养物质，在夏季，给宝宝喝酸奶是妈妈们的首选。酸奶中还含有不少有益菌类，是宝宝成长所必需的。不过，专家提醒，在夏季，酸奶喝多了容易上火，而且，宝宝也不能完全吸收其中的营养。另外，酸奶品质良莠不齐，很多是酸奶口味的饮料，对宝宝的生长发育并没有什么好处，妈妈在选择上要注意。

果汁

果汁中富含维生素，对宝宝身体有益。但需要注意有些果汁中添加的糖分含量很高，容易导致宝宝蛀牙。所以，给宝宝喝果汁时，要控制量，每天不要超过150毫升，而且最好选用纯果汁。营养专家还提醒家长注意，喝果汁代替吃水果是不可行的，因为果汁饮料最大的不足在于膳食纤维、半纤维素、木质素以及其他复合糖类的严重缺乏。所以，让宝宝多吃水果、少喝果汁饮料是更健康的做法。

妈咪育儿小窍门

各种饮用水应交替饮用

对于婴幼儿时期的宝宝来说，上述几类水的某一种都不适合长期饮用，尤其是本身缺乏某种微量元素的宝宝。一般家庭可以采取几种水交替给宝宝饮用的方法。随着生活水平的提高，父母都认识到卫生、优质的饮用水对我们的健康至关重要。从天然水到经过过滤、净化处理的自来水，再到矿泉水、纯净水，这些改变都有利于我们的健康。

碳酸饮料

虽然可乐是很多宝宝喜爱的饮品，但是父母尽量不要给宝宝喝可乐，因为可乐含有大量的咖啡因。大量的研究发现，咖啡因会对宝宝造成一些危害，如引起烦躁不安、食欲下降、失眠、记忆力降低，还会影响宝宝体内维生素B_1的吸收，引起维生素B_1缺乏症。同时，可乐属碳酸饮料，大量饮用碳酸饮料可能会引起钙、磷比例失调，影响宝宝骨骼的健康发展。有营养学家认为，大量饮用汽水、碳酸饮料及泡腾饮料，释放出来的二氧化碳会引起宝宝腹胀及肠胃功能紊乱，从而影响宝宝对钙的吸收和利用。

妈咪育儿小窍门

亲手给宝宝做一些有营养的饮料

专家说，很多饮料都加了糖、添加剂，宝宝会越喝越渴，因为细胞内的水分反而往外跑了，加重了细胞的脱水。而且糖分让宝宝得龋齿的可能性大大增加；另外，饮料中的各种添加剂进入宝宝体内，日积月累，会伤肝、伤肾，过多的色素和防腐剂还有可能是宝宝多动症的病因。这些都对宝宝健康极为不利。虽然喝白开水是最好的补充水的方式，但也不是说别的水不能喝。为了满足宝宝喜欢甜味、喜欢漂亮颜色的要求，我们可以为宝宝自制一些纯果汁。比如，用糖腌成的草莓水、西瓜汁、橘子汁、乌梅汁，等等。在夏天，还可以给宝宝做些防暑饮料，如绿豆汤、冬瓜汤，等等。做爸爸妈妈的也不能顾此失彼，什么饮料都不让宝宝喝。

宝宝的日常护理

3岁的宝宝上幼儿园以后，有些家长由于自己的事业而容易忽视宝宝，将宝宝和成人一样看待。其实，在刚进入幼儿园时，宝宝自己还不能独立应付所有的事，如果此时父母不加以重视，就会出现很多新的问题。因此这时候家长就更应该注意宝宝日常的呵护。

宝宝头发的发育及养护措施

宝宝护理中，头发也是一项不容忽视的细节。想让宝宝长大之后不会因为头发而苦恼，就应该在此时对宝宝头发的发育给予更多的关注与呵护。

促进宝宝毛囊发育

促进宝宝毛囊处在快速生长发育期，这一时期毛囊发育良好与否对将来一生的头发质量好坏有决定性作用。毛囊发育不好，成年后宝宝的发丝就会细、黄、软，虽然发丝根数不一定少，但总的发量会变少，看上去整个头部头发显得很少，影响美观及形象。

毛囊发育所需的营养物质

◎**氨基酸**：包括人体必需的氨基酸及与头发生长有密切关系的胱氨酸、赖氨酸等。

◎**维生素**：其中维生素A、B族维生素、维生素E、维生素P等均对头发生长有着极为重要的作用。

◎**微量元素**：其中铁、锌、铜、硒、钙、锗、锰、镍等均与毛发生长有密切关系。

◎**生物酶**：其中超氧化物歧化酶（SOD）等对体内自由基的清除、防止细胞衰老有着重要作用，它们直接或间接保护头发的生长发育。

◎**糖类**：有单糖、低聚糖和多聚糖物质。这些营养物质能够充分保证毛囊营养物质的供给，促进毛囊良好发育。

通过药用洗发液来养护宝宝头发

宝宝如果毛囊发育不够完善的话，可以使用药用洗发液来养护宝宝的头发。

如果宝宝的毛囊发育不够完善，采用药配制洗发液、育发液才能保证宝宝毛发的健康成长。一般采用补气药、活血养血药、滋阴药及清热药联合应用。常用的补气药有黄芪、党参、大枣、人参。常用的活血、养血药主要有当归、丹参、红花。常用的滋阴药有枸杞子、黄精、地黄、旱莲草、麦冬、天冬、桑葚等。清热药常用的有蒲公英、连翘、地丁、黄芩、黄柏、苦参、板蓝根等。以上几类药物能促进头皮毛囊细胞的代谢，增加细胞能量合成，供给毛囊细胞充足的营养物质。

以上所述4方面的药物要因病不同辨证用药，一般毛囊严重发育不良、发丝细、黄、软较重及发丝生长缓慢者可用补气类药物，同时配合活血、养血及滋阴药。头发干黄无光泽者加大滋阴药物的用药比重，同时配合补气、活血、养血药。如果宝宝缺铁或缺少其他微量元素（锌、铜、硒等）可用丹参、首乌及黄芪、党参、大枣等药物。因为这些药物有丰富的微量元素供给毛囊，同时能增强毛囊细胞的免疫功能，保证毛囊的健康发育，经常使用可使头发乌黑亮丽、毛发丝粗、生长快。有的宝宝毛发与头皮垂直生长，此情况是毛囊毛发发育不良的表现，也可用活血、养血及补气药，配合滋阴药物。

居家护理预防宝宝毛囊发育异常

对于正常生长、发育的宝宝而言，虽然毛囊发育未见异常，但宝宝体质娇嫩、免疫功能不健全，极易受到疾病、头部外环境不良（如有细菌、真菌等微生物污染及灰尘、油污堆积等）甚或精神紧张、惊吓、恐惧等因素影响，这些情况都可以影响毛囊的正常发育，尤其是惊吓等精神因素可使毛囊口收缩，影响毛囊根部血液循环，造成毛发毛囊发育不良。所以毛囊正常发育的宝宝也应使用以上几方面药物配制成既有营养又有预防作用的洗发液及育发液，以预防毛囊发育不良、失调等疾病。

不要让宝宝长时间看电视

有的家长在自己忙的时候将宝宝放在电视前，让电视当“保姆”，并且认为看电视就像看图画一样，可以发展宝宝智力。其实这只是很片面的观点，看电视尤其是让宝宝长时间在电视前对宝宝成长不利。

宝宝看电视的危害

会占用宝宝大量的时间

如果宝宝用太多的时间看电视，势必会减少与家人的感情交流时间，而宝宝与父母的感情交流，在宝宝智力发育中占很重要的位置。另外，看电视会占用宝宝的学习时间，导致宝宝学习成绩下降。有时由于看电视会占用宝宝户外活动的时间，导致日后宝宝的灵活性及动手操作的能力

> 妈咪育儿小窍门
>
> **睡前少喝水**
>
> 年龄较小的宝宝在夜间深睡后不能完全控制排尿。如果在睡前喝水过多，很容易尿床，即使不尿床，也会影响睡眠质量。

下降。

容易患上儿童电视孤独症

该症属儿童心理疾病，主要表现为：离不开电视，且看电视时不让他人打扰；不停地模仿电视节目中人物的动作、语言，将自己当做剧中人，并文不对题地应用于日常生活；有的还出现自言自语等反常现象。

有关学者研究认为，宝宝的思维能力弱，而模仿能力强，他们过多地看电视，大量的电视信息就会深深地渗透到他们的性格和行为中。由于这些宝宝长时间处于孤独之中，有的已陷入虚幻的情景之中，因而他们缺乏正常宝宝所应具备的情绪和情感，长大后容易成为心理不健康的人。

影响宝宝的视力

宝宝在看电视时往往爱坐在前面，离荧光屏较近，电视机的光度时亮时暗，变化很大，图像变化又快，这样会使宝宝眼睛的睫状肌调节功能降低，逐渐使晶状体突出而导致近视。因此，宝宝看电视的时间不宜过久，在看时要离电视机远一点儿。

影响宝宝的智力发育

电视节目的性质多是灌输式的，会让人在短时间内接受大量的信息，由于信息量大，这些信息往往来不及经大脑思考就被动地接受了，长此以往，养成被动接受的习惯，大脑的思考能力就会变弱，这对宝宝来说，影响更是巨大的。

引导宝宝科学合理地看电视

首先，要严格控制宝宝看电视的时间，尤其是学龄前宝宝，每天不要超过2个小时；其次，要选择与宝宝年龄相适应的电视节目，可根据年龄选择动画片、儿童文艺节目及智力竞赛等，不要让宝宝看与其年龄不适应的节目；再次，父母应注意帮宝宝消除对电视的迷恋，如与宝宝一起做游戏等；最后，父母应尽量给宝宝讲解电视节目的内容，帮助宝宝理解。当宝宝看完电视后，可让宝宝简单复述节目的内容，这样既可使宝宝尽快从电视中跳出来，又可培养宝宝的分析、表达和判断能力。

妈咪育儿小窍门

睡前不宜看电视

睡前不要让宝宝太兴奋，尤其不要长时间看电视。这是宝宝夜间做梦、哭闹的主要原因之一。

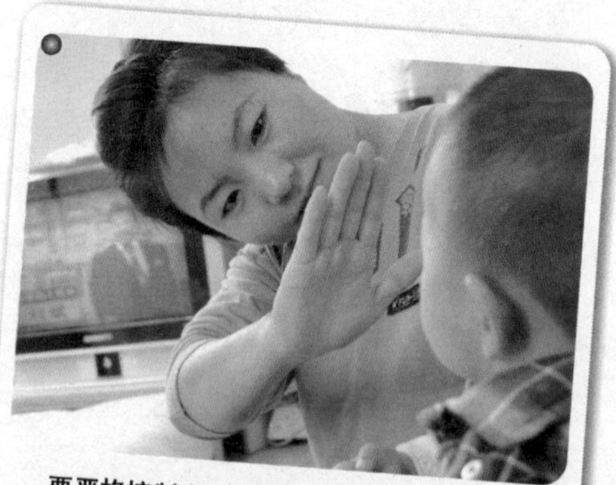

要严格控制宝宝看电视的时间，最好每天不超过2个小时。

家长要正确对待宝宝说谎

幼儿时期可能宝宝有说谎的现象，这时候家长既不能采取不予理睬的纵容态度，也不能将这个问题想象得太过严重，而应正确分析说谎的原因，找出合适的对策。

说谎宝宝自身的原因

◎**想象与现实混淆**。年龄较小的宝宝易把想象与现实相混，常把自己想象中的事情当成事实说出来，其实这并不是真正意义上的撒谎。这种情况下，宝宝并不知道自己在“撒谎”，没有明确的撒谎目的，也不会觉得不安或羞愧。

◎**由于模仿而撒谎**。年龄小的宝宝非常喜欢模仿周围人的行为，如果父母或其他成人在宝宝面前出现撒谎行为，宝宝就极有可能因为好奇而进行模仿。

家长所做不足

◎**由于父母要求过高而撒谎**。如果父母对宝宝的期望值过高，即使宝宝付出努力也难达到父母的要求，那么宝宝就易用撒谎来暂时解决问题。

◎**由于父母教育方式不当而撒谎**。如果父母过于严厉，甚至常用武力来解决问题，宝宝为了逃避惩罚或获取父母的欢心也易撒谎。如果撒谎成功，尝到了甜头，宝宝就会更频繁地用撒谎来解决问题；如果撒谎失败，父母进行了不适当的严厉惩罚，宝宝就会更不敢讲真话了。

◎**由于父母的不信任而撒谎**：如果宝宝由于年龄小，不能很好地区分现实与想象，或偶尔撒一次谎，父母就认定宝宝是一个爱说谎的宝宝，对宝宝的任何行为都采取不信任的态度，即使宝宝说了真话也不相信。这种情况易导致宝宝破罐子破摔，继续撒谎，并易产生逆反心理。

及时制止宝宝的谎言

宝宝形成说谎的习惯有一个过程，往往是从一些小事开始的。有时候宝宝说了谎，家长明明知道却不去制止，反而觉得有趣，或认为都是小事，这种默许的态度恰恰就强化了宝宝以后的说谎行为。例如，为了偷懒不去买东西而撒谎，家长就不该睁只眼闭只眼，而应该直截了当地指出：“这家小卖部并没有关门，就算关了也可以到其他地方去买，小宝宝偷懒不对，撒谎就更不对了。”

采取合适的教育方式

有些家长在学习上给宝宝施加太大的压力，并且采取简单的奖罚方式对待宝宝的行为。这种教育方式会在客观上鼓励宝宝不惜用一切方法来对付家长。因此，家长必须改变这种方式，对宝宝抱以平常心，冷静面对宝宝的各种表现，千万不能让宝宝从谎言中得到任何好处。在实践中，对待善于说谎的宝宝，在惩罚其说谎行为的同时，应更多地奖励其诚实行为；当宝宝承认自己错误的时候，父母不要先批评他的错误行为，而应着重表扬其勇于认错的做法。

帮助宝宝学会区分现实与想象

宝宝说谎并非都是有意的，与年龄相关的想象型说谎在某种程度上反而说明宝宝的头脑中蕴藏着丰富的想象力和创造力。当然，如果这种谎言对别人造成危害，就一定要向宝宝指出，使其意识到后果的严重性。

宝宝流鼻涕的居家护理

根据国外资料统计，婴幼儿时期的宝宝一年感冒的次数将近10次，和成人一年平均感冒3～4次比起来，要多得多。这是因为宝宝免疫系统的发育尚未健全，不但容易感冒而且症状也会拖得比较久，常常这一次感冒才复原，接着鼻涕又流个不停。除了看医生吃药，下面提供一些实用的居家护理法，供父母参考。

热敷

◎**做法**：用湿热的毛巾，在宝宝的鼻子上施行热敷。

◎**原理**：鼻黏膜遇热收缩后，鼻腔会比较通畅，黏稠的鼻涕也较容易水化而流出来。

◎**使用建议**：妈妈在热敷时要保持动作轻柔！如果发现宝宝的鼻孔里有鼻屎，可以先用棉花棒蘸水清洁；也可以慢慢地按摩宝宝的鼻子或鼻翼两边。

精油热敷

◎**做法**：取精油滴在热毛巾或小手帕上，敷在宝宝的鼻子上，或用精油喷雾，喷在空气当中。

◎**原理**：有些精油用来热敷，可改善鼻黏膜的肿胀问题，有助于通畅鼻塞；精油喷雾则可以在空气干的时候，改善空气的湿度。

◎**使用建议**：精油的一次使用量不要太多，一滴就够了，因为精油浓度太高，反而会造成化学刺激；另外，在室内使用精油喷雾的时间不要太长，注意维持适当的空气湿度。

蒸脸器

◎**做法**：用蒸脸器将蒸气喷在宝宝的脸上，接触湿气和热气。

◎**原理**：蒸气可以湿润宝宝的鼻腔，将大量的鼻涕快速、自然地排除。

◎**使用建议**：蒸脸器不要太靠近宝宝，以免伤害到宝宝娇嫩的皮肤；而且一次使用的时间不宜太长，约3分钟即可。

使用空调

◎**做法**：温度降低、寒流来袭时，可以开暖风，改变室温。

◎**原理**：宝宝对外在环境、空气的刺激特别敏感，因此在气温骤降的时节里，很容易有流鼻涕的症状；当家长发觉室温较低时，可以打开空调提高室温，缓解宝宝的鼻塞、流鼻涕症状。

◎ **使用建议**：使用空调的时间要适度，避免室温太高，且热气也会使空气变得干燥，建议妈妈可以放一条湿毛巾，维持室内的湿度。

在给宝宝使用空调时应注意室内外的温差不可过大。

垫高头部

◎ **做法**：在宝宝头部的床垫下方，平均铺上几个小枕头，让床垫看起来像一个平顺、30° 的溜滑梯。

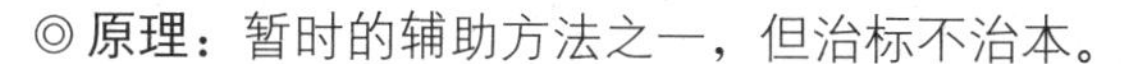

◎ **原理**：暂时的辅助方法之一，但治标不治本。

◎ **使用建议**：鼻塞或流鼻涕有时会影响宝宝的睡眠，此法只能稍微缓解宝宝的症状，但效果维护的时间不长。

吸鼻器

◎ **做法**：电动式——当宝宝鼻子里的分泌物很多、鼻音重时，妈妈可以使用吸鼻器，使用时要注意，吸一边鼻孔时，要同时按压住另一个鼻孔，效果会比较好。

人工式——将吸鼻器的一端放进妈妈嘴里，另一端轻轻地放在宝宝的鼻腔里，让鼻涕掉到小瓶子里，或到鼻腔外后再做清理。

◎ **原理**：宝宝的鼻腔内若有分泌物堵塞，呼吸也变得不顺畅，容易哭闹，使鼻涕的分泌更多，但又因宝宝不会清理自己的鼻涕，必须靠家长经常地清洁。另外，吸鼻器一次可以吸取大量的鼻涕和分泌物。

◎ **使用建议**：使用前，建议家长先检查宝宝的鼻腔内是否有鼻屎，如果有，可用湿热的棉花棒软化异物，再使用吸鼻器。请注意，动作保持轻柔，避免太深入宝宝的鼻腔，造成疼痛或受伤，使用完要清洗干净。妈妈在感冒或生病时，最好不要用人工式的吸鼻器，避免造成交叉感染。

妈咪育儿小窍门

察言观色判断疾病程度

家长可以根据宝宝的外在表现，判断生病的严重度，并提高警觉。

◎ **观察活动力**：宝宝精神委靡，看起来病恹恹的，总是躺着不动。

◎ **观察食欲**：宝宝吃不下，气色也不好。这两种情况出现时就可能是严重病症所致。

宝宝疾病的预防与护理

这时期的宝宝因为被家长强迫去幼儿园，而有可能声称自己的“这里”“那里”不舒服，很多家长都知道这是宝宝的伎俩，而不予理睬。但是真正到宝宝生病的时候，家长一定不能再把真生病当成假生病了。所以要能够分清楚宝宝的真生病和假生病是很关键的。

咳嗽有弊有利

咳嗽和发热一样，是人体的一种防御反射。人的呼吸道内膜表面有许多肉眼看不见的纤毛，它们不断地向口咽部摆动，清扫混入呼吸道的灰尘、微生物及异物。在呼吸道发生炎症时，渗出物、细菌、病毒及被破坏的白细胞混合在一起，像垃圾一样，被纤毛送到气管。堆积多了，可刺激神经冲动，传入神经中枢，引起咳嗽。其步骤为：肺吸满气体，然后喉头声门紧闭，胸腹同时用力，使肺内气流突然迸发冲出，将那些呼吸道的“垃圾”排出来。

因此，只要炎症没有完全消退，排出“垃圾”的咳嗽动作就会一直存在。若硬是用药阻止咳嗽，这些“垃圾”会越积越多，从而加重感染，甚至阻塞气道。可见，咳嗽既有弊，又有利。

注意区分不同类型的咳嗽

下面我们首先来详细介绍几种不同病症引起的咳嗽。

◎支气管炎、肺炎引起的咳嗽。当患支气管炎、肺炎时，气管及肺内有较多的“垃圾”，宜选用止咳祛痰药，如远志糖浆等；如痰稠可选用化痰药等。这些药可增加呼吸道黏膜分泌，使痰液变稀，易于咳出，减少对气道

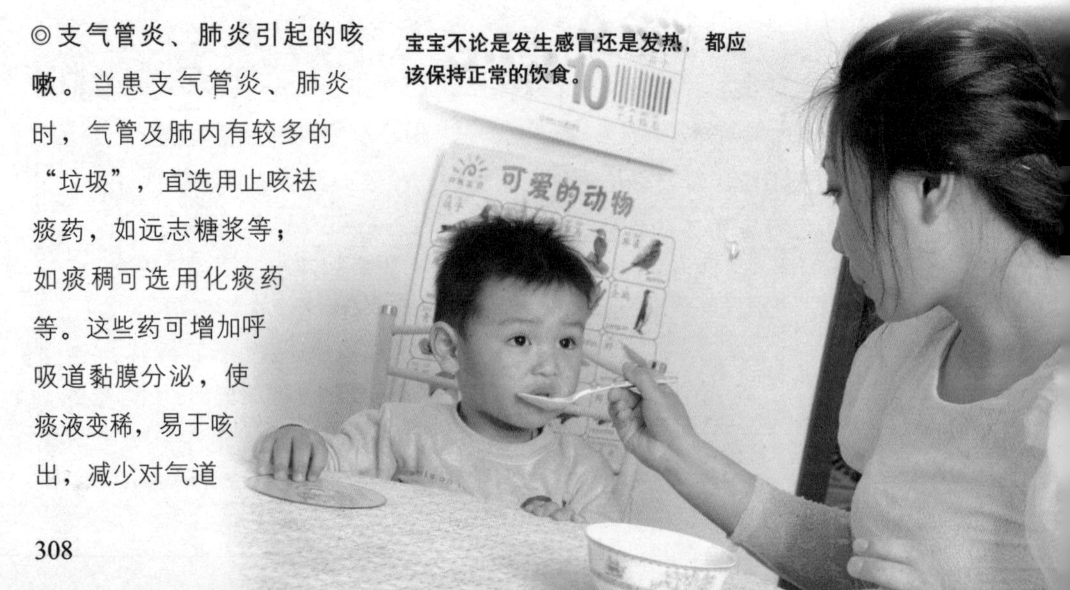

宝宝不论是发生感冒还是发热，都应该保持正常的饮食。

的刺激。也可选用中成药蛇胆川贝液、蛇胆陈皮末等。

◎**感冒引起的咳嗽**。感冒时，上呼吸道黏膜充血水肿，产生刺激性咳嗽，而下呼吸道（气管和肺泡）并无“垃圾”堆积，这时的咳嗽对机体并无任何保护性作用，弊多利少。可单独使用小儿止咳糖浆、异丙嗪止咳糖浆、急支糖浆等止咳药。这种情况下细菌感染可能性不大，一般不必使用抗生素。

◎**哮喘引起的咳嗽**。哮喘的原因多为过敏反应或炎症刺激，支气管黏膜下水肿，导致支气管痉挛，口径变小，呼吸道阻力增加。这种情况在幼小宝宝身上多为哮喘性支气管炎，既喘又伴有炎症，必须采用抗生素、平喘药、镇静药联合应用方可取得较好效果。平喘药的作用原理就是解除支气管平滑肌痉挛。

注意通过饮食来预防和改善咳嗽

要真正、彻底治愈咳嗽，只有治疗原发病。另外，饮食要注重清淡、味道爽口。新鲜蔬菜如青菜、大白菜、萝卜、胡萝卜、西红柿等，可以供给多种维生素和矿物质，有利于机体代谢功能的修复。黄豆制品含优质蛋白，能补充由于炎症时机体损耗的组织蛋白，且无增痰助湿之弊。还可适当增添少量瘦肉等富含蛋白质的食物。菜肴要避免过咸，尽量以蒸煮为主，不要油炸煎烩。俗话说“鱼生火，肉生痰，青菜萝卜保平安”。在宝宝咳嗽时，注意一下是有道理的。

给宝宝使用抗生素时要谨慎

家长一般都知道“抗生素”这个词，也知道不能滥用抗生素，可宝宝得了病，最要紧的是赶快治好，只要药能治病，哪里还顾得上医生和专业人士的忠告。多年来，尽管对合理使用抗生素进行了大量的宣传教育工作，取得了很大成绩，但目前在宝宝日常疾病，包括感染性疾病的治疗中，由于各种原因，仍存在着抗生素使用不合理的现象。

抗生素使用的误区

◎发热即是有炎症，就应该使用“消炎药”。有的家长急匆匆带着高热的宝宝到医院就诊，并告诉医生在家已经服用抗生素了；有些家长就诊时强调，宝宝发热一定要用抗生素才能治好。

◎不就诊，随意服用家中现有抗生素，缺乏选择性。

◎几种抗生素同时服用或频繁换药。

◎随意停服或间断服用，认为不发热即为病愈，或为省事不按药物说明服药，随意减少用药次数。

◎预防用药，认为宝宝病了，用抗生素就安全了，就可以不出现并发症或并发症了。

由医生来判断是否应用抗生素

抗生素的区分

抗生素无高级与低级之分，只有病原菌对药物敏感与不敏感之分，以价格判断药物好坏是没有道理的。

发热、腹泻是宝宝常见的症状，原因有多种，包括感染性与非感染性所致，而在感染所造成的疾病中，病原菌可能为病毒、细菌、支原体等，对上述症状的原因作具体分析，是合理使用抗生素的前提。宝宝患病应看医生，由医生根据宝宝病史、临床表现、流行病学状况，结合必要的辅助检查做出诊断，根据诊断由医生确定是否需用抗生素治疗。通常，在常见病原菌所致感染性疾病中，由细菌、支原体感染造成者需用抗生素，而病毒（儿科上呼吸道感染、婴幼儿腹泻常见病原菌）感染造成者则不需使用抗生素。切不可宝宝得病即用抗生素。

病原菌不同，用药也不同

宝宝婴幼儿时期易患感染性疾病，但各年龄阶段、不同季节易感染的病原菌不同，另外，发病季节及当时流行疾病状况对临床诊断也有很大作用。通常根据临床诊断，医生可以推断病原菌的种类，或结合必要的辅助检查（包括病原学检查），选用有效的抗生素；如果对病原菌诊断不明，可选用广谱抗生素。家长为患儿自选抗生素，缺乏针对性，可能造成疗效不佳或无效，并有可能诱发耐药菌的产生，造成后期治疗的困难或耐药菌的传播。

不能盲目联合用药

两种或两种以上抗生素同时使用称为联合用药。同时服用两种以上的抗生素，有可能造成用药无效的后果。通常，有严重感染或混合感染、病原菌不明或单一抗生素不能控制、又或者较长期应用抗生素细菌产生耐药性可能者以及联合用药可使毒性较大的药物剂量得以减少时，才可在医生的指导下联合用药。一般需用抗生素治疗的感染性疾病仅用一种抗生素即可，多用药多保险的想法是错误的。

药物剂量要由医生来确定

针对病原菌选药后，需从患儿病情、药物在体内代谢特点、给药顺从性等方面考虑，来决定给药剂量及方式。为确保抗生素很好地发挥作用而不对机体产生危害，掌握恰当的抗生素剂量是必需的。对于宝宝，药物剂量通常是由医生根据诊断、病情、体重或体表面积计算得出的，另外，也应考虑患儿机体代谢状态，对患有肝、肾疾病的患儿，除应避免应用具有相应毒副作用的药物外，还应仔细考虑用药剂量。认为宝宝用药即为简单的成人剂量减半的概念是错误的。抗生素治疗疗程因疾病种类、病情严重程度、对现有治疗的反应等而异，具体应咨询医生，认为症状消失即为病愈的概念是错误的。

警惕不良反应

应用抗生素应注意药物引起的过敏反应、毒性反应及二重感染。过敏反应形式多样，轻者可出现皮疹、药物热、血管神经性水肿，严重者哮喘，甚至出现过敏性休克。毒性反应可见由氯霉素引起的再生障碍性贫血，庆大霉素等引起的耳聋等。由于抗生素应用后杀灭或抑制了敏感细菌，未被抑制的菌种可大量繁殖，发生菌群紊乱，因而在用药过程中有可能出现真菌、耐药菌等引起的二重感染，此种感染可为较轻的局部感染，如口腔、胃肠道的感染，也有可能发展为败血症，甚至危及生命。

父母在给宝宝服药时，应注意他对药物的不良反应。

警惕宝宝患消化性溃疡病

近年来，随着纤维和电子胃镜在儿科中的应用，发现宝宝消化性溃疡患者并不少见，因此家长平时应留心观察自己的宝宝，如经常喊肚子疼应及时带到医院就诊，以免延误病情。

可能导致宝宝消化性溃疡的因素

◎**溃疡因素增强：**胃酸与胃蛋白酶为主要的因素，胃酸增高可以破坏胃和十二指肠黏膜，胃蛋白酶可以消化胃和十二指肠黏膜，引起胃十二指肠黏膜糜烂溃疡。

◎**黏膜保护因素减弱：**胃与十二指肠内面有一层稠厚的黏液层，黏液层厚度为上皮细胞的10～20倍，可以将胃酸、胃蛋白酶隔离开来。同时胃和十二指肠黏膜可分泌H_2CO_3，使邻近的黏液层呈碱性，中和胃酸的渗透，从而保护胃和十二指肠黏膜。

正常情况下，促溃疡因素和黏膜保护因素维持平衡，不会产生溃疡，而在两者平衡打乱时就产生了消化性溃疡。

◎**幽门螺旋杆菌感染：**幽门螺旋杆菌居于胃窦部，95%以上的十二指肠溃疡与85%以上的胃溃疡与幽门螺旋杆菌有关，它是胃和十二指肠溃疡的致病因子，是消化性溃疡发生的重要因素。

消化性溃疡的表现

宝宝消化性溃疡典型的症状大多数

表现为消化道大出血，起病年龄越小，症状越不典型，容易引起误诊与漏诊。年长幼儿发病症状接近成人，主要是觉得上腹部疼痛和脐周疼痛，时轻时重，有时缓解时间较长。精神紧张、疲劳、天气变化容易复发，腹痛有时与饮食有关。胃溃疡多为进餐后疼痛，而十二指肠溃疡多在饥饿时或夜间疼痛，进食后可以缓解，可伴有嗳气、泛酸、恶心、呕吐、便秘、腹泻等表现，但大多数患儿上述症状并不典型。如果您的宝宝反复腹痛，尤其是夜间发作次数频繁，常规服驱虫药打不下虫子，应想到消化性溃疡的可能，应及时到医院就诊。有些病例可并发大出血、穿孔，长期少量出血可引起慢性贫血，并发幽门梗阻时可引起进食后呕吐、腹胀等表现。

纤维或电子胃镜检查

由于超小口径胃镜应用于临床，宝宝咽部反射较弱，胃镜较易通过咽部，不会发生意外，成功率较高。通过胃镜检查，可直接观察溃疡病的位置、数目、形态和病灶边缘的改变，对消化性溃疡的确诊率可高达95%，并且可以进行病灶活检、幽门螺旋杆菌检查和内镜下直接止血治疗，因而是目前诊断消化性溃疡最直接有效的办法。

诊断消化性溃疡辅助检查

宝宝消化性溃疡症状不典型，所以诊断比成人困难，辅助检查就显得特别重要。

上消化道钡餐因为X射线不能通过钡剂，但能通过进食钡剂后在荧光屏上可以看到胃和十二指肠的轮廓，如果在胃与十二指肠上发现有龛影就能确定为消化性溃疡，为直接征象，有时溃疡较浅、较小，或位于十二指肠球部后壁上时可以通过间接征象进行判断，但此检查对十二指肠溃疡的检出率为75%，胃溃疡检出率不足40%，具有其局限性。近年来逐渐被纤维电子胃镜检查所替代。

膳食调理

饮食既要营养丰富，又要容易消化，每日进餐3～4次，饮食温度适中、食量适度、细嚼慢咽，避免辛辣食物、浓茶、咖啡、果汁、汤类等及煎炸食物均应节制。

如何预防宝宝消化性溃疡

培养良好的饮食习惯是预防消化性溃疡的关键，按时进食，少吃零食，避免暴饮暴食，少吃辛辣、过酸、过凉及刺激性食物，适度参加体育活动，增强体质，就餐时应有宽松的环境，心情愉快、精神集中、细嚼慢咽，不要边吃饭边看电视，家长切忌利用吃饭时间训斥宝宝，如果能做到以上几条，宝宝就不容易发生消化性溃疡。

宝宝智能培育与开发

3岁是人一生发展的关键期，在这一时期，宝宝的品德、个性、思维、情感、语言、兴趣等各方面逐渐走向成熟。研究认为，幼儿期是人的智力发展最快的时期，如果在这一时期及时加强教育，将会达到最佳效果，而且能保留最深的印象，对今后发展有重大影响，如果错过宝宝心理发展的关键期，以后再进行教育则要花费更大的力气，甚至会遇到极大的困难。

记忆能力

记忆能力和人的其他各种能力一样，可以经后天训练而加强。并且宝宝记忆的过程不是一蹴而就的，需要从简单到复杂，从少数到多数。所以爸爸妈妈可以采取一些措施来提高宝宝的记忆能力。

利用游戏

“哪里没有兴趣，哪里就没有记忆。”歌德的话正好说中了宝宝的记忆特点。明智的家长绝不能“命令”宝宝记住这、记住那，而是让宝宝在玩中学、玩中记。你只要想想“你拍一，我拍一，早早睡觉早早起……”这样的拍手歌，就不难想象，利用游戏可以让宝宝无意间记住许多东西。可以训练宝宝记忆力的游戏很多，如说歌谣、讲故事、猜谜语、唱儿歌，等等。

利用游戏可以训练宝宝的记忆力。

明确任务

不用说宝宝，就是你自己可能也不记得走过无数遍的楼梯是多少台阶。但是，你如果跟宝宝说：“数数楼梯有多少台阶，星期天好去告诉姥姥。”宝宝准会记牢。又如，你给宝宝讲故事，先跟他说：“妈妈讲个故事，回头你再讲给爸爸听。”这也能促使宝宝记好你讲的故事。为什么？就是因为明确了任务。明确记忆的任务和目的，可以提高大脑皮层有关区域的兴奋性，形成优势兴奋中心，因而记得牢。

充分理解

什么算理解？就是新知识与脑子里原有的知识经验“挂上钩”。一旦挂上钩也就容易记住。因此，您应充分利用宝宝已有的知识经验，使他学的新知识与脑子里的旧知识建立联系。比如，宝宝记“乘法口诀表”，你可以启发宝宝理解“乘数不变，被乘数增加‘1’，积就增加一个乘数”的道理。这样，他就借助已有的加法知识很快记住了乘法口诀。

附加意义

使记的内容有意义，您可以让宝宝在理解后再去记。如果是一些没有意义的材料呢？您可以引导宝宝给要记的材料附加上“意义”。具体方法有：

◎**假想法**。比如，要让宝宝记住富士山海拔3775.63米，就可以把富士山假想为“两岁”的山，即前两位数想成12个月（为一岁），后三位数想成365天（为一岁），这样一假想就很容易记住。

◎**谐音法**。比如，马克思于1818年5月5日诞生。要记住这个日期，可以谐音为：马克思——要发——要发（1818）打得资本家呜（5）呜（5）直哭。

◎**形象法**。看图识字要算最典型的形象法了。比如，让宝宝记阿拉伯数字1～10的字形，可以形象地想成：“像铅笔细长条”、“像小鸭水上漂”、“像耳朵听声音”、“像小旗随风飘”、“像鱼钩来钓鱼”、“像豆芽咧嘴笑”、“像镰刀割青草”、“像麻花拧一遭”、“像勺子能吃饭”、“像鸡蛋做蛋糕”。

◎**歌诀法**。比如，“一三五七八十腊，三十一天整不差”的歌诀，可以帮助宝宝很快记住哪个月份是31天。

◎**推导法**。比如，宝宝是4月份的生日，妈妈是5月份的生日，爸爸是6月份的生日。宝宝只要记住一个人生日的所在月份，加以推导就全记住了。

巧用时机

不同时间学的东西，记忆的效果不一样。研究结果表明，人在入睡前学的东西容易记得牢固。因为学后就入睡，不再有别的东西来干扰，使大脑有一个很好的自行巩固记忆的过程。因此，您的故事、谜语、歌谣等，不妨在宝宝临睡前讲给他听。

多用感官

有个实验，以10张画片为材料，单凭听觉记的效果为60%，单凭视觉记的效果为70%，而视觉、听觉和语言活动协同进行，记忆效果为86.3%。这是因为多种感官参与识记活动，可以在大脑皮层建立多通道的神经联系。

反复强化

明朝有位很有学识、记忆力很强的人名叫张溥，他锻炼自己记忆的方法是：一篇文章，先读一遍，再抄一遍，如此反复7次，然后烧掉，从而使他博闻强记。张溥所用的就是反复强化法。至于宝宝因其记忆保持的时间短，就更需要经常强化，以巩固记忆了。

系统归类

记忆应该是能记善忆。有的宝宝知道得不少，就是到时候想不起来，他不是没有记住，而是不善于回忆。所以，训练宝宝的记忆力，不光是让宝宝善记，还要让他善忆。让他把记在脑子的东西系统地归类，整理得井然有序。比如，宝宝学了一定数量的字，你可以帮助他按字形或读音归类，以后再学，继续归入相应的类别。这样，系统地存在脑子里就容易回忆起来。总之，“存”在脑子里的东西系统性越强，到时候就越容易“取”出来。

数学思考能力

数学概念往往比较抽象，有的宝宝到了小学初中的时候会觉得数学是一门很枯燥的学科，数学成绩也不理想。其实在幼儿时期，家长就可以培养宝宝数学思考的习惯，让其渐渐对它感兴趣，才能学好。

都是关于“我”

多数宝宝为知道自己的地址和家庭电话号码而感到自豪。很早的时候，宝宝们就能确定他们的年龄。然后，让他们知道自己的身高和体重，可以把一个宝宝放在秤上，就有机会让宝宝比较千克与斤，令其明白两种重量单位的大小。也可以让宝宝们知道他们穿多大号码的衣服，进而能判断哪件合身和哪件不合身（这些是在“空间关系”上的早期训练）。

参与大人做饭

大人每次做饭之前都要做很多准备工作。为什么不让宝宝们参与这样的活动？

在他能看菜谱前，他可以拿个木勺子在塑料碗里搅拌。让宝宝看你是如何按着菜谱一步一步做的，你是如何调控微波炉上的温度的。记住要警告宝宝食物太烫不能摸，也不能吃。

管理钱财

宝宝能摸钱、数钱的时候可以领他们逛商场告诉他们买东西必须付多少钱，这方法固然不错，但教宝宝们关于钱的价值比这更好。

随着宝宝长大，当他们做家务活时给他零用钱，让他们开始懂得劳动才有收获的道理。

家庭生活

房子维修可以给宝宝提供极好的机会来练习数学技能。让宝宝看你量门框，或看你在墙中间挂一幅画。你要完成某件事的时候，宝宝可以帮你做点儿事，像拿钉子、螺丝和工具。日常生活中类似设定闹钟时间和摆放碗筷等都是宝宝数数和与数字打交道的机会。

家务活也可以提高宝宝的思考能力，父母要善于进行引导。

游戏

有很多与数学有关的小游戏，比如小宝宝玩的电话游戏，大宝宝玩的搭积木等，这些游戏中都渗透着精彩的数学内容。如果你能帮助宝宝与邻居的宝宝一起活动和运动，他们就更有机会思考数学问题了。

旅行

即使一个短暂的外出旅行也能给宝宝提供与数学相关的经验。通过车身路过的景色请宝宝判断车速是多少；让他估计一下车子从一处房子到另一处房子要多少分钟；让宝宝大声读出车牌号或者是让宝宝将这些车牌数字相加。

Part 13

4~5岁宝宝护理

4～5岁的宝宝自己的事大多已经可以自己料理，生活逐步形成规律，起居可以与大人同步，能够约束自己的行为，大小便基本能自己解决。玩具、物品玩过之后自己能收拾好，已经有了自己相对固定的兴趣爱好和自己的朋友圈，经常会自己找同龄的小朋友玩游戏，各种感觉能力也比较成熟，视力、听力和四肢动作的协调性也逐渐完善。

宝宝身体与能力发育特点

发育正常的宝宝满4周岁时体重可达16千克，营养状况好的和稍差者可相差约1千克，均可看做是正常水平。一般来讲，在10岁之前，女孩的体重略落后于男孩；无论是男孩还是女孩，这时身体的发育已显得比较结实，能自己信心十足地进行各种儿童活动。

身体发育特点

4岁宝宝的身高增长速度仍然比较快，平均每年增长6厘米。而体重的增长逐渐缓慢。其实影响宝宝体格发育的因素有很多，有先天的遗传因素，也有后天的因素，以营养、疾病和内分泌功能状态对宝宝生长的影响最为明显。

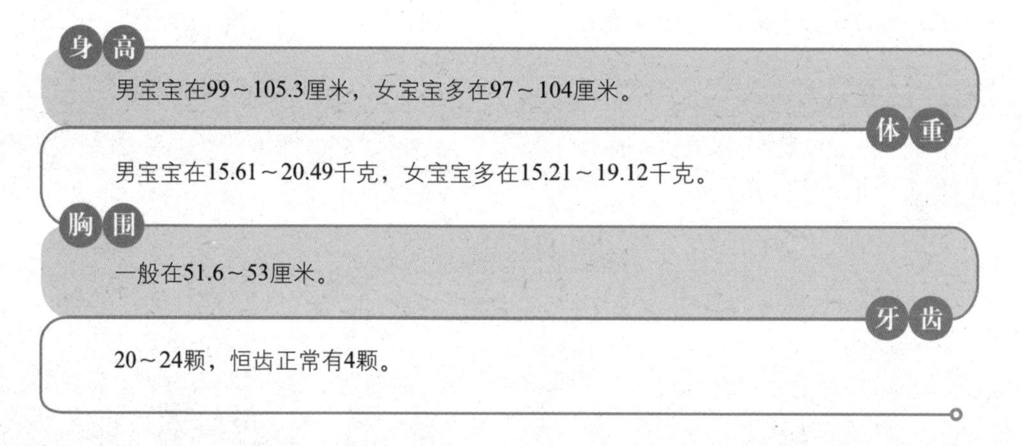

能力发育特点

3岁以前宝宝的心理特征是不稳定的，很容易受外界事物的吸引而不断发生变化。而4岁以后的宝宝，由于生活条件的不断变化，如在幼儿园的集体生活中成人不断提出的要求等，都使宝宝的心理活动的独立性和目的性逐步增长起来。

认知发育状况

此时期宝宝对空间的认识已比较正常，能够轻松区别两个不同长度的物品，分清物品的距离；对以往听到、看到的故事，能够自己向别人讲出来，对大人安排交代的事，能够照办。不轻易改变对周围事物的认识态度，对自己喜爱的事情所表现的兴趣比以往更加浓厚、认真。因为，这时宝宝对事物的理解能力正在加强。在大人面前提出疑问的事更多、更丰富，也更奇特，几乎是什么都想知道，什么都要知道，表现了从最初的原始性的好奇向求知方向发展。

同龄小朋友中竞争的心理开始出现，自尊心较以往变强，并且对文字、图画的兴趣开始增加。如果训练有素的话，会经常要求学习写字或频繁地模仿大人写字、绘画。因此，如果要想培养宝宝的绘画能力，可以从这时开始适当地给予引导和培养。

记忆力发育状况

这个阶段的宝宝记忆能力较以往明显增强，只要大人曾告诉过的事情，什么是好的，是可以做的，什么是坏的，是不能做的，基本上能牢记并且会主动地落实在实际生活之中。说明这个时期的宝宝不但记忆力有了发展，而且已经有了明显的是非观念。4岁的宝宝对两性的观念已有模糊认识，玩耍时开始分出男女界限。

社交能力的发育

本阶段宝宝的发育有一些较好的现象。随着宝宝对其他人的感觉和行为了解的增多和敏感，他会逐渐停止竞争，并学会在一起玩耍时相互合作。

在小组中他开始学会轮流玩耍分享玩具，即使他不总是这样做。现在通常他可以以文明的方式提出要求，而不是胡闹或尖叫。所以，家长可以期望宝宝玩耍时更加平和而安宁。

在两个宝宝分享一个玩具时，也可以提醒他们轮流玩耍。当两个宝宝都想得到同一个玩具时，这个提议是简单的解决方法，可能使他们开始轮流玩耍，或寻找另一个玩具和活动。虽然这种方法并不总是有效，但值得尝试。

合理的喂养方式让宝宝更健康

4～5岁的宝宝大多数已上幼儿园，每天会有一定的户外活动和室内游戏，所需能量每日可达到1400～1700千卡。能量的摄取要注意饮食平衡，家中的饮食要同幼儿园供餐配合，互相补充，使花色品种多样化，荤素菜搭配，粗细粮交替。还要为其创造清洁、整齐、安静、舒适的进餐环境，这对促进宝宝的食欲有重要意义。培养宝宝良好的饮食习惯，对发展其自信自立精神有很大作用。

4～5岁宝宝的营养需求

此阶段的宝宝每年体重增加约2千克，身高增长5～7厘米，头围增长缓慢，每年增加不到1厘米，四肢迅速加长，活动能力加强。并且开始有了思维，能将物品按吃、穿、用、玩分开，学过的知识不容易遗忘。语言、社交能力逐渐增强，智力发育迅速。因此这一阶段仍需要营养素的充足供应。

蛋白质

蛋白质是人体组织形成的重要物质基础。此时宝宝每日每千克体重需25克的蛋白质，并且应注意质量。高质量的蛋白质不但易于消化，而且只需少量即可。牛奶、鸡蛋等食物中含有大量优质蛋白质，最好每天都给宝宝食用，同时还可再吃些鱼、肉、豆类等。

脂肪

脂肪是人体所必需的重要营养物质。幼儿期是髓鞘形成期，因此特别需要脂肪酸。往往有些家长认为油脂类不易消化，易引起腹泻，因而不敢多给宝宝吃。其实，如果脂肪吃得太少，导致能量不足，就只能依靠糖类来补充。这样则会因吃甜食过多而引起偏食、蛀牙等不良后果。因此，宝宝不仅要吃动物油，还要多吃植物油，也可将花生酱、芝麻酱等加入宝宝的饮食中，以保证足够的能量供应。

为了宝宝的健康，家长在饮食上必须给予均衡的营养搭配。

碳水化合物

碳水化合物是人体主要的能量来源。宝宝虽然不需要很多，但因正处在生长发育期，有必要为其提供全面的营养，并保证营养素之间的平衡。

维生素

维生素对身体组织功能的调节起着重要的作用，如果缺乏人体所必需的维生素就会产生各种病症。因此，正处在生长期的宝宝应多吃些水果、蔬菜、海藻、乳制品、蛋、肝等是很有必要的。

微量元素

宝宝缺锌会影响骨骼生长，而且会造成皮肤粗糙、色素沉着，并出现贫血等其他营养不良的现象。这些宝宝长大后可能会出现性功能低下、第二性征发育不全等症状。因此，宝宝应常吃肝、鱼、瘦肉及牡蛎和贝类等含锌高且易吸收的动物性食物，来保证锌的供给。铬、钒、钙、磷等都对眼球发育有所影响。钒有抗拒铬的作用，如果铬与钒的比例下降会引起眼压上升，从而形成近视。钙、磷代谢也与近视的形成有关，宝宝应补充足够的钙以确保身体生长发育的需要。

要让宝宝多吃蔬菜

钙、铁对于儿童来说是比较重要的矿物质元素，钙是促进骨骼生长的物质，铁是造血所不可缺少的原料。这两种元素在蔬菜中的含量也较丰富，在乳类、大豆、肉类等食品缺乏或不可多得时，蔬菜是常被选用的食品。

另外，蔬菜是宝宝所需的维生素、矿物质和膳食纤维的主要来源，每日膳食中必须保证供给。

绿叶蔬菜少不了

蔬菜是人类膳食中的重要食品，在膳食中所占比例较大，也是机体所需的维生素、矿物质及膳食纤维的主要来源。这些营养素在新鲜的绿叶蔬菜中含量最为丰富，如维生素C含量很高，宝宝适宜常吃的绿叶菜如小白菜、油菜、塔菜、荠菜、苋菜等，每500克中含维生素C约200毫克，其他如根茎类的白萝卜、藕等，每500克含有100毫克左右。维生素A的先导体胡萝卜素也在各种有色蔬菜中含量较多。

此外，虽然蔬菜并不是供给核黄素的主要来源，然而在绿叶蔬菜中的含量也不少，如油菜、菠菜、苋菜、萝卜缨、雪里蕻等，对宝宝机体所需的核黄素均有补充作用。

水果不能代替蔬菜

水果的营养价值近似浅色蔬菜，主要含有丰富的矿物质、维生素C和膳食纤维。又因为水果可以生食，所含营养素未经加热，不被破坏，因而营养价值高于蔬菜。但水果上市有一定季节性，而冬春季节经保存的水果维生素C含量已受到影响，罐头内的水果更因制备时的高温处理，大部分维生素C已被破坏。所以，宝宝即使有条件能每天吃到水果，还是不能完全满足对维生素C的需要量。

而蔬菜来源广泛，尤其在南方，新鲜蔬菜价格便宜，四季皆易得到。绿色蔬菜所含矿物质和维生素C丰富，可烹调成多种菜肴供宝宝食用，是膳食构成中不可缺少的部分。因此，给宝宝补充维生素C应以蔬菜为主，光吃水果还是不能达到这个目的。

蔬菜要烹调得当

购买时应尽量选用新鲜绿叶蔬菜，并一定要先洗后切。洗切与下锅烹调的间隔不宜太长，切后不宜浸泡。炒菜需用急火快炒法，不要加碱并尽量少加水，吃时避免弃去菜汁。已经烧熟煮透的蔬菜，宜立即盛起装碗，不宜烧煮时间过长。有些家庭习惯于午、晚两餐的菜均在上午烧好，晚饭时再加热，这也会造成维生素的损失，应尽量改掉。

为宝宝煮菜汤时更应注意这个特点，需先将水煮沸再将菜下锅，现烧现吃。做菜包子或菜馄饨时，应设法利用操作时挤去的菜汁，或将菜生切成碎末（不必开水烫），直接放入已调味的肉末中，减少易溶于水的维生素丢失。在炊具方面，则应避免使用铜锅，因为铜会促进维生素C氧化而造成损失。蔬菜和肉类同时烹调，可起到对维生素的保护作用。

宝宝不爱吃蔬菜怎么办

宝宝不爱吃蔬菜，有的是不喜欢某种蔬菜的特殊味道；有的是由于蔬菜中含有较多的粗纤维，宝宝的咀嚼能力差，不容易嚼烂，难以下咽；还有的是由于宝宝有挑食的习惯。饺子、包子等带馅食品大多以菜、肉、蛋等做馅，这些带馅食品便于宝宝咀嚼吞咽和消化吸收，且味道鲜美、营养也比较全面。对于那些不爱吃蔬菜的宝宝，不妨经常给他们吃些带馅食品。有的宝宝不喜欢吃炒菜、炖菜等做熟的蔬菜，而喜欢吃一些生的蔬菜，如西红柿、水萝卜、黄瓜等，它们有的可以生吃，有的可以做成凉拌菜吃。如果宝宝不喜欢吃熟菜，可以让他适当吃一些生菜。一些有辣味、苦味的蔬菜，不必强求宝宝去吃。一些味道有点儿怪的蔬菜，如茴香、胡萝卜、韭菜等，有的宝宝不爱吃，可以尽量变些花样，比如，做带馅食品时加入一些，使宝宝慢慢适应。

豆浆的营养及正确煮法

豆浆是大豆经浸泡、磨细、过滤等加工而成的，它不仅具备了大豆营养的许多优点，而且在某些方面还胜于大

豆。豆浆中含有大量黄豆蛋白，这是一种优质植物蛋白，含有多种必需氨基酸，尤其是赖氨酸含量较多，可以补充大米和面粉中赖氨酸的不足。豆浆中蛋白质的消化率较原来的大豆提高20%左右。豆浆中脂肪含量也较高，且含较丰富的必需脂肪酸，有助于促进生长发育和保护心血管的功能。另外还含有相当量的钙、铁和B族维生素。因此豆浆的营养价值的确很高。

除此之外，黄豆中含有皂角素，能引起恶心、呕吐、消化不良；还有一些酶和其他物质，如胰蛋白酶抑制物，能降低人体对蛋白质的消化能力；细胞凝集素能引起凝血；脲酶毒苷类物质会妨碍碘的代谢，抑制甲状腺素的合成，引起代偿性甲状腺肿大。但经过烧熟煮透，这些有害物质都会被全部破坏，使豆浆对人体没有害处。现在有些生产商还会在黄豆类代乳品的配方内加碘，以减轻甲状腺肿大的副作用。还有必须注意的是，在烧煮豆浆的时候，常会出现"假沸"现象，必须用匙充分搅拌，直至真正煮沸，煮透后给宝宝吃，才可免于发生豆浆中毒。

两种不适合做早餐的食物

◎**茶叶蛋**。茶叶煮鸡蛋会影响健康。专家的解释是，茶叶中含有生物酸碱成分，在烧煮时会渗透到鸡蛋里，与鸡蛋中的铁元素结合；这种结合体，对胃有很强的刺激性，久而久之，会影响营养物质的消化吸收，不利于人体健康。

◎**香肠煎蛋**。香肠煎蛋配一杯鲜奶是热门的早餐，许多妈妈都会准备给宝宝吃，不过这道菜并不适合宝宝吃。香肠是经腌制的食品，在腌制过程中加入了许多盐分，使钠含量偏高。据有关资料分析，一条小香肠就含有1克的盐分，吃两条小香肠盐分摄取已超出一天的摄取量，而1个鸡蛋也有0.1克盐，两者同时吃，盐分会严重超标。

妈咪育儿小窍门

能帮助宝宝长高的食品

能帮助宝宝长高的食品有小米、荞麦、鹌鹑蛋、毛豆、扁豆、蚕豆、南瓜子、核桃、芝麻、花生、油菜、青椒、韭菜、芹菜、西红柿、草莓、葡萄、鳝鱼、动物肝脏、鸡肉、海带、紫菜等。

宝宝不可多吃的水果

五花八门的水果引诱着宝宝的胃口，爸爸妈妈常认为水果对身体有好处，宝宝多吃点儿是好事，殊不知，有些水果宝宝不可多食，否则会损害宝宝的健康。

◎**柿子**。柿子皮薄色鲜，味道甜美，是宝宝非常喜爱吃的水果。柿子含有丰富的蔗糖、葡萄糖、果糖、维生素C及钙、磷、铁及多种胶质物。如果宝宝肺热咳嗽，或大便干燥，吃一些柿子则有助于改善症状。但是，若是经常让宝宝在餐前大量吃柿子，柿子里含有的大量柿胶酚、单宁和胶质，就会在胃内遇酸后形成不能溶解的硬块儿。硬块儿小时可随大便排出，而较大的硬块儿就不能排出了，只能停留在胃里形成胃结石，表现出胃胀痛不适、呕吐及消化不良等症状，如果宝宝原本有胃炎、胃溃疡，还有可能诱发胃穿孔、胃出血等危险并发症。因此，宝宝不可过量地吃柿子，一次只可吃1～2个。

柿饼

◎**甘蔗**。甘蔗中含有大量的蔗糖，进入胃肠道经消化酶分解后，可使体内的血糖浓度增高，吃得越多血糖就越高。当血糖浓度超过正常限度后，常常可促进皮肤上的葡萄球菌生长繁殖，引发皮肤上起小疖肿或痈肿。如果病菌侵入到皮肤深部，还可能引起菌血症。同时，宝宝过多地摄入糖分可使宝宝血液的pH值下降，形成酸性体质。酸性体质的宝宝身体免疫功能下降，容易患感冒和发生皮肤感染。因此，宝宝不可过量吃甘蔗，每天最好不要超过50克。

◎**柑橘**。柑橘中含有大量的柠檬酸、苹果酸，不仅营养丰富，而且还可理气健脾、化痰止咳，有助于改善呼吸道急慢性感染及消化不良。可是，父母经常会误认为吃得越多越好，然而柑橘如果吃得过多，就会使体内的胡萝卜素含量骤增，从而引发

妈咪育儿小窍门

喝酸奶可提高注意力

大脑的生理功能、智力水平与神经递质的变化紧密相关，酪氨酸是一种重要的神经递质——氨基丁酸的前体物质，是保证大脑功能的物质基础。它在人体中一旦含量不足，就会抑制神经传导，让人出现犯困、注意力不集中、无精打采、精神散漫等现象。此外，酪氨酸对大脑保持敏锐的思维、记忆力以及清醒程度也起着决定性作用。牛奶本身的营养非常丰富，含有酪蛋白、白蛋白等人体必需的8种氨基酸。经过乳酸菌发酵后，牛奶中的蛋白质、肽、氨基酸等颗粒变得微小，游离酪氨酸的含量大大提高，吸收起来也更容易。

胡萝卜素血症。其表现为食欲不振、烦躁不安、睡眠不踏实等，有时甚至手掌、足掌的皮肤都发黄。因此，宝宝吃柑橘要有一个合理的限定，每天至多进食2～3个。

宝宝喝酸奶的注意事项

酸奶是宝宝喜爱吃的食品，而且其营养价值也远远超过新鲜牛奶。它含有多种乳酸、乳糖、氨基酸、矿物质、维生素、酶等。有胃病的人喝了它，可促进胃酸分泌，食后非但不气胀、腹泻，反而通气、消食。

酸奶中含有的乳酸菌能提高宝宝的吸收能力，促进宝宝吸收。

购买时要鉴别品种

目前市场上，有很多种由牛奶或奶粉、乳酸或柠檬酸、苹果酸、香料和防腐剂等加工配制而成的“乳酸奶”，并不具备酸牛奶的保健作用，酸奶成分表中蛋白质含量不能少于2.3%，购买时要仔细识别。

要饭后两小时左右饮用

适宜乳酸菌生长的pH值为5.4以上，空腹胃液pH值在2以下，如饮酸奶，乳酸菌易被杀死，保健作用减弱；饭后胃液被稀释，pH值上升至3～5。

不要加热

酸奶中的活性乳酸菌，如经加热或开水稀释，便大量死亡，不仅特有的风味消失，营养价值也损失殆尽。

不宜与某些药物同服

氯霉素、红霉素等抗生素，磺胺类药物和治疗腹泻的收敛剂——次碳酸、鞣酸蛋等药物，可杀死或破坏酸奶中的乳酸菌。

> 妈咪育儿小窍门
>
> **酸奶的保存**
>
> 酸奶需在4℃下冷藏，在保存中酸度会不断提高。如果保管不善，酸奶就会生酵母或芽孢杆菌等，变质的酸奶不能食用。

饮后要及时漱口

随着乳酸系列饮料的发展，儿童龋齿率也在增加，这是乳酸菌中的某些细菌造成的。

宝宝的日常护理

4岁的宝宝大多数已经上了幼儿园，这时候很多家长都觉得是松了一口气，认为有幼儿园的照顾，就松懈了自己对宝宝的日常呵护，然而幼儿园的体制是为所有的宝宝制定的，做不到面面俱到，所以家长的日常呵护是必不可少的。

为宝宝选择合适的玩具

玩具是宝宝生活中不可缺少的东西，对宝宝的身心发展起着非常重要的作用，它能促进宝宝的感知觉、语言、动作技能和技巧的发展，培养宝宝的观察力、注意力、想象力和思维能力，开阔宝宝的视野，激发宝宝的欢乐情绪，培养宝宝良好的品德。

促进动作发展

4岁的宝宝动作发展有时不够协调，因此家长宜为宝宝选择能促进动作发展的玩具，如大皮球、手推车、三轮童车等，使宝宝在活动中得到全身的运动，从而使其动作协调发展。

引起宝宝兴趣

4岁的宝宝心理还依然具有明显的随意性和情绪性的特点，自我控制能力差，缺乏目的性。因此，为4岁宝宝选择的玩具必须颜色鲜艳、造型优美、形象生动有趣，以激起宝宝的兴趣，吸引宝宝积极主动地玩。

发展宝宝感知觉

4岁的宝宝对事物的认识仍依靠直接感知，他们凭借颜色、形状、声音等具体形象、表面特征来认识事物。因此，这一年龄阶段，家长可为宝宝选择一些侧重发展宝宝感知觉的玩具。如色彩鲜明、差别明显的彩圈、彩球、彩色套碗、各类娃娃、动物玩具及供宝宝观赏的会发出各种声音的电动玩具等，让宝宝能充分感知和反复辨认物体的颜色、声音、形状、大小、空间对比、材料特点等，使宝宝逐步掌握感觉标准及其语言表达方法。

训练操作能力

4岁的宝宝认知发展还保留了相当大的直觉行动思维成分。这一时期宝宝的小肌肉群发育还不完善，手眼协调能力较差。因此，家长为宝宝选择的玩具要能看、能拼，让宝宝自由运用双手，培养其开、合、套、穿、敲打、装拆等操作能力。

让宝宝养成不赖床的好习惯

眼看着幼儿园的班车就快到家门口了，宝宝却还赖在床上，怎么叫都不起来，很多家长这时候都是气急败坏，一点儿办法也没有。其实家长应该平静下来去分析宝宝赖床的原因，然后针对原因采取一些办法去解决这一困扰，从而也能让宝宝养成一个好的习惯。

分析宝宝赖床的原因

◎**睡眠不足**。晚上睡得太晚，造成睡眠时间不足。通常2岁以上的宝宝，每天所需要的睡眠时间为10～15小时。

◎**午睡过久**。若宝宝午睡时间太久，或睡午觉的时间太接近傍晚，都会让宝宝在晚间精力旺盛，到了休息时间还睡不着，于是间接造成晚睡、睡不饱的状况。

◎**睡不安稳**。有些宝宝在睡觉的时候，会踢被子、翻来覆去或磨牙，这时家长要多留意宝宝是否有情绪上的问题或身体不适，或是有其他环境因素干扰了宝宝的睡眠品质。

◎**噩梦干扰**。宝宝难免都会做噩梦，除了单纯做噩梦，很大原因是担心害怕、心理压力或身体不适。

家长应以身作则

有些家长在宝宝就寝时间一到，就急着赶宝宝上床睡觉，自己的眼睛却还猛盯着电视或还在忙东忙西。其实家长的这种做法会让宝宝有“孤单”或“不公平”的感觉，而且宝宝会有“为什么只有我要去睡觉”的疑问，加上宝宝对成人的活动充满好奇心，当然也就降低了睡觉的意愿。

因此，只要到了睡觉时间，全家人最好都能暂停进行中的活动，帮助宝宝酝酿睡前的气氛。

及时安抚宝宝的情绪

宝宝有时会因为身体不适或情绪上的不稳定而影响睡眠品质。身体状况比较容易观察，家长要多留意的是情绪上的问题。有些宝宝因为年纪还小，表达能力还不是很好，如果在幼儿园或生活中受到挫折，不懂得该如何表达，再加上家长没有多加留意，宝宝的情绪也会间接反映在睡眠品质上。如果遇到类似的情形，适时地找时间和宝宝聊聊，就能找出问题的症结。

午间小睡即可

宝宝睡午觉时间不宜过长，也不要在接近傍晚的时候才让宝宝睡午觉。幼儿园的午休时间通常是13～14点，如果让宝宝在下午睡得太久或太晚午睡，宝宝很容易在晚上变成精力旺盛的小精灵，等他筋疲力尽入睡后，隔天早上势必又得花一番工夫才能把他叫起来，所以家长们不要让宝宝午觉睡得太久。

想办法减少宝宝的噩梦

宝宝做噩梦最常见的原因有“怕黑”。“怕黑”是出自于人类对未知的恐惧，如果宝宝因怕黑而不敢睡觉，甚至还因此做噩梦，不妨在宝宝的房里添置一盏小台灯。市面上出售的台灯都有许多可爱的造型，让宝宝挑个他喜欢的卡通造型台灯，睡觉时有可爱的台灯散发着微弱光芒陪伴他，会让宝宝感到安心不少。此外，家长也可以在就寝前熄灯时，和宝宝玩手影游戏。让宝宝知道原来“暗暗的时候”，通过光线和手势的变化，影子可以呈现各种不同的面貌，这个好玩的游戏也可以有效地降低宝宝怕黑的心理。

让宝宝安然度过冬天

冬天来了，当北风呼啸的时候，家长们又要为宝宝们的过冬操心了，生怕一不小心宝宝又是高热，又是咳嗽。宝宝们是一个相对弱小的群体，因此，家长们要从日常生活的基本方面加以注意，让宝宝们安然度过寒冷的冬天。

衣

在寒冷季节，衣着不当容易着凉、患感冒，原因是寒潮袭来时机体抵抗力（包括呼吸道局部抵抗力）下降，病毒或细菌侵犯上呼吸道而出现感冒的症状。适当增加衣服是必要的，但并非越多越好，应视环境的温度、湿度和个人的御寒能力而定。有些家长过分担心宝宝着凉，过早就给其裹上厚厚的衣服，不仅没有必要，还

妈咪育儿小窍门

儿童慎用含氟牙膏

含氟牙膏虽能有效防治龋齿，但同时具有副作用，如果使用不当，易导致氟牙症。日前，中国消费者协会公布消费警示，提醒家长，7岁以上的儿童才可以使用含氟牙膏，但要注意不能将牙膏吞进腹中。

会使宝宝的御寒能力下降。俗话说："春捂秋冻，不生杂病。"所谓秋冻，即深秋初冬季节，穿衣不宜过多，以锻炼御寒能力和增强适应外界环境的能力，提高抵抗力，减少疾病的发生。冬天容易发生皮肤瘙痒，这就是冬令性皮炎。冬令性皮炎是由寒冷干燥的气候引起的，化纤内衣裤常使症状加重，所以除接受适当的治疗外，同时也应换穿棉质内衣。

食

在低温条件下，散失的热量较多，需要补充较多的食物，富含脂肪和蛋白质的肉类占的比例可稍多一些。但是冬季重大的节日较多，如冬至、元旦、春节，喜庆之余，要注意宝宝的饮食卫生，切忌让其暴饮暴食。宝宝的消化道功能尚未成熟，胃酸和消化酶分泌少，胃肠道负荷过重易引起消化不良，甚至肠炎。

住

在寒冷的天气下，为了室内保暖，有些家长喜欢紧闭门窗，但长时间不通风会使室内空气混浊，病毒和细菌的密度增加。冬天室内外温差大，空气交换快，如80平方米的房间在无风而室内外温差为15℃时，约11分钟就能使空气得到交换。因此房间要定期通风，每次只需十多分钟至半小时就能使空气得到净化。冬天睡觉时不要让宝宝蒙被。我们知道人体要吸入氧气和呼出二氧化碳来维持正常的新陈代谢，蒙被睡觉时，被窝内积聚了大量自己呼出的二氧化碳，氧含量低，次日起床后会头晕、精神不振、记忆力下降，长此下去还会对宝宝大脑和身体的发育带来不利的影响。

行

寒冷季节不宜缩在房间内，适当的户外活动是必要的。如经常带宝宝参加广播体操、游戏、田径和球类运动不但可以促进新陈代谢、增进食欲、保持饱满的精神状态，还能提高御寒能力。宝宝易患佝偻病，与日照少有关。日光中的紫外线可使皮肤内的7——去氢胆固醇转变为维生素D，维生素D能增加肠道钙的吸收，预防佝偻病的发生。但紫外线不能透过窗户的玻璃。冬天日照少，更应带宝宝参加户外活动，既能锻炼身体，又可预防佝偻病。

宝宝疾病的预防与护理

宝宝在上了幼儿园，进入了新的环境以后，可能由于不适而生病，这时候家长更应该注意对宝宝易发疾病的防护。以下是几种宝宝易发疾病的注意事项。

宝宝发热的宜与忌

发热是人体对疾病的一种防御反应。宝宝发热是儿科许多疾病的一个共同症状。低度发热，体温介于37℃～38.5℃，对身体危害不大，对某些疾病，还有助于病体康复，故不必采取特别的降温退热措施。但中度发热（体温38.5℃～39℃）及高度发热（体温超过39℃）若持续时间过长，则可引起机体的损害，尤其是对中枢神经系统有不利的影响，必须采取措施，及早治疗，细心护理。

宜多饮水

饮水可补充因发热而蒸发的水分。饮水后出汗，水分的蒸发可帮助退热。此外，排尿增多也可使部分热量由尿液带出，加速退热。

当宝宝发热时，采取物理降温法时不能让电风扇对着宝宝直吹。

宜选用适当的退热措施

物理降温是利用物理学散热的对流、传导、蒸发等原理的退热方法，安全、简便而可靠，是首选的退热措施。例如，打开门窗，或利用风扇加速空气流通，是利用对流原理的一种方法，所有家庭都可采用，那种发热时不能开窗、不能吹风扇的看法是错误的。当然，不能让风扇对着患病的宝宝吹。

根据热传导的原理，也可采用冰或冷水敷头颈、腋下及双侧腹股沟的退热方法。冰敷时，冰袋外需裹一层布，以防局部皮肤冻伤。用35%～40%的酒精或30℃左右的温水拭浴，可使皮肤毛细血管扩张，加速水分的蒸发，也是一种相当简便的退热方法。酒精擦拭时，要注意不要擦拭头面及胸前。当物理降温方法的疗效不佳时，可在医生的指导下，选用适当的退热药。

忌强行发汗

很多家长在宝宝发热时都会为宝宝强行发汗，去给宝宝喝些热水，然后盖上厚厚的被子，认为宝宝出汗了发热症状会减轻，这种方法极不可取，可能会引起宝宝短时间内体温过高而导致严重后果。

忌滥用退热药

退热药多有副作用，有的甚至可引起白细胞减低、出血、溶血等严重反应，因此在用药前一定要咨询医生。

忌退热过快

退热过快、过猛，会导致宝宝体液大量丢失，引起血压下降甚至休克，所以退热应温和，不宜操之过急。宝宝发热，只是各种各样疾病的一个表现。无热，不一定无病，热退也不等于疾病已经痊愈。所以，关键还是在于对原发病的治疗。

宝宝斜颈需警惕

宝宝斜颈是一种比较常见的宝宝头颈部先天性疾病，该病可在早期进行正确有效的非手术治疗，大多数患儿可以完全得以治愈。

宝宝斜颈的原因

只有找出造成宝宝斜颈的原因，才能进行针对性地治疗，宝宝斜颈的原因，主要有以下几个：

◎**先天性肌性斜颈**。是一种较多见的畸形，其病因尚不完全清楚，多数学者认为是胎儿在子宫内姿势性压力所致。主要病变在胸锁乳突肌，出生后10天左右发现颈部肿块，质硬、无痛，在1～2个月内达到最大范围，造成斜颈及面部不对称。

◎**先天性颈椎畸形**。由于颈椎半椎体、颈椎间事例、环枕融合、颈椎关节不对称等原因而引起斜颈。

◎**第一、二颈椎之间半脱位**。发病原因有周围软组织炎症引起的韧带松带松弛、外伤引起的韧带断裂、过度旋转颈椎、外伤引起的齿状突骨折。

◎**眼科疾病**。宝宝如有一侧远视、一侧近视，在视物时常出现斜颈、颈部向一侧歪斜，久而久之造成姿势性斜颈。

◎**习惯性斜颈**。平时坐、立、行走、看电视、做作业时经常保持头、颈部向一侧歪斜，久而久之造成姿势性斜颈。

如何治疗宝宝斜颈

宝宝斜颈应根据不同原因，采取不同的治疗方法。

◎**先天性肌性斜颈**。宝宝早期发现颈部肿块，很难预料肿块是否能自行消散，可指导父母用手法牵伸锁乳突肌，使颈部向对侧倾斜（即推拿）。也可以去医院康复科做理疗。4岁以下适合手术松解，5岁以上手术松解效果差，并且面部的不对称不容易纠正。

◎**颈椎引起斜颈**。除了松解胸锁乳突肌外，应做颈椎畸形正术。

◎**第一、二颈椎之间半脱位或齿状突骨折**：一般只做伸展位头部牵引使椎体稳定2～4周，绝大多数患儿均能得到良好的恢复。如果合并有炎症者应加用抗生素。少数保守治疗无效的患儿应考虑手术方法。

◎**眼科疾病**：及时纠正斜视。

◎**习惯性斜颈**：排除以上各种原因后，应纠正不端正的姿势，时间久后能自动纠正。

宝宝反复发作性腹痛的病因及护理

宝宝肚子痛在生活中非常多见，而且多为功能性的，可自行缓解。但也有不少腹痛背后却暗藏杀机，处理不慎即可导致严重后果。

宝宝反复发作性腹痛要查明病因

◎**自主神经功能紊乱**。有些宝宝自主神经调节功能尚未健全，一旦功能紊乱，迷走神经兴奋性增强，肠管蠕动失去正常节律，肠壁肌肉就会发生一过性痉挛，发生肠绞痛，有时伴有恶心和呕吐。疼痛与吃东西和活动无明显关系，常骤然发作又很快消失，无规律性。

腹痛部位多在肚脐周，腹部检查仅稍有紧张感，肠鸣音较活跃，无固定位置压痛，肚脐周压痛也不明显。这类宝宝常有自主神经功能紊乱的表现，如流涎、夜间磨牙、多汗或遗尿等。有相当比例的腹痛就属这种情况。所以说不能一遇到宝宝复发性肚脐周疼痛就归咎为肠道寄生虫，如大便化验未找到蛔虫卵，经驱虫治疗后反复发作性腹痛不消失时，就要考虑这种病的可能。

◎**便秘**。有一部分独生子女，由于长期的娇生惯养，造成严重的偏食习惯，平时只吃肉类，蔬菜几乎一点儿不吃，大便经常 3 ～ 5 天，甚至多天才排一次。由于直肠内潴积的大量秘结粪块，使得近端肠壁肌肉强力收缩，诱发阵发性腹痛；间歇期因肠壁肌肉松弛，故而腹痛也就随之缓解。

◎**乳糖不耐受症**。如宝宝自以喝牛奶为主以后，就出现复发性腹痛者要考虑乳糖不耐受症。这些宝宝小肠黏膜分泌的乳糖酶不足或缺乏，不能把牛奶中的乳糖分解成单糖吸收，这种情况下，牛奶在肠道反成为刺激物，引起腹部不适或疼痛，伴有肠鸣亢进和腹泻等症状。此外，少数对食物过敏者（如对大豆蛋白、牛奶蛋白过敏等），进食这类物质时也会引起腹痛。

如何应对反复发作性腹痛

得了反复发作性腹痛，首先要查明病因，要排除器质性疾病引起的腹痛，如急腹症（急性阑尾炎、肠套叠、肠梗阻、胃扩张等），过敏性紫癜，腹型癫痫，腹型偏头痛等。器质性腹痛常伴有全身症状，疼痛部位固定，多呈持续性腹痛或阵发性加剧，难以自行缓解，这些均可与功能性腹痛区分开。

复发性腹痛发作时，可用热水袋热敷患儿的腹部或轻轻按摩腹部；腹痛较重时须及时就医。另外，谷维素有助于调节自主神经功能，赛庚啶对抑制肠道过敏反应有益，这两种药物均可酌情选用。中药小建中汤（白芍、桂枝、炙甘草、生姜、大枣、饴糖）或归芪建中汤（当归、黄芪、白芍、桂枝、炙草、生姜、大枣、饴糖）对此种功能性腹痛效果也不错。

宝宝智能培育与开发

宝宝在4岁的时候智力的开发可以随其自然发展，家长应该把重点放在品德教育上，让宝宝从小就在做人的品德方面严格要求自己，先学会“做人”才能健康地成长。

宝宝品德的教育

宝宝天生爱动，所以要在动中发展智力，发展品德个性。但无控制的动，过分的动，会影响他们的组织纪律和注意力的良好发展。所以家长在多种活动中应正确诱导和培养其自控力，使其成为既活泼开朗，又善于控制自己性格的人。

萌发对祖国的爱

对祖国的爱是人类的美德，也是中华民族的光荣传统，它是成才的巨大推动力。因此，家长要教育宝宝热爱祖国，培养宝宝的爱国思想。可以给宝宝讲一些知名人士的爱国故事，以名人的爱国精神激发宝宝的爱国思想。还可以通过游览、参观、旅行使宝宝领略到祖国的山山水水、江海河川的美丽风光，知道祖国领土的辽阔、物产的丰富、文化的悠久，这些都能对宝宝进行爱的熏陶，使他们萌发对祖国的爱。

养成文明礼貌的习惯

文明礼貌的行为是社会主义精神文明的标志。文明礼貌的行为习惯是从小开始长期实践而形成的。因此，要求宝宝从小不骂人，不讲脏话；待人和气、热情、有礼貌；别人讲话时不插话，不打断别人说话；要尊老爱幼，等等。

培养宝宝诚实、讲真话的好品质

教育宝宝不论拾到什么东西都要交公，不隐瞒自己的过错，并要勇于改过。要使宝宝切实做到这些，最主要的是家长的教育态度，如果对宝宝的过错一味指责，是很难培养宝宝这一品质的。家长发现宝宝说谎时，应分析说谎的原因，有针对性地解决。有的宝宝做错了事怕挨骂挨打而说谎；有的为了满足其虚荣心而说谎，等等。若是家长不分青红皂白就批评宝宝，是解决不了问题的。

家长应成为宝宝的榜样。有的宝宝待人不真诚、私拿别人的东西、说谎，是因为受了大人不良行为的影响，这种潜移默化的影响会使宝宝形成根深蒂固的恶习，家长不可掉以轻心，要处处以身作则。

培养宝宝勤劳、俭朴的品质

宝宝勤劳俭朴的品质是通过劳动来培养的，关于宝宝的劳动主要可从以下几个方面着手。

◎**自我服务的劳动，做到自己的事自己做。**自己穿衣、洗脸、刷牙、吃饭、收拾床铺和玩具等。自我服务的劳动能培养宝宝生活的条理性和独立生活的能力，并为宝宝参加家务劳动和社会公益劳动打下良好基础。

◎**家务劳动，能使宝宝对家庭关心、爱护，成年后主动关心别人，与各类人员保持良好关系。**同时，通过劳动获得生活的能力，长大后会用自己的双手创造幸福美满和谐的家庭。通过家务劳动，增强宝宝参与意识和劳动观念。可让宝宝洗碗筷、打扫居室卫生、择菜、就近处买小物品等。通过劳动，可培养宝宝爱惜劳动成果，培养宝宝热爱劳动和节省、俭朴的好品质。做到不浪费水、电、食品，不与他人攀比衣着、玩具等。

培养宝宝与人友好相处的品格

目前，随着独生子女的增多，宝宝独居独食多。培养宝宝大方不自私、与人友好相处十分重要，要求他们事事处处不能只顾自己，要和小朋友一起玩，共同分享食品和玩具，并能遵守游戏规则，收拾玩具。通过多种活动让宝宝与其他宝宝友好相处。培养宝宝生活的节律性，按时起床，睡觉、进餐、学习、做游戏。

培养宝宝勇敢、开朗的性格

勇敢是指人不怕危险和困难、有胆量的一种心理品质。这种品质与人的自信心和自觉克服恐惧心理的能力是结合在一起的，必须从小开始培养。

要教育宝宝敢于在陌生的集体面前说话、表演；鼓励宝宝参加力所能及的体育活动和其他各类游戏活动，培养他们的自信心；要求宝宝在黑暗处或听到大声音如遇到打雷、刮风、下雨的天气不惊慌、不害怕，能克服各种困难坚持完成任务，勇于承认自己的过失和错误。

帮助宝宝勇敢面对各种“变化”

宝宝的心理可以说是一个非常敏感的载体。周围的环境事物稍有变化，就会引起他们的注意，如果这一变化是令宝宝欣喜的事物，宝宝会马上被吸引过去。同样，一旦这些变化是令宝宝觉得难以接受的事物，宝宝就会以各种情绪变化来表达自己的看法。这些情绪表达，其实也反映了宝宝此时的心理状态：焦虑、厌恶、恐惧……如何正确调整宝宝这时的心理变化，对于其日后的生活成长有至关重要的影响，因为生活中始终充满了各种变化。因此，当宝宝周围环境发生变化时，可千万别只是一味地简单让宝宝去适应，还应适当帮助他们慢慢适应这一变化。

父母出差

当父母出差时宝宝的症状一般为：哭闹不止、任性不听话。宝宝最明显的变化就是显得非常焦虑，以至于突然哭闹不止，任性不听话。在父母中的一人出差前，他们会变得不愿离开他们、不肯独睡、不愿上幼儿园，怕爸爸或妈妈一去不复返。

首先应在出差前与宝宝进行一次长谈取得他的理解。父母向宝宝说明，爸爸或妈妈出差只是由于工作需要，并不是代表不喜欢宝宝了，而且出差也并不表示去了就不回来了。其次，父母出差后应保证每天给宝宝打个电话，表示自己非常想念他，期待早日回来。

搬家、转学远离好友

宝宝的症状：情绪低落、话少不愿与人交流。宝宝对新环境或陌生人产生的恐惧、焦虑情绪和回避行为，有时还会达到异常程度。由于搬家、转学等原因，宝宝离开了他原本熟悉的环境和要

妈咪育儿小窍门

解决儿童缺锌问题

首先应从膳食中补充，要多增加含锌的食物，如肉、贝类。同时要保证蛋白质的摄入，而且还要多给宝宝吃含钙丰富的食品。其次，补充钙、锌复合制剂，也是有效途径。

好的伙伴，来到了一个全然陌生的地方。他们会对新的环境和陌生人产生持续的或反复的害怕、紧张不安、回避和退缩行为。

父母应及时发现宝宝的心理变化。在宝宝抵触情绪最强烈的时候，不要勉强宝宝，让他先尽情发泄自己的不满情绪。同时，以各种外界的能引起宝宝兴趣的事物来转移他的注意力，

父母应及时发现宝宝的心理变化，并加以引导。

训练宝宝的思考能力

宝宝4岁后思维有了进一步的发展，抽象思维开始萌芽且正在发展，在此时应该加强对宝宝的训练，提高宝宝的思维水准和思考能力。一般可以采用以下方法。

多让宝宝自己分析

无论遇到什么事家长都不要代替宝宝思考。宝宝做错事时，不要一味地指责、训斥，可以让他自己想一想什么地方做错了，为什么做错了，应该怎样做。

多问宝宝为什么

家长可以多用疑问的语句问宝宝，使宝宝养成独立思考的习惯。如果宝宝不能立刻回答出来，家长不要着急，要耐心地引导、启发他。

给宝宝提供民主的气氛

家长不能压抑宝宝，应该为宝宝提供宽松的环境，激发宝宝的创造性和思考欲望。如果过于压抑宝宝，只会造成宝宝懦弱、唯命是从的性格。

多鼓励宝宝

宝宝做什么事，如果失败了，家长应该鼓励他，帮助他找出失败的原因，鼓励宝宝克服困难、避免失败。

给宝宝独处的空间

这个阶段的宝宝自理能力已经很强了，应该给宝宝独处的空间和时间，这对宝宝的思考是十分有帮助的。

让宝宝自己想办法

在日常生活或游戏中，无论遇到什么困难，家长首先就应该问宝宝："你该怎么办？""你有什么好办法吗？"有些家长总是迫不及待地帮助宝宝，这对培养宝宝独立思考的能力是不利的。

Part 14

5~6岁宝宝护理

5～6岁大的宝宝快乐、活跃、热情，喜欢计划，并花大量的时间讨论谁做什么。他们尤其喜欢演戏，通常是和别的宝宝一起。大多数5～6岁的宝宝正在上幼儿园，当他们从幼儿园回到家中时，父母必须考虑到各个方面，因为他们可能会疲劳、唠叨、饥饿，或者急于和你分享白天在幼儿园里所发生的事，这时父母应该做一个好的听众或好的交流者。

宝宝身体与能力发育特点

5～6岁的宝宝对空间关系的判断已十分准确，神经系统的发育已接近最后阶段，已能很好地控制身体，手脚灵活，运动也能够较以前更为剧烈，并且已不太容易摔跤。能在一条直线上走、单足跳、跳绳、跳舞等。随着手眼协调的发展，宝宝可以通过练习接住球，可以学会系鞋带或串珠子等。

生理发育特点

在本阶段宝宝的身体中，脂肪会进一步下降，肌肉组织将进一步增加，使宝宝具有更加强健和成熟的外观。他的上下肢更加苗条，上身狭窄成锥形。有些宝宝身高的增加大大超过了体重的上升，因此肌肉开始时看起来非常瘦弱而无力。但这并不意味着不健康或发生了什么问题，随着肌肉的生长，这些宝宝会逐渐健壮起来。本阶段宝宝的面部也会成熟，他颅骨的长度有点儿增加，下巴将更加突出。同时上颌将加宽，为恒齿的生长提供空间，结果他的面部更加成熟，特征更加明显。

身高与体重的发育

男孩的身高应为105～117.2厘米；女孩的身高应为98～116.8厘米。

男孩的体重为16.0～29.9千克；女孩的体重为17.0～26.2千克。

这个时期由于儿童的各项生理功能的发育速度很快，因此新陈代谢比较旺盛，但是由于身体的生物机体的功能发育还不成熟，对外界环境的适应能力以及对疾病的抵抗能力都较弱。

骨骼发育状况

这个阶段儿童的骨骼硬度较小，但是弹性非常大，比较而言可塑性强，因此一些舞蹈、体操、武术等项目的训练从这个阶段就可以开始了。也正因为如此，如果宝宝长期姿势不正确或受到外伤，就会引起骨骼变形或骨折。

肌肉发育状况

肌肉的发育现在还处于发育不平衡阶段，大肌肉群发育得早，小肌肉群发育还不完善，而且肌肉的力量差，特别容易受损伤。这个阶段肌肉发育的特点为跑、跳已经很熟练，但是手的动作还很笨拙，一些比较精细的动作还不能成功完成。

大脑发育状况

大脑的发育在这个年龄段发展也较快，到6岁时，已达1250克（成人脑重约为1400克）。大脑的功能也大有发展，大脑神经结构也趋向成熟。但这一时期，宝宝神经系统的兴奋和抑制还不平衡，长时间从事单一活动容易疲劳。

皮肤发育状况

这时宝宝的皮肤非常娇嫩，特别容易受伤或受到感染，对温度的调节功能比成人差，因此当外界温度突变时，容易受凉或中暑，所以要及时增减衣服。

心脏发育状况

这个年龄段的宝宝心脏发育迅速。5岁时的心脏重量已达出生时的4倍，但这时心脏的负荷力仍然较小，心脏的收缩力差，平均每分钟心跳90～110次。大强度的运动，会使儿童的心脏负担加重，影响身体健康，所以不能进行长时间或剧烈的活动。

肺的发育状况

这个年龄段肺部弹力较差，胸腔狭小，肋骨是水平的，因此呼吸较浅，呼吸次数比成人多，所以需要注意宝宝生活环境中空气要流畅，并注意躺、坐的姿势，以免妨碍胸廓的正常发育。另外，许多儿童为了方便呼吸，养成了用嘴呼吸的习惯，这样易患感冒、肺炎，因此要及时纠正这种习惯，让他们学会用鼻子呼吸。

妈咪育儿小窍门

精确测量身高的方法

为了精确测定宝宝的身高，需要宝宝很好地合作，因此，这是一件特别的事情。开始时先找一个可以记录宝宝身高的地方，如需要制作或购买一个能固定在墙上或门后的刻度尺，这种工具通常有示意图并能测量到大约152厘米的高度。用来测量的地方应该随着宝宝的年龄变化记录他的身高。另外，也可以用门框或墙壁代替。回顾宝宝的成长过程对你和宝宝都有极大的乐趣。进行测量时，让他的后背紧靠墙壁，赤脚站在地板上。头保持直立，两眼向前看。在墙上做标记以前，用尺子、书或其他扁平坚硬的东西精确地在他的头顶画线。

能力发育特点

心理是指心理过程和个性心理特征的总称，也叫心理现象。脑是产生心理现象的生理器官。在正常的生活环境和教育条件下，幼儿期宝宝心理发展的主要特点是：宝宝的认识活动是无意性占优势，所谓无意性是指没有预定目的，不需要意志努力，自然而然进行的注意、记忆、想象等心理活动。在心理学中称为无意注意、无意记忆、无意想象等。宝宝认识活动发展的趋势是从无意性向有意性过渡的，所谓有意性，是指有目的的，需要经过意志努力的心理活动。

语言发育特点

5岁多的宝宝一般已掌握了2200～2500个词汇，能比较自由地表达自己的思想感情，有强烈的语言要求，乐于谈论每一件事。语言的发达与智力和情感的发展互相关联，同时也显示了宝宝的复杂个性。宝宝这时会经常模仿大人的语气讲话，也乐于表演自己熟悉的故事，扮演简单的角色。

记忆发育特点

5～6岁的宝宝记忆的有意性有了明显的发展，这是儿童记忆发展过程的一个重要质变。这时宝宝不仅能努力去识记和回忆所需要的材料，而且还能运用一定的方法帮助自己加强记忆。而一切系统的科学知识、技能技巧的掌握都需要有意记忆。否则，只靠无意识记，所获得的知识只能是零碎的、片断的。因此家长必须重视宝宝有意识记忆能力的培养。

宝宝记忆的另一特点是以形象记忆为主，词语记忆不断发展。5～6岁宝宝词语记忆的发展大于形象记忆。记忆是人生存和发展的必要条件，如果没有记忆，人的思维将永远处于新生儿状态。有了记忆，人们才能积累经验，扩大经验，储存知

妈咪育儿小窍门

5岁左右幼儿的自言自语

幼儿5岁左右产生内部语言。在幼儿内部语言开始发展过程中，有一种介于外部语言和内部语言之间的语言形式，叫自言自语。幼儿在活动或游戏中常常自言自语，这是语言发展中的正常现象，是言语在发展的表现。家长要理解，并观察与指导，对宝宝在自言自语中提出的问题要给予耐心的解答。幼儿期语言发展的主要任务是：帮助宝宝正确发音、丰富词汇，培养口头表达能力以及对文学作品的兴趣。

识，进行各种实践活动。家长应重视培养和发展宝宝的记忆能力，为其一生的成长奠定基础。

5～6岁的儿童喜欢得到别人的赞扬。

情感发育特点

随着年龄的增长，宝宝的内心世界也越来越复杂，喜怒哀乐等比较细腻的情感也发达起来，更加敏感，自尊心也更强了，这时教育宝宝应该更加注意方法，针对宝宝的不同个性，因材施教。大人也要为宝宝树立榜样，要尊重宝宝，保护他的自尊心。

宝宝情感的发展趋势是：情感的发生从容易变动发展到逐渐稳定；表情从不随意地外露发展到能有意识地控制；情感的内容从与生理需要相联系的体验（亲亲、抱抱等）发展到与社会性需要联系的体验（希望别人注意、称赞，愿意对方和自己交往等）。

高级情感的发展

宝宝的道德感、理智感、实践感、美感等高级情感已开始发展。道德感表现为规则意识已初步形成，能以自己和同伴按规则办事、干了好事而愉快。兴奋、理智感表现为宝宝强烈的好奇心与求知欲的发展。实践感表现在对参加游戏或劳动的喜爱与快乐。美感表现为对鲜艳的色彩、和谐的声音、明快的节奏、丰富多彩的自然景色和劳动成果中所体验到的美。宝宝高级情感的发展是与宝宝的认识水平和活动能力紧密相连的，家长应该有计划地、细致地培养与发展宝宝的情感。

合理的喂养方式让宝宝更健康

5岁多的宝宝乳牙已逐渐出齐，咀嚼能力增强，消化吸收能力已基本接近成人，膳食可以和成人基本相同，与家人共餐。在进餐时，父母要培养宝宝良好的进餐习惯，特别要留意零食的质和量。这个时期的宝宝对营养的需要量仍相对较高。

5~6岁宝宝的营养需求

5~6岁儿童的膳食已从婴幼儿膳食组成逐渐过渡到成年人的膳食组成。虽然这个时期的宝宝生长速度比前一阶段要慢一些，但他们仍在继续生长发育，大脑的发育日趋完善，而消化功能还没有完全成熟，加上宝宝随年龄增长，逐步过渡到可以部分独立生活，由于活动量增大了，活动内容丰富了，所以，营养素的需求也就更多了。

蛋白质

学龄前儿童在饮食中需要足够的蛋白质，而蛋白质在食物中主要存在于谷类食物、豆类食物、动物性食物中。

乳类在宝宝的食品中占有特殊的地位，它不仅是很好的蛋白质来源，而且钙和核黄素的含量也较高，所以，每天应给宝宝吃一定量的乳类食品，每日食用250毫升牛奶或50~100克动物性食品和豆类食品，就能基本上满足儿童机体对蛋白质的需求。

蔬菜和水果

蔬菜和水果是食物中维生素C的主要来源，甚至是唯一的来源，在选用蔬菜时，要注意选择一些绿叶蔬菜，如小白菜、油菜、苋菜、菠菜等，菠菜含草酸较多，不利于钙的吸收，烹调时应先用水焯一下，使草酸溶解到水里，为了避免维生素C在烹调过程中被破坏，可以给宝宝多吃一些生的蔬菜如西红柿等，平均每天食用200~300克蔬菜为宜。

增加食物的分量

5岁的宝宝进入幼儿园后，活动能力也要大一些，食物的分量要增加，而且逐步让宝宝进食一些粗粮类食物，引导宝宝的良好而又卫生的饮食习惯。

一部分餐次可以零食的方式提供，如在午睡后，可以食用少量有营养的食物或汤水。

防止宝宝过胖

应该定时测量宝宝的身高和体重，并做记录，以了解宝宝发育的进度，并注意宝宝的血常规是否正常。应该避免宝宝在幼年时过胖，如果有这种倾向，可能是因为偏食含脂肪过多的食物，或是运动过少所致，应尽快调整宝宝的饮食与生活习惯。

区别成人食物和儿童食物

成人食物和儿童食物是有区别的，如酒类绝不是宝宝的食物，成人认为可以用的“补品”，也不宜列入宝宝的食谱。如果有条件，可以让宝宝和其他小朋友共同进食，以相互促进食欲。

帮宝宝养成良好的饮食习惯

培养良好的饮食习惯对宝宝健康非常重要，宝宝犹如一张白纸，如何培养全看家长了。饮食行为也是一种文化，父母自己要正确认识，做好心理准备，并学会用适当的技巧和宝宝进行良好的沟通，以培养宝宝良好的饮食习惯。

良好的饮食习惯包括哪些

◎饮食要有规律。

◎不挑食、不偏食。

◎不随便吃零食。

◎不暴饮暴食。

◎注意饮食卫生。

矫正偏食与挑食

◎宝宝的偏食、挑食习惯往往受成人的饮食观念和习惯的影响，所以父母要以身作则，以自己良好的饮食习惯为宝宝做出示范。

◎父母还可带爱挑食的宝宝一起去采购食品、一起做饭，让宝宝摆放餐桌上的食物。合理安排和指导宝宝吃零食的时间、数量，尽量减少或逐渐取消宝宝的零食。

◎在饭前或吃饭时不要喝饮料，不要强迫宝宝吃某种食物，这样会加深宝宝对这种食物的反感。在合理的范围内，可以允许宝宝选择自己喜欢吃的食物。在指导宝宝的饮食时，不要威胁或哄骗，宝宝做得好时要及时表扬和鼓励。经常变换花样、调整口味以及创造愉快的进餐环境等，以刺激宝宝的食欲。

帮宝宝养成良好的饮食习惯是父母义不容辞的责任。

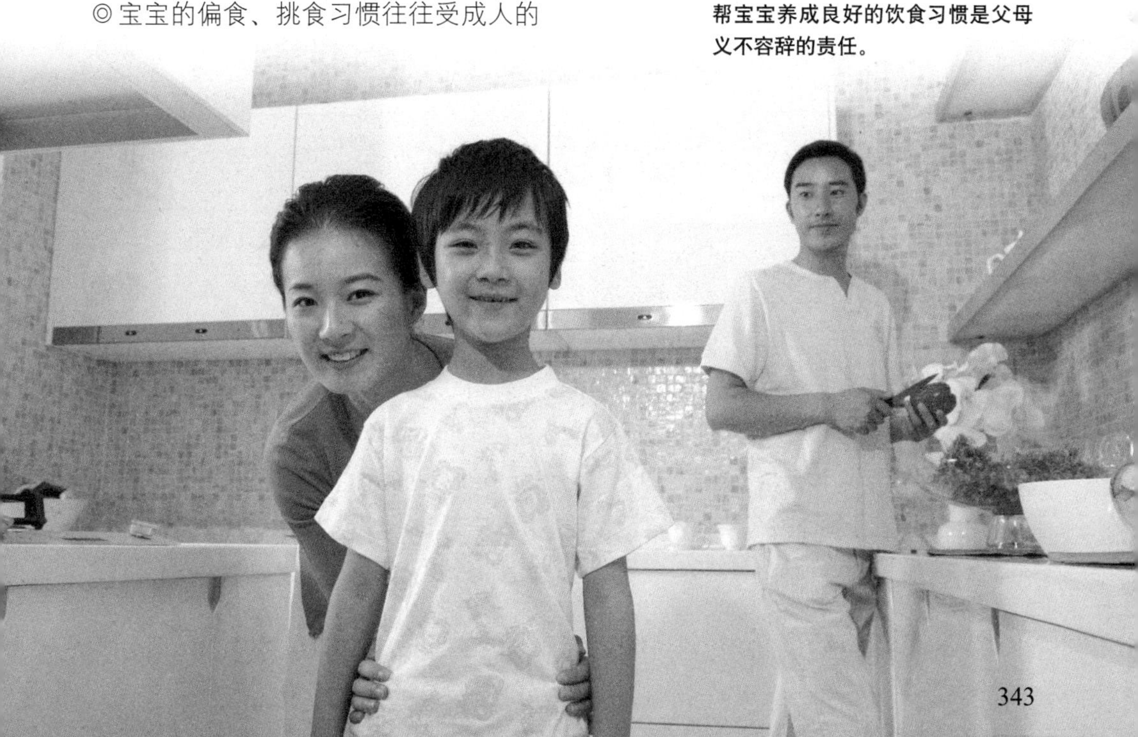

培养良好饮食习惯的方法

◎**家长首先要做好榜样**。不要当着宝宝的面说这个不好吃、那个不好吃，或不断地鼓励宝宝多吃某种东西，如你不吃某某食物就长不高等，让宝宝养成不偏食、不挑食的习惯。

◎**养成愉快的进食记忆**。比如食物的感观及就餐的环境、就餐的气氛，甚至就餐时可能得到的各种礼物等都会给宝宝留下愉快的进食记忆。

三餐定时定量，形成规律饮食，有助于宝宝养成良好的饮食习惯。

◎**鼓励宝宝自己选择食物**。鼓励宝宝自由地选择食物，大人不能强制宝宝总吃自己认为好的东西。

◎**定时定量定点吃饭**。一日三餐定时，就能够形成固定的规律，使时间成为条件刺激，到时就会有饥饿感并产生食欲。按时定量吃饭，使两餐间隔时间在4～6小时，这正是肠胃对食物进行有效的消化、吸收和胃排空的时间，使消化系统处在有节律的活动状态，保证充分地消化吸收营养，保持旺盛的食欲。

注意饮食卫生

◎**正确选择食物**。不买腐烂变质或感官性状异常、无厂名厂址、无生产日期保质期、街边无牌摊档的食品；不要进食野生蘑菇、河豚、发芽的土豆等存在安全隐患的食品。

◎**防止生熟食品交叉污染**。买菜时，不要将生熟食品放在一个篮子里或网兜内；装过生菜生肉的盘子要用清水清洗、热开水烫后再用来盛熟菜；制作食品的刀、砧板、容器等应切完生食品后经彻底清洗、热开水烫后才能用来切配熟食品。

◎**烹调方法要合理**。四季豆和豆浆要煮熟煮透；不要生食淡水水产品；冰箱内保存的熟食品、剩饭菜食用前必须彻底加热；生吃瓜果蔬菜一定要洗净消毒。

◎**应注意冰箱卫生**。因为病菌在低温下虽然可以减慢或停止繁殖，但不会被“冻死”。已经变质变味的食物不要放进冰箱；热的食品也不要放进冰箱，否则会降低冰箱的使用效果；使用冰箱时要防止交叉污染，生熟食品要分层放置，而且都用容器或包装材料包好；冰箱内的食物要定期清理，至少每周一次，发现长霉、变味的食品要及时清除。

应适当控制宝宝的零食

一些家长总喜欢买些花花绿绿的零食让宝宝充当点心填饱肚子。专家指出，长此以往，势必会影响到宝宝的正常进食，造成人体所必需的多种元素缺乏而营养不良。

据营养与保健专家分析，高糖高盐是这些休闲小食品制作的一个共同点，人吃了以后往往会口干舌燥。而对于宝宝来说，高糖会引起肥胖、多动、忧郁症，且容易产生龋齿。同样，高盐会增加儿童的肾脏负担，对心血管系统存在潜在的不良影响。

为此，医学界、食品卫生界的有关专家提醒人们，生活中尽量让宝宝三餐吃饱吃好，多吃米面类食品，增加蔬果、牛奶、肉类等的摄入量，而花哨的休闲小食品应少吃为佳。

宝宝的饮食禁忌

现在，宝宝基本上和父母一起吃饭了，所以，大人在准备饭菜的时候不但要考虑到自己的口味，也要照顾到宝宝对食物的兴趣，不仅要色香味俱全，还要富含各种营养物质，不过，最主要的是吃得安全。特别是一些食物的搭配，如果不合理，

妈咪育儿小窍门

帮宝宝戒掉零食的建议

(1)想帮助宝宝戒零食，首先要改变他的饮食习惯，但千万不要让宝宝觉得自己很可怜，家人的支持对宝宝而言，有很大的鼓励力量。

(2)如果能让他先了解食物的营养成分及对身体健康的影响，再说服宝宝戒零食，可能会容易些。例如，宝宝很想喝甜品时，就可以趁机告诉宝宝，喝果汁比喝汽水好，帮助宝宝做一个聪明的消费者。

(3)妈妈可与宝宝协商，每日或每周可食用的零食分量为多少，订一个双方都同意的标准，可以减少宝宝吃零食的概率。此外，妈妈如果够聪颖，还可以逐次减少每回约定的分量。

(4)培养宝宝正确饮食的顺序，也是必不可少的一道手续。正餐前绝不能吃零食，且不能边做事边吃。

(5)妈妈的态度要温和而坚定，才能使宝宝成功戒掉零食。

还会引发一些疾病。

常喝果汁

酷爱喝饮料的儿童，体格发育会呈现两极分化：要么过瘦，要么过胖。因为摄入过多的糖分，对原本食欲不旺盛的儿童来说，他们已经从饮料中获得了足够的能量，从而影响正餐的摄入，长此以往必然造成蛋白质、维生素、矿物质、膳食纤维和微量元素的缺乏，影响身体的正常发育。而对于食欲旺盛的儿童来说，在正餐之外又从饮料中获取了额外的能量，这多余的能量就会以脂肪形式储存起来，导致肥胖。

据悉，长期过量饮用饮料除可能带来以上后果外，还会导致缺钙、维生素中毒、性早熟等健康隐患。

过量食入菠菜

菠菜是一种富含多种维生素和矿物质的蔬菜，营养很丰富，很多人认为多多益善。其实，菠菜虽好但不宜给宝宝过多食用，否则会影响骨骼和牙齿的生长发育。营养学研究表明，菠菜中含铁固然较高，却很难被身体吸收利用；其中所含的草酸量很高，食入肠道后易与胃肠道内的钙相结合，形成不易被肠道溶解吸收的草酸钙。宝宝正处于生长发育的阶段，身体需要大量的钙。但如果经常过多地食用菠菜，很容易使身体缺钙，甚至促发“佝偻病”。如果宝宝的体内原本就缺钙的话，则会加剧病情。而且，菠菜属于碱性食物，婴幼儿食用过多容易引起腹泻，还容易引发缺锌。

过量地摄入菠菜会导致身体缺钙。

妈咪育儿小窍门

培养宝宝文明的进餐习惯

(1)坐得端正，让大人先动筷吃饭。别人为自己夹菜时，要说“谢谢”。

(2)吃饭专心，吃饭时不说笑，不打闹，细嚼慢咽，保持桌面和衣服整洁。

(3)正确使用餐具，用自己的碗筷吃自己盘里的菜。“集体”的菜要用公用的勺去取。不能用手抓饭菜。

(4)懂得谦让，好吃的东西要大家吃，不能独占，分水果时给什么要什么，不要自己去挑。

(5)饭后，要帮助擦桌和收拾餐具，还要擦嘴和漱口等。

过多食用粉丝

粉丝在加工生产过程中，会在粉浆中添加0.5%左右的明矾与粉浆凝聚。由于明矾中含有较多的铝成分，所以，粉丝则成为含铝食品。若大量食用粉丝必然会摄入大量的铝，而铝是一种对人体有害的物质。为此，粉丝虽好，大人和宝宝都不宜多吃。

过多食用豆制品

大豆制品营养丰富、美味可口，适量食用对人体健康有益，但过量食用也会有损健康。

营养学家提出，黄豆中蛋白质能阻碍人体对铁元素的吸收。过量摄入黄豆蛋白质可抑制正常铁吸收量的90%，从而出现缺铁性贫血，表现出不同程度的疲倦、嗜睡等贫血症状。所以在给宝宝吃豆制品时不要过量，还是适量为好。

贪吃生冷瓜果

瓜果是补充水分的“良药”，很多宝宝也非常喜欢吃，但如果吃起来不加节制，反而易导致出现腹泻等症状。专家指出，秋果好吃但要适量。常见的腹泻都是由于受凉、食瓜果过多造成的，所以食用瓜果不能过量。

大量食用瓜果虽不至于造成脾胃疾病，却已使肠胃抗病力有所下降，如果吃了不洁生冷瓜果，更易得肠胃炎、腹泻等急慢性胃肠道疾病。

大量进食香蕉

香蕉是一种淀粉质的食品，这种淀粉质经过化学作用（也就是成熟后），就会变成糖（但香蕉同时也含有多种维生素），因此，香蕉是具有淀粉质和水果两种优点的食物，如果食用过多会引起肥胖。香蕉本身虽容易消化，但其中所含的糖分却容易发酵，所以不宜过多食用。此外，香蕉有损伤的地方容易繁殖细菌，因此给宝宝食用的香蕉应挑选完好无损的，腐败的香蕉一定不要给宝宝吃。

给宝宝准备食物应注意一些搭配禁忌

◎萝卜严禁与橘子同吃，否则易患甲状腺肿。

◎甘薯不能与柿子同吃，两者相聚后会形成胃柿石，易引起胃胀、胃痛、呕吐，严重时可导致胃出血等，危及生命；甘薯也不宜与香蕉同吃。

◎韭菜不可与菠菜同吃，两者同吃有滑肠作用，易引起腹泻。

◎茄子忌与黑鱼、蟹同吃，同吃会损伤肠胃，老茄子不宜多吃，否则会引起中毒。

◎菠菜不宜与豆腐同吃，因为豆腐中的钙易与菠菜里的草酸结合，形成不易消化吸收的草酸钙，常吃会导致人体缺钙。

◎南瓜不可与富含维生素C的蔬菜、水果同吃；也不可与羊肉同吃，同吃易发生黄疸和脚气病（维生素B_1缺乏症）。

◎竹笋不宜与豆腐同吃，同吃易生结石；竹笋不可与糖、羊肝同吃。

◎茭白不宜与豆腐同吃，同吃易形成结石。

◎芹菜不宜与酸醋同食，同食易损伤牙齿。

◎芥菜不可与鲫鱼同吃，同吃易引起水肿。

◎黄瓜不可与西红柿同吃，因为黄瓜中的维生素C抑制酶，会破坏西红柿里的维生素C等营养物质。

为宝宝科学安排一日三餐

教学安排一日三餐应遵循：早餐吃饱，中餐吃好，晚餐吃少。

正常人一日饮食一般习惯吃三餐，但怎样才能安排好宝宝的一日三餐是有学问的。有的家庭安排得非常合理，而有的家庭则简单得不能再简单，品种极为单调。总之，一日三餐不仅要定时定量，更重要的是要能保证营养的供应，做到膳食平衡。一般情况下，一天需要的营养，应该均摊在三餐之中。

妈咪育儿小窍门

早餐有两类食物不宜多吃

一类是以碳水化合物为主的食品，因含有大量淀粉和糖分，进入体内可合成更多的有镇静作用的血清素，致使脑细胞活力受限，无法最大限度地动员脑力；另一类是蛋黄、煎炸类高脂肪食物，因摄入脂肪和胆固醇过多，消化时间长，可使血液过久地积于腹部，造成脑部血流量减少，因而导致脑细胞缺氧，整个上午头脑昏昏沉沉，思维迟钝。脑营养学家认为，科学的早餐原则应以低脂低糖为主，选择猪瘦肉、禽肉、蔬菜、水果或果汁等富含蛋白质、维生素及微量元素的食物，再补以谷物、面食为妥。

早餐要吃饱

在有的家庭中，由于生活习惯的缘故，父母不仅自己不重视吃早餐，对宝宝的早餐也往往不是很重视，常常一碗稀板、一个面包或馒头，让他们随便吃一点儿就算了。

这种习惯对宝宝的健康成长和发育肯定是有害的，因为早餐在宝宝的营养素中，应该占所需全部营养物质的1/3以上，而且早餐不仅应当有糖类——馒头、面条、粥等，还应该有牛奶或鸡蛋等高蛋白质的食物。具有足够能量和蛋白质的早餐，才是宝宝最需要的早餐，因为上午宝宝的体能消耗量最高，前天晚饭所摄入的营养素已基本消耗完，所以应及时补充各种营养素。如果宝宝吃得少和营养差，那么全日所需要的营养素必然受到影响，时间长了，就会造成宝宝的营养不良，生长发育迟缓。

午餐要吃好

午餐应适当多吃一些，而且质量要高。主食如米饭、馒头、玉米面发糕、豆包等，副食要增加些富含蛋白质和脂肪的食物，如鱼类、肉类、蛋类、豆制品等，以及新鲜蔬菜，使体内血糖继续维持在高水平，以保证宝宝下午正常活动。

晚餐要吃少

晚餐要吃得少，以清淡、容易消化为原则，至少要在就寝前两个小时进餐。如果晚餐吃得过多，并且吃进大量含蛋白质和脂肪的食物，不容易消化也影响睡眠质量。另外，夜间活动较少，吃多了易营养过剩，也会导致肥胖，还可能使脂肪沉积到动脉血管壁上，导致心血管疾病。

宝宝的日常护理

宝宝是父母爱的结晶，生命的成长是在爱的呵护下，在适宜的环境里真实地发展起来的。在宝宝学习各种生活本领、适应这个世界的时候，父母的关怀是他走上生命之路的保证。这不仅体现了父母对宝宝的爱，同时也是一个很重要的教育过程，引导宝宝良好的行为习惯，树立正确的观念，对他今后的成长有很大作用。

矫正宝宝爱插话的行为

大人讲话宝宝爱插嘴，这与儿童的心理有关。他们年龄小，知识面窄，求知欲却强。当大人讲到他闻所未闻的事情时，便会提出许多问题，并希望得到解答。这是他们获得知识的途径，也是他们的可爱之处。宝宝爱插话，也是他们自我意识增强的反映，是他们成年之后产生自信心和自尊心的基础。阻止他们插话，可能会扼杀一个有独立见解的人才；鼓励他们在插话时提出正确的见解和敢于发表意见的勇气，会使他们变得自信、坚强。但要教导他们，应在大人讨论的间歇时插话，不能打断大人的谈话。这样，既不失礼貌，又可以让大人倾听，这才是懂礼貌、有教养的宝宝。

行为莽撞

宝宝会有莽撞行为的原因

◎**生理和心理因素**。3～5岁的宝宝，会导致目测力差，空间知觉不准确，大脑操纵小肌肉群的能力很差，本想把物品放到桌上，结果事与愿违，失手打翻在地上了。5～7岁儿童往往好动、好斗，对运动表现出永不满足的欲望，因此常常出现头上撞出个包、衣服撕破了的现象。

◎**知识经验缺乏**。有的宝宝经常爬上墙头、砖堆往下跳，不是腿青了，就是脚扭了；有的宝宝玩带尖的用具被戳伤，等等。这是由于他们缺乏知识经验，不能预见行为的后果造成的。

◎**不良教育的影响**。由于成人过于娇惯，稍不如意宝宝就大发脾气，乱摔东西；有的宝宝遭成人的打骂，就以打同伴、撞同伴出气，逐渐形成莽撞的不良行为习惯。

纠正宝宝莽撞行为的方法

莽撞是儿童成长过程中不可避免的行为，家长如果对他们的莽撞行为长期不予理睬，也会使他们在种种莽撞行为的重复中，形成坏的性格、习惯。宝宝出现莽撞行为不能轻率地、粗暴地责骂他，而是要认真仔细地分析原因，针对实际施教与矫正。

◎如果是生理、心理因素造成的莽撞行为，家长应以正面教育为主，亲切地告诉宝宝做事要细心、认真，把东西损坏了很可惜，同时，肯定、表扬他爱做事的好品格，并积极为宝宝创造良好的环境，让他们在耐心、细致、认真的实践活动中得到锻炼。

◎如果是缺乏经验或对行为准则不理解而造成的，成人应帮助宝宝广泛接触事物，积累经验，认识行为准则的意义。同时，借助莽撞行为的后果，让宝宝适当地接受教训，使他们懂得一些日常生活常识。如果宝宝因为玩刀、玩水、玩火而被刀割伤、被水烫伤、被

教育宝宝懂得一些生活常识，不要玩不该玩的东西，如剪刀等。

火烧伤，就应该让他了解有关这方面的知识，自觉注意和养成良好的行为习惯，减少莽撞行为。

◎如果是不良教育造成的，家长应检点自己的言行，改进教育方式。要防止对宝宝娇纵、溺爱或随意打骂。同时注意帮助宝宝学会自我控制，避免莽撞行为的发生。首先告诉宝宝遇到什么事情都必须冷静，做任何事情前都要考虑好会发生的后果。刚开始可以让宝宝自己想，你给予正确的结果，并且举例说明后果的严重性。

爱管闲事

端正宝宝爱管闲事的行为

闲事是指与宝宝没有关系的而他却很感兴趣的事。

爸爸妈妈如果发现宝宝爱管闲事后，要先冷静客观地分析宝宝的心理动机，然后再根据具体情况，采取不同的处理办法。

宝宝爱管闲事的表现

◎**主持公道**。宝宝最富有同情心，看到有人恃强欺弱，他们往往会“路见不平，拔刀相助”。但往往处理不当，甚至得到相反的结果。

◎**寻找机会，与人交往**。宝宝天性活泼好动，如果没人和他交往，他就觉得无聊，“管闲事”常常会替他找到交往的对象。

◎**求知欲强**。宝宝对新奇有趣的东西或事情一般都很感兴趣，却往往爱管闲事帮倒忙。

端正宝宝爱管闲事行为的方法

◎家长要对宝宝同情他人、热心帮助他人的好行为，及时给予肯定、鼓励。同时，还要提高宝宝的道德认识水平，帮助宝宝树立正确的是非观念，学会正确处理同伴间的问题，避免出现“帮倒忙”。

◎同时还要保护并激发宝宝的求知欲，引导宝宝多管周围的“闲事”——季节的变化、动植物的生长过程、天空中的变化等，以丰富生活经验，提高认识能力。

偷窃行为

纠正宝宝的偷窃行为

通常当家长发现宝宝偷了东西之后，首先的反应是大吃一惊：小小年龄就偷东西，长大了还了得？接着的行动不是骂、便是打，希望通过这样的方式来教育宝宝。却很少去分析宝宝偷窃的目的、动机是什么，所以偷窃的行为也不能彻底改掉。有的5～6岁的宝宝偷别人的东西，其价值数目很小。有时拿来的东西自己家里也有，分析不出其目的是什么。

实际上这类宝宝是感情的混乱，他们似乎盲目地企求某样东西以达到心理上的满足。这可能是宝宝平时心情不愉快、孤独、感情上得不到满足引起的。极个别的宝宝还认为偷窃是勇敢的行为。

对有偷窃行为宝宝的对策

当发现宝宝有偷窃行为时家长应明确地表态，反对这种行为，并且坚持要把偷来的东西还掉以达到教育的目的，至于归还的方式要多加考虑。有的家长故意当众让宝宝将东西归还失主以示教育，这种方法不可取，非但起不到教育的目的，反而会使宝宝觉得受到了羞辱。

妈咪育儿小窍门

打不是好办法

有的家长认为只有打才是改正偷窃行为的最好对策。其实错了，打得厉害，疏远了父母与宝宝之间的感情，他会感到更孤独，得不到家庭的温暖。哪一个有偷窃行为的宝宝是被父母责打后改掉的？相反，偷窃的行为非但没有改掉，而且不敢回家，流浪在外，与社会上的坏人交往，被他们所利用，最后走人歧途，甚至会触犯法律受到制裁。

对宝宝进行必要的安全教育

宝宝处于身心逐步发展的阶段，缺少生活经验和各种社会方面、自然方面的常识，自理能力较差，虽然教师和家长在竭尽全力小心翼翼地呵护他们，以尽量减少事故的发生，但我们应知道成人对宝宝的保护毕竟是有限的，因此在关注宝宝、保护宝宝的同时，也应教给宝宝必要的安全知识，提高其自我保护能力。

告诉宝宝哪些东西不能动

◎**煤气**。家长应时刻提醒宝宝，在装了煤气或有煤气管的厨房，不能睡人，以免煤气跑漏致人中毒，更不要让宝宝一人在厨房停留过长的时间。使用煤气时应有人在场，不要忘了关上开关。一定不能让宝宝在厨房拨弄煤气开关玩，使用煤油及煤炉，要与易燃物隔开一定距离。

◎**电线、插座**。家用电器的导线，要在不“碍手绊脚”的地方通过，要防止因磨拉碰撞损坏了护皮而漏电。电源插座，一定要固定安置在日常生活碰撞不到的地方，更不能让宝宝有接触插座的机会。各种家用电器，不要用湿手去摁动键钮，不要让宝宝随便玩动。电熨斗、电烙铁、电炉等，用完必须断掉电源。电视机如果使用室外天线，遇雷雨天气应停止收看，并将天线插头拔掉。

◎**剪刀、水果刀、刮胡子刀片及热水瓶**。所有刀具对宝宝来说都是“危险品”，这些东西存放的地方一定要保证安全。

分清鲁莽和勇敢

崇尚勇敢精神是宝宝的共性。但是，宝宝还小，往往不清楚什么是勇敢、什么是鲁莽，特别是现在不少动画片，打打杀杀的镜头颇多，“英雄人物”又常常具超人能力，可以刀枪不入，可以凌空飞行……宝宝的理解能力差，看到这些镜头会认为是可行的而加以模仿。

基于以上原因，如果电视中的“英雄”做了什么勇敢之举时，家长要及时告诉宝宝这是不应该学的。如果宝宝鲁莽地要做什么危险的事时，要及时想办法防止出危险，并妥善处理。安全教育是让宝宝有避害意识的教育，是让宝宝明白遇到危险该怎么做，是一种积极的预防手段，要使宝宝心里真正明白，才能达到目的。

防止宝宝伤人

宝宝在社区里玩耍，会有很多相熟的小朋友一起玩。他在游戏中常不知轻重，有时就会伤着对方或被对方伤害。有些爸爸妈妈在宝宝被打之后，经常说：“他打

妈咪育儿小窍门

防止宝宝走失

在宝宝刚学会说话时，就要告诉他家庭地址、爸爸妈妈的姓名、自己叫什么，再大一点儿，最好能让宝宝知道爸爸妈妈的电话和单位。如果注意教育，3岁内的宝宝完全能记住上述内容。当宝宝在小区里玩耍时，爸爸妈妈应在边上看护，如果一时有事，也要托付他人，并告诉宝宝不能跟不认识的人走，即使是熟人，在爸爸妈妈不在的情况下，也不要跟他离开。

你，你就狠狠打他！”宝宝在动手打架时，就会真的狠狠打，使对方受伤甚至致残。所以要教育宝宝尊重生命的观念，教育宝宝要和小朋友互敬互爱，大家一起玩。在平时讲故事时，给他灌输这方面的内容。要告诉他不能拿石头、棍子打人，也不能用手去触对方的眼睛，不要用力去推倒小朋友，不要咬小朋友，等等。当然，也不能让宝宝不知避开他人的攻击，要告诉宝宝，不同拿棍子的小朋友玩，如果小朋友动手时，要挡开他，保护自己不受伤害。

家长要教育宝宝平等友爱地对待其他小朋友。

教会宝宝关心父母

使宝宝建立起这样的观念：父母是他们生活和学习的最直接的依赖者，父母的健康和存在是与他们的幸福和欢乐分不开的，从而使宝宝产生出体谅父母辛苦、关心父母健康的情感，父母是宝宝最亲近和接触最多的人之一，也是宝宝首先要关心的对象。

让宝宝了解父母

许多父母出于爱子心切，不愿让宝宝过早了解生活的艰辛，情愿为宝宝遮风挡雨，这样做只会使宝宝觉得父母所做的一切都是理所当然的，养成以自我为中心的心理。要让宝宝了解父母为他和家庭所付出的辛苦。父母应当有意识地经常地把自己在外工作和收入的情况告诉宝宝，说得越具体越好，从而让宝宝明白父母的钱得来不易。自然，宝宝会逐渐珍惜自己的生活，也会从心底里产生对父母的感激和敬重。

让宝宝与父母主动聊天

无论是大人还是宝宝，只有觉得对方能真正理解他的想法时，才能听得进对方的话。我们在听了宝宝的想法后，立即用自己的语言重复其中的要点，并同他交流，宝宝会觉得你一直在认真倾听，对他是尊重并理解的。那么，宝宝无论怀着什么样的心态，都能够表现得平静，对问题的解决也会有利。

跟宝宝交流，有时候并不需要你自己说，只要静静地听宝宝把话讲完，宝宝也就满足了。父母作为倾听者对宝宝给予的关注、尊重和时间，是对宝宝最有效的帮助。

家长要遵守对宝宝的承诺

家长言传身教对宝宝的影响很大，家长对宝宝随口应付不可取，应该讲求诚信，否则将会失去宝宝的信任，甚至宝宝对他人也不再有诚信。

还要提醒家长的是，当宝宝提出的要求令自己感到为难时，不可轻易答应，家长要有自己的原则和底线，即要把握一个度。随口答应并不代表着就是真正对孩子好。

不要轻易许诺

你如果没有把握就不要轻易答应宝宝任何事情，因为小宝宝对我们大人的每句话都深信不疑。只有你不给他们承诺，才能避免你对他们的食言。许诺包括物质许诺和精神许诺，适当的物质许诺是可行的，但不能过度，否则会滋长宝宝虚荣、自私等不良习性。可尽量多地使许诺与有意义的活动相连，如许诺给宝宝买书籍、带宝宝去看画展、旅游等，既能调动宝宝做事的积极性，又能丰富宝宝的精神世界，开阔宝宝的视野。

答应宝宝的事一定要做到

在日常生活中，家长免不了会对宝宝许诺。许诺既有积极的一面，也有消极的一面，对宝宝来说，遵守诺言也是爱和关怀的高度表现。

在宝宝看来，不遵守诺言就是说谎，就是不爱他。如果你不能够遵守诺言，会降低宝宝对你的信任。所以，家长在对宝宝许诺时一定要慎重。如果许诺了，就必须兑现诺言。否则，会伤了宝宝！

向宝宝正确解释死亡现象

很多宝宝已经历过诸如亲人过世、宠物死亡等各种生命无法延续的情形。在这样的情况下，他们一定要刨根寻底地搞明白这到底是怎么一回事。面对这些追问，家长应该知道如何向宝宝解释“死亡”、要不要说明真相，以及如何说明等问题。

对死亡几种不恰当的解释方式

(1)把“死亡”捏造成一个美丽的童话故事：很多父母喜欢这样做，受故事的诱惑，宝宝很容易信以为真地掉进一个幻想的世界里，而将“死亡”残酷的一面忘得干干净净。这绝不是一种健康的手法，因为往后他们很可能较难去面对人生的真实一面。

(2)把死比喻成“睡觉”：在这样的描述中很容易混淆死亡和睡觉这两个事件，宝宝可能会害怕睡眠，甚至恐惧一睡就会不起，所以要帮助宝宝理清死亡与睡眠的差别。

(3)父母常会用“去很远很远的地方旅行了”或“到天堂去了”来替代“死亡”的说法：这种方法宝宝比较能接受，可以起到安抚宝宝的作用，也因此消除了失去亲人或宠物的不安和伤心。但或许时间一久宝宝就会对死者怎么去那么久而产生抱怨，或认为他们不跟自己说声“再见”就走而怀恨在心，所以这也不是一种很恰当的方法。

5～6岁儿童对死亡的认知

要想作出合理的说明，首先就必须深入了解儿童对待死亡的认知状况。

此阶段的宝宝已经知道、了解死亡的真正意义，死亡意味着生命的结束。但他们可能不知道这是会发生在每一个人身上，尤其是自己身上的事情。他们关心的是别人的死亡，他到哪里去了？他还能变成什么？他为什么要死？而且有时因为别人的死亡，他们会心生恐惧和不安，尤其是在亲人死亡之后。

不要回避死亡问题

正因为死亡问题对宝宝的心理或性格发展都有非常大的影响力，所以父母在处理这种问题时，必须谨慎小心。

适当的做法是，生活里，不要刻意去避免谈到死亡的问题，更不要压抑宝宝哀伤的心理，让宝宝自然表现出沮丧、气愤、流泪、内疚、反抗等情绪。也不要禁止宝宝对死亡产生的怀疑、流泪、发问以及宝宝对此提出的不同意见和疑问，父母尊重宝宝对死、生意义的不同见解，不要给予宝宝种种对待死亡的错误印象。

解释死亡的方法

其实最好的方法就是自然而亲切地给宝宝讲述事实的真相。

在对宝宝进行说明时，父母可以用植物来做比喻，花草通常会在春天、夏天的时候生长，到了秋冬时却会凋谢，所有的生命也是一样，会有生长、茂盛及死亡等时期。同时应尽量避免使用可怕、恐怖的语句和神情，以温和的语调、简单的词语潜移默化地引导宝宝形成一种对“死亡”理智且平和的态度。

另外要注意的是，谈论的重点也应放在生命是充满美丽的一面，而非在死亡病态上。如此，宝宝会慢慢地了解死亡的意义，并且能够减少恐惧心理的产生。总之，解释死亡的最好原则就是：将事实明白且清楚地告诉宝宝。

为宝宝入学做好准备

宝宝一上学便开始接受有目的、有计划、有系统的学校教育。

这是宝宝成长中的一件大事，也是他成长过程中的一个新起点，它必然引起宝宝生活环境、生活内容、生活节奏、生活习惯和学习活动的一系列变化，并面临许多新的问题——社会要求的提高、生活制度的变化、生活环境的改观、教育内容的加深、形象化教学方法的减少，等等。因此，只有做好学前教育向小学教育的过渡准备工作，才能保证宝宝进入学校很快适应新的学习生活，健康向上地发展。

做好入学前的思想准备

学校是对学生进行正规教育的专门机构，也是宝宝获得、度过宝贵学习时光的地方。

只有让宝宝热爱未来生活和学习的环境，他们才能生动活泼地成长。为此，家长应该以十分高兴、愉快的口吻，向宝宝描述有趣的学校生活和学习活动；向宝宝介绍学校丰富多彩的文体活动；带宝宝到附近的学校参观，熟悉学校的环境，以便激发宝宝对学校的热爱与向往，使之产生急于学习、乐于上学的愿望，以避免惧怕上学的消极心理。

培养宝宝的独立意识

要让宝宝知道，自己长大了，即将成为一个小学生了，生活、学习不能完全依靠父母和教师，要慢慢地学会生存、生活、学习和劳动，能自己做的事就自己做，遇到问题和困难自己要想办法解决。要培养宝宝的自我教育能力，.在学习生活中，要自我观察、自我体验、自我监督、自我批评、自我评价和自我控制等，培养宝宝的时间观念，让他们懂得什么时候应该做什么事并一定做好，什么时候不该做什么事并控制自己的愿望和行为。

培养宝宝的生活自理能力

培养宝宝衣食住行、吃喝拉撒等方面的自理能力和习惯，逐渐减少父母或其他成人的照顾，学会生存。在日常生活中，让他们学会自己起床睡觉，脱穿衣服鞋袜，铺床叠被；学会洗脸、漱口、刷牙、洗手、洗脚、自己大小便；学会摆放、洗涮碗筷、端菜盛饭、收拾饭桌；学会洗简单的衣物，如小手绢、袜子等。

培养宝宝学习方面的动手操作能力

教给宝宝有关学校生活的常规知

识，要求宝宝爱护和整理书包、课本、画册、文具和玩具；学会使用剪刀、铅笔刀、橡皮和其他工具，会削铅笔，并能制作简单的玩具等。

培养宝宝服务性劳动的能力

在日常生活中，父母要多要求宝宝参加一些力所能及的劳动，同时学一些简单的劳动技能，如会开关门窗、扫地、抹桌椅等。在活动、游戏或开饭前后，要自己动手拿出或放回餐具、玩具、用具和图书等。

妈咪育儿小窍门

入学前的物质准备

◎**所有的文具**：铅笔、钢笔、橡皮、尺子等，手工课需要的工具等。

◎**衣服**：运动衣、鞋子等。

宝宝疾病的预防与护理

随着宝宝的成长，宝宝难免会患一些疾病，不过宝宝得病的过程，也是其逐渐适应生存环境的过程。宝宝通过克服疾病，自身的免疫力也会随之增强。

因此，在宝宝生病的时候不必过于紧张，应该就像对待一般症状一样，采取相应的措施即可。

宝宝腹泻不能滥用药

腹泻性疾病是威胁人类的主要疾病之一，尤其是对宝宝的影响更大，他们更易因此而引起脱水甚至死亡。

腹泻可由多种因素引起，如患慢性胃肠炎、痢疾、消化不良症、肠结核、结肠癌、慢性非特异性结肠炎、血吸虫病等疾病；一些病人由于胃肠动力异常可能会导致腹泻症状的发生；此外，胃肠道功能紊乱也可引起腹泻。因此，在没有搞清楚引起腹泻的病因前，不可滥用止泻药，以免酿成不良的后果。

避免滥用止痛药

部分宝宝腹泻时常伴有腹痛，因此父母经常会用索米痛片、颠茄片等来给宝宝止腹痛，其实这种做法并不妥，因为使用止痛药可能会掩盖或加重病情。对于轻度腹痛的宝宝，可用热水袋热敷腹部来缓解腹痛，对于重度腹痛的宝宝应在医生的指导下使用止痛药。

避免滥用抗生素

许多宝宝一有腹泻，做父母的不管三七二十一，就使用复方新诺明或诺氟沙星等抗生素，其实这种做法是不对的。因腹泻有感染性和非感染性两类，非感染性腹泻可由饮食不当、食物过敏、生活规律的改变、气候突变等原因引起，此类腹泻使用抗生素治疗是无效的，而应当服用一些助消化药或采用饮食疗法等。即便是感染性腹泻（多由大肠杆菌、痢疾杆菌、绿脓杆菌及变形杆菌等引起），在选用抗生素时，也要先明确致病菌种类，再选用细菌最敏感的抗生素治疗，切不可滥用抗生素。

避免频繁换药

当宝宝发生腹泻时，一些父母治病心切，用药1～2天后不见好转，就急于更换其他药品。其实，任何药物发挥作用都需要一个过程，如果不按规定的疗程用药，当然达不到效果。

再则，频繁更换抗生素，容易使机体产生耐药性，反而会造成不良后果。因此，要按规定的疗程用药，不可随意频繁地换药。

避免滥用止泻药

有些父母看到宝宝发生腹泻后，马上就使用止泻剂，这种做法是不科学的。因为发病初期，腹泻能将体内的致病菌与它们所产生的毒素和进入胃肠道的有害物质排出体外，减少对人体的毒害作用。此时如果使用止泻剂，无疑是闭门留寇。

当然，如果腹泻频繁、持续时间长且出现脱水症状者，在全身应用抗生素和纠正水电解质紊乱的前提下，可酌情使用止泻剂。

当宝宝出现腹泻时不要滥用药，应在医生的指导下使用止泻药，这样才有助于宝宝早日恢复健康。

妈咪育儿小窍门

切忌整药碎服

有些药物不能采用研碎喂服的方法，如肠溶糖衣药片，因为这种药物对胃有刺激，而且药物容易被胃液分解破坏使疗效下降。如果研碎后服用，不仅达不到治疗目的，还有可能导致产生不良反应。

避免过早停药

少数腹泻患儿常依症状服药，即腹泻重时多服药，腹泻轻时少服药，稍有好转就停药。这样做很容易造成治疗不彻底而使腹泻复发，或转为慢性腹泻，给治疗带来很多困难。

带宝宝看病的学问

带宝宝去医院看病并不那么简单。如果在家里做好准备，就可以把相关而重要的信息向医生作出准确而简要的叙述，能够很好地帮助医生为宝宝作出正确诊断，使宝宝得到及时的治疗。

带宝宝就医前先作好准备工作

准备出门之前，花几分钟时间准备一下，先将自己的问题一条条地记录好，以便见到医生时提出来，让医生逐条进行检查。以免医生检查完毕又想到一些遗忘的问题。尤为重要的是，带上以往就诊的所有病历、各种化验单、B超、X线片、CT片、磁共振片等检查报告，这些资料对医生分析、诊断病情非常有帮助。

到医院后向挂号人员咨询

到医院后，如果宝宝所表现出的症状让父母不知该到哪一科看医生，可以先向挂号人员咨询一下，以便选择一个适合宝宝看病的科室，避免蒙头转向地到处乱跑。

选择自己信任的医生

来看病前就向别人打听好想为宝宝选择的医生，或是选择认识已久的医生，也可以通过医院的专家榜得知哪个医生适合你的宝宝。

准确、明确、简要叙述发病情况

述说宝宝的病情时，先把就医的主要原因告诉医生，并把宝宝的症状尽量准确具体地描述给医生，不要从一些不相干的琐事讲起。同时，还要向医生介绍症状出现了多长时间。比如，腹泻、腹痛两天，或鼻塞、打喷嚏、流涕两天等，让医生很快对宝宝的主要病情有一个初步了解，避免说一些让医生无法判断的时间。

清楚地描述相关症状

以腹痛、腹泻为例，要准确地向医生指出宝宝腹痛的部位，说明疼痛开始时间及持续时间、疼痛特点是什么、在什么情况下发生、什么情况下更严重、什么情况下缓解及疼痛程度如何等。

还要向医生说明每天大便的次数，颜色，性状（米汤样、稀水样、蛋花汤样），有无腥臭或特殊气味等。如果还伴有其他症状，如发热、发冷、厌食、恶心、呕吐等，也要向医生介绍清楚，包括宝宝此次发病的诱因，如疲劳、受凉、过食及意外伤害等。

介绍宝宝的一般情况

除了向医生介绍主要的症状外，宝宝的一般情况也要向医生说明一下，如饮食、精神状况如何，大小便情况及睡眠有无变化等。

详细说明以前的诊治经过

要详细向医生讲明来该院就诊前去过哪些医院诊治过，到目前已经服过什么药，剂量多少，效果如何等，避免短期重复用药。把已做过的各项检查报告单及诊断、治疗方法提供给医生，一方面供医生参考，另一方面也可避免重复检查，减少宝宝接受不必要的抽血或X光线照射。

积极配合医生做检查

给宝宝检查时，可以让宝宝的脸朝向医生，以便让医生观察到宝宝的面色、表情，这对判断宝宝的病情很有帮助。当医生用压舌板检查宝宝的口腔时，父母注意要将宝宝抱好，避免宝宝乱动医生看不清楚咽喉部。当医生用听诊器为宝宝听诊时，避免在旁边滔滔不绝地讲述宝宝的病情，以免影响医生的注意力，干扰医生的诊断。

妈咪育儿小窍门

水剂给药法

为使宝宝易于接受，可在服用时加入适量的糖浆或蜂蜜。宝宝服药时，应将其抱在膝上，操作者用拇指按压其下颌，使之张口，然后用小匙喂入。新生儿可先将橡皮奶嘴放入口中，再缓慢将药液滴入橡皮奶嘴中使之吸入，药吸完后，喂入少许温开水。对幼儿、学龄前儿童，应鼓励他们自己服药，但成人应协助他们按要求配好剂量服用，并适时给予表扬。

开处方时说明以前用药情况

如果宝宝曾经对某种药物有过敏反应，一定要向医生说明，以免发生不良反应。如果宝宝患有某种慢性疾病长期服药，也务必告诉医生，以便医生能够正确用药，避免有些药物加重原有病情，或是与一些药并用导致不良反应，以免给宝宝带来不必要的伤害。

宝宝中耳炎的防治措施

宝宝中耳炎是由病毒或细菌引起中耳部位发生炎性变化的一种耳病。可分为急性和慢性两类，这两类又各自可分为非化脓性和化脓性两种。在临床上多见于儿童。

急性非化脓性中耳炎在宝宝中仅见于一般的上呼吸道感染，没有耳痛和耳道流水的症状，但会出现轻度听力障碍。而急性化脓性中耳炎则会出现发热、耳痛、听力减退、脓液外流等症状，甚至还会转变为慢性中耳炎。

中耳炎的危害

6岁以前，宝宝的耳咽管由于尚未发育成熟，所以比较平、短，一旦鼻、咽等部位受到感染，病原比较容易经耳咽管进入中耳，引发中耳炎。这也是中耳炎在儿童期高发的原因。

虽然目前还没有办法完全避免中耳炎的发生，但父母还是可以通过一些适当的家庭护理方法，在宝宝患中耳炎期间，尽量降低疾病给宝宝听力带来的损伤。由中耳炎导致的听力受损通过治疗一般都能恢复，但也有极少部分宝宝可能会因此永久性耳聋，这对宝宝今后的成长会造成极大的影响。因此，父母一旦发现宝宝的听力有问题，就应当尽早带他到医院就诊，及时治疗。

中耳炎的治疗

中耳炎是由细菌感染引起的，所以父母应该在医生的指导下为宝宝选择抗生素。

给药途径多选择静脉点滴，向耳道内滴药是治疗中耳炎的重要方法，滴耳药可以直接作用于病灶局部，使药物的作用发挥得更充分。可以让宝宝侧卧在床上，或坐在椅子上，头向一侧偏斜，然后进行滴药。

宝宝的外耳道有一定的倾斜度，所以在滴药前应将耳道拉直，以便药液顺利流入耳道。滴入药液后，要用手指轻

中耳炎会对宝宝的健康造成很大的威胁，所以家长一定要及早发现及时治疗，并在日常生活中加以正确的护理和预防。

压宝宝的耳屏数次，使药液到达患处。如果宝宝的耳朵有流脓的现象，应先用3%过氧化氢清洁耳道，然后再滴药。滴药后要侧卧，待药液渗入组织后再起来。

中耳炎的护理

给宝宝滴药前应注意，要使药液的温度与体温相近，如果药液过冷，应稍稍加温，以免在药液滴入后宝宝出现恶心、呕吐等不良反应。

此外，滴管不要接触外耳道壁。并时刻保持宝宝外耳道及耳前皮肤的清洁，如果有脓性分泌物，要及时清理。如果宝宝患的是慢性中耳炎，经上述治疗仍不见好，且化脓有恶臭，耳后红肿疼痛，说明有可能合并乳突炎，要及时带宝宝到医院诊治，必要时需拍片。

中耳炎的预防

中耳炎是导致婴幼儿聋哑的一大原因，所以要定期让宝宝预防接种，从小注意体格锻炼，多到户外活动，多晒阳光，促进新陈代谢，增强体质和抗病能力。天气寒冷或气候变化剧烈时，要让宝宝注意防寒保暖，预防上呼吸道感染。耳朵内常有脓液流出的宝宝，一定要经常将他耳内的脓液清洗干净。

具体做法是：将宝宝的耳郭向后下方牵拉，同时将耳屏向前推移，使外耳道变直张开，再用消毒棉签轻轻进行清洗。在宝宝洗澡、洗头前，要用消毒棉球填塞他的两个耳孔，防止污水进入耳朵。此外，不要让宝宝跳水或游泳，防止因鼓膜破裂而导致听力受损。

流行性腮腺炎的防治措施

流行性腮腺炎在人口密集和居室通风不良的春季容易流行，其潜伏期为7～14天，多发于5～15岁的宝宝，一些成年人也有发病。

症状

全身疲倦、口渴、不安，有时高热可达39℃，突出表现是耳垂周围腮部红肿、压痛，张口或食酸性食物使唾液分泌增多时，疼痛就可加重。位于上颌第二臼齿旁的颊黏膜上的腮腺管呈明显红肿状。病程一般是1～2周。

妈咪育儿小窍门

中耳炎的食疗

宝宝的饮食要清淡、容易消化、营养丰富，让他多吃新鲜蔬菜和水果，不要吃辛辣刺激的食物，如酒、葱、蒜等，以防热毒内攻。平时也可以让宝宝多吃一点儿清火败毒的食物，如金银花露、绿豆汤等。

治疗方法

若确诊为腮腺炎，就要被隔离，一般为3周时间，因腮腺炎病毒对紫外线极敏感，照射半分钟即可被杀灭，故对患儿的衣物、被褥要常日晒消毒。腮腺炎由病毒引起，抗生素治疗无效，主要是对症治疗。每天要用2%淡盐水漱口。内服板蓝根冲剂，在肿胀腮部外敷“如意金黄散”，高热时须加服退热剂。

预防方法

由于本病的发生是腮腺炎病毒经病人唾液飞沫侵入口腔黏膜及鼻黏膜产生繁殖，进入血流后即形成毒血症，所以本病在流行期间，不要带宝宝到人比较多的电影院、市场等公共场所去。健康宝宝一定不要去接触患儿，居室要做到常开窗通风。早期发现患病的宝宝，及时隔离治疗，隔离时间应从腮腺出现肿痛前3天至腮腺完全消肿为止。对接触过腮腺患儿的宝宝要密切观察，口服板蓝根冲剂有一定的预防作用。

宝宝智能培育与开发

每位父母都重视宝宝的启蒙教育，但在实施教育的时候，枯燥乏味的说教却会受到宝宝的抵触。所以父母应遵循寓教于乐的基本原则，在游戏中对宝宝进行拼音、数学、识字等方面的认知训练，锻炼宝宝的观察力，培养宝宝良好的思维和行为习惯。学龄前的宝宝注意力较差，在其成长过程中，家长应认真做好引导工作，这对于儿童的教育有着至关重要的作用。在指导宝宝学习的过程中，应对宝宝的学习能力抱有信心，并真心地接纳宝宝的成功表现。一旦有进步，就应及时给予鼓励，只要宝宝努力且有兴趣地学习，就立刻给予肯定和支持，这样宝宝才能真正在快乐的气氛中学习成长。

宝宝的道德教育

在宝宝的成长过程中，家长们都非常重视道德教育，都希望自己的宝宝是一个道德素质非常高的好孩子。但是，也有少数的家长认为品德问题可以慢慢来，只要不出什么大毛病就行，多抓学习才是最实际、最实惠的。其实，道德的教育应该从小就抓，家长可以从以下几个方面着手。

◎**同情**。让宝宝理解别人的感情，关注别人的需要和感情，懂得帮助那些受到伤害和遇到困难的人们，热情友好地对待别人。

◎**良心**。帮助宝宝明辨是非，不偏离道德的正路，增强宝宝抵御各种与善行背道而驰的力量，即使面对诱惑也能正确行事。

◎**自控**。帮助宝宝约束冲动，三思而行，让宝宝自力更生，激发他们慷慨善良的美德。

◎**尊重**。鼓励宝宝为他人着想，使他们懂得用需要别人对待自己的方式去对待他人。

◎**善良**。帮助宝宝关心别人的利益和感情，使宝宝学会舍己为人，体恤他人，更多考虑别人的需要，关心别人，主动帮助有困难的人们。

◎**宽容**。帮助宝宝意识到每个人的个性差异，对新的观点和信念采取开放的态度，尊重别人，以善良和理解之心善待他人。

◎**公正**。让宝宝光明正大、不偏不倚他对待他人，增强宝宝的道德观念，保护那些受不公正待遇的人，追求人人平等。

动作能力

这个阶段的动作训练主要是平衡能力的训练。平衡能力反映了身体的肌肉力量及其协调能力、中枢神经系统处理信息的速度、各种感觉器官的功能及灵敏程度，是一个人身体综合素质的体现。平衡能力不足会导致姿势或运动发展迟缓，影响宝宝的认知能力。除了增强体质外，身体平衡能力训练还可以促进大脑发育，开发宝宝的智力，所以平时就应该注重对宝宝进行身体平衡能力的训练。有以下一些简单的方法可供参考。

单腿站立

可以用单腿站立的方法训练宝宝的身体平衡能力。

具体做法有两种：可以让宝宝睁着眼睛单腿站立，保持姿势，另一只脚尽量长时间不落地；也可以让宝宝闭着双眼单腿站立，这是难度比较高的训练方式，对锻炼大脑的平衡效果较好。站立时要选取裸地或草坪，不要在水泥等硬地面上进行训练。进行闭眼单腿站立训练时，大人要在一边细心呵护，防止宝宝跌倒。

让宝宝端水

有些家长怕宝宝摔碎碗具或弄伤自己，一般不让宝宝在家里端饭端汤，这其实浪费了锻炼宝宝身体平衡能力的机会。父母应该在家里常有意让宝宝端水，让他坚持端着一碗水，尽量不洒出来。把端水的机会让给宝宝，对宝宝的平衡能力会大有裨益。但要注意让宝宝端的应该是冷水，千万不要端热水，以免烫伤。

注意力与观察力

家长对宝宝要进行注意力的训练，因为这个时候宝宝还是以游戏为主，所以活动要尽可能趣味化。

注意力的训练

与宝宝相隔几米的安全距离内，互相盯着对方，看谁坚持得久，并记下宝宝坚持的时间。切记要让宝宝体验到赢的成就感，宝宝才更愿意玩。可以采用一些宝宝平时很喜欢的活动，也可以用比赛的形式来诱导宝宝参加“和小椅子交朋友，看谁坐得时间长”等类似的活动。

观察力的训练

大自然的千变万化为宝宝观察力的训练提供了最丰富的材料，家长有意识地带宝宝多到户外活动，并引导他们观察自然景色及其变化，能大大提高宝宝的观察能力；组织多种形式的活动，如做游戏、做泥塑、看图片、看幻灯等，训练宝宝的观察能力。

引导宝宝观察每件日用品的用途（基本及多种用途）等，同时要培养宝宝观察的随意性、组织性及顺序性。

想象力、创造力、记忆力

人的想象力和思维能力是从小培养和发展起来的，5岁宝宝的思维和记忆是形象性的，培养其思维和记忆能力时要注意与具体的形象相结合。学前期是培养儿童创造性思维能力的重要阶段，其创造的欲望仅仅开始萌芽，需要去发现、培养及引导。

妈咪育儿小窍门

注意力训练要循序渐进

因为宝宝的有意注意时间都是很短的，所以不要对宝宝要求过高。3～4岁的宝宝有意注意可保持10分钟；5～10岁的宝宝可保持20分钟；11～15岁的宝宝可保持25～30分钟。因为看电视是属于无意注意，所以家长要减少宝宝看电视的时间，不能用看电视来代替自己看管宝宝的责任。

思维能力和想象力的训练

给宝宝讲“动物”这个概念，要联系宝宝在动物园里所见到的各种动物，说出这些动物各自的特征及它们的共同点，使宝宝真正懂得什么是动物。

可以有意识、有计划地给宝宝安排一些富于想象力的思维能力的活动，如做游戏、玩魔方等，使其在活动中动脑筋、想办法，培养其想象力及启发他们的思维能力，鼓励宝宝多提问，让宝宝预想事情的结果等。

创造力的训练

可以通过具有创造性的游戏、手工、绘画、编故事等培养其创造力，让宝宝多参加实践操作，如参加小制作、泥塑等，使宝宝看到自己的劳动成果，体会到乐趣，培养其进行创造性思维的积极性。还可提出各种具有创造性的问题，让宝宝想并回答，如“你能用几种方法玩皮球?”“你能用几种方法系鞋带?”等。

记忆力的训练

5岁宝宝的记忆是形象记忆，他们对具体形象的东西比较注意也容易记忆，年龄越小，图片、实物、图画等在保持和再现所起的作用越大，可以通过观察图像、实物等让宝宝讲出所见的事物，通过讲故事后让他们复述的方法来培养其记忆力；要培养宝宝的有意记忆、理解记忆及记忆的持久性与正确性。

逻辑思维能力

虽然在这个时期，宝宝的思维主要是形象性的，但逻辑思维能力也已开始萌芽，他对一些抽象概念，如大和小、多和少都有了一定的认识。父母应该注重宝宝逻辑思维能力的训练和培养，这对开发它的思维大有益处。

学习分类

这个方法就是让宝宝把日常生活中的一些东西根据某些相同点归为一类，如根据颜色、形状、用途等把自己的玩具进行分类。

父母应注意引导宝宝寻找归类的根据即寻找不同事物中的相同点，从而使宝宝注意事物的细节，增强其观察能力。

认识大群体与小群体

首先，应教给宝宝一些有关群体的名称，如家具、动物食品等。让宝宝明白，每一个群体都有一定的组成部分。同时还应让宝宝了解，大群体包含许多小群体，小群体组合成了大群体，如动物—鸟—麻雀等。

了解顺序的概念

这种学习有助于宝宝今后的阅读，这是训练宝宝逻辑思维的重要途径。这些顺序可以是从最大到最小、从最硬到最软、从甜到淡等，也可以反过来排列。

建立时间概念

儿童的时间观念很模糊，掌握一些表示时间的词语，理解其含义，对宝宝来说无疑是很有必要的。当宝宝真正清楚了“在……之前”、“立即”或“马上”等词语的含义后，宝宝也就会对时间有一定的概念了。

理解基本的数字概念

不少学龄前儿童，有的甚至在两三岁时，就能从1“数”到10，甚至更多。与其说是在“数数”，不如说是在“背数”。父母在宝宝数数时，不能操之过急，应多点儿耐心。让宝宝从一边口里有声，一边用手摸摸物品，逐渐过渡到用眼睛“默数”。日常生活中，能够用数字准确表达的概念，父母们应尽量讲得准确。同时，还应注意使用“首先”、“其次”、“第三”等序数词。也可用日常生活中的数字关系，帮助宝宝掌握一些数字的概念。

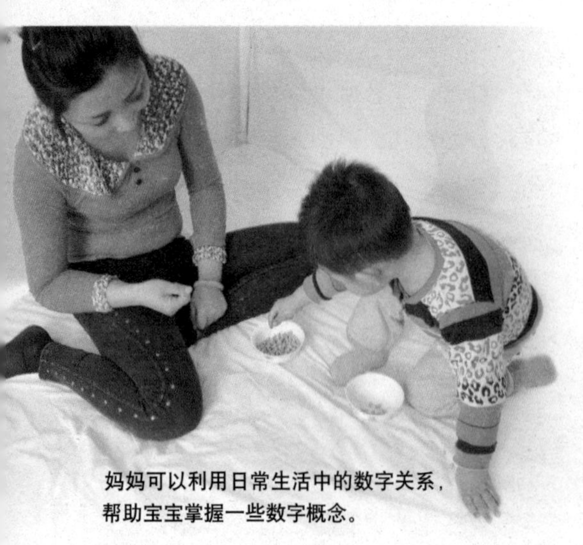

妈妈可以利用日常生活中的数字关系，帮助宝宝掌握一些数字概念。

掌握一些空间概念

大人们往往以为宝宝天生就知道“上下左右，里外前后”等空间概念，实际并非如此。父母可利用日常生活中的各种机会引导宝宝，比如“请把勺子放在碗里”。对于宝宝来说，掌握“左右”概念要难些。

科学素质的培养

宝宝的科学素质，包括科学意识、“热爱科学”的情感、科学的态度，以及学习、运用科学知识和科学方法解决问题的综合品质等。

培养宝宝的科学素质要根据宝宝的心理、生理特点和认识规律，通过多形式、全方位的学习、实践和训练来实现，这是宝宝科学素质早期培养的基本途径。

培养对科学的兴趣和探索精神

兴趣是宝宝认识世界、获取知识、发展能力的内部动力，也是激发宝宝对科学的兴趣和探索精神的基础。宝宝天生好奇，正是由于这种好奇心的驱使，宝宝对周围世界产生了浓厚的兴趣和强烈的探索愿望，并极大地影响其对科学的兴趣和探索精神。

所以，培养宝宝对科学的兴趣和探索精神是培养其科学素质的关键。要选择宝宝感兴趣并贴近宝宝认识水平的活动。通过做游戏，使他们初步懂得“世界上一切事物都在变化”的道理。要千方百计地激发、保护宝宝的好奇心，及时肯定、表扬宝宝的成功探索，并使宝宝体验探索成功的乐趣。

注意科学的训练方法

科学知识和科学方法是儿童科学素质的重要组成部分，更是培养其科学素质的基础。因为没有丰富的知识和科学的方法，宝宝就无法运用这些知识、方法去解决问题，也无法去学习、掌握更多的知识，提高自己的智力。所以说，教给宝宝科学方法（实际上也是方法性知识）是养成宝宝科学素质的基础。

找准“切入点”

要在充分了解宝宝的年龄特点、思维方式和原有的知识结构基础上，找准“切入点”。要从适合宝宝年龄特点、已有的科学知识、经验的内容入手，这些内容要尽量与宝宝有密切联系，并考虑宝宝接受的最大限度。这样才能激发宝宝的学习兴趣，调动其活动的积极性和创造性，才能扩展知识，增补原有的知识内容。

创设观察和实验的环境

在家中摆放小盆景、动物模型、万花筒等，让宝宝经常观察、动手操作，以扩展知识，培养探索能力。还可以充分利用室外、园外的设施，让宝宝按自己的兴趣、愿望去选择材料，进行丰富知识、科学探索活动。如带宝宝去看雪景，参观科技馆或让宝宝自己去看蚂蚁搬家、绚丽的朝霞等。

堆积木

针对宝宝天性好玩、喜欢游戏的特点，在引导宝宝玩“堆积木”游戏后，问宝宝：“我们怎么把一间简单的房子，变成多种多样的房子的?”引导宝宝说出是用“加一加”、“减一减”、“反一反”和“换一换”等方法变成的。并告诉宝宝，大人就是用这些科学方法，创造了许多新产品，我们从小也可以用这些方法学习创新。

妈咪育儿小窍门

要随机进行科学教育

科学并不神秘，日常生活中处处有科学。比如，我们可以结合午餐，让宝宝观察饭菜的“色、香、味、形”，饭后提出问题让宝宝加深认识和理解。

附录

准妈妈的待产包

1.**证件**：准生证；押金；准妈妈的检查病历；身份证（办《出生证明》时宝宝的名字要取好）。

2.**衣物**：出院的衣服一套；拖鞋、内衣、袜子（新妈妈要注意脚的保暖）。

3.**杂物**：脸盆2个（洗脸、洗脚各一）；毛巾3条（洗脸、洗脚、清洗会阴各一）；牙刷（软毛牙刷）；梳子、镜子；香皂、肥皂、润肤霜等（护肤用品因人而异，哺乳妈妈的美白用品尽量不用）；餐巾纸、卫生纸、塑料袋；笔、笔记本；数码相机、数码摄像机以及充电器；手机及充电器；吸奶器（如果确定母乳喂养，买好手动吸奶器，开奶时用得上，特别是宝宝如果不怎么有力气吸吮的时候，手挤容易挤伤乳头）；成人尿垫；消毒卫生巾（医院有发，如果不够一般医院有卖）；消毒卫生纸（一般至少要买5包）；两个饭盒（主要用来吃医院提供的稀饭和小点心等）；开塞露（由于生完宝宝后会胀气，有可能排便困难，又不可用力，所以可用开塞露帮忙）；小瓶的洗洁精、洗手液。

4.**食物**：巧克力（如果选择自然分娩就要吃点儿；剖宫产不用，手术前要禁食的）；红糖（有助于恶露排出，生完后要大量地喝）。

5.**餐具**：饭盒、筷子、勺子；水杯（最好带吸管）；水果刀；洗洁精、洗碗布。

6.**宝宝用品**：衣物、包被、尿不湿（最好买超薄的，宝宝用得比较舒服，而且要多买点儿，因为宝宝一天要排很多次大便，有可能你刚给他换好，他又拉了。有的老人可能说要用尿布，但是医院用尿布真的不方便，所以该花的钱还是得花）；小帽子；小袜子；奶瓶（尽量不要用，因为吸惯奶瓶就不吸妈妈奶了，易产生乳头错觉）；

奶粉（买时要看清是给刚出生的婴儿喝的）；喝水的小碗，软头小勺（宝宝不吸妈妈奶时也尽量不用奶瓶，用勺子喂）；擦屁屁的湿巾；两个小脸盆（一个洗脸、一个洗屁股），小毛巾，爽身粉；最后一项很重要哦，那就是带上你轻松愉快要和宝宝见面的好心情！

宝宝的物品清单

♥ 宝宝所需衣物

1.小衣服2～4件，根据季节搭配薄厚。

2.肚兜2～4件。

3.方包巾2～4块，包裹宝宝时用。

4.毛巾被2条，春秋季节宝宝睡觉时盖。

5.睡袋1个，冬天时给宝宝用。

6.小帽子1个，根据出生季节选择厚薄。

7.围兜4～6个，宝宝喝奶和喝水时用。

8.宝宝连体衣2～4件，宝宝2个月时可穿。

9.外出服2套。

10.内衣2～4件，根据季节搭配厚薄，宝宝2个月时用。

11.斗篷外套1件。

12.棉长裤2～4件，宝宝2个月时用。

13.棉鞋2～4双，冬天或外出时用。

14.软枕1个。

15.枕头套1个。

16.婴儿毯1～2条，触感要柔软，可用浴巾替代。

17.小棉被褥各1条，宝宝冬天睡觉时用。

18.纸尿裤或棉布尿片多多益善。

♥ 宝宝洗浴所需物品

1.婴儿专用沐浴液1瓶。

2.婴儿专用洗发精1瓶。

3.婴儿专用乳液1瓶，在洗澡后使用。

4.婴儿爽身粉1罐。

5.婴儿浴盆1个，稍大一点儿的浴盆能在夏天充当婴儿游泳池，让宝宝大热天泡泡水。

6.婴儿洗澡防滑垫1个，以防宝宝在洗澡时滑落。

7.小脸盆1个，用来宝宝便后清洗。

8.皂盒1个。

9.沐浴水温计1个。

10.洗澡用毛巾2～4条。

11.棉签或脱脂棉球1～2盒，用来给新生的宝宝擦拭眼睛分泌物、脐部、便后臀部涂抹润肤露以及为乳房或手指消毒。

12.婴儿发梳／刷1个。

13.肛温计1个。

14.大浴巾2～4条，宝宝洗澡时用，或有时包裹宝宝。

15.吸鼻器1个。

喂哺宝宝所需物品

1.大奶瓶4～6个，宝宝喝奶时用。

2.小奶瓶2个，其中一个喂糖水，另一个喂果汁。

3.奶嘴2～4个，选择时注意大小适中。

4.奶瓶消毒锅1个。想节约时间的妈妈可选蒸汽式的，选铝质锅在消毒时勿加热过度。

5.奶瓶奶嘴刷1把。

6.奶瓶夹1个，奶瓶消毒后用奶瓶夹会比较卫生安全。

7.保温奶瓶1个，便于夜间或外出时使用。

8.温奶器1个，选择免水式并能自动调温37℃的为宜。

9.外出携带盒1个，选有四层结构的较好。

10.吸奶器或吸喂乳两用瓶1个，喂奶时用。

11.果汁压榨器1个。

12.食物研磨器1个。

13.母乳冷冻机1～2个，适合喂母乳的上班族妈妈用。

14.食物箱1个，放置所有的哺喂用品，不仅卫生而且使用时方便易找。

其他相关物品

1.婴儿床1张，最好选择能睡到5岁的。

2.海绵垫1个，在上面再铺一层吸汗的棉垫。

3.床单2条。

4.婴儿床护圈1个，可防止宝宝撞到床沿。

5.婴儿凉席1～2块，夏日用。

6.婴儿摇篮1个，根据需要使用。

7.婴儿推车1辆。

8.婴儿学步车1辆。

9.婴儿安全软质玩具若干件，以有声响者为宜。

10.宝宝音乐铃1个，以训练视觉和听觉。

11.妈妈背包1个，当带婴儿外出时能容纳许多婴儿用品。

宝宝的预防接种时间表

预防接种是宝宝预防疾病的有效方法，是通过刺激宝宝的免疫系统，使宝宝产生对抗相应的细菌和病毒的抵抗力，从而不得或少得疾病。

年龄	接种疫苗
新生儿	出生后24小时内接种乙肝疫苗（第1针），出生后48小时～1个月内接种卡介苗。
1个月	乙肝疫苗（第2针），与第1针相隔1个月。
2个月	三价小儿麻痹糖丸疫苗（第1次）。
3个月	三价小儿麻痹糖丸疫苗（第2次），百白破疫苗（第1针）。
4个月	三价小儿麻痹糖丸疫苗（第3次），百白破疫苗（第2针）。
5个月	百白破疫苗（第3针）。
6个月	乙肝疫苗（第3针）。
8个月	麻疹疫苗。
满1岁	乙脑疫苗两针，两针相隔7～10天（乙脑疫苗为每年5月份季节性接种）。
1～2岁	百白破疫苗（加强），与上次间隔10～14个月，流脑疫苗（加强），麻疹（复种），与上次间隔10～14个月。
2岁	乙脑疫苗（加强）。
3岁	乙脑疫苗（再加强）。
4岁	三价小儿麻痹糖丸疫苗（加强）。
7岁	（小学1年级学生）百白破疫苗（加强1针），乙脑疫苗（加强1针），卡介苗（加强1针）。
12岁	卡介苗。
13岁	（初中一年级学生）乙脑疫苗（加强1针），白喉类毒素1针，麻疹疫苗（加强1针）。
18岁	成人白喉类毒素、麻疹疫苗各加强1针。

进行预防接种后虽然有些反应，但这些反应都比较轻且能自愈，况且，这些反应与得了传染病相比要轻得多。因此，要积极配合进行预防接种，以达到保护健康的目的。

预防接种虽然是一种提高婴幼儿免疫力的有效措施，但也不是接种后就高枕无忧了。还要注意培养宝宝良好的卫生习惯，加强体格锻炼，不断地增强体质和抗病能力，才是保证婴幼儿身体健康的关键。

盘点新妈妈的避孕方法

以下这11种避孕方法，妈妈们可根据避孕效果、安全性以及是否方便这三个原则和自己的分娩方式、是否哺乳等具体状况，来选择最佳避孕方法。.

宫内节育器

◎**优点**：长效、简单，一次放置于宫腔，可避孕数年；有效期内避孕效果可靠；具有可逆性；性生活后5天内放置带铜的宫内节育器作为紧急避孕，高度有效。

◎**缺点和副作用**：月经量多，有腰酸腹坠的感觉；可能引起生殖道感染，有一定的脱落率和带器妊娠率，避孕失败的话可能发生宫外孕。

◎**爱心提示**：放置前必须先确定没有怀孕；放置后一定要定期随诊，到了有效期就应当取出。适于患急性肝炎、肾炎、高血压、肺结核的女性。

避孕套

◎**优点**：方法简单易行；可预防性病；不影响月经；也适于患急性肝炎、肾炎、心脏病、高血压、肺结核的女性。

◎**缺点和副作用**：偶有异物感；有少数女性对乳胶过敏。

◎**爱心提示**：先排空囊内空气，在阴茎与女性外阴接触前套上，阴茎未软缩时将避孕套和阴茎一起取出并检查是否破裂，如有破裂应及时采取紧急避孕措施。

短效口服避孕药

◎**优点**：安全，正确服用后避孕效果好；停药后生育能力很快恢复；能预防和减少缺铁性贫血，减少经期出血量，缩短经期，治疗月经失调，使痛经减轻。

◎**缺点和副作用**：漏服影响避孕效果；服药初期有轻度的恶心、食欲不振、头晕、乏力、嗜睡、呕吐等反应，在晚饭后或睡前服用避孕药可减轻；长期服用，可能增加静脉血栓栓塞的危险；与其他药物同时服用会降低避孕效果。可能导致月经紊乱或停经，一般停药后自行恢复正常。有可能体重增加，但不会导致肥胖，不影响健康。

◎ 爱心提示：产后6个月内的哺乳妈妈不应服用；不哺乳的妈妈，可在产后21天后开始应用；应在医师指导下排除禁忌证后方可采用。

雌、孕激素复方制剂（长效避孕针）

◎ 优点：长效、高效、可逆，用药方法简单；避免口服药物所产生的不适感；减少宫外孕、盆腔炎、贫血的发生率；能够减轻痛经症状。

◎ 缺点和副作用：用药初期常发生月经失调；生殖能力恢复较慢。

◎ 爱心提示：需有医务人员注射，不能自己用药；因含雌激素，哺乳妈妈禁用。

外用杀精剂

◎ 优点：使用方法简单，如果正确使用外用杀精剂，避孕效果可达95%以上。

◎ 缺点和副作用：少数女性可能有阴道灼热感，所以一般很少应用。

◎ 爱心提示：性生活前5分钟，将药膜揉成团，置入阴道深处，待其溶解后即可。

单纯孕激素制剂（长效避孕针）

◎ 优点：不含雌激素，哺乳妈妈产后6周至6个月可用；可以用于有良性乳腺疾病、乳腺癌家族史的妈妈；可以缓解严重痛经，治疗子宫内膜异位症。

◎ 缺点和副作用：有恶心、呕吐、头晕等反应，一般无须处理，随着用药时间的延长，可自行消失；月经周期缩短（少于20天），或经期延长（经期超过7天）；个别女性注射后还会出现过敏反应。

◎ 爱心提示：必须在医生指导下使用；非哺乳女性产后即可使用纯孕激素避孕药。

探亲避孕药

◎ 优点：服用时间不受经期限制，适于短期探亲的夫妻，避孕的有效率达99%以上。

◎ 爱心提示：可选择炔诺酮、18炔诺孕酮、甲地孕酮事后探亲片等。

左炔诺孕酮（毓婷）（紧急避孕药）

◎ 优点：高效、服用起来非常方便、安全。

◎ 缺点和副作用：月经周期可能提早或延迟，多次重复服用，会导致月经紊乱。

◎ 爱心提示：服药越早效果越好，房事后尽快服1片，间隔12小时后再服1片，必须在性生活后72小时之内采取措施才有效。

输卵管绝育术

◎优点：安全、有效，可实现永久性避孕；可逆程度较高，复通率可达80%。

◎缺点和副作用：必须在医院进行手术，有一定痛苦和风险；可能发生绝育失败；如果计划再妊娠，需要行复通术。

◎爱心提示：除非有特殊情况，这个方法不作为常规避孕手段。

安全期避孕

◎优点：月经规律的妈妈可以选择安全期避孕。

◎缺点和副作用：这种方法并不十分可靠，失败率达20%。

◎爱心提示：根据基础体温、宫颈黏液检查或月经周期规律来确定排卵时间；预计下次月经前14天排卵，排卵日及其前5天、后4天以外的日子为安全期。

皮下埋植

◎优点：长效，一次植入可避孕3～5年；可逆，取出后24小时失去避孕作用。

◎缺点和副作用：需手术植入和取出；可能发生头痛、月经紊乱和闭经，有0.04%的女性会发生伤口感染；体重若超过70千克，避孕有效率会降低。

◎爱心提示：哺乳女性，在产后6周即可开始使用；若有色素沉着、痤疮、性欲改变等问题，可对症处理。

留心宝宝生活场所的安全隐患

不要认为每天被大人照顾的婴儿就不会受到意外伤害的“骚扰”，请和我们一起仔细查找一下家中存在的安全隐患，以便采取防范措施，避免危险的发生。

浴缸：浴缸里的水深虽然只有10厘米，但也足以给宝宝造成威胁。因此，在不洗澡的时候，一定要保证浴缸里没有水，最好随手关上浴室的门。另外，在洗衣机附近更不要放置可以垫脚的东西。

楼梯：现在住家中有楼梯的家庭越来越多，有时一不注意，宝宝就摸爬到了楼梯上，这是很容易造成从楼梯上滚落下来的危险动作，因此最好在楼梯处装上安全栏杆，防止宝宝攀爬。

床铺、沙发椅：成长速度非常快的宝宝，不知何时已经学会翻身，如让宝宝在沙发或床上睡觉，记得一定不要只留下他单独一人。最安全的宝宝睡觉场所应该是装好围栏的婴儿床。

玄关：家中设置有玄关的父母要特别注意爱爬的宝宝，有时宝宝会从那一格小小的楼梯上摔下而撞到头部，因此最好用围栏挡住，让宝宝无法进入，或是在穿鞋处铺上松软的厚垫来做好安全防护措施。

电源插座：如果把手指或物品插入电源插座，就有触电或短路的危险。现在市面上有卖安全插座和插座挡板，有小宝宝的家庭可考虑进行更换。

门、窗：手指被门夹住是婴幼儿的常见危险之一，在开关门时必须先确认宝宝的方位，为了保险起见，也可以到市面上去找找安全挡门器。

厨房：因为经常在厨房劳作的人通常都是与宝宝最亲近的大人，因此宝宝的好奇心也最容易在厨房里得到满足。但厨房里的器具真的样样都危险，因此，在宝宝未满3岁以前，应尽量避免让宝宝进入厨房，更不可一举两得地带着宝宝炒菜、做家务。

柜子：宝宝很容易被装饰柜子里的东西吸引，但如果宝宝自己去打开，就很容易被夹住手。因此，最好锁上柜子，不让宝宝能轻松地打开柜门。

桌子：现在市面上出售各种边角防护套，因此可以把家里有角的东西套起来，以免宝宝撞伤或擦伤。但当宝宝想拿到桌子上的东西时，会去拉桌布，这样就很容易被砸到或被热食烫伤，因此最好不要在桌子上铺桌布。

阳台：跌落事故很容易导致宝宝出现危险，因此要将阳台设置为宝宝单独玩耍的禁地，最好在阳台门口加上围栏，使宝宝无法单独通过。此外，绝对不可在阳台上堆放可以垫脚的东西。

宝宝在阳台很容易发生危险，所以妈妈一定要做好保护工作。

汽车：有私家车的父母在带宝宝外出时千万不能掉以轻心，不能让宝宝坐在普通的成人座椅上或把宝宝抱在怀里坐车。在国际上有些国家已立法规定，宝宝坐小汽车时一定要使用儿童安全座椅，此外，安全座椅要正确安装，以免发生交通事故。

婴儿车：小婴儿经常会做出一些意想不到的动作，哪怕坐在婴儿车里，只要不系好安全带，他也许就会蹬蹬腿、站起来。因此，让小宝宝坐婴儿车时一定要系好安全带。

自行车：自行车带宝宝，一直就是比较危险的事情，特别是年龄较小的宝宝，他们容易在自行车行驶途中将小脚伸进轮子里。此外，严禁父母为了图方便将宝宝独自一个人留在自行车座椅上停在路边，翻车事故的后果不堪设想!

宝宝简易家用小药箱

在日常生活中，小宝宝难免生病。家中为宝宝备一些常用的小中药，当宝宝有些轻微不适时，父母就不必慌张地跑医院，而且中药副作用也相对小一些。当然，家里备的中药只能用在宝宝病情较轻的时候，一旦病情变化或严重，一定要及时到医院看医生，以免延误病情。

选药原则

1.根据家庭成员结构和健康状况选择常备药。如果有老人和儿童，应该考虑他们的常用药，心脏病或高血压则考虑此类常用药。

2.选择不良反应少的药品，以上市时间长的药为主，尽量少选择新药。

3.选择服用方便的药品，如片剂、颗粒剂、口服液、滴眼剂等剂型。

4.选择大型药品企业、名牌企业生产的药品，其实药品与衣服一样是有质量好差之分的，虽然都符合质量标准，但疗效是不一样的。

5.切记家庭用药不能代替医生诊疗，病情好转后，应及时看医生。

6.及时清理药箱，原则上半年一次，过有效期药品严禁使用。

医疗器具

1.体温计一支，这是常用体温计，人人会用。

2.长柄不锈钢小匙1个，检查口腔用。

3.小电筒1个。

4.小号或中号热水袋1个，热敷用。

5.消毒干棉球10个，置于消毒大口有盖小瓶内，或准备消毒棉花1包。

6.消毒纱布5～10块，绷带2卷，胶布1小卷。

7.止血带一根（相当于手指粗的橡胶管）。

药品

1.**外用药**：碘酒1瓶，它的消毒效果好，刺激性小，且不易挥发，目前临床及家庭都较为常用、外用止血、止痛药（如云南白药）、润滑肌表用的凡士林1小盒；还要准备清凉油、万花油、皮炎平等，这些药品用处也较大。

2.**眼药水**：氯霉素眼药水等应常备，用于眼结膜炎、眼角膜炎、沙眼等。

3.**口服药品**：一般情况下备齐以下几类就可以了。

（1）治疗感冒类药：工作的繁忙使你没有时间上医院，此类药安全、疗效好。如氯苯那敏、速效伤风胶囊、感康等。

（2）解热镇痛药：阿司匹林安全有效、廉价经济。

（3）胃肠道药：现代都市人生活的高度紧张，胃肠功能不良似乎是大多数职业人的通病，常备如藿香正气丸、胃乃安、正露丸等一些中成药，西药常备胃康U、洛哌丁胺等。

（4）便秘药：一些轻度的便秘最好不要用药，泻药的作用是刺激肠道蠕动，久用会产生依赖性，而一旦形成习惯，肠道缺少它就不肯正常工作了。医治便秘较好的方法是吃水果和粗纤维食物。

（5）抗生素药物：此类药都为处方药，副作用较大，严禁滥用或长期服用，以免产生耐药性。建议在医生指导下使用。

最好到药店购买一个家庭小药箱存放药品，要做到避光、防湿、防热、密封。药品最好装在深色或棕色瓶内，置于干燥通风处，拧紧瓶盖。一定要注意药品出厂日期及有效日期。如药品出现变色、霉变、变味和超过有效日期，就应弃之不用。

另外要注意：千万不要当自己“久病成良医”，有病一定要看医生。

正确选择和食用配方奶粉

目前，我国婴幼儿喂养还存在不少问题。一方面是婴幼儿喂养知识匮乏，人们的生活水平有了较大幅度的提高，食品的营养受到重视，但仍未摆脱饮食营养知识匮乏的状况，婴幼儿的喂养也是如此。也就是说“婴幼儿配方奶粉是无母乳或母乳不足的婴幼儿的理想食品”这一观念还鲜为人知，特别是在一些经济欠发达地区，更不为一些受教育程度偏低的年轻父母所了解。

另一方面存在盲目消费的现象。一种是购买目标指向价格高、包装好的产品。在经济发达地区和大城市中的高收入家庭，由于经济条件的允许和对国产产品的质量缺乏认识的情况下，选择购买价格昂贵的进口产品。

特别是还有部分收入水平较低的家庭，由于受前一种家庭的影响而盲目跟进，消费价格较高的进口产品。另一种是只要是奶粉而且便宜就买，甚至有的年轻父母用鲜牛奶喂婴儿。许多消费者根本不了解婴幼儿配方乳粉对婴儿的营养价值，甚至认为配方奶粉是配制的，不如纯奶粉好。

由于婴幼儿科学喂养知识的不普及所造成的消费误区，使得许多非婴幼儿配方食品，甚至劣质食品进入了婴幼儿食品消费市场，使得许多名副其实的婴幼儿配方乳粉发挥不了应有的作用。因此消费者在选购此类产品时应注意以下几点。

1.**看包装上的标签标志**：按国家标准规定，在外包装上必须标明厂名、厂址、生产日期、保质期、执行标准、商标、净含量、配料表、营养成分表及食用方法等项目，若缺少上述任何一项最好不要购买。

2.**查看营养成分表**：营养成分表中标明的营养成分是否齐全，含量是否合理。营养成分表中一般要标明：热量、蛋白质、脂肪、碳水化合物等基本营养成分；维生素类如维生素A、维生素D、维生素C、部分B族维生素；微量元素如钙、铁、锌、磷；或者还要标明添加的其他营养物质。

3.**选择知名企业的产品**：选择规模较大、产品质量和服务质量较好的知名企业的产品。由于规模较大的生产企业技术力量雄厚，产品配方设计较为科学、合理，对原材料的质量控制较严，生产设备先进，企业管理水平较高，产品质量也有所保证。从历年的国家质量监督抽查结果来看，国内知名品牌的产品质量完全可以和国外产品相媲美。而就质量价格比而言，纯进口产品要比国内知名品牌产品高近10倍，合资企业产品也要高2～3倍。因此，消费者无须盲目追求进口产品，应根据自己的经济条件来选择适合自己消费的产品。

4.**要看产品的冲调性和口感**：质量好的奶粉冲调性好，冲后无结块，液体呈乳白色，奶香味浓；而质量差或乳成分很低的奶粉冲调性差，即所谓的冲不开，品尝奶香味差甚至无奶的味道，或有香精调香的香味；另外，淀粉含量较高的产品冲后呈糨糊状。

5.**根据年龄选择产品**：消费者在选择产品时要根据婴幼儿的年龄段来选择产品，要看清产品标签上所标示的适合年龄段。如婴幼儿对动物蛋白有过敏反应，应选择全植物蛋白的婴幼儿配方奶粉。

儿童7种饮食问题及应对方法

♥ 未能及时添加辅食

在婴儿辅食添加的关键时期，没有给宝宝适宜的锻炼，使宝宝的咀嚼能力、味觉发育落后于同龄儿童。

应对方法：从宝宝4个月起，随着月龄的增加，要依据由少到多、由一种到多种、由软到硬、由细到粗的原则，逐步添加辅食。

♥ 零食过多

在宝宝添加断奶食品期间，发现了他爱吃的食物，以后就不断地买回来。餐前零食过多，正餐自然也就吃不下了。

应对方法：父母一定要了解婴幼儿营养的知识，还要让宝宝懂得可乐虽然好喝，但是会对健康不利；果汁很好喝，但是喝多了也会阻碍食欲，还容易造成蛀牙。

♥ 玩玩吃吃

有些父母看到宝宝不爱吃饭，就采取了讲故事、做游戏、边吃边玩的方式。结果适得其反，不但进一步分散了宝宝进餐注意力，还易发生呛食等意外。

应对方法：不妨尝试一下鼓励法，宝宝不好好吃饭时就不理他，但当他又拿起勺子好好吃时，立刻告诉他，你很喜欢他吃饭的样子。

♥ 食物品种过于单调

有些妈妈担心宝宝消化吸收不好，总给他吃那么几种常吃的“安全”的食品，结果使宝宝产生了厌恶情绪。

应对方法：菜的烹调方式也不要一成不变，应尽量混合多种食物，口味以清淡为主。哪怕只有一个鸡蛋，也可以做成鸡蛋饼、鸡蛋羹、鸡蛋汤，千万不要总让宝宝吃煮鸡蛋。

♥ 讨厌某种食物的颜色

很多小朋友都不喜欢黑色的食物，如芝麻糊等。对一些新的、与平时饮食味道不一样的食物，也可能不爱吃。

应对方法：父母要利用适当的方式来吸引宝宝，如设计成色香味俱全及造型独特的餐点或混在宝宝喜欢的食物中，或用宝宝可接受的理由来引导。

♥ 不愉快的经验影响进食

如果以前吃了某种食物后肚子疼或很不舒服，或者是在不愉快的环境下被迫吃下的。这样就会使宝宝对这种食物产生抗拒的心理，非常排斥它。

应对方法：父母要尽量避免在饭桌上斥责宝宝，以免破坏进餐情绪。也不要强迫宝宝吃太烫的食物，会损伤宝宝娇嫩的口腔黏膜。而且经常吃过烫的食物，还有致癌作用。更不要把宝宝一个人留在那里吃饭。即使家长不能守在身边，也要让宝宝有个“伴”，可以给他一个洋娃娃或卡通动物玩具扮演这个角色。

♥ 宝宝以吃饭作为“筹码”

有些宝宝知道父母很在意自己是否吃饱了，因此就利用这些来控制父母，提出诸多条件，如你给我买什么什么，我才会吃饭。

应对方法：吃一旦变成“筹码”，问题也就无法消失，更不能彻底解决了。其实父母对于宝宝吃得太少或不吃的焦虑，主要是担心宝宝营养不良、长得比别的宝宝瘦小。但事实上，每个人的高矮胖瘦各有不同，只要宝宝健康，就不必担心。因此，父母对宝宝的饱食要在意，但不要太过在意。

宝宝断奶食材与调料宜忌速查表

宝宝肠胃功能及牙齿的发育随着月龄的增长渐渐完善，到了4～6个月大时，宝宝的活动量也开始增多，因此单靠母乳喂养已经不能满足宝宝的营养需求，应适当添加一些辅食，这个时期也正是宝宝断奶准备期的初期。宝宝7～8个月时，开始进入断奶准备期中期，9～12个月时，进入断奶准备期晚期；13～24个月，整个断奶期全部完成。

在宝宝各个不同的断奶时期，分别有一些适合宝宝吃的食物，不知道该怎么给宝宝选择断奶食物的新妈妈们可以参照下面的列表着手。

食物名称	食用明细	适合时期
面条	面条煮烂磨碎，从准备期就能喂食。面条虽含盐分，但水煮后即能去除。	中期、晚期、完成期
豆腐	豆腐是不可或缺的万能辅食，富含优质蛋白质。食用前先用沸水汆烫一下。	完成期
水果	除了柑橘类，几乎所有的水果都能从准备期开始喂食宝宝。但是，家长们一定要注意，在选购水果时，一定要选购新鲜水果，并将其处理成可食用的状态。	各个时期都可以
蔬菜	将蔬菜加热以后充分磨碎。这类食品从准备期开始就能给宝宝喂食。有些蔬菜在加工的过程中要十分仔细，比如豌豆的薄皮要剥除，豆芽质嫩鲜美，但吃时一定要炒熟。	各个时期都可以
牛奶	牛奶富含蛋白质、矿物质、脂肪等营养素。对于处在准备期的宝宝来说，家人可将牛奶加入热水中少量喂食，等宝宝到了1岁前后，就可以完全饮用了。	完成期
奶酪	奶酪是具有极高营养价值的乳制品，而且比牛奶还略胜一筹。实践证明，宝宝最好食用不添加白糖或水果的纯奶酪。不要直接喂食奶酪，建议用来调拌其他食品。	完成期
白糖	水果及一些蔬菜中就有自然的甜味，所以要尽量控制白糖的用量。在宝宝的断奶食物中尽量少放。	可以酌情食用
麦片	麦片是非常好的辅食，含丰富的铁和钙，易于消化。因含丰富的膳食纤维，适合从断奶初期喂食。	中期、晚期、完成期
海苔	如果是烧海苔，从准备期就能开始喂食，只需泡水就会变得黏糊。调味海苔因含盐和糖分等，要尽量少食用。	各个时期都可以
白肉鱼	白肉鱼如鳕鱼、比目鱼。其脂肪含量少，从准备期就能开始喂食。一定要仔细剔除鱼皮和鱼刺，并捣成泥状，以利于宝宝吞咽。	中期、晚期、完成期

（续表）

食物名称	食用明细	适合时期
玉米片	无糖玉米片可从断奶初期开始喂食。它不但好消化，还能长期保存。另外，一定要选择没有添加水果或白糖的产品。	中期、晚期、完成期
油	对于宝宝来说，食用植物性油脂比动物性油脂好。因此，建议家长给宝宝食用胆固醇含量较低的橄榄油。	酌情食用
牛肉	等宝宝逐渐习惯鸡肉后，再开始喂食牛肉。但是，一定要选择脂肪少的瘦肉，而且要煮至软烂得像快要散掉一样时再喂食。	晚期、完成期
火腿	如果是脂肪含量少、无添加剂的火腿，可从断奶中期后半期开始少量喂食。可用水煮的方式加热再喂食，但不宜吃太多。	晚期、完成期
鸡蛋	蛋清易引起过敏，所以刚开始先从少许蛋黄喂起。全蛋从断奶中期后半期开始喂食。	晚期、完成期
鸡肉	先从脂肪少的鸡胸肉开始。因干干的口感很难吞咽，一定要磨细后再喂给宝宝。	晚期、完成期
蜂蜜	蜂蜜含有较多的糖和脂肪，不可多食。蜂蜜易含有肉毒杆菌和可能引起宝宝食物中毒的细菌，一定要慎食。	完成期
醋	不需特别禁止食用醋，但宝宝可能不太喜欢那股味道。如果宝宝能接受，从断奶准备期开始就可少量食用。	中期、晚期、完成期酌情食用
盐	宝宝的辅食应以清淡为宜，所以开始添加辅食时不需要加盐。即使要加也要很少量，以免增加宝宝的肾脏负担。	完成期
酱油	酱油含盐分较多，所以要尽量限制食用量。如果要使用，只加少许就可以了，以免增加宝宝的胃肠负担。	酌情食用
碳酸饮料	碳酸饮料的糖分含量较高，要避免宝宝喝上瘾。即使到了断奶后期，最多也只能给宝宝喝一口的量	完成期酌情食用
市售果汁	多数果汁含糖分和香料等添加剂，宝宝一岁前最好不要喝。可让宝宝喝婴幼儿食品的果汁，或自己榨取并稀释后的新鲜果汁。	完成期酌情食用
市售茶饮	罐装或瓶装的绿茶或乌龙茶中含有咖啡因及添加剂，最好不要给宝宝喝。断奶完成期的幼儿可饮用专为婴儿制作的市售茶饮。	完成期酌情食用
薯条	市售薯条中含有大量的油脂和盐分，且油的质量也不能保证，最好不要食用。	完成期酌情食用